信息学奥赛
一本通关

蔡荣啸 ◎主编

U0386612

清华大学出版社

北 京

内容简介

本书共 30 章分 7 部分。其中前 6 部分内容分别为编程平台介绍、计算机基础知识、从图形化编程到 C++ 入门、数学知识基础、数据结构和算法补充与归纳。第七部分给出 2019—2022 年 CSP-J/S 真题及参考答案。本书基于图形化编程学习，详细介绍由图形化编程向 C++ 代码编程过渡的系统知识，最终帮助读者提高参与信息学奥赛的水平。

本书既可以作为由图形化编程转向 C++ 代码编程的教材，又可以作为信息学奥赛辅导教材，还可以作为大学生计算机竞赛入门学习的教材，供信息学爱好者参考使用。

图书在版编目（CIP）数据

信息学奥赛一本通关 / 蔡荣啸主编． —北京：清华大学出版社，2023.1（2024.11重印）
ISBN 978-7-302-60728-1

Ⅰ．①信…　Ⅱ．①蔡…　Ⅲ．①程序设计　Ⅳ．① TP311.1

中国版本图书馆 CIP 数据核字（2022）第 086920 号

责任编辑：贾小红
封面设计：秦　丽
版式设计：文森时代
责任校对：马军令
责任印制：宋　林

出版发行：清华大学出版社
　　　　　网　　　址：https://www.tup.com.cn, https://www.wqxuetang.com
　　　　　地　　　址：北京清华大学学研大厦 A 座　　　邮　　编：100084
　　　　　社 总 机：010-83470000　　　　　　　　　邮　　购：010-62786544
　　　　　投稿与读者服务：010-62776969，c-service@tup.tsinghua.edu.cn
　　　　　质量反馈：010-62772015，zhiliang@tup.tsinghua.edu.cn
印　装　者：三河市东方印刷有限公司
经　　销：全国新华书店
开　　本：185mm×240mm　　印　　张：44.25　　字　　数：779 千字
版　　次：2023 年 1 月第 1 版　　　　　　　　　印　　次：2024 年 11 月第 5 次印刷
定　　价：128.00 元

产品编号：094963-01

由我们编写的《Scratch+ 小学数学》出版后，受到社会各界的关注。在此感谢大家对编程与学科学习融合的支持。曾有家长询问：怎样培养孩子的编程能力？实践证明，图形化编程与小学数学的融合能够在很大程度上提升学生学习数学的兴趣，同时也可锻炼学生的逻辑思维能力。

"为人父母者，则为其计深远"，通过小学阶段图形化编程与小学数学的融合学习，学生可以在一定程度上建立基本的编程思维和提高逻辑思维能力。如果希望在更深程度上学习，并在升学考试中有所突破，那么怎样才能通过图形化编程向代码编程甚至信息学奥赛方面过渡呢？本书的知识体系将为您的学习提供参考。

本书的基本内容包括 30 章，分 7 个部分，前 6 个部分知识体系架构包括编程平台介绍、计算机基础知识、从图形化编程到 C++ 入门、数学知识基础、数据结构和算法补充与归纳。

编程平台介绍主要包括图形化编程模块和 C++ 编辑调试 Dev-C++ 平台的介绍，读者可以初步了解图形化编程模块与 C++ 代码编程的联系与区别。通过这部分的学习，读者可以了解代码编程中将来可能面对的界面与问题。

计算机基础知识是信息学奥赛初赛的考查内容，需要了解计算机的基本原理、信息学奥赛的基本常识、操作系统的基本知识及计算机网络的相关知识。作为计算机基础知识，也是读者更加深入学习信息学奥赛的基础，同时也是了解计算机这门学科机制的基础。

从图形化编程到 C++ 入门部分能够使读者很好地从原有的图形化模块编程思维转向 C++ 代码编程思维，由于前期很多读者有了《Scratch+ 小学数学》的学习经验，那么这部分将是进入信息学奥赛 C++ 编程的重要阶梯。

数学基础知识部分紧接在由图形化编程向 C++ 编程过渡之后，是因为参加信息学奥赛要取得更好的成绩，必须将数学知识的学习放在比较重要的位置，数学知识实质上是计算机知识的基础，同时，掌握更多的数学知识及数学原理可以帮助读者更好地解决信息学奥赛和

现实中的问题。

数据结构是学习计算机知识的重要组成部分，也是计算机专业学习的必修课，通过抽象的数据结构可以帮助我们将现实问题抽象成一种具有可行性的问题解决结构，与此同时，数据结构也为我们解决问题提供了另一种思路。读者在初步学习的时候可能会有所困惑，这些都是正常现象，通过本部分的知识与案例学习将加深读者对数据结构的理解。

算法补充与归纳是在前面 5 个部分学习的基础上，对没有涉及的算法进行补充，同时也将各种经典算法进行归纳。当然，在这部分并不能全部囊括所有经典案例，但本书中所涉及的案例都可以揭示相关算法的内在核心思想。

在学习编程方法上，没有捷径可走，但有方法可循。

信息学奥赛初赛以笔试为主，笔试所涉及的知识面非常广泛，需要长期学习积累，当然本书可为读者提供提纲作用。

本书在每一章节中都没有包含练习模块，其原因有两个：一是初赛利用真题可以很好地了解出题者思路，在本书的第七部分初赛真题中，为读者提供了 2019—2022 年 CSP-J/S 真题及参考答案，可供读者练习使用；二是复赛的上机练习，由于我们采用的练习平台是 Dev-C++ 软件平台，而考试系统是通过黑盒测试的方式来检测程序的正确与否的，所以若想针对复赛的程序进行上机练习，读者可以通过访问 http://www.xajoj.cn/index.php 进行相关题库和知识点的练习，并通过程序反馈判断程序是否正确。

本书的成书参考了各位网友的博客分享及案例展示，其中有 TINGHAIK、大学要有梦想的博客、Alex_McAvoy、我是 8 位的、Rosun_、zolalad、不止思考 (奎哥)、云水、zhipingChen、御心飞行、Ucsasuke、九日王朝、知行执行等，同时，由于部分内容在网络中无法追源，不能一一详述，在此一并感谢各位网友的分享。最后感谢张龙梅老师在本书校稿时所做的贡献。

最后，感谢社会各界对编程的支持与厚爱，希望编程学习为读者的生活与学习开辟一片新的天地。由于作者水平有限，难免有疏漏和不妥之处，在此诚挚欢迎读者提出意见和建议。

目 录
CONTENTS

第六部分
算法补充与归纳

第一部分

编程平台介绍

第1章

图形化编程模块简介

1.1 变量

在计算机体系架构中，只有存储在内存中的数据和指令才可以被 CPU（central processing unit，中央处理器）操作。CPU每次读或写的一个最基本的单位，称为一个简单变量。

在图形化编程（如 Mind+ 等，读者可以通过百度检索并下载 Mind+ 等图形化编程软件）中要建立一个变量，我们会给它取一个有意义的名字。假如，需要计算三角形三个内角的和，那么可以设立一个表示角度的变量，这个角度的变量可以随着三角形的不同而改变。为了便于理解，我们可以给这个变量取名为"角度"，如图 1-1 所示。变量名可以使用单词、字母或文字表示。变量可以存储数字、字母或文字，或者逻辑判断的结果。显然，变量"角度"存储的是像"-10""0""20.5"这样的数字。

新建变量   ✕

新变量名：

角度

◉ 适用于所有角色   ○ 仅适用于当前角色

取消   确定

▲ 图 1-1   建立"角度"变量

对于程序设计来说，更多的情况下，需要处理的是一组类型相同的数。例如，班级的花名册，就是所有学生姓名列表。这种类型的变量称为列表变量。

在舞台中，变量有三种显示模式：正常显示、大字显示或滑杆。正常显示是显示变量名和它所表示的数值；大字显示是只显示该变量所表示的数值；滑杆则可以根据设定的最大值和最小值来改变这个变量的数值，如图 1-2 所示。

▲ 图 1-2　变量的三种显示模式

对变量的编程操作主要有四种，分别是设置变量的值、将变量增加多少、显示变量和隐藏变量。具体操作如图 1-3 所示。

列表变量是在弥补一般变量存储数据不足的基础上设计出来的，在一个列表中可以存储多个数据，这些数据可以是数字、字母或文字，这有点像 C++/C 语言中的一维数组。例如，要将一月份每天的最高气温存入列表"一月份每天最高气温"中，首先需要新建列表，将列表名设为"一月份每天最高气温"，如图 1-4 所示。

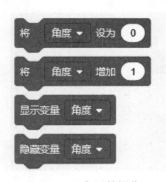

▲ 图 1-3　变量的操作

▲ 图 1-4　新建列表变量

在图形化编程中，对列表的操作主要有以下几项，操作模块如图 1-5 所示。

- 将数据加入列表中。
- 删除列表的第几项。
- 删除列表的全部项目。
- 在列表的第几项前插入数据。
- 将列表的第几项替换为某一数据。
- 选取列表的第几项数据。
- 列表中第一个特定数据的编号。
- 列表的项目数。

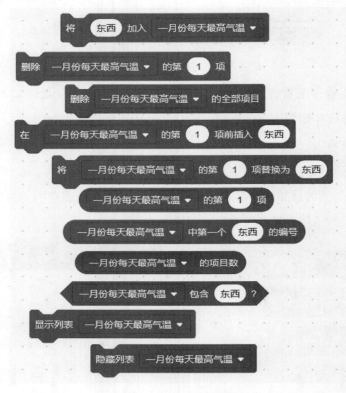

- 判断列表中是否含有某个数据。
- 显示或隐藏列表等。

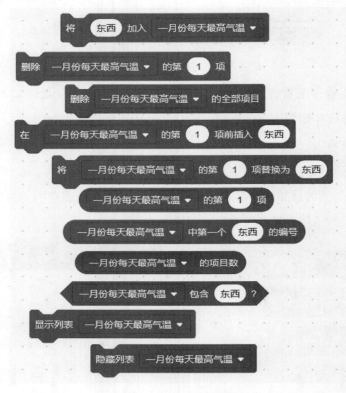

▲ 图 1-5　列表的操作模块

1.2　运算符

图形化编程软件为编程者提供了常用的算术运算、关系运算、逻辑运算和字符串运算。

算术运算符包含常用的加（+）、减（-）、乘（*）、除（/）、取余数、四舍五入运算。这些运算的结果都可以传递给某个变量。这几种运算在图形化编程软件中的形状都是圆角长方形，具体形状如图 1-6 所示。

关系运算符包含一般的大于（>）、小于（<）、等于（=）操作，它们都可以作为判断操作来使用，并将判断结果传递给第三变量。这三种操作的外部形状都是六边形，具体形状如图 1-7 所示。

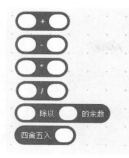

▲ 图1-6　算术运算　　　　▲ 图1-7　关系运算

逻辑运算符包含与（与）、或（或）、非（不成立）三种操作，如图1-8所示。从该图所示的图形可以看出这三种操作左右连接的都是六边形，这说明能够用逻辑运算符运算的都是布尔型的数据。所谓布尔型数据的值只能二选一：真（true）或假（false）。例如：给出一个表达式"1>0"，通过对比我们知道这个表达式是正确的，因此这个表达式最终结果就是真；如果给出的表达式是"0>1"，则说明这个表达式是不正确的，因此最后这个表达式的结果就是假。

逻辑运算中"与"操作的特点是当"与"两边的判断均为真时，这个操作后的结果就是真，反之为假；"或"操作的特点是"或"两边的判断有一个或两个真，这个操作后的结果就是真，当两边同时为假时，这个操作后的结果就是假；"非（不成立）"操作的特点是取操作数的反转值，当给的值是真时，这个操作后的结果就是假。

字符串运算是指对字符串进行操作运算，在图形化编程软件中有以下几种。

- 连接字符串。
- 取字符串中第几个字符。
- 计算字符串中字符数。
- 判断字符串中是否包含某个字符等。

具体图形如图1-9所示。

▲ 图1-8　逻辑运算　　　　▲ 图1-9　字符串运算

1.3 顺序语句

顺序执行是程序的一种基本执行方式，是把一个具有独立功能的程序独占处理机直至最终结束的过程称为程序的顺序执行。例如，在图形化编程软件中，让舞台中央的小猫运用画笔工具向前绘制一个长为 120 步长、宽为 60 步长的矩形，需要让小猫先绘制一条步长为 120 的边，然后旋转 90°，绘制步长为 60 的宽，接着旋转 90°，绘制步长为 120 的长，最后旋转 90°，绘制 60 步长的宽，这样一种结构就称为顺序结构。上述案例代码与效果如图 1-10 所示。

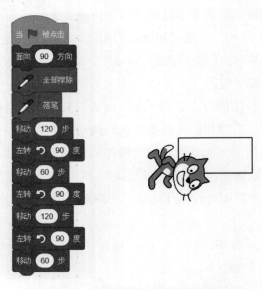

▲ 图 1-10 顺序执行代码与结果示例

1.4 分支语句

分支语句是在解决顺序语句不能做判断的弊端的基础上设计而来的，它的特点是先做判断，再根据判断结果确定从哪个分支进行。例如，我们的考试成绩转换成等级就需要分支语句，将 90 ～ 100 分转换成优秀，将 80 ～ 89 分转换成良好，将 70 ～ 79 分转换成一般，将 60 ～ 69 分转换成及格，将 60 分以下转换成不及格。

在图形化编程中，分支语句有两种表示形式：一种如图 1-11 所示，其中①表示"条件"，②表示满足该条件时需要执行的语句；另一种如图 1-12 所示，其中①表示"条件"，②表示满足该条件时需要执行的语句，③表示不满足该条件时需要执行的语句。

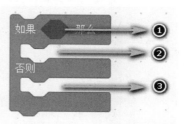

▲ 图 1-11 图形化编程分支语句一　　　　▲ 图 1-12 图形化编程分支语句二

　　在上述案例中，我们可以通过比较变量"分数"的范围来确定学生成绩的等级，该程序的代码如图 1-13 所示。

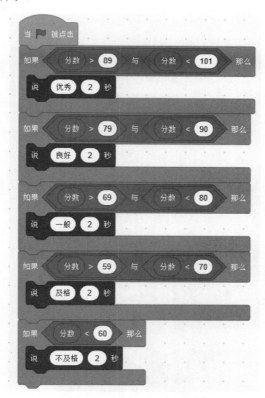

▲ 图 1-13 分支语句案例代码

　　★注意：上述代码中利用"如果……那么"代码模块实现了分支结构，其中分数区间的设置需要特别注意，例如，当我们确定 90 ～ 100 分为优秀，而在设计程序的时候，

需要让变量"分数"既包含90分又包含100分，因此需要将代码比较的语句设置为"分数 >89 与分数 <101"。

1.5 循环语句

数学中我们经常遇到累加或累乘的题目，对我们而言是非常复杂的，而对于计算机而言是比较简单的，只需要设定一个条件范围，计算机就可以自动求解了。这一过程在编程中称为循环结构。一个循环结构中决定循环是否结束的条件称为终止条件，循环条件内部的语句称为循环体。

在图形化编程中，表示循环语句的有三种形式，分别是：能够循环有限次数，如图1-14（a）所示；能够无限次循环，如图1-14（b）所示；直到满足某一条件结束循环，如图1-14（c）所示。

（a）有限次数的循环　　　（b）无限次数的循环　　　（c）循环至满足某一条件

▲ 图 1-14　图形化编程循环语句表现形式

例如，当求 1 ～ 100 的累加和时，可以用图 1-14（a）中的语句进行，所得结果即为 1+2+3+…+100=5050，该案例程序如图 1-15 所示。

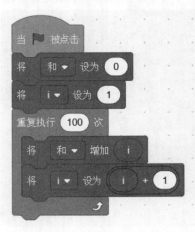

▲ 图 1-15　循环语句案例

1.6　函数运算

函数运算是指通过某个函数将数值计算出来,在图形化编程中的函数操作有绝对值、向下取整、向上取整、平方根、sin、cos、tan、asin、acos、atan、ln、log、e^、10^。各函数的运算特点及解释如表 1-1 所示。

表 1-1　各函数的运算特点及解释

函　数	解　释	举　例
绝对值	将数值转换成非负值	绝对值 ▼ 1 结果为 1 绝对值 ▼ -1 结果为 1
向下取整	取小于该数的最大整数	向下取整 ▼ -5.9 结果为 -6 向下取整 ▼ 5.9 结果为 5
向上取整	取大于该数的最小整数	向上取整 ▼ 5.9 结果为 6 向上取整 ▼ -5.9 结果为 -5
平方根	求平方根	平方根 ▼ 9 结果为 3
sin	求正弦值	sin ▼ 30 结果为 0.5
cos	求余弦值	cos ▼ 30 结果为 0.87
tan	求正切值	tan ▼ 30 结果为 0.58
asin	求反正弦值	asin ▼ 0.5 结果为 30
acos	求反余弦值	acos ▼ 0.5 结果为 60
atan	求反正切值	atan ▼ 1 结果为 45
ln	以 e(2.72)为底的对数运算	ln ▼ 2.72 结果为 1
log	以 10 为底的对数运算	log ▼ 10 结果为 1
e^	以 e(2.72)为底的幂指数运算	e^ ▼ 1 结果为 2.72
10^	以 10 为底的幂指数运算	10^ ▼ 1 结果为 10

第2章

Dev-C++ 简介

Dev-C++ 软件是一个开源的 C++ 编译集成开发环境，由于其具有轻量性、简洁性等优点，并且提供了中文版软件，对初学者非常友好，因此初学者往往将该软件作为学习的"利器"。学习信息学奥赛的学生最初也将 Dev-C++ 作为学习 C++ 语言的编译软件，下面我们就来了解该软件的特点及使用。

2.1 Dev-C++ 界面

安装好 Dev-C++ 软件后，当编写 C++ 程序的时候便能看到如图 2-1 所示的软件界面。

▲ 图 2-1　Dev-C++ 软件界面

C++ 程序都是以 .cpp 为扩展名的，该文件是 C++ 的源文件。所谓源文件是指可以对代码进行编辑的文件，要想运行 C++ 程序，源文件是不能够被执行的，只有将源文件编译成可执行文件后才能真正执行所编辑的代码。在 Windows 系统中，C++ 源文件被编译成以 .exe 为后缀名的可执行文件，该文件才是真正能够执行的文件。

例如，新建一个名为 test 的 C++ 文件，将代码编辑并保存好之后，磁盘上只有一个"test.

cpp"文件，如图 2-2 所示。此时该文件是不能被执行的，必须经过编译（快捷键 F9）。经过编译后，与"test.cpp"同目录的地方会出现一个名为"test.exe"的可执行文件，运行程序所看到的就是该 .exe 文件执行的结果，如图 2-3 所示。

▲ 图 2-2 "test.cpp"文件　　　　▲ 图 2-3 编译生成"test.exe"文件

2.2 快捷键

掌握快捷键会大大提升代码的编辑和运行的效率，同样 Dev-C++ 为提升开发者的效率，在软件中也设置了众多快捷方式，例如通过快捷键 Ctrl+N 新建源代码，通过快捷键 Ctrl+F 进行查找，通过快捷键 Ctrl+R 进行替换等。

在 Dev-C++ 中使用频率最高的还是编译、运行、调试等快捷键，快捷键栏中的图标如图 2-4 所示。

▲ 图 2-4 程序调试快捷键

在菜单栏中，可以通过"运行"菜单找到程序的调试按钮，如图 2-5 所示。

其中，"编译"（快捷键 F9）的作用是对源程序进行编译并生成可执行文件，"运行"（快捷键 F10）是执行编译后的可执行文件，"编译运行"（快捷键 F11）是先编译源程序然后运行可执行文件。当源程序改变后再进行运行时需要对源程序重新编译，否则所执行的程序是上次编译后的可执行文件。除此之外，用得比较多的快捷键是"调试"（快捷键 F5），该快捷键可以配合底部的调试信息查看每一句代码。

▲ 图 2-5 菜单栏中程序的调试按钮

2.3 调试配置

调试是程序编辑过程中检查语法等错误的一种便捷途径，在 Dev-C++ 中可以通过设

置"断点"的方式将程序在某一语句中暂停，然后逐句进行调试。在运用调试功能之前需要对 Dev-C++ 进行调试信息的配置。

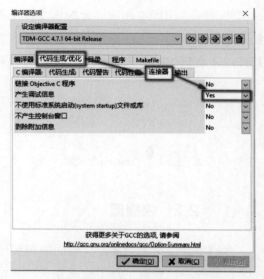

有些 Dev-C++ 编辑器由于没有配置产生调试信息，因而看不到调试过程中各语句执行情况。首先需要设置"产生调试信息"为 Yes：在菜单栏中，单击"工具"—"编译器选项"—"代码生成/优化"—"连接器"选项卡中的"产生调试信息"，将 No 改成 Yes，如图 2-6 所示。

▲ 图 2-6　产生调试信息的配置

2.4　设置断点并查看

断点是调试过程中最常用的调试技巧，设置断点的方式十分简单，只需要在行号处单击，该行便以红色标注，同时在行号处显示 ✓ 标志（见图 2-7），说明程序在调试运行过程中，该语句暂时不执行。当单击"调试"按钮（或按 F5 快捷键）运行到此处时，程序会暂停，同时断点处的背景显示为蓝色（这里显示为黑色，见图 2-8），将鼠标移向相应的变量位置处，程序则提示当前变量值。

▲ 图 2-7　设置断点　　　　　　　　▲ 图 2-8　调试程序

调试过程中，左侧会产生调试过程中的变量值，与此同时，下方的调试窗口提供调试要使用的按钮，"添加查看"按钮用于设置查看的变量，"下一步"按钮用于看到程序下一步所执行的语句，"跳过"按钮用于跳过该断点，"下一条语句"和"进入语句"分别是进入汇编语句的下一条和该语句，"单步进入"按钮则用于执行下一行 C++ 语句，当遇函数则进入函数单步执行。

2.5 编译器与编译日志

编译器的目的是将高级语言转换成机器能够理解的机器语言。在这里编译器是在程序下方的"编译器"选项卡中呈现的，顾名思义，编译器是在程序编译过程中显示编译错误，如果没有错误则不显示。当遇到错误时，Dev-C++ 会在"编译日志"选项卡中显示遇到的错误数量及编译时间等信息，"编译器"中会详细显示错误信息，方便程序编写者通过错误提示查找错误。当上面案例中没有引用输出流库文件的时候会显示如图 2-9 与图 2-10 所示的错误信息。

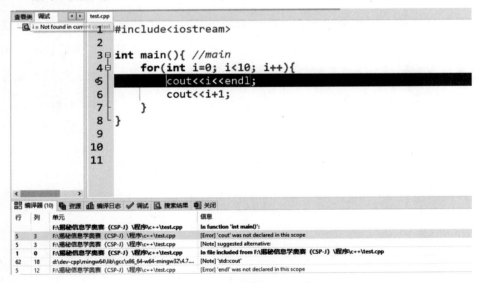

▲ 图 2-9 "编译器"显示错误

▲ 图 2-10 "编译日志"显示错误

当源程序在编译过程中没有遇到任何错误的时候，"编译日志"显示错误为 0，同时显示源程序编译后的"输出大小"（见图 2-11 和图 2-12），这个参数对参加信息学奥赛的学生是非常有帮助的，一般程序题有时间效率与空间效率的要求，我们可以通过该参数来调整程序。

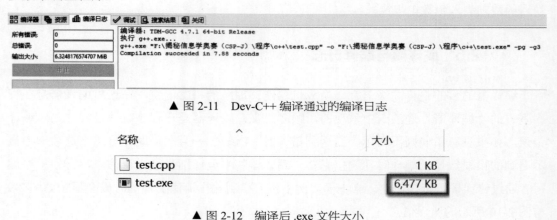

▲ 图 2-11　Dev-C++ 编译通过的编译日志

名称	大小
test.cpp	1 KB
test.exe	6,477 KB

▲ 图 2-12　编译后 .exe 文件大小

信息学奥赛的学习实质上是不断学习、不断优化自己思维的过程，在这个过程中会遇到无数错误，真正认清了错误的根源会对程序有更深刻的认识，因此也有一种说法是，信息学奥赛的学习实质上就是不断调试错误的过程。可见，遇到程序错误是多么正常的事情，不要害怕出现错误，只要细心处理错误，一定会设计出出色的程序。

第二部分

计算机基础知识

第3章

信息学奥赛简介

3.1 NOIP

全国青少年信息学奥林匹克联赛（National Olympiad in Informatics in Provinces，NOIP）是由教育部认可的五大学科（数学、物理、化学、生物、信息学）竞赛之一，起源于 1984 年中国计算机学会（CCF）创办的全国青少年计算机程序设计竞赛。每年由中国计算机学会统一组织。NOIP 在同一时间、不同地点以各省、市为单位由特派员组织，全国统一大纲、统一试卷，初、高中或其他中等专业学校的学生可报名参加联赛。联赛分初赛和复赛两个阶段。初赛考查通用和实用的计算机科学知识，以笔试形式进行；复赛为程序设计，在计算机上调试完成。参加初赛者必须达到一定分数线后才有资格参加复赛。联赛分普及组和提高组两个组别，难度不同，分别面向初中和高中阶段的学生。现在一些省也出台了面向小学生的考试，培养小学生适应未来的考试，当然其试题难度也大大降低。

复赛可使用 C、C++、Pascal 语言，2022 年后将不可使用 Pascal、C 语言，只能使用C++ 语言。

2019 年，由于某种原因，由 CCF 主办的 NOIP（普及组及提高组）暂停，但在 2020年已恢复。

3.2 CSP-J/S

2019 年 CCF 推出 CSP（Certified Software Professional，软件能力认证），这是用于评价计算机专业人士或准专业人士计算机科学的基础能力——算法和编程能力的认证。面对中小学生，CCF 还推出了 CSP 非专业级别的能力认证，也就是现在所说的 CSP-J/S，其中入门级 CSP-J（Junior）对应的是 NOIP 的普及组，提高级 CSP-S（Senior）对应的是 NOIP 提高组。CSP-J/S 同样分为初赛（第一轮）与复赛（第二轮），初赛为笔试，复赛为上机编程，参赛者需要先通过初赛才能参加复赛。从 2020 年信息学奥赛比赛流程来看，CSP-S 已经成为 NOIP 的选拔性考试，也就是说通过 CSP-S 复试的参赛者才有资格参加 NOIP 测试。后面将如何变化还需继续关注计算机学会相关政策，但信息学知识体系的学习是不变的，所以只要打好基础，不管什么赛名的比赛都能轻松应对。

3.3　NOI

通过 NOIP 选拔的选手可以进入 NOI（National Olympiad in Informatics，全国青少年信息学奥林匹克竞赛，官网地址为 http://www.noi.cn/）比赛，NOI 同样是由中国计算机学会于 1984 年创办的全国青少年计算机程序设计竞赛，该竞赛的参赛选手代表了省级最高水平。

3.4　APIO 和 IOI

那么参加完 NOI 国赛后还可以继续参加更高一级的比赛吗？答案是肯定的，如果在国赛中成绩较好被挑选出来便可以代表国家参加 APIO（Asia Pacific Informatics Olympiad）比赛，该比赛是亚洲与太平洋地区信息学奥林匹克竞赛，同时还可以参加 IOI（International Olympiad in Informatics）比赛，即出国参加国际信息学奥林匹克竞赛。

案例 3-1

（2017 年 NOIP 普及组初赛）NOI 的中文意思是（　　）。

A．中国信息学联赛　　　　　　　B．全国青少年信息学奥林匹克竞赛

C．中国青少年信息学奥林匹克竞赛　　D．中国计算机协会

【参考答案】B

参加信息学奥赛对学生的一生影响重大，通过查看公开资料可以发现，许多著名科技公司 CEO、CTO 等曾是 NOI 金牌获得者，很多被保送到清华大学等知名高校。

第4章

计算机硬件基础

4.1 计算机发展史

计算机的产生是 20 世纪最重要的科学技术大事件之一。世界上的第一台计算机（ENIAC）于 1946 年诞生在美国宾夕法尼亚大学，到目前为止，计算机的发展大致经历了四代。

第一代电子管计算机，始于 1946 年，结构上以 CPU 为中心，使用计算机语言，速度慢，存储量小，主要用于数值计算。

第二代晶体管计算机，始于 1958 年，结构上以存储器为中心，使用高级语言，应用范围扩大到数据处理和工业控制。

第三代中小规模集成电路计算机，始于 1964 年，结构上仍以存储器为中心，增加了多种外部设备，软件得到了一定的发展，文字图像处理功能加强。

第四代大规模和超大规模集成电路计算机，始于 1971 年，应用更广泛，很多核心部件可集成在一个或多个芯片上，从而出现了微型计算机。

案例 4-1

（2012 年 NOIP 普及组初赛）1946 年诞生于美国宾夕法尼亚大学的 ENIAC 属于（   ）计算机。

A．电子管　　　　　　　　B．晶体管

C．集成电路　　　　　　　D．超大规模集成电路

【参考答案】A

虽然计算机诞生在 20 世纪，但计算机程序却诞生于 19 世纪。奥古斯塔·阿达·金也称洛芙莱斯伯爵夫人（Augusta Ada King, Countess of Lovelace，1815 － 1852），原名奥古斯塔·阿达·拜伦（Augusta Ada Byron），通称阿达·洛芙莱斯（Ada Lovelace），是著名英国诗人拜伦之女，数学家，计算机程序创始人，建立了循环和子程序概念。她为计算程序拟定"算法"，写作的第一份"程序设计流程图"，被尊称为"第一位给计算机写程序的人"。

我国从 1956 年开始进行电子计算机的科研和教学工作，1983 年研制成功 1 亿次 /s 运算速度的"银河"巨型计算机，1992 年 11 月研制成功 10 亿次 /s 运算速度的"银河 II"巨型计算机，1997 年研制了 130 亿次 /s 运算速度的"银河III"巨型计算机，1998 年研发的"曙光 2000"达到了 20 世纪 90 年代同期国际先进水平，这个系列超级计算机到 2008 年的"曙光 5000"已经能达到超百万亿次每秒性能，2009 年研制的"天河 1 号"是中国第一台国产千万亿次每秒超级计算机，2010 年研发的"曙光 6000"是国内首台超过千万亿次每秒的超级计算机，2012 年神威蓝光超级计算机首次实现超算 CPU 和操作系统的全部国产化，截至 2017 年，天河系列超级计算机已经发展到天河 2A。

超级计算机的研发和使用在每一个国家都是作为国之重器来看待的，多用于气象、医疗、遥感测绘等方面。

4.2 计算机硬件

计算机系统分为硬件系统和软件系统两大部分。

匈牙利著名数学家冯·诺依曼提出了计算机制造的三个基本原则，即采用二进制逻辑、程序存储执行以及计算机由五个部分组成（运算器、控制器、存储器、输入设备、输出设备），这套理论被称为冯·诺依曼体系结构。

在计算机领域还有一个奖项是以冯·诺依曼命名的，那就是冯·诺依曼奖章，该奖项是由 IEEE 于 1990 年设立的，目的在于表彰在计算机科学和技术上具有杰出成就的科学家。

在计算机领域，除了冯·诺依曼奖以外，还有另一个更为重要的奖项——图灵奖。其命名是纪念英国著名的数学家、人工智能之父阿兰·麦席森·图灵（Alan Mathison

Turing），该奖项是由美国计算机协会（ACM）于1966年设立的，目的在于奖励对计算机事业做出重要贡献的人，由于评奖条件极高，评奖程序极严，一般每年仅授予一名计算机科学家，它是计算机领域的国际最高奖项，被誉为"计算机界的诺贝尔奖"。

（2019年CSP-J第一轮笔试）以下哪个奖项是计算机科学领域的最高奖？（　　）

A．图灵奖　　　　　　　　B．鲁班奖

C．诺贝尔奖　　　　　　　D．普利策奖

【参考答案】A

冯·诺依曼之所以伟大，是因为其提出的计算机组成部分至今仍在使用。下面就详细介绍这五个部分。

4.2.1　运算器

运算器由算术逻辑单元（ALU）、累加器、状态寄存器、通用寄存器组成，它也是构成CPU的主要器件。其中算术逻辑单元的基本功能是加、减、乘、除四则运算，与、或、非等逻辑运算，移位、异或等位操作。

4.2.2　控制器

控制器（control unit）是整个计算机系统的控制中心，它指挥计算机各部分协调地工作，保证计算机按照预先规定的目标和步骤有条不紊地进行操作及处理，它也是CPU的主要器件。

控制器从存储器中逐条取出指令，分析每条指令规定的是什么操作以及所需数据的存放位置等，然后根据分析的结果向计算机其他部件发出控制信号，统一指挥整个计算机完成指令所规定的操作。

中央处理器（CPU）是由运算器和控制器构成的。主要生产计算机CPU的厂商有英特尔（Intel）和AMD，英特尔的CPU型号主要有赛扬系列，奔腾系列，酷睿i3、i5、i7等。

在手机领域生产CPU的厂商主要有高通、德州仪器、三星、联发科（MTK）、华为海思、华为麒麟、苹果等。

近几年处理器的生产基本上满足摩尔定律。摩尔定律是英特尔创始人之一戈登·摩尔的经验之谈，其核心内容为：集成电路上可以容纳的晶体管数目在大约每经过 24 个月便会增加一倍。换言之，处理器的性能每隔两年翻一倍。

（2015 年 NOIP 普及组初赛）在 PC 机中，PENTIUM（奔腾）、酷睿、赛扬等是指（　　　）。

A．生产厂家名称　　　　　　　　B．硬盘的型号

C．CPU 的型号　　　　　　　　　D．显示器的型号

【参考答案】C

◆ 4.2.3　存储器

存储器（memory）是计算机系统中的记忆设备，用来存放程序和数据。存储器又分为内存储器与外存储器，内存储器一般指的是内存，它是计算机的重要部件之一，又称为主存，它负责连接外存与 CPU，计算机所有程序的运行都是在内存中进行的。

当然，除了内存以外，内存储器还包含随机存储器（RAM）、只读存储器（ROM）和高速缓存（CACHE）。

随机存储器是既可以被写入数据也可以读取数据的存储器件，一旦断电随机存储器中的数据就会丢失。

只读存储器表示只能读取数据，不能写入，也就是说数据一旦存入就不能更改，当机器断电数据也不会丢失。

高速缓存是内存条的重要技术指标，因为它才是真正位于 CPU 与内存之间的器件，它的读写速度直接影响计算机的性能，所以它的读写速度比内存还快。

外存储器是指除计算机内存及 CPU 缓存以外的储存器，此类储存器一般断电后仍然能保存数据。它的种类很多，包括机械硬盘、固态硬盘、光盘、U 盘、软盘、磁带等。

◆ 4.2.4　输入设备

输入设备（input device）是向计算机输入数据和信息的设备。它是计算机与用户或

其他设备通信的桥梁。常见的输入设备有数位板、键盘、鼠标、扫描仪、麦克风、摄像头、游戏控制杆等。

 4.2.5 输出设备

输出设备（output device）是计算机的终端设备，用于接收计算机数据的输出显示、打印、声音、控制外部设备操作等。常见的输出设备有音响、显示器、打印机等。

4.3 数制与编码

接触过计算机原理的同学一定知道计算机内存储的数据都是以二进制方式存储的，那么为什么要采用二进制存储呢？这与计算机硬件有着密切关系。上一节中我们在学习运算器的时候知道，其基本组成单元之一就是算术逻辑单元，组成算术逻辑单元的基本元器件就是与或门，与或门处理的数字信号就是以"0,1"代码为基础的数据。

（2015 年 NOIP 普及组初赛）在计算机内部用来传送、存储、加工处理的数据或指令都是以（   ）形式进行的。

A．二进制码   B．八进制

C．十进制码   D．智能拼音码

【参考答案】A

由于我们日常接触的数字都是十进制的，而计算机处理的数字大部分是二进制的，因此需要了解数字不同进制之间的换算关系。在了解不同数制间转换关系之前，首先需要了解计算的存储单位。

计算机存储的最小单位称为位（比特），简写为 b（bit）。

计算机存储的最基本单位称为字节，简写为 B（byte）。

不同单位之间的换算关系如下。

1 B=8 b

1 KB=1024 B=2^{10} B

$1\text{ MB}=1024\text{ KB}=2^{10}\text{ KB}$

$1\text{ GB}=1024\text{ MB}=2^{10}\text{ MB}$

$1\text{ TB}=1024\text{ GB}=2^{10}\text{ GB}$

$1\text{ PB}=1024\text{ TB}=2^{10}\text{ TB}$

$1\text{ EB}=1024\text{ PB}=2^{10}\text{ PB}$

$1\text{ ZB}=1024\text{ EB}=2^{10}\text{ EB}$

（2015 年 NOIP 普及组初赛）1MB 等于（　　　）。

A．1000 字节 　　　　　　　　　　 B．1024 字节

C．1000×1000 字节 　　　　　　　 D．1024×1024 字节

【参考答案】D

平时使用的数制有二进制、八进制、十进制和十六进制，它们的表示符号如表 4-1 所示。

表 4-1　数制标识符

数　　制	二 进 制	八 进 制	十 进 制	十 六 进 制
标识符	B	O	D	H

数制之间的关系如表 4-2 所示。

表 4-2　数制换算关系

十进制 （逢十进一）	二进制 （逢二进一）	八进制 （逢八进一）	十六进制 （逢十六进一）
0	0	0	0
1	1	1	1
2	10	2	2
3	11	3	3
4	100	4	4
5	101	5	5

十进制 （逢十进一）	二进制 （逢二进一）	八进制 （逢八进一）	十六进制 （逢十六进一）
6	110	6	6
7	111	7	7
8	1000	10	8
9	1001	11	9
10	1010	12	A
11	1011	13	B
12	1100	14	C
13	1101	15	D
14	1110	16	E
15	1111	17	F

❤ 4.3.1 二进制与十进制

以十进制数 45.125 为例，如何将十进制数转换成二进制数呢？首先需要将该十进制数分成两部分，一部分是整数部分 45，另一部分是小数部分 0.125，下面就需要对两个部分十进制数分别求对应的二进制数。

整数部分转二进制数方法称为除 2 取余法，直到商为 0 为止，得到余数倒序读取便是该十进制整数转换成二进制数的结果，步骤如下。

```
2 | 45
2 | 22      ----------- 1
2 | 11      ----------- 0
2 |  5      ----------- 1      得到余数序列：
2 |  2      ----------- 1      101101
2 |  1      ----------- 0
     0      ----------- 1
```

那么小数部分如何转换成二进制数呢？其方法为乘 2 取整法，即乘以 2 直到小数部分乘积为 1 为止，最后正序取整数，步骤如下。

$$
\begin{array}{r}
0.125 \\
\times \quad 2 \\
\hline
0.25 \\
\times \quad 2 \\
\hline
0.5 \\
\times \quad 2 \\
\hline
1.0
\end{array}
$$

0.25 ------------ 0

0.5 ------------ 0

1.0 ------------ 1

得到整数序列：
001

根据上述两步，便可以得出 45.125 的二进制数为 101101.001。

那么如何再将二进制数转换成十进制数呢？其方法称为按权相加法，在每种数制中每一位都代表一个权值，例如十进制数的 123 中个位表示 10^0，十位表示 10^1，百位表示 10^2，所以对应数字与权值之积再求和就是这个数，即 $3 \times 10^0 + 2 \times 10^1 + 1 \times 10^2 = 123$。二进制也是这样，以二进制数 101101.001 为例。

$$
\begin{array}{ccccccccc}
1 & 0 & 1 & 1 & 0 & 1. & 0 & 0 & 1
\end{array}
$$

权值：2^5 2^4 2^3 2^2 2^1 2^0. 2^{-1} 2^{-2} 2^{-3}

按权相加得到公式：

$1 \times 2^5 + 1 \times 2^3 + 1 \times 2^2 + 1 \times 2^0 + 1 \times 2^{-3}$

$= 32 + 8 + 4 + 1 + 0.125$

$= 45.125$

其他进制数与十进制数转换的方法与二进制数和十进制数的转换方法一样，只不过是基数的变化，例如八进制的权值就是 8，做除法运算的时候，就是除 8 取余法等。

4.3.2 二进制与八进制

二进制与八进制的关系在于三位二进制位可以表示所有八进制情况，因此以三位二进制位为一组，可以转换成八进制数。例如：101101.001 转八进制数需要以小数点为起点，分别向左、向右每三位分为一组，不足三位的需要补 0，然后求出每一组的八进制数，求解过程如下。

```
        1  0  1    1  0  1.   0  0  1
权值： 2²  2¹ 2⁰   2²  2¹ 2⁰.  2²  2¹ 2⁰
        1×2²+1×2⁰  1×2²+1×2⁰   1×2⁰
```

转换为八进制数为 55.1

案例 4-6

（2016 年 NOIP 普及组初赛）与二进制小数 0.1 相等的八进制数是（　　）。

A. 0.8   B. 0.4

C. 0.2   D. 0.1

【参考答案】B

▼ 4.3.3　二进制与十六进制

与八进制转换相似，由于 4 位二进制位可以表示 16 种情况，所以二进制转十六进制时需要将二进制每 4 位为一组进行转换，同样以二进制数 101101.001 为例。

```
        0  0  1  0   1  1  0  1.  0  0  1  0
权值： 2³ 2² 2¹ 2⁰  2³ 2² 2¹ 2⁰. 2³ 2² 2¹ 2⁰
        1×2¹        1×2³+1×2²+1×2⁰   1×2¹
```

转换为十六进制数为 2B.2

案例 4-7

（2018 年 NOIP 普及组初赛）下列四个不同进制的数中，与其他三项数值上不相等的是（　　）。

A. $(269)_{16}$ B. $(617)_{10}$

C. $(1151)_8$ D. $(1001101011)_2$

【参考答案】D

4.3.4 ASCII 编码

ASCII（American Standard Code for Information Interchange）称为美国信息交换标准代码，它是基于拉丁字母的计算机编码系统，基本的 ASCII 码由 33 个控制字符、10 个阿拉伯数字、26 个英文大写字母、26 个英文小写字母、标点符号和运算符组成，共有 128 个。ASCII 码用 1 个字节来存储，但最高位默认为 0，因此，真正使用的是这个字节的后 7 位。

4.3.5 汉字编码

汉字编码分为外码、交换码、机内码和字形码。外码指的是输入码，用于将汉字输入计算机内的一组键盘符号，常见的有拼音码、五笔字型码等；汉字交换码是指不同的具有汉字处理功能的计算机系统之间在交换汉字信息时所使用的代码标准；机内码是指计算机内部存储，处理加工和传输汉字时所用的由符号 0 和 1 组成的代码；字形码是点阵代码的一种，是为了将汉字在显示器或打印机上进行输出，把汉字按图形符号设计成点阵图。

我国汉字编码的标准是 GB2312 字符集，也被称为国际码，它是由两个字节组成的，且两个字节的最高位都为 1，收录汉字共计 6763 个。

4.3.6 原码、反码、补码

在二进制的编码过程中，分为原码、反码和补码三种。

原码是一种计算机中对数字的二进制定点表示方法。原码表示法在数值前面增加了一位符号位（即最高位为符号位）：正数时该位为 0，负数时该位为 1（0 有两种表示：+0 和 -0），其余位表示数值的大小。原码在计算机内部是不能直接参加运算的，例如十进制的 1+(-1)=0，而转换成二进制则是 0001+1001=1010，得到的结果是错误的。

反码是数值存储的一种，多应用于系统环境设置，如 Linux 平台的目录和文件的默认权限的设置 umask，就是使用反码原理。

在计算机中，数字一般以补码的形式进行存储，因为原码和反码在计算过程中会出现计算不准确的情况，而反码则是准确的。

对原码求反要遵循以下规则：正数的反码与其原码相同；负数的反码是对正数逐位取反，符号位保持为 1。例如：

（0101）原 —— 求反 —— （0101）反

（1101）原 —— 求反 —— （1010）反

在计算机系统中，数值一律用补码来表示和存储。原因在于，使用补码可以将符号位和数值域统一处理；同时，加法和减法也可以统一处理。要求补码一般要分为两种情况讨论：当原码是正数时，其补码就是其原码；当原码是负数时，其补码是在反码基础上加 1。例如：

（0101）原 —— 求补 —— （0101）补

（1101）原 —— 求补 —— （1011）补

（2017 年 NOIP 普及组初赛）在 8 位二进制补码中，10101011 表示的数是十进制下的（ ）。

A．43   B．-85

C．-43   D．-84

【参考答案】B

4.3.7 位运算

位运算分为位逻辑运算和移位运算两种：位逻辑运算包括与运算、或运算、异或运算和取反运算；移位运算分为左移运算和右移运算。在 C++ 语言中，位运算符如表 4-3 所示。

表 4-3 位运算符表示

含 义	C++ 语言表示
与运算	a & b
或运算	a | b
异或运算	a ^ b
取反运算	~a
左移运算	a << b
右移运算（带符号运算）	a >> b

与运算的运算规则是，对应二进制位，当两个数同时为 1 时，结果为 1，否则为 0。其中有一种特殊情况，当某数与 1 进行与运算，得到的结果只有两种情况，一种是 0，另一种是 1，当等于 0 时表示该数为偶数，当等于 1 时则表示该数为奇数。

或运算的运算规则是，对应二进制位，当两个数中有一个为 1，结果就是 1，否则为 0。当任意二进制数与 1 进行或运算，则最终结果该数的末位一定是 1，也就是说这种操作可以强行将末位变成 1。

异或运算的运算规则是，对应二进制位，当两个数不同时，结果为 1，反之则为 0。

取反运算的运算规则是，对应二进制位取反，当原二进制位为 0 时，结果为 1；原二进制位为 1 时，结果为 0。

左移运算就是表示把某二进制数向左移动 n 位（高位丢弃，在后面添 n 个 0）。左移 n 位相当于乘以 2^n，因为在二进制数后添一个 0 就相当于该数乘以 2。这种运算往往会提升运算的效率，所以在做乘以 2 的幂次方的时候可以考虑这种操作。

右移运算表示二进制右移 n 位（去掉末 n 位），相当于除以 2 的 n 次方（取整）。对于有符号数，在右移时，符号位将随同移动。当为正数时，最高位补 0；而为负数时，符号位为 1，最高位是补 0 或是补 1 取决于编译系统的规定。

在逻辑运算中，数学表示符与编程逻辑的对应关系如下。

∨表示或。

∧表示与。

¬表示非。

案例 4-9

（2020 年 CSP-J 入门级）设 x=true、y=true、z=false，以下逻辑运算表达式值为真的是（　　）。

A．(x ∧ y) ∧ z

B．x ∧ (z ∨ y) ∧ z

C．(x ∧ y) ∨ (z ∨ x)

D．(y ∨ z) ∧ x ∧ z

【参考答案】C

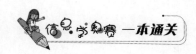

4.3.8 多媒体文件的数字化

多媒体文件指的是除了文字、字符等以外的图像、视频、声音等；这些文件在计算机内部的存储均以二进制的形式存在。下面将分别对图像、视频和声音进行简要介绍。

图像在计算机内部分为两种，一种称为位图，另一种称为矢量图。位图是通过存储像素点的方式来描述的，矢量图则是一系列指令的集合，这两种图像有着较大的差异，如表4-4所示。

表4-4 位图与矢量图的区别

	位 图	矢 量 图
描述方式	像素	指令集合
存储空间	大	小
色彩表现	丰富	单调
缩放效果	放大无限倍后失真	放大无限倍后不失真

图像的数字化主要指的是位图的数字化，也就是说将像素所表现的色彩用二进制的形式记录，因此每一个像素点需要用 n 位二进制位来表示。

如果一幅位图有 16 种颜色，其大小为 800×600 像素，那么它所占的存储空间是多大呢？16 种颜色需要 4 位二进制位来表示（因为 $2^4=16$），所以每个像素点需要 4 位二进制位表示，那么 800×600 个像素需要多少位二进制位呢？应该是 800×600×4=1 920 000b。

案例 4-10

（2020 年 CSP-J 入门级第一轮测试）现有一张分辨率为 2048×1024 像素的 32 位真彩色图像。请问要存储这张图像，需要多大的存储空间？（   ）。

A. 4 MB   B. 8 MB

C. 32 MB   D. 16 MB

【参考答案】B

视频的数字化实质上是在图像数字化基础上加上时间参数，因此如果需要计算视频所占存储空间的话，则需要先计算每一张图片占用的空间，然后乘以图片数量，这里有一个专业名词——帧。

　　声音的数字化则需要考虑采样频率与采样位数的限制，通过每隔一段时间读取波形中的一个数据点，再将数据点进行量化（转为二进制）便可以计算声音的存储空间，其计算公式如下。

声音存储容量 = 采样频率 × 量化位数 × 声道数 × 时间

操作系统与应用软件

上一章提到计算机系统包括硬件系统和软件系统，其中软件系统的底层就是操作系统，没有操作系统任何软件都不能运行。下面介绍主流的两种计算机操作系统。

5.1 DOS 操作系统

DOS（disk operating system，磁盘操作系统）是早期个人计算机上使用最广泛的操作系统。1981—1995 年，DOS 系统已经占领了计算机的绝大部分市场，直到图形化操作系统（以 Windows 为代表）出现，DOS 操作系统才慢慢退出计算机操作系统的历史舞台，但即使这样，在 Windows 操作系统中仍保留了 MS-DOS。

MS-DOS 采用模块结构，它由五部分组成：ROM 中的 BIOS 模块、IO.SYS 模块、MSDOS.SYS 模块、COMMAND.COM 模块以及引导程序。

DOS 常用的内部命令有 dir、md、cd、rd、copy、del、ren、type、cls 等。其内部命令及其含义如表 5-1 所示。

表 5-1　DOS 常用内部命令及其含义

命　令	含　义
dir	显示指定路径上所有文件或目录的信息 格式：dir [盘符：][路径][文件名][参数]
md	建立目录 格式：md [盘符][路径]
cd	进入指定目录 格式：cd [路径]

续表

命　　令	含　　义
rd	删除目录 格式：rd [盘符] [路径]
copy	拷贝文件 格式：copy [源目录或文件] [目的目录或文件]
del	删除文件 格式：del [盘符] [路径] [文件名] [参数]
ren	更改名字 格式：ren [原名] [现名]
type	显示文本文件 格式：type [文件名]
cls	清屏 格式：cls

　　DOS 系统除了有内部命令以外，还有常用的外部命令，当然这些外部命令实质上是一些应用程序，这些外部命令都是以文件形式存在的可执行文件。由于这些文件程序所占的存储容量比较大，所以当用户使用时，计算机将程序由磁盘调入内存中，执行完毕，再退出内存。

　　DOS 系统常用的外部命令有 format、xcopy、chkdsk、move 等。其外部命令及其含义如表 5-2 所示。

表 5-2　DOS 外部命令及其含义

命　　令	含　　义
format	格式化命令 格式：format [盘符] [参数]
xcopy	拷贝命令 格式：xcopy [源路径] [源目录 / 文件名] [目的目录 / 文件名] [参数]
chkdsk	磁盘检查命令 格式：chkdsk [盘符：] [参数]
move	文件移动命令 格式：move [源文件] [目的路径]

5.2 Windows 操作系统及软件

Windows 操作系统是美国微软公司研发的操作系统，问世于 1985 年，起初只有 Microsoft-DOS 模拟环境，现已成为应用范围最广的操作系统。

现阶段的 Windows 操作系统分为 32 位和 64 位。32 位操作系统针对 32 位的 CPU 设计，同样 64 位操作系统是为 64 位的 CPU 设计的。在计算机架构中，64 位整数、内存地址或其他数据单元是指它们最高达到 64 位（8 字节）宽。

微软公司除了开发 Windows 操作系统，还开发了一系列办公软件，例如 Office 系列软件，包括 Word、PowerPoint、Excel、Access 等。在 Windows 操作系统中，可执行文件是以 .exe 为扩展名的。

（2016 年 NOIP 普及组初赛）以下不是微软公司出品的软件是（　　　）。

A. PowerPoint 　　　　　　　　　　B. Word

C. Excel 　　　　　　　　　　　　　D. Acrobat Reader

【参考答案】D

5.3 Linux 操作系统

Linux 全称 GNU/Linux，是一种免费使用和自由传播的类 UNIX 操作系统，其内核由林纳斯·本纳第克特·托瓦兹于 1991 年 10 月 5 日首次发布，是一个多用户、多任务、支持多线程和多 CPU 的操作系统。它支持 32 位和 64 位硬件。使用 Linux 内核的操作系统有 Ubuntu、CentOS、Red Hat 等。

Linux 的基本思想有两点：第一，一切都是文件；第二，每个文件都有确定的用途。

Linux 日常操作命令有 cd（进入某个文件夹）、ls（列出目录内容）、chmod（更改文件权限）、cp（复制）、rm（删除）、kill（终止进程）、ps（查看服务状态）等。更多的操作命令可以参考相应的操作系统手册。

第6章

计算机网络基础

6.1 计算机网络组成

计算机网络的组成与计算机的组成类似，同样是由硬件和软件组成。计算机网络是由网络硬件和网络软件组成。

网络硬件包括网络服务器、网络工作站、传输介质和设备等。常见的有线传输介质有同轴电缆、双绞线（双绞线是我们日常所常见的网络有线传输介质，通常称为网线）和光纤等。常见的网络设备有集线器、交换机和路由器（路由器可以连接不同局域网的设备）等。

网络软件一般是指系统的网络操作系统、网络通信协议和应用级的提供网络服务功能的专用软件。其中通信协议是不同网络设备生产厂商必须遵循的统一的规定，这样才能实现不同设备之间的互相通信。

计算机网络大都按层次结构模型去组织计算机网络协议。国际标准化组织（ISO）建议的"开放系统互连"（OSI）基本参考模型由7层组成，分别是物理层、数据链路层、网络层、运输层、会话层、表示层和应用层。其通信流程如图6-1所示。

OSI 7层模型协议在实际运用中并没有 TCP/IP 模型应用范围广，因此在通常使用过程中，所配置的往往是 TCP/IP 模型。TCP/IP（transmission control protocol/internet protocol，传输控制协议 / 网际协议）是指能够在多个不同网络间实现信息传输的协议簇。TCP/IP 模型不仅仅指的是 TCP 和 IP 两个协议，而是指一个由 FTP、SMTP、TCP、UDP、IP 等协议构成的协议簇，只是因为在 TCP/IP 模型中 TCP 协议和 IP 协议最具代表性，所以被称为 TCP/IP 模型。

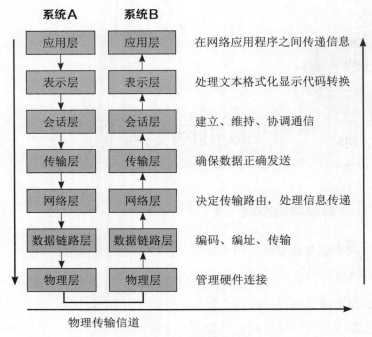

▲ 图 6-1   OSI 7 层模型

TCP/IP 模型相比 OSI 7 层模型而言比较简单，它是由 4 层组成的，分别是应用层、传输层、网络层和网络接口层。其中 TCP/IP 模型中的网络接口层实质上是 OSI 模型中物理层与数据链路层的合并，TCP/IP 模型中的应用层实质上是 OSI 模型中应用层、表示层、会话层的合并。它们之间的关系如图 6-2 所示。

OSI 7 层模型	TCP/IP 模型		TCP/IP 模型每层主要协议
应用层	应用层	面向用户	简单邮件传输协议（SMTP）、超文本传输协议（HTTP）、网络终端协议（TELNET）、文件传输协议（FTP）、域名解析协议（DNS）、简单网络管理协议（SNMP）等
表示层			
会话层			
运输层	传输层	面向数据传输	传输控制协议（TCP）、用户数据报协议（UDP）
网络层	网络层		网际协议（IP）
数据链路层	网络接口层		底层网络协议
物理层			

▲ 图 6-2   OSI 与 TCP/IP 模型关系

所谓的面向用户的协议是指能够直接为应用进程（程序）提供服务的；面向数据传输的协议都是为应用进程服务的，对用户而言是不可见的，因此也被称为是"透明的"。

应用层中关于邮件传输的协议主要有 3 种，分别是 POP3、SMTP 和 IMAP。POP3（post office protocol - version 3，邮局协议第三版）规定怎样将个人计算机连接到 Internet 的邮件服务器和下载电子邮件的电子协议；SMTP（simple mail transfer protocol，简单邮件传输协议）帮助每台计算机在发送或中转信件时找到下一个目的地；IMAP（internet mail access protocol，交互式邮件存取协议）的作用是使在电子邮件客户端收取的邮件仍然保留在服务器上，同时在客户端上的操作都会反馈到服务器上。

在传输层中主要有 2 个协议，一个是 TCP 协议，另一个是 UDP 协议。TCP 协议负责控制应用层包含所在的 2 台计算机之间的数据传输，保证数据能可靠地、无差错地传输；UDP 协议是尽最大努力交付，不保证提供可靠的交付。

IP 协议的主要功能是路由选择，即为每个分组选择最佳的路径并把分组送到目的地。不同于 TCP 的是：IP 是无连接的协议，每个分组是单独发送的。

案例
6-1

（2017 年 NOIP 普及组初赛）下列协议中与电子邮件无关的是（　　　）。

A．POP3　　　　　　　B．SMTP

C．WTO　　　　　　　D．IMAP

【参考答案】C

 6.2　计算机网络类型

计算机网络类型根据分类标准不同可以分成不同种类的计算机网络。一般来说，计算机网络会依据网络拓扑结构、通信距离和用途来划分。

根据网络拓扑结构划分，可以分成总线形、环形、星形、网状形和树形 5 种。总线形拓扑结构的优点是电缆长度短，布线、维护容易，便于扩充，总线中任一节点发生故障都不会造成整个网络的瘫痪，可靠性高；缺点是故障诊断、隔离困难，实时性不强。环形拓扑是使用公共电缆组成一个封闭的环，各节点直接连到环上，信息沿着环按一定方向从一个节点传送到另一个节点。在星形拓扑结构中，网络中的各节点通过点到点的

方式连接到一个中央节点（又称中央转接站，一般是集线器或交换机）上，由该中央节点向目的节点传送信息。网状形拓扑结构主要指各节点通过传输线互相连接起来，并且每一个节点至少与其他两个节点相连，网状形拓扑结构具有较高的可靠性，但其结构复杂，实现起来费用较高，不易管理和维护，不常用于局域网。树形拓扑结构包含分支，每个分支又包含多个节点，类似于总线形拓扑结构。

根据通信距离可以分成局域网（LAN）、城域网（MAN）和广域网（WAN）3 种。一般来说覆盖几千米范围内的网络称为局域网；城市范围内的称为城域网；广域网是指不同地区互联且跨度非常大的网络。

根据用途可以分为公用网和专用网 2 种。这 2 种网络顾名思义，专用网就是专门用于某一种用途，不具备资格的进入不了；而公用网是指人人皆可进入的。

（2018 年 NOIP 普及组初赛）广域网的英文缩写是（　　）。

A. LAN   B. WAN

C. MAN   D. LNA

【参考答案】B

 ## 6.3　IP 地址

IP 地址是由 4 个字节组成的，且 2 个字节之间用"."分隔，每个字节转换成十进制不能超过 255（转换成二进制范围是 00000000 ～ 11111111）。

IP 地址在设计之初，为了便于寻址，每个 IP 地址包括两部分，分别是网络号和主机号，同一个物理网络属于同一个网络号，该网络中每台计算机都有唯一的主机号与之对应，这样通过先确定网络号再确认主机号的方式可以找到网络中的这台主机。然而随着计算机的普及，第四代 IP 地址（IPv4）即 4 个字节组成的 IP 地址已经不够用了，因此，当前出现了第六代 IP 地址（IPv6，用 128 位表示 IP 地址）与第四代 IP 地址（IPv4）共用的现象。

这里主要介绍第四代IP地址,简称IP地址。IP地址根据网络号的不同,可以分成5类,分别是:A、B、C、D、E。其IP地址范围与主机数量如表6-1所示。

表6-1 IP地址分类与主机数量

类　别	范　围	主 机 数
A	1.0.0.0 ~ 127.255.255.255	$2^{24}-2$
B	128.0.0.0 ~ 191.255.255.255	$2^{16}-2$
C	192.0.0.0 ~ 223.255.255.255	$2^{8}-2$
D	224.0.0.0 ~ 239.255.255.255	用户多点广播
E	240.0.0.0 ~ 255.255.255.255	因特网保留使用

在IP地址中还有一些地址是具有特殊意义的,例如0.0.0.0表示一类不清楚目的主机和目的网络的地址集合;255.255.255.255是特殊广播地址,它是不能被路由转发的;127.0.0.1是本地测试地址;169.254.×.×是DHCP故障地址。除此之外,有大量私有网络地址如表6-2所示。

表6-2 私有网络地址

类　别	范　围
A	10.0.0.0 ~ 10.255.255.255
B	172.16.0.0 ~ 172.31.255.255
C	192.168.0.0 ~ 192.168.255.255

6.4 网络安全

网络安全是计算机网络不可避开的一项重要内容,原因在于只要是人类设计的软件,就会产生各种漏洞,给不法之人可乘之机。因此在网络安全上,需要立法和技术两方面共同维护,以便营造安全的网络环境。

网络安全分为两方面,一方面是硬件安全,例如传输介质在通电过程中产生的电磁泄漏等;另一方面是软件安全,包括通过弱口令、用户权限等方法来窃取数据。

常见的网络攻击包括中断(尝试中断用户间的通信)、截获(截获用户通信内容)、篡改(通信过程中篡改数据)、伪造(编写假的内容发送)、拒绝服务(以DDos攻击

为代表的使请求方在访问服务器时产生拒绝服务)、抵赖(发送者发送信息后否认自己发送过)、恶意程序(包括病毒、蠕虫、木马等程序破坏系统或其他程序、数据)。

　　防范这些攻击的常用手段有安装杀毒软件、设置防火墙(有效阻隔内网与外网)和加密文件。加密方法主要分为对称加密和非对称加密两种,区分是否对称需要看秘钥是保密的还是公开的,保密的就属于非对称加密,主要算法有 RSA、ECC 等。除了这两种加密方法以外,还有一种加密方法比较常用,那就是 MD5 加密方法,它是通过哈希算法进行设置的,后面将介绍哈希算法。

第三部分

从图形化编程到 C++ 入门

第7章

C++ 基础

数据类型一般用于变量的赋值与计算，图形化编程是为了简化程序，并不突出变量中的数据是什么类型，而是通过不同模块的配合产生不一样的学习效果，而 C++ 中则需要清晰地了解每一种数据类型的范围，并在此基础上对变量进行设置。

7.1 数据类型

在学习图形化编程过程中，建立的变量一般来说只有两种类型，一种称为变量，另一种称为列表，这两种类型可以接受包括字符、字符串、整数、小数等在内的所有类型，而且不需要提前声明变量的类型。

C++ 语言中每一种变量在使用前必须声明它的数据类型，且它的数据类型要比图形化编程规定得更加细致。其主要包括五类，分别是布尔型、字符型、整型、浮点型和无类型。其中布尔型（bool，占用 1 个字节）的结果只有两个，一种情况为真（true 或 1），另一种情况为假（false 或 0），常用于判断；整型又分为无符号整型、有符号整型、短整型、无符号短整型、长整型、无符号长整型；浮点型包含单精度浮点型、双精度浮点型和长双精度浮点型。部分数据类型及其所占位数如表 7-1 所示。

表 7-1　C++ 数据类型及所占位数

数据类型	C++ 语言表示	所占位数	范　　围
字符型	char	8 b（1 字节）	−128~127 或 0~255
无符号字符型	unsigned char	8 b（1 字节）	0~255
整型	int	32 b（4 字节）	−2,147,483,648~2,147,483,647
无符号整型	unsigned int	32 b（4 字节）	0~4,294,967,295

数据类型	C++ 语言表示	所占位数	范　围
有符号整型	signed int	32 b（4 字节）	−2,147,483,648~2,147,483,647
短整型	short int	16 b（2 字节）	−32,768~32,767
无符号短整型	unsigned short int	16 b（2 字节）	0~65,535
长整型	long int	64 b（8 字节）	−9,223,372,036,854,775,808 ~9,223,372,036,854,775,807
无符号长整型	unsigned long int	64 b（8 字节）	0~18,446,744,073,709,551,615
单精度浮点型	float	32 b（4 字节）	(±)1.17549e−38~3.40282e+38
双精度浮点型	double	64 b（8 字节）	(±)2.22507e−308~1.79769e+308

★注意：不同数据类型之间可以通过强制转换的方式进行更改，即在变量前使用"（数据类型）"的方式改变，但由精度高的数据类型向精度低的转换过程中，将会造成部分数据的丢失。例如：

float a=3.2;

cout<<(int)a;

最后输出结果是 3。

当 char 与 int 相互转换的时候，如果十进制数为 0 ～ 127，程序按照 ASCII 码进行转换。例如：

int b=97;

cout<<(char)b;

最后输出结果是 a。

案例
7-1

📖 问题描述

建立一个变量，并由用户输入变量的值，然后输出。

图形化编程参考程序如图 7-1 所示。

当输入的是字符串时，其显示的便是字符串；当输入的是整数时，其显示的便是整数。这对学习编程者而言是非常方便的，只需要理解变量是一个容器即可。其显示结果如图 7-2 所示。

▲ 图 7-1　图形化编程参考程序

▲ 图 7-2　图形化编程变量显示结果示例

在 C++ 语言中各种常见的数据类型的范围及常见变量的使用程序如下。

```
1.  // 引入 iostream 和 limits 库
2.  #include<iostream>
3.  #include<limits>
4.  // 使用 C++ 标准程序库，命名空间为 std
5.  using namespace std;
6.  // 程序的主函数，函数类型为 int
7.  int main(){
8.  //cout 在引用 iostream 库中使用，endl 是换行
9.    cout<<"bool 所占字节 ="<<sizeof(bool)<<",
最小值 ="<<(numeric_limits<bool>::min())<<",
最大值 ="<<(numeric_limits<bool>::max())<<endl;
10.   cout<<"char 所占字节 ="<<sizeof(char)<<",
最小值 ="<<(numeric_limits<char>::min)()<<",
最大值 ="<<(numeric_limits<char>::max)()<<endl;
```

11.　　cout<<"int 所占字节 ="<<**sizeof(int)**<<",

最小值 ="<<(numeric_limits<**int**>::min)()<<",

最大值 ="<<(numeric_limits<**int**>::max)()<<endl;

12.　　cout<<"long 所占字节 ="<<**sizeof(long)**<<",

最小值 ="<<(numeric_limits<**long**>::min)()<<",

最大值 ="<<(numeric_limits<**long**>::max)()<<endl;

13.　　cout<<"float 所占字节 ="<<**sizeof(float)**<<",

最小值 ="<<(numeric_limits<**float**>::min)()<<",

最大值 ="<<(numeric_limits<**float**>::max)()<<endl;

14.　　cout<<"double 所占字节 ="<<**sizeof(double)**<<",

最小值 ="<<(numeric_limits<**double**>::min)()<<",

最大值 ="<<(numeric_limits<**double**>::max)()<<endl;

15.　　// 先声明

16.　　**bool** a;

17.　　**int** b;

18.　　**long** c;

19.　　**float** d;

20.　　**double** e;

21.　　// 再使用

22.　　cout<<" 请输入 a、b、c、d、e 的值，中间以空格分隔 "<<endl;

23.　　//cin 是用户输入，变量与变量间用空格、tab 或回车分隔

24.　　cin>>a>>b>>c>>d>>e;

25.　　cout<<"a="<<a<<",b="<<b<<",c="<<c<<",d="<<d<<",e="<<e;

26.　　// 由于 main 函数是 int 类型，所以返回值为 int 类型

27.　　**return** 0;

28.　}

最后得到的结果如下。

bool 所占字节 =1，最小值 =0，最大值 =1

char 所占字节 =1，最小值 =€，最大值 = □

int 所占字节 =4，最小值 =-2147483648，最大值 =2147483647

long 所占字节 =4，最小值 =-2147483648，最大值 =2147483647

float 所占字节 =4，最小值 =1.17549e-038，最大值 =3.40282e+038

double 所占字节 =8，最小值 =2.22507e-308，最大值 =1.79769e+308

请输入 a、b、c、d、e 的值，中间以空格分隔：

1   423   4534324   233.223   23.234542332

a=1,b=423,c=4534324,d=233.223,e=23.2345

📖 程序说明

在 C++ 参考程序中主要分成三个部分，第一部分是导入库文件，第二部分是声明命名空间，第三部分是程序代码部分。由于 C++ 语言并不能处理输入和输出，因此需要借助其他库文件来帮助我们实现代码，其中 iostream 就是处理输入和输出的库文件，除此之外，在将来的编程学习中，库文件的使用将非常频繁，除了输入、输出以外，还要包含许多复杂计算及数据结构的库文件，这样在编程过程中会省很多的力。

在 C++ 语言编程体系中存在大量的库文件，然而不同类库往往会引起冲突，为了避免这一情况的出现，奥赛编程中往往使用标准命名空间来防止冲突，因此在上述程序中采用标准（std）命名空间。

C++ 语言与 C 语言一样都存在唯一的一个主函数——main 函数，它就像是一个家庭的大门一样，不管这个家里有什么东西，都必须通过这个大门进入才能看到，所以，C++ 程序都是从 main 函数开始的。函数前的数据类型是指返回数据的类型，例如上述程序 main 函数前面是 int，代表这个函数需要返回一个 int 类型的数据，因此在后面我们用 return 0 来表示返回。

📑 7.2 语法

▼ 7.2.1 程序入口

一个程序可能由多个函数组成，但入口函数只有一个。上一节已经介绍了整个程序的入口（主函数）是 main 函数，且 main 函数的返回类型必须为 int 类型，否则程序会报出 [Error] '::main' must return 'int' 错误。按照语法规则，main 函数返回的值也必须是整数，因此一般在 main 函数最后写 return 0；当然在 main 函数中不写 return 0 也不会报错，为了规范建议最后写上 return 数值。

⊙ 7.2.2　注释

注释是学习编程和进行程序开发的良好习惯，通过注释，编程者可以清晰地回顾编程的思路。在 C++ 语言中，注释分为两种，一种是单行注释，另一种是多行注释。

单行注释用双斜杠（//）引起，这种注释内容只能在一行中写入，且双斜杠（//）后面的内容均为注释内容，编译器是不会对双斜杠（//）后面的内容进行编译的。

多行注释是以"/*"组合符号引起、"*/"组合符号结束的，这种注释方式解决注释内容过多、单行内容太长的注释，因此只要被上述两个符号包括的所有内容均为注释内容，编译过程中不被编译。

⊙ 7.2.3　变量定义及使用

变量实质上是程序告诉计算机内存需要开辟一块多大的地方，然后计算机把所开辟的内存地址给程序，当我们利用等号（=）给变量赋值的时候，该地址中存储的数据就是我们赋给它的数值。

变量的命名也是具有一定规则的，其规则如下。

- 由字母（包含大小写）、数字（0～9）和下画线（_）组成。
- 不能以数字开头（例如 1a 不能作为变量，a1 就可以）。
- 区分大小写。
- 变量不宜过长。
- 不能使用关键字（关键字如表 7-2 所示）。

表 7-2　ISO C++98/03 关键字

asm	do	if	return	typedef
auto	double	inline	short	typeid
bool	dynamic_cast	int	signed	typename
break	else	long	sizeof	union
case	enum	mutable	static	unsigned
catch	explicit	namespace	static_cast	using
char	export	new	struct	virtual

class	extern	operator	switch	void
const	false	private	template	volatile
const_cast	float	protected	this	wchar_t
continue	for	public	throw	while
default	friend	register	true	try
delete	goto	reinterpret_cast		

必须区分大小写。在 C++ 语言中，对大小写字母是敏感的，换句话说，在定义变量的时候，如果我们定义的变量是大写的 A，使用的过程中就必须是大写的 A，如果写成小写 a，程序就会报错，除非对小写 a 也进行了定义。

变量在使用之前必须先声明，即定义变量的类型，例如我们要使用整型的 x 变量，必须在使用前定义为 int x，后面再使用 x 时可以不再定义它的类型；当然在定义类型的时候可以同时赋值，例如 int x=0；在声明同一类型的多个变量时，可以以逗号（,）分隔，例如同时定义整型的 x 和 y，形式为 int x,y。

7.2.4 语句结束符

在 C++ 编程中，标志某一句语句结束的符号是英文状态的分号（;）。一般来说，在编程中每一句语句单独占一行，这样编程者在阅读程序时更具条理性，当然一行中包含多条语句也是可以的，但这种写法一般不提倡。例如 int x; float y; 与分两行写是等价的。

7.2.5 语句块与缩进

在编程中，一个函数或一个程序往往由多条语句组成，当程序规模越来越大，对编程者而言，程序的可阅读性非常重要，为了便于逻辑的表达，我们往往将同一个逻辑的语句形成一个逻辑语句块，一个语句块是由一对花括号"{}"括起来的，与此同时，同一个逻辑的语句块的起始位置的缩进（即空格数）是相同的。

7.2.6 作用域

根据变量的作用域不同，可分为局部变量和全局变量。所谓作用域是指变量在什么范围内有效。在图形化编程中，当新建一个变量，弹出的对话框提示这个变量是仅适用于当前的角色还是对所有角色都适用，其中"仅适用于当前角色"是指这个变量只能被当前角色使用，别的角色不能用，因此这个变量的作用域就是当前的角色，属于局部变量的范围；相反如果"适用于所有角色"则任何一个角色都能用这个变量，那么此时的变量就属于全局变量的范围，如图 7-3 所示。

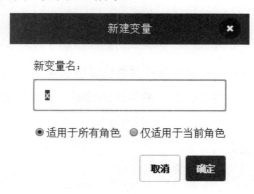

新建变量

新变量名：

◉ 适用于所有角色　◯ 仅适用于当前角色

取消　　确定

▲ 图 7-3　图形化编程新建变量

在 C++ 语言中，函数内部声明的函数只能在函数内部使用，属于局部变量，在函数外部声明的变量，一般属于全局变量，如下面程序所示。

```
1.  #include<iostream>
2.  using namespace std;
3.  // 全局变量 a
4.  int a=3;
5.  int main(){
6.      // 局部变量 b
7.      int b=2;
8.      // 函数内可以调用全局变量 a
9.      cout<<a<<endl;
10.     // 函数内部也可以使用自己定义的局部变量 b
11.     cout<<b<<endl;
12.     return 0;
13. }
```

▼ 7.2.7　常量与转义字符

常量在字面上与变量含义相对，是指在程序执行过程中不会改变的一些量，而且，常量可以是任意数据类型，在自定义常量的时候，一般将常量的所有字母定义为大写，

变量一般为小写字母。

常量的定义有两种方式，一种格式如下。

const 数据类型 常量名称 = 值；

另一种格式如下。

#define 常量名称 值

这两者的差异在于：#define 是在编译前将值赋给常量名，后面编译的时候不再检查语法错误；而 const 是一个关键字，是将变量转为常量，在编译过程中会检查该赋值是否正确。C++ 示例程序如下。

```cpp
1.  #include<iostream>
2.  using namespace std;
3.  int main(){
4.      // 定义常量 A 和 C
5.      const int A=3;
6.      #define C 9872837L
7.      /* 下面两句如果执行会报错，
8.      因为常量不允许改变值
9.      A=2;
10.     C=333;
11.     */
12.     // 输出 A
13.     cout<<A<<endl;
14.     // 输出 C
15.     cout<<C<<endl;
16.     return 0;
17. }
```

在 C++ 中要输出一些特定字符需要利用转义字符来实现，一般是通过反斜杠（\）+ 字符的形式实现，由于其固定性可以将其认为是常量，常见的转义字符如表 7-3 所示。

表 7-3　常见的转义字符

转 义 字 符	输 出 字 符
\\	\
\'	'
\"	"
\?	?
\n	换行符
\r	回车（不换行）
\t	水平制表符

7.3　运算符

位运算符 4.3 节已介绍，这里不再赘述。

7.3.1　算术运算符

在 C++ 语言中包含 7 种算术运算符，除了在数学课中常用的加（+）、减（−）、乘（*）、除（/）运算符以外，还有取余（%）、自增（++）和自减（−−）运算。

值得注意的是，在做除法运算的时候，当除数与被除数都是整数时，得到的结果也是整数，当其中一个为浮点型时，结果才为浮点型。

取余运算又叫作模运算，x%y 是指 x 除以 y 后取其余数（其中 x 和 y 均为整数），值得注意的是取余结果的符号与 x 相同，y 不能等于 0，当 x 的绝对值小于 y 的绝对值时，结果为 x 本身。

自增和自减运算是针对某个变量的加 1 或减 1 操作，而 ++ 或 −− 放在变量前面与放在变量后面有着很大的差别，放在前面是将计算结果先赋值给该变量再使用，放在后面则是值先使用该变量，再进行加 1 或减 1 操作。为了更清晰地反映其相关变化，具体操作如下。

```
1. #include<iostream>
2. using namespace std;
3. int main(){
4.     int a=1,b=1,c=1,d=1;
```

5.	// 先输出 a，再将 a+1 并赋值给 a
6.	cout<<"a++: "<<a++<<",a: "<<a<<endl;
7.	// 先做 b+1，并赋值给 b
8.	cout<<"++b："<<++b<<",b: "<<b<<endl;
9.	// 先输出 c，再将 c-1 赋值给 c
10.	cout<<"c--: "<<c--<<",c: "<<c<<endl;
11.	// 先做 d-1，并赋值给 d
12.	cout<<"--d: "<<--d<<",d: "<<d<<endl;
13.	return 0;
14.	}

【结果】

a++:1,a:2

++b:2,b:2

c--:1,c:0

--d:0,d:0

在算术运算符中，各运算符是有优先级的，优先级越高，越优先进行某项运算。上述 7 种运算符中，加、减运算优先级低于乘、除和取余，它们的优先级都低于自增和自减运算。当上述所有的运算符遇上"( )"时，都要优先运算括号内的。

（2016 年 NOIP 普及组初赛）阅读程序并写结果。

1.	#include<iostream>
2.	using namespace std;
3.	int main(){
4.	int i=100,x=0,y=0;
5.	while(i>0){
6.	i--;
7.	x=i%8;
8.	if(x==1)
9.	y++;

```
10. }
11. cout<<y<<endl;
12. return 0;
13. }
```

输出：＿＿＿＿＿＿＿＿。

【参考答案】13

7.3.2　关系运算符

关系运算符是双目运算关系，也就是在运算符左右两边都有内容。关系运算符包括等于运算（==）、不等于运算（!=）、大于运算（>）、小于运算（<）、小于等于运算（<=）、大于等于运算（>=）。这 6 种运算符与数学中的表示含义相同，不同的是输出结果为布尔类型，即当成立的时候输出结果为 true（1），不成立的时候输出结果为 false（0）。

7.3.3　逻辑运算符

逻辑运算符包含 3 种，分别是与（&&）、或（||）和非（!）运算，逻辑运算符运算结果为布尔类型。与运算的特点是当两边同时为 true（1）时，结果为 true（1），否则为 false（0）；或运算的特点是两边只要有一个为 true（1），结果即为 true（1），否则为 false（0）；非运算的特点是取反操作，当原表达式为 true（1）时，取反后结果为 false（0），当原表达式为 false（0）时，取反后结果为 true（1）。

上述 3 种运算符的优先级如下。

逻辑运算符	关系运算符	算数运算符

→

低　　　　　　　　　　　　　　　　　　　　　　　　高

7.3.4　赋值运算符

常见的赋值符是 =，它指的是将 = 号右边的值赋值给左边，除了简单的赋值符号以外，还有一些复合型的赋值符号，如 +=、−=、*=、/=、%=，这些复合运算符是指先进行运算再赋值，例如 x+=y 相当于 x=x+y。复合型赋值符除了复合算数运算符以外，还有复合位运算符，例如 &=、|=、^=、>>=、<<= 运算符，其表示含义与复合算数运算符相似，

例如：x&=y 相当于 x=x&y。

7.3.5 三目运算符

三目运算符的格式如下。

条件 ? a:b

该运算符指的是当条件成立时输出 a，否则输出 b。

例如：

```
1.  #include<iostream>
2.  using namespace std;
3.  int main(){
4.      int a=1,b=2;
5.      int c= a>b?1:0;
6.      cout<<c;
7.      return 0;
8.  }
```

【结果】

0

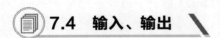

7.4 输入、输出

前面已经提及 C++ 语言中并没有专门处理输入、输出的语句，需要调用库函数来实现。在信息学奥赛中输入与输出有两种基本形式，一种是在程序运行提示符下输入、输出，另一种是利用文件输入、输出。

在程序运行提示符下进行输入、输出也有两大类，一类是输入、输出流，用到的库是 iostream；另一类是通过格式化输入或输出，用到的库是 cstdio。除了上述两类在命令提示符下输入、输出的以外，如果要输入、输出字符可以使用 getchar() 函数和 putchar() 函数，它们分别表示输入、输出，其中 getchar() 函数只接收输入的第一个字符，putchar() 函数可以将十进制数、十六进制数、转义字符、字符等输出。

❤ 7.4.1 输入、输出流

通过输入流进行输入，其格式如下。

cin>> 变量 ;

通过输入流进行输入时也可以连续输入多个值，可以通过 "cin>> 变量 1>> 变量 2>>……" 的方式输入，在命令提示符下用户需要输入对应数量的值，不同值之间的分隔可以是一个或多个空格，tab 间隔或回车。

通过输出流进行输出，其格式如下。

cout<< 表达式 ;

输出时也可以输出多个表达式的值，可以通过 "cout<< 表达式 1<< 表达式 2<<……" 的方式输出，为了区分不同表达式之间的间隔，往往在不同表达式之间加入 " "，表示不同值之间通过多个空格分隔，如果想换行可以通过 endl 和 "\n" 的方式进行。

如果需要将十进制数输出成八进制数或十六进制数，其格式如下。

cout<<**oct**<< 表达式 ; //oct 表示八进制数

cout<<**hex**<< 表达式 ; //hex 表示十六进制数

如果要转为二进制数，则需要引入 bitset 库文件，其格式如下。

cout<<**bitest**<**sizeof**(变量类型)>(变量);

例如整型变量 a=8，其二进制数输出为：

cout<<bitest<sizeof(unsigned int)>(a);

输出结果为：1000

❤ 7.4.2 格式化输入、输出

格式化输入使用的函数是 scanf()，其格式如下。

scanf(输入格式 , 内存地址)

输入格式中包含对应变量的格式符合变量之间的分隔符，例如要输入两个整型变量，且输入数值之间以 ";" 分隔，输入格式写为 "%d;%d"，其中 %d 为格式，代表输入的数值是十进制整数，";" 代表用户输入过程中不同数值之间的间隔符号，如果没有分隔符，用户可以使用空格来分隔不同变量值。

不同类型变量是由不同格式表示的，其格式与说明如表 7-4 所示。

表 7-4　格式表示与说明

格　式	说　明
%d（或 %i）	十进制整数
%u	无符号十进制整数
%o	八进制整数
%x	十六进制整数
%c	字符
%s	字符串
%f（或 %e）	实数

若变量类型为长整型或双精度浮点型，可以在 % 后增加 l，例如，长整型表示为 %ld，double 类型表示为 %lf。

在 scanf() 函数中，最后一部分表示的是各个变量的内存地址，用"&"号表示。例如定义整型变量 a，程序在计算机内存中为该变量分配 4 个字节的内存，变量的值便存储在该内存中，内存地址是指该变量所占内存的起始地址。

格式化输出使用的函数是 printf()，其格式如下。

printf(输出格式 , 输出量)

输出格式与输入格式相似，不过在信息学奥赛中经常遇到对输出位数进行限制的情况，例如，要求输出的实数保留两位小数，其格式应该写为 %.2f，其中".2"表示小数点后面保留两位小数，当然也可以显示整数位数，例如整数保留 4 位，格式表示为 %4.2f，当整数部分位数不足，需要补 0 的时候，格式可以表示为 %04.2f，如果需要输出实数在格式上左对齐，则需要在"%"后加"-"号，如：%-04.2f。

案例
7-3

📖 **问题描述**

分别利用 cin 和 scanf 输入，利用 cout 和 printf 输出变量 a，b 的值。

C++ 示例程序如下。

```
1.  #include<iostream>
2.  #include<cstdio>
3.  using namespace std;
4.  int main(){
5.      int a,b;
6.      cin>>a;
7.      cout<<"a="<<a<<endl;
8.      scanf("%d",&b);
9.      printf("b=%d",b);
10.     return 0;
11. }
```

◉ 7.4.3 文件输入、输出

信息学奥赛的复赛中多数题目需要从文件中读取数据并将数据保存在某个文件中，而在测试中往往是通过提示符输入、输出的方式进行。因此，文件读取与保存是信息学奥赛复赛选手必须掌握的知识点。

文件的输入、输出根据打开方式的不同分为 3 种形式，分别是通过输入、输出重定向（freopen 函数，需要引入的库文件为 cstdio）的方式，输入、输出流（输入流 ifstream fin()，输出流 ofstream fout()，需要引入的库文件为 fstream）的方式和 FILE 指针（fopen 函数，需要引入的库文件为 cstdio）的方式。

这 3 种文件输入、输出的方式中，除了输入、输出重定向的方式使用的输入、输出函数与前面所学输入、输出方式一致以外，都需要更改输入、输出函数。所以本节仅讲解输入、输出重定向方式，只要学会一种方式即可轻松应对考试。

输入、输出重定向方式在使用前需要引入库文件 cstdio，因此在输入和输出数据的时候建议使用 scanf 和 printf 的方式，当然也可以使用 cin 和 cout，只不过使用 cin 和 cout 之前需要引入库文件 iostream。

读取文件格式如下。

freopen(" 文件名 ","r",stdin)

其中 r 表示只读的方式，stdin 表示标准输入的方式，这一语句表示打开某一个文件。注意，这里只是表示打开文件，文件内部的数据并没有被程序读取，需要通过 scanf 函数来读取。

写入文件格式如下。

freopen(" 文件名 ","w",stdout)

其中 w 表示写入的方式，stdout 表示标准输出的方式，与读取文件相同，表示定义一个输出的文件，如果想要将数据写入文件中，需要通过 printf 函数来写入。

在完成数据写入后需要将定义的输入与输出做关闭处理，即通过 fclose 函数实现。

fclose(stdin);

fclose(stdout);

在信息学奥赛的复赛中，所有数据的读取与写入基本上都是通过文件操作实现的，且读取文件后缀名多为 .in，输出文件后缀名多为 .out，有时文件的后缀名也是 .txt，这些后缀名并不影响我们使用文件输入、输出的方式来处理数据，学习时可以把这些文件当成文本文件来处理。

📖 问题描述

给定一组数据，判断这一组数据分别是奇数还是偶数，奇数输出 1，偶数输出 -1，输出结果之间用空格间隔。

【输入格式】

从文件 in.in 中读取数据，共一行，数据之间以空格间隔。

【输出格式】

输出到 out.out 文件中，输出一行，不同结果之间以空格间隔。

【输入】

1 3 4 6 7 9

【输出】

1 1 -1 -1 1 1

C++ 示例代码如下。

```
1.  #include<cstdio>
2.  using namespace std;
3.  int main(){
4.      freopen("in.in","r",stdin);
5.      freopen("out.out","w",stdout);
6.      int in;
7.  // 读取文件中数据
8.      while(scanf("%d",&in)==1){
9.          if(in%2==0){
10.             printf("-1 ");
11.         }else{
12.             printf("1 ");
13.         }
14.     }
15.     fclose(stdin);
16.     fclose(stdout);
17.     return 0;
18. }
```

📖 **程序说明**

　　scanf 函数实质上是有返回数据的，其返回值是输入的数据的个数，在读取的过程中每次读取一个，读取成功，则返回读取成功数量为 1。

　　while 是循环条件的一种重要结构，while 括号内表示条件，当条件成立时循环执行大括号内部语句。还不能理解的读者，可以在后面学习循环条件的时候再来慢慢理解，这里只需要理解 while 结构的目的是读取 in.in 文件中的数据，判断每一个数据是否为奇数，按照题目要求将结果输出。

第8章

程序三大基本结构

在程序的世界中，包含三大基本结构，分别是：顺序结构、分支结构和循环结构。在第1章中已经通过图形化编程介绍过相关结构，本章主要是将理解的三种结构转换为 C++ 语言进行表述。

8.1 顺序结构

在第 1 章中，以绘制图形为例了解了顺序结构的相关知识，在信息学奥赛中，顺序结构往往用来解决数学问题，在所有的程序设计题中，顺序结构也是最基础的结构。

如果用流程图来表示顺序结构，其大致结构如图 8-1 所示。

流程图符号表示如表 8-1 所示。

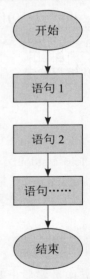

▲ 图 8-1 顺序结构流程图

表 8-1 流程图符号表示含义

符　　号	说　　明
⬭	开始、结束框，表示流程的开始或结束
▭	处理框，表示程序逻辑处理
◇	判断框，表示条件判断
▱	输入、输出框，表示程序的输入与输出
→	流程线，表示程序流向

案例
8-1

📖 **问题描述**

请根据任意三角形三条边，计算该三角形的面积。提示：利用边求三角形面积可以使用海伦公式 $s=\sqrt{p(p-a)(p-b)(p-c)}$，其中 $p=\dfrac{a+b+c}{2}$。

【输入格式】

输入三角形三条边 a,b,c。

【输出格式】

输出三角形面积（C++ 程序数值保留小数点后 2 位）。

图形化编程参考程序如图 8-2 所示。

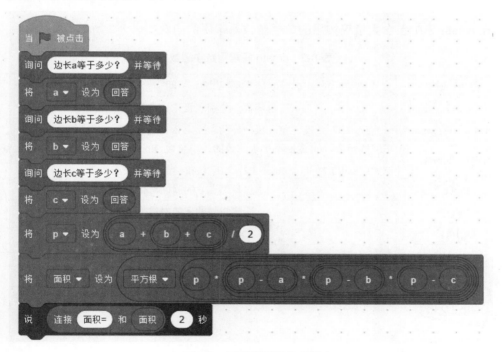

▲ 图 8-2　图形化编程参考程序

C++ 示例程序如下。

```
1.  #include<cstdio>
2.  // 导入数学函数库，可以调用平方根函数 sqrt
3.  #include<cmath>
4.  using namespace std;
5.  int main(){
6.      float a,b,c,p,s;
7.      printf(" 请输入三角形边长 a、b、c 的值：");
8.      scanf("%f,%f,%f",&a,&b,&c);
9.      p=(a+b+c)/2;
10.     s=sqrt(p*(p-a)*(p-b)*(p-c));
11.     printf(" 三角形面积 s=%.2f",s);
12.     return 0;
13. }
```

在 cmath 库中包含大量很实用的数学函数，常用的函数如表 8-2 所示。

表 8-2　cmath 库常用数学函数

函　　数	说　　明
sin()、cos()、tan()	三角函数，分别求正弦、余弦、正切值
asin()、acos()、atan()	反三角函数，分别求反正弦、反余弦、反正切值
ceil()、floor()	求整数函数，ceil 返回不小于该数的最小整数，floor 返回不大于该数的最大整数，例如：ceil(3.2)=4.0，floor(3.2)=3.0，ceil(-3.2)=-3，floor(-3.2)=-4
exp()	求以自然数 e 为底的幂函数值
log()	求自然数 e 的对数值
log10()	求以 10 为底的对数值
abs()	求绝对值

 问题描述

<h2 style="text-align:center">牛顿问题</h2>

英国著名的物理学家牛顿曾编过这样一道题目，牧场上有一片青草，每天都生长

得一样快。这片青草如果供给 10 头牛吃，可以吃 22 天；如果供给 16 头牛吃，可以吃 10 天。期间青草一直生长。如果供给 25 头牛吃，可以吃多少天？这种类型的题目就叫作牛顿（牛吃草）问题，亦叫作消长问题。

【输入】

无输入。

【输出】

天数。

解题思路

首先求出每天长草量，然后求出牧场原有草量，再求出每天实际消耗原有草量，即：牛吃草量－生长草量＝消耗原有的草量，最后求出牛可吃的天数。

这里需要了解这个求解过程中的 4 个公式。

（1）草的生长速度＝（对应的牛的数量 × 吃的较多天数－相应的牛的数量 × 吃的较少天数）÷（吃的较多天数－吃的较少天数）。

（2）原有草量＝牛的数量 × 吃的天数－草的生长速度 × 吃的天数。

（3）吃的天数＝原有草量 ÷（牛的数量－草的生长速度）。

（4）牛的数量＝原有草量 ÷ 吃的天数＋草的生长速度。

图形化编程参考程序如图 8-3 所示。

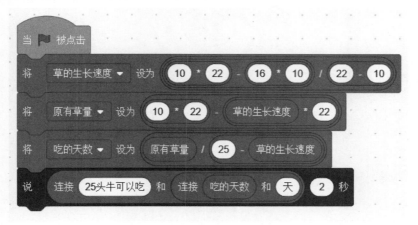

▲ 图 8-3 图形化编程参考程序

C++ 示例程序如下。

```
1.  #include<cstdio>
2.  using namespace std;
3.  int main(){
4.     /**
5.     speed: 生长速度,
6.     old_grass: 原有草量,
7.     days:25 头牛可以吃的天数
8.     **/
9.     float speed,old_grass,days;
10.    speed = (10*22-16*10)/(22-10);
11.    old_grass = 10*22-speed*22;
12.    days = old_grass/(25-speed);
13.    printf("25 头牛可以吃 %f 天 ",days);
14.    return 0;
15. }
```

 ## 8.2 分支结构

如果用流程图来表示分支结构，其大致结构如图 8-4 所示。

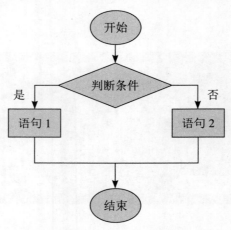

▲ 图 8-4 分支结构流程图

❤ 8.2.1　if-else 结构

图形化编程中条件判断模块与 C++ 语言对应关系如表 8-3 所示。

表 8-3　图形化编程模块与 C++ 语言对应关系

图形化编程模块	C++ 语言
	1. **if**(条件) 2. // 用 {} 包括满足条件的程序块 3. { 4. 　// 如果满足条件所执行的语句只有一句可以不加 {} 5. 　语句 6. }

	1. **if**(条件){
	 2. 　语句 1
	 3. } **else**{
	 4. 　// 这里执行不满足条件的语句
	 5. 　语句 2
	 6. }

	1. **if**(条件 1){
	 2. 　语句 1
	 3. }**else if**(条件 2){
	 4. 　// 同一逻辑下，另外一个条件用 else if 来表示
	 5. 　语句 2
	 6. } **else if**(条件 3){
	 7. 　语句 3
	 8. }**else**{
	 9. 　语句 4
	 10. }

在分支结构中，条件逻辑运算符如表 8-4 所示。

表8-4　条件逻辑运算符

逻 辑 关 系	图形化编程模块	C++ 逻辑运算符
与	与	&&
或	或	||
非	不成立	~

判断一个数 n 是否能够既被 3 整除，又被 7 整除。如果成立，则输出 yes，否则输出 no。

【输入】

一个整数。

【输出】

yes/no。

图形化编程参考程序如图 8-5 所示。

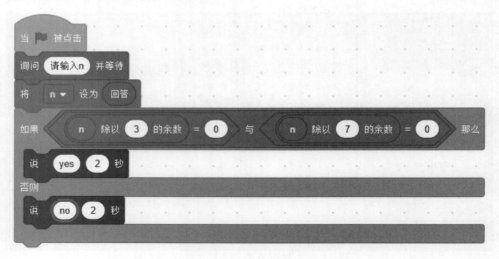

▲ 图 8-5　图形化编程参考程序

C++ 示例程序如下。

```
1.  #include<cstdio>
2.  using namespace std;
3.  int main(){
4.      int n;
5.      scanf("%d",&n);
6.      if(n%3==0 && n%7==0){
7.          printf("yes");
8.      }else{
9.          printf("no");
10.     }
11.     return 0;
12. }
```

📖 程序优化

在信息学奥赛中，对于程序复杂度往往是有一定要求的，例如在这个程序中，条件是 n%3==0 && n%7==0，取余运算需要进行两次，除此之外，还需要进行 && 逻辑运算，这样就会提升程序的复杂性（当然现在计算机对于这种复杂性往往忽略不计，不过读者可以通过这个案例时刻记住降低程序复杂性才是优化的程序），为了避免运算的复杂性，可以将条件改成：n%21==0。

在后面的学习中会遇到表示程序复杂度的两个指标：时间复杂度和空间复杂度，它们会在算法中出现，但对于程序的优化思想需要在学习程序之初就应该具备。

案例
8-4

📖 问题描述

以第 1 章分支语句的案例为例，根据用户输入成绩（整数）判断该成绩的等级，等级分为 5 级，分别是优秀（90～100）、良好（80～89）、一般（70～79）、及格（60～69）和不及格（60以下）。

【输入】

分数 *n*。

【输出】

等级。

图形化编程参考程序如图8-6所示。

C++示例程序如下。

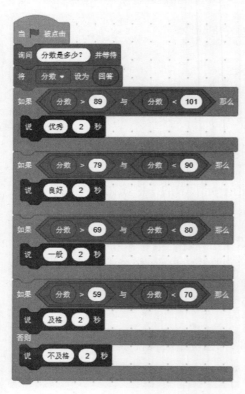

▲ 图8-6 图形化编程参考程序

```cpp
1.  #include<cstdio>
2.  using namespace std;
3.  int main(){
4.      int n;
5.      scanf("%d",&n);
6.      if(n>89 && n<101){
7.          printf(" 优秀 ");
8.      }else if(n>79 && n<90){
9.          printf(" 良好 ");
10.     }else if(n>69 && n<80){
11.         printf(" 一般 ");
12.     }else if(n>59 && n<70){
13.         printf(" 及格 ");
14.     }else{
15.         printf(" 不及格 ");
16.     }
17.     return 0;
18. }
```

案例
8-5

（2015年NOIP普及组初赛）阅读程序写结果。

```
1.  #include<iostream>
2.  using namespace std;
3.  int main(){
4.      int a,b,c;
5.      a=1;
6.      b=2;
7.      c=3;
8.      if(a>b){
9.        if(a>c)
10.           cout<<a<<' ';
11.        else
12.           cout<<b<<' ';
13.      }
14.      cout<<c<<endl;
15.      return 0;
16.  }
```

【输出】3。

8.2.2 switch-case 结构

在分支结构中还有一种特殊的结构——switch-case 结构，这种结构其实是 if-else 结构的一种特殊情况。在图 8-4 中分支过多，且每个分支都是一个常量，为了方便，C++ 提供了另外一个解决方案——switch-case 结构。其语句格式如下。

```
1.  switch( 表达式 ){
2.      case 常量 1:
3.          语句 1;
4.          break;
5.      case 常量 2:
6.          语句 2;
7.          break;
8.      ……
9.      default:
```

```
10.            语句 n;
11.    }
```

上述 switch-case 结构中，switch、case、break、default 都是关键字，其中 switch 又被称为开关关键字，此开关是针对"表达式"的，当表达式值与 case 后面的常量相同时，程序便跳转到该 case 所对应的语句，如果所有的 case 后面常量都不满足时，程序便跳转到 default: 后面的语句。每个 case 所对应的语句后面都有一个关键字 break，该关键字说明满足 case 常量的语句已经执行完毕，并结束 switch 筛选。default 由于是不满足 case 所有常量后执行的语句，所以最后可以不写 break。

这里需要注意的是：①每个 case 后的常量都是不同的；②如果满足 case 常量的语句后面没有跟 break 关键字，则程序顺序执行，直到遇到 break 或执行到 default 才跳出 switch 分支结构。为了深入理解 break 在 switch-case 结构中的作用，参考如下案例。

案例 8-6

📖 **问题描述**

根据输入的 1 ~ 7 的数字，输出所对应的星期。例如输入 1，输出星期一。

【输入】

数字。

【输出】

星期。

带有 break 的 C++ 示例程序如下。

```
1.  #include<cstdio>
2.  using namespace std;
3.  int main(){
4.      int n;
5.      scanf("%d",&n);
6.      switch(n){
7.          case 1:
8.              printf(" 星期一 ");
```

```
9.        break;
10.      case 2:
11.          printf(" 星期二 ");
12.          break;
13.      case 3:
14.          printf(" 星期三 ");
15.          break;
16.      case 4:
17.          printf(" 星期四 ");
18.          break;
19.      case 5:
20.          printf(" 星期五 ");
21.          break;
22.      case 6:
23.          printf(" 星期六 ");
24.          break;
25.      case 7:
26.          printf(" 星期天 ");
27.          break;
28.      default:
29.          printf(" 请输入 1 ~ 7 范围内的整数。");
30.      }
31.      return 0;
32. }
```

当输入 3 时，输出：星期三；当输入 11 时，输出：请输入 1 ~ 7 范围内的整数。

不带有 break 的 C++ 示例程序如下。

```
1. #include<cstdio>
2. using namespace std;
3. int main(){
4.     int n;
5.     scanf("%d",&n);
```

```
6.      switch(n){
7.          case 1:
8.            printf(" 星期一 ");
9.          case 2:
10.           printf(" 星期二 ");
11.         case 3:
12.           printf(" 星期三 ");
13.         case 4:
14.           printf(" 星期四 ");
15.         case 5:
16.           printf(" 星期五 ");
17.         case 6:
18.           printf(" 星期六 ");
19.         case 7:
20.           printf(" 星期天 ");
21.         default:
22.           printf(" 请输入 1 ～ 7 范围内的整数。");
23.      }
24.      return 0;
25. }
```

当输入 3 时，输出：星期三星期四星期五星期六星期天请输入 1 ～ 7 范围内的整数；当输入 11 时，输出：请输入 1 ～ 7 范围内的整数。

从上面结果可以看出，当 case 中不包含 break 关键字时，程序依次执行后面的语句，直到 default 语句执行完毕结束，这种逻辑是错误的，所以在程序设计过程中需要注意 break 的使用。

8.3 循环结构

如果用流程图来表示循环结构，其大致结构如图 8-7 所示。

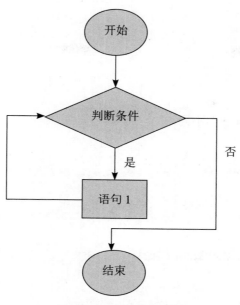

图 8-7　循环结构流程图

▼ 8.3.1　for 循环

for 循环语句结构如下。

```
1.  for( 初始条件 ; 条件表达式 ; 增量表达式 ){
2.      语句 1;
3.      语句 2;
4.      ……
5.  }
```

其中，"初始条件"是指变量的初始值，当满足"条件表达式"时，则执行"{}"内的语句，"{}"内的语句称为循环体，执行一次"{}"内的语句说明循环了一次，下一次循环的时候需要对变量进行"增量"处理，处理的表达式就是"增量表达式"；然后再比较"条件表达式"，当满足条件时，再次执行循环体内的语句。在循环过程中，如果要跳出循环，通过 break 关键字可以强制跳出循环体的执行，与此同时，如果要跳过其中某次循环体的执行，后面继续执行循环体内容，则需要使用 continue 关键字。

当循环体中只有一句语句时，"{}"可以不加。

 问题描述

体验 break 与 continue 的不同。

```
1.  #include<iostream>
2.  using namespace std;
3.  int main(){
4.      for(int i=0;i<10;i++){
5.          if(i==4)
6.              continue;// 此处跳出一次循环
7.          else
8.              cout<<i<<",";
9.      }
10.     return 0;
11. }
```

【输出】0,1,2,3,5,6,7,8,9。

```
1.  #include<iostream>
2.  using namespace std;
3.  int main(){
4.      for(int i=0;i<10;i++){
5.          if(i==4)
6.              break;// 此处跳出整个循环
7.          else
8.              cout<<i<<",";
9.      }
10.     return 0;
11. }
```

【输出】0,1,2,3。

案例 8-8

📖 问题描述

将 n（小于 200）以内所有偶数相加，并输出所有偶数之和。

【输入】

n。

【输出】

偶数之和。

图形化编程参考程序如图 8-8 所示。　　　　C++ 示例程序如下。

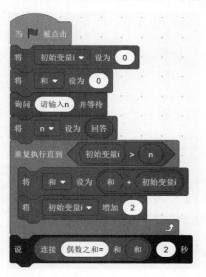

▲ 图 8-8　图形化编程参考程序

```
1.  #include<cstdio>
2.  using namespace std;
3.  int main(){
4.      int n,sum=0;
5.      scanf("%d",&n);
6.      for(int i=0;i<=n;i+=2){
7.          sum+=i;
8.      }
9.      printf(" 所有偶数之和 =%d",sum);
10.     return 0;
11. }
```

案例 8-9

（2018 年 NOIP 普及组初赛）阅读程序写结果。

```
1.  #include<cstdio>
2.  using namespace std;
```

```
3.  int main(){
4.      int x;
5.      scanf("%d",&x);
6.      int res=0;
7.      for(int i=0;i<x;++i){
8.          if(i*i%x==1){
9.              ++res;
10.         }
11.     }
12.     printf("%d",res);
13.     return 0;
14. }
```

【输入】15。

【输出】4。

8.3.2 while 循环

在图形化编程中如果有模块与 while 循环相对应，那就是 模块。
while 循环语句结构如下。

```
1.  while( 条件表达式 ){
2.      语句 1;
3.      语句 2;
4.      ……
5.  }
```

while 循环语句中，当表达式成立的情况下执行 "{}" 内的语句，这些语句同样称为循环体。当条件表达式一直成立的时候，程序便形成了死循环，这也是编程的大忌。

（2016 年 NOIP 普及组初赛）阅读程序写结果。

```
1.  #include<iostream>
2.  using namespace std;
3.  int main(){
4.      int max,min,sum,count=0;
5.      int tmp;
6.      cin>>tmp;
7.      if(tmp==0)
8.          return 0;
9.      max=min=sum=tmp;
10.     count++;
11.     while(tmp!=0){
12.         cin>>tmp;
13.         if(tmp!=0){
14.             sum+=tmp;
15.             count++;
16.             if(tmp>max)
17.                 max=tmp;
18.             if(tmp<min)
19.                 min=tmp;
20.         }
21.     }
22.     cout<<max<<","<<min<<","<<sum/count<<endl;
23.     return 0;
24. }
```

【输入】1 2 3 4 5 6 0 7

【输出】6,1,3

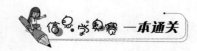

程序解析

在输入的"1 2 3 4 5 6 0 7"这几个数中，首先赋给 tmp 变量的是 1，继而判断 tmp 是否等于 0，当等于 0 时结束程序，如果不等于 0 则继续向下执行。通过 max=min=sum=tmp，将 1 赋值给 max、min、sum，count 执行加 1 操作，然后判断是否可以进入 while 循环，由于 tmp 不等于 0，所以进入 while 循环。接下来由于出现 cin>>tmp，说明需要再次输入 tmp 的值，此时输入的便是 2，再往下进行 if 条件判断，由于此时的 tmp 等于 2，所以满足不等于 0 的条件，执行 sum+=tmp，得到 sum=3，count++ 后得到结果是 2。然后再进行 tmp 与 max 的比较，此时 tmp=2，max=1，所以需要将 max=tmp，得到 max=2，此时 while 循环体内程序完成了一轮循环，后面的循环直到遇到 tmp=0 后面的任何一个数字结束。所以，最后结果是 6,1,3。

（2016 年 NOIP 普及组初赛）阅读程序写结果。

```cpp
1.  #include<iostream>
2.  using namespace std;
3.  int main(){
4.      int i=100,x=0,y=0;
5.      while(i>0){
6.          i--;
7.          x=i%8;
8.          if(x==1)
9.              y++;
10.     }
11.     cout<<y<<endl;
12.     return 0;
13. }
```

【输出】13。

8.3.3 do-while 循环

do-while 循环语句结构如下。

```
1.  do{
2.     语句 1;
3.     语句 2;
4.     ……
5.  }while( 条件表达式 );
```

do-while 循环结构与 while 循环结构比较相似，都是通过条件表达式来判断是否执行"{}"循环体内的内容，do-while 的特殊之处在于不管条件表达式是否满足，都要执行一遍循环体内的内容。当然在循环体内可以使用 break 跳出循环体。

案例 8-12

（2014 年 NOIP 普及组初赛）有以下程序：

```
1.  #include<iostream>
2.  using namespace std;
3.  int main(){
4.     int s, a, n;
5.     s = 0;
6.     a = 1;
7.     cin >> n;
8.     do{
9.        s += 1;
10.       a -= 2;
11.     }while(a != n);
12.    cout << s << endl;
13.    return 0;
14. }
```

若要使程序的输出值为 2，则应该从键盘给 n 输入的值是 (   )。

A. -1   B. -3   C. -5   D. 0

【参考答案】B

📖 **程序解析**

　　此题是给出程序结果，反推输入值的典型题，由于输出值是 s 的值，s 初始值为 0，对 s 的计算只有 s += 1; 说明 s 要输出 2，需要进行两次运算，由于 do-while 循环不管条件是否满足都要有一次循环体的执行，因此，一次执行后 a 的结果是 -1，下一次执行后必须跳出循环体的执行，则需要让下一次的 a 与 n 相等才能跳出循环，第二次执行后 a 等于 -3，所以只需要 n=-3 才能满足结果。

第9章

数　　组

数组是编程中一个重要的概念，在 C++ 编程中用得最多的便是一维数组和二维数组，其中一维数组与图形化编程中定义的"列表"变量相似，都是用一个变量存储许多数据。如果把一维数组想象成一行 n 列的表格，那么二维数组可以想象成 m 行 n 列的表格。

9.1　一维数组

数组与变量的使用相似，都需要先定义再使用，在定义一维数组的时候需要先定义该数组的数据类型，然后给定数组名称，以及数组的长度，其格式如下。

数据类型　一维数组名 [数组长度]

一维数组可以想象成一个 1 行 n 列的表格，如果定义数组的数据类型是 int 类型，则这个数组内的所有元素都是 int 类型，要想找到该数组中某个元素，需要通过下标查找，下标的值是从 0 开始的。例如，定义一维数组 int a[6]; 就相当于在内存中开辟了 6 个 int 长度的空间，即：

a[0]　　　　　a[1]　　　　　a[2]　　　　　a[3]　　　　　a[4]　　　　　a[5]

在数组初始化的时候，可以先不给数组赋值，也可以通过 "{}" 的方式赋值。例如：

```
1.  #include<iostream>
2.  #include<cstdio>
3.  using namespace std;
4.  int main(){
5.      int a[6];
6.      int b[6]={1,2,3,4,5,6};
```

```
7.    int c[6]={1,2};
8.    int d[6]={1};
9.    cout<<"a 的内存地址 ="<<a<<endl;
10.   printf("a[0]=%d,a[5]=%d\n",a[0],a[5]);
11.   cout<<"b 的内存地址 ="<<b<<endl;
12.   printf("b[0]=%d,b[5]=%d\n",b[0],b[5]);
13.   cout<<"c 的内存地址 ="<<c<<endl;
14.   printf("c[0]=%d,c[5]=%d\n",c[0],c[5]);
15.   cout<<"d 的内存地址 ="<<d<<endl;
16.   printf("d[0]=%d,d[5]=%d\n",d[0],d[5]);
17.   return 0;
18.  }
```

【输出】

a 的内存地址 =0xb5fd60

a[0]=0,a[5]=0

b 的内存地址 =0xb5fd40

b[0]=1,b[5]=6

c 的内存地址 =0xb5fd20

c[0]=1,c[5]=0

d 的内存地址 =0xb5fd00

d[0]=1,d[5]=0

上面对一维数组的定义方式都是允许的，空的 int 类型一维数组默认为 0。

案例 9-1

（2015 年 NOIP 普及组初赛）完善程序：（打印月历）输入月份 m（1 ≤ m ≤ 12），按一定格式打印 2015 年第 m 月的月历。例如，2015 年 1 月的月历打印结果如下（第一列为周日）。

S	M	T	W	T	F	S
				1	2	3
4	5	6	7	8	9	10
11	12	13	14	15	16	17
18	19	20	21	22	23	24
25	26	27	28	29	30	31

```
1.  #include<iostream>
2.  using namespace std;
3.  const int dayNum[]={-1,31,28,31,30,31,30,31,31,30,31,30,31};
4.  int m,offset,i;
5.  int main(){
6.      cin>>m;
7.      cout<<"S\tM\tT\tW\tT\tF\tS"<<endl;//'\t' 为 tab 制表符
8.        （1）        ;
9.      for(i=1;i<m;i++)
10.         offset=    （2）      ;
11.     for(i=0;i<offset;i++)
12.         cout<<'\t';
13.     for(i=1;i<=    （3）    ;i++){
14.         cout<<    （4）        ;
15.         if(i==dayNum[m] ||    （5）   ==0)
16.             cout<<endl;
17.         else
18.             cout<<'\t';
19.     }
20.     return 0;
21. }
```

📖 **参考答案**

（1）offset=4；　（2）(offset+dayNum[i])%7；　（3）dayNum[m]；　（4）i；

（5）(offset+i)%7。

 程序解析

（1）dayNum 一维数组指的是每月多少天，由于其下标是从 0 开始的，而月份是从 1 开始的，为了使程序更具可读性，避免月份与下标转换带来的不便，将 dayNum 第一个元素设置为 -1，后面下标可以表示月份，对应的元素即为该月份所对应的天数。

（2）offset 指的是空格数量，初始条件下，offset 应该是 1 月的空格数，由题干可以知道 1 月 1 日是星期四，所以前面空 4 个格，因此第一个空是 offset=4。

（3）m 表示用户输入的月份，这就需要知道该月份 1 日的起始位置在哪儿，后面不管是几月，都与前面所有月份的空格及每个月的天数有关，因此 offset=(offset+dayNum[i])%7，所以此处 for 循环中 i 是从 1 开始的。

（4）接下来则是将 m 月 1 日前面的空格输出，这里用的是转义字符 \t，代表一个制表位。

（5）输出完 1 日前面的空格，那么接下来需要将本月的日期输出，但是根据格式每 7 天日期需要换行，这里的每 7 天应该包括前面的空格数，所以在做换行判断的时候需要看它是不是到了最后日期或者 (offset+i)%7==0。

案例 9-2

（2015 年 NOIP 普及组初赛）阅读程序写结果。

```cpp
1.  #include<iostream>
2.  #include<string>
3.  using namespace std;
4.  int main(){
5.      string str;
6.      int i;
7.      int count;
8.      count=0;
9.      getline(cin,str);
10.     for(i=0;i<str.length();i++){
```

```
11.      if(str[i]>='a' && str[i]<='z')
12.        count++;
13.    }
14.    cout<<"It has "<<count<<" lowercases"<<endl;
15.    return 0;
16. }
```

【输入】NOI2016 will be held in Mian Yang.

【输出】It has 18 lowercases.

程序解析

本程序引入的库中有一个是从未接触过的库文件——string，这个库文件在信息学奥赛中具有很重要的作用，它是处理字符串的库，可以通过 string 声明字符串变量，通过 getline 函数获取字符串，通过 .length() 计算字符串的长度。

getline(cin,str) 的作用是通过 cin 的方式获取一行字符串，并将字符串赋值给变量 str，对于字符串 str 的处理是当成一维数据来进行的，每一个元素便是一个字符（char）类型。因此要计算这个字符串中包含多少个小写字符，则需要看每一个字符是否是在 'a' 和 'z' 之间，如果满足条件则进行 count++ 操作。最后 count 是 18。

注意，字符串的结束标志是 '\0'，为了验证，可以在上面程序基础上增加如下语句。

if(str[str.length()]=='\0')

　　　　cout<<"yes"<<endl;

最后得到的结果是：yes

string 库文件对字符串的处理还会常用到如表 9-1 所示的函数与表达式，例如 str1="123"，str2="456"。

表 9-1　string 库文件常用函数及表达式

函数 / 表达式	含　　义
str1.length()、str1.size()	计算 str1 的字符个数，得到结果是 4
getline(cin,s)	通过 cin 的方式输入字符串，赋值给 s

函数 / 表达式	含　义
str1.empty()	判断 str1 字符串是否为空，返回结果是 0，否则返回 1
str1=str2	将字符串 str2 的值传递给 str1，此时 str1="456"
str1==str2	判断 str1 和 str2 是否完全相等，返回结果是 0，反之返回 1。 注意：此处大小写敏感
!=，>，>=，<，<=	表示不等于、大于、大于等于、小于、小于等于，比较规则是对应字符相比较，大小写也是敏感的

处理字符串除了 string 库文件以外，还有一个常用 cstring 库文件，使用该库文件时如果使用 string 声明的变量，只能使用 cout 输出变量，使用 cstring 库文件时一般不使用 string 声明变量，而是使用字符串类型的一维数组。

例如，声明一个长度为 100 的空字符串，可以这样声明：

char str[100];

当然也可以为声明的字符串赋值：

char str[]="456";

如果声明一个空的字符串，需要用户输入字符串，可以使用 cin 和 scanf 的方式输入，但是，如果字符串之间有空格，则读取到的字符串只是第一个空格之前的内容，例如：

1. **char** str[100];
2. cin>>str;
3. cout<<str;
4. scanf("%s",&str);
5. printf("%s",str);

当两次输入的均是 abc 123，输出结果都是 abc。

要读取包括空格在内的一行字符串时，可以使用 gets() 函数，输出使用 puts() 函数，例如：

1. **char** str[100];
2. gets(str);
3. puts(str);

当输入 abc 123 时，输出的仍旧是 abc 123。

通过 cstring 库文件可以方便地对字符串进行操作，为了清晰地了解各函数的含义，同样以两个字符串 str1 和 str2 为例进行操作。

1.　#include<iostream>

2.　#include<cstring>

3.　**using namespace** std;

4.　**int** main(){

5.　　**char** str1[10],str2[10];

6.　　// 输入：123B 456a

7.　　cin>>str1>>str2;

8.　　// 输出：str1=123B

9.　　cout<<"str1="<<str1<<endl;

10.　　// 输出：str2=456a

11.　　cout<<"str2="<<str2<<endl;

12.　　// 将字符串 str2 连接到 str1 后，并将值赋值给 str1

13.　　strcat(str1,str2);

14.　　// 输出 strcat 后 str1=123B456a

15.　　cout<<"strcat 后 str1="<<str1<<endl;

16.　　// 将字符串 str2 前 2 个字符连接到字符串 1 后面，并将值赋值给 str1

17.　　strncat(str1,str2,2);

18.　　// 输出 strncat 后 str1=123B456a45

19.　　cout<<"strncat 后 str1="<<str1<<endl;

20.　　// 将字符串 str1 中大写字符换成小写，并赋值给 str1

21.　　cout<<"str1 转换成小写 ="<<strlwr(str1)<<endl;

22.　　// 将字符串 str2 中小写转成大写，并赋值给 str2

23.　　cout<<"str2 转换成大写 ="<<strupr(str2)<<endl;

24.　　/**

25.　　strcmp() 比较两个字符串大小

26.　　比较 str1 与 str2 大小，这里的比较是按照字符逐个比较，

27.　　当 str1>str2 时，返回 1;

28.　　当 str1=str2 时，返回 0;

29.　　当 str1<str2 时，返回 -1;

30.　　**/

31.　　cout<<"str1 与 str2 大小关系 ="<<strcmp(str1,str2)<<endl;// 返回 -1

32.	// 将字符串 str2 前 2 个字符复制给 str1
33.	strncpy(str1,str2,2);
34.	// 输出 strncpy 后 str1=453b456a45
35.	cout<<"strncpy 后 str1="<<str1<<endl;
36.	// 将字符串 str2 复制到 str1
37.	strcpy(str1,str2);
38.	// 输出 strcpy 后 str1=456A
39.	cout<<"strcpy 后 str1="<<str1<<endl;
40.	// 计算字符串长度，终止符 \0 不计入在内，此处返回 str1 长度
41.	cout<<"str1 字符串长度 ="<<strlen(str1)<<endl;
42.	**return** 0;
43.	}

输出结果如下。

123B 456a

str1=123B

str2=456a

strcat 后 str1=123B456a

strncat 后 str1=123B456a45

str1 转换成小写 =123b456a45

str2 转换成大写 =456A

str1 与 str2 大小关系 =-1

strncpy 后 str1=453b456a45

strcpy 后 str1=456A

str1 字符串长度 =4

 ## 9.2 二维数组

二维数组是 C++ 语言及算法的重要组成部分，后面介绍的图论等知识都需要二维数组的参与。二维数组是在一维数据基础上增加一维数据，有点像我们接触的 m 行 n 列的表格。其定义形式与一维数组相似，其格式如下。

数据类型 二维数组名 [行数][列数];

例如，可以定义一个空的 int 类型 5 行 4 列的二维数组 a：

int a[5][4];

查找二维数组的某一个元素也是通过下标来查找的，与一维数组相同，其下标值也是从 0 开始的，定义的二维数组 a[5][4] 可以通过表 9-2 来理解 5 行 4 列的二维数组各个元素的表示。

表 9-2 二维数组 a[5][4]

a[0][0]	a[0][1]	a[0][2]	a[0][3]
a[1][0]	a[1][1]	a[1][2]	a[1][3]
a[2][0]	a[2][1]	a[2][2]	a[2][3]
a[3][0]	a[3][1]	a[3][2]	a[3][3]
a[4][0]	a[4][1]	a[4][2]	a[4][3]

在二维数组初始化的过程中，可以像上述案例中建立一个空的二维数组，也可以为其赋值，例如：

int b[2][2]={{1,2},{3,4}};

其中各元素的对应关系如下。

$$
\begin{array}{cc}
1 & 2 \\
3 & 4
\end{array}
$$

在问题解决的过程中，由于二维数组与数学中的矩阵在形式上非常相似，所以在处理数学中的矩阵问题的时候，往往都存储为二维数组的形式。

例如，在数学中所说的 $m \times n$ 的 a_{ij} 矩阵，数学中表示如下。

$$
A = \begin{bmatrix} a_{11} & \cdots & a_{1n} \\ \vdots & & \vdots \\ a_{m1} & \cdots & a_{mn} \end{bmatrix}
$$

所不同的是，二维数组的下标是从 0 开始的。

问题描述

杨辉三角是二项式系数在三角形中的一种几何排列（欧洲帕斯卡（1623—1662）在 1654 年发现了这一规律，比中国晚 393 年），如图 9-1 所示。

```
          1
        1   1
      1   2   1
    1   3   3   1
  1   4   6   4   1
```

▲ 图 9-1　杨辉三角样例

【输入】

行数 n。

【输出】

样例输出（前面空格补充为 0）。

00001

00011

00121

01331

14641

问题分析

从图 9-1 可以发现每一行的第一个数和最后一个数都是 1，中间的数是上一行对应两个数之和。接下来便需要分析每一行数组与行数的关系，首先看个数与行数的关系，即第一行 1 个数，第二行 2 个数，第三行 3 个数……此处可以看出行数与每行个数是相同的；其次看空格数，如果一共 5 行，且最后一行的第一个数不空格，那么第一行应该空 4 个格，第二行空 3 个格……此处可以看出第 i 行的第一个数的空格数是

5-*i*；最后就是计算每一行数字，在每一行中第一个和最后一个数都是 1，其他的数是上面一行对应两个数的和。

　　C++ 示例程序如下。

```cpp
1.  #include<iostream>
2.  // 使用 memset 函数，初始化数组，一般来说只初始化为 0
3.  #include<cstring>
4.  using namespace std;
5.  int main(){
6.      int n;
7.      cin>>n;
8.      // 为了使行数与我们常用的行号对应，二维数组从下标 1 开始计算
9.      int a[n+1][n+1];
10.     // 初始化二维数组，所有元素都是 0
11.     memset(a,0,sizeof(a));
12.     for(int i=1;i<n+1;i++){
13.         // 空格后第一个元素的列号
14.         int step=n-i+1;
15.         for(int j=1;j<=i;j++){
16.             // 第一个与最后一个元素等于 1
17.             if(j==1 || j==i){
18.                 a[i][step]=1;
19.                 step++;
20.             }else{
21.                 // 不是第一个或最后一个元素，此处的值等于上一行相邻两个数之和
22.                 a[i][step]=a[i-1][step]+a[i-1][step+1];
23.                 step++;
24.             }
25.         }
26.     }
27.     // 打印输出该二维数组
28.     for(int i=1;i<n+1;i++){
29.         for(int j=1;j<n+1;j++){
30.             cout<<a[i][j]<<" ";
31.         }
32.         // 每一行结束需要换行
```

```
33.       cout<<endl;
34.    }
35.    return 0;
36. }
```

案例 9-4

（2014 年 NOIP 普及组初赛）完善程序：（最大子矩阵和）给出 m 行 n 列的整数矩阵，求最大的子矩阵和（子矩阵不能为空）。输入第一行包含两个整数 m 和 n，即矩阵的行数和列数。之后 m 行，每行 n 个整数，描述整个矩阵。程序最终输出最大的子矩阵和。

例如，输入如下数据：

```
 4  4
 0 -2 -7  0
 9  2 -6  2
-4  1 -4  1
-1  8  0 -2
```

拥有最大和的数据为：

```
 9  2
-4  1
-1  8
```

得到最大子矩阵和为 15。

输入如下数据：

```
 3    3
-2   10  20
-1  100  -2
 0   -2  -3
```

得到最大子矩阵和为 128。

输入如下数据：

```
4   4
 0  -2  -9  -9
-9  11   5   7
-4  -3  -7  -6
-1   7   7   5
```

得到最大子矩阵和为 26。

```cpp
1.  #include<iostream>
2.  using namespace std;
3.  const int SIZE = 100;
4.  int matrix[SIZE + 1][SIZE + 1];
5.  int rowsum[SIZE + 1][SIZE + 1]; //rowsum[i][j] 记录第 i 行前 j 个数的和
6.  int m, n, i, j, first, last, area, ans;
7.  int main()
8.  {
9.    cin >> m >> n;
10.    for(i = 1; i <= m; i++)
11.      for(j = 1; j <= n; j++)
12.        cin >> matrix[i][j];
13.    ans = matrix    (1)    ;
14.    for(i = 1; i <= m; i ++)
15.      (2)    ;
16.    for(i = 1; i <= m; i++)
17.      for(j = 1; j <= n; j++)
18.        rowsum[i][j] =    (3)    ;
19.    for(first = 1; first <= n; first++)
20.      for(last = first; last <= n; last++)
21.      {
22.        (4)    ;
23.        for(i = 1; i <= m; i++)
24.        {
25.          area +=    (5)    ;
```

26.	**if**(area > ans)
27.	ans = area;
28.	**if**(area < 0)
29.	area = 0;
30.	}
31.	}
32.	cout << ans << endl;
33.	**return** 0;
34.	}

参考答案

（1）[1][1]；（2）rowsum[i][0] = 0；（3）rowsum[i][j - 1] + matrix[i][j]；

（4）area = 0；（5）rowsum[i][last] - rowsum[i][first - 1]。

程序分析

最大子矩阵实质上就是子矩阵和最大的矩阵，本程序的思路如下。

（1）输入 m 和 n 的值，代表有一个 m 行 n 列的二维数组，然后从这个二维数组第 1 行第 1 列开始，为其赋值，并将值保存在 matrix 数组中。

（2）ans 表示子矩阵之和，因此设置其初始值为第一个输入的元素，即第 1 行第 1 列的元素值。

（3）rowsum 二维数组记录的是每一行前 n 个数之和，因此需要先将该数组的每一行第一个元素设置为 0，每一行的第一个元素即为 rowsum[i][0]。

（4）接下来便是计算 matrix 二维数组每一行前 j 项之和，因此用 rowsum[i][j - 1] + matrix[i][j] 表示前 j 项之和。

（5）最后一步便是计算子矩阵之和，并选出最大的值赋值给 ans 变量。在计算每个子矩阵之和的时候，需要一个变量记录这个子矩阵之和，此处使用的变量是 area，并且初始条件设置为 0，根据 rowsum 的性质，每一行的子矩阵应该是后面元素减前面元素，即 rowsum[i][last] - rowsum[i][first - 1]，然后比较此时 area 与 ans 的大小，将最大值赋值给 ans，最后就能得到最大子矩阵之和 ans。

第10章

自定义函数与指针

 10.1 自定义函数

在前面几章中已经接触过函数，例如利用 cstring 库的 strcat(str1,str2) 函数，实现将 str2 连接在 str1 之后，并将最后结果赋值给 str1 变量。再例如，在学习 C++ 语言之初我们就接触了程序的入口函数——main 函数。这些函数要么是别人写好的，要么是固定格式的，那么我们如何自己定义函数呢？

在 C++ 语言中自定义函数有其自身的语法形式如下。

数据类型 函数名 (形参){

函数体

}

函数的使用与变量相似，都需要先声明再使用，在使用某个自己定义的函数之前，必须写好或声明该函数。

每一个函数都需要注明其返回的数据类型，例如通过函数的运算需要返回一个 int 类型的数据，那么在创建的时候需要首先声明 int 类型的函数，"{}"内是该函数需要解决的问题，最后通过 return 返回相应数据类型的数据。需要注意的是，自定义函数也可以没有返回值，但需要声明该函数为 void 类型，return 后面除了分号什么也不加。

函数部分的参数分为形参与实参，这里的参数是指在声明和调用函数的过程中传递的数据，形参是定义函数的时候声明的需要接收到的数据，实参是指调用函数时赋给的数据。定义的函数可以有一个或多个形参（中间以","分隔），当然也可以没有形参。值得注意的是，定义的函数中形参数量要与调用函数中实参数量保持一致，否则会出现错误。

10.2　内联函数

函数的调用过程实质上在内存中是入栈与出栈的操作（此处的入栈与出栈是数据结构中的知识，初学者可以暂时了解这些术语），所以，在编译程序的过程中会消耗大量的资源导致效率降低。C++ 语言中还存在一种加快函数调用的方法，即内联函数，这种函数有一个局限，那就是操作非常少，且运算简单，它的格式如下。

inline 数据类型 函数名 (形参){

函数体

}

例如要定义一个返回最大值的内联函数，方法如下。

```
1.  inline int max(int a,int b){
2.      return a>b?a:b;
3.  }
```

10.3　指针

指针可以理解成一种变量的形式，它的值是另一个变量的内存地址，直接指向内存，用"*"表示。在有些程序使用的内存分配方式是动态分配的时候，必须使用指针才能完成。

此时有很多读者存在困惑，在之前学习的 scanf 函数中输入数据时，变量前面加"&"代表某个变量的内存地址，这与指针有什么区别呢？实质上指针就是设定一个变量，用这个变量保存其他变量的内存地址。

为了清晰地了解指针的作用，我们以一个案例来分析。

```
1.  #include<iostream>
2.  using namespace std;
3.  int main()
```

```
4.    {
5.        int a=10;
6.        // 声明指针 p
7.        int *p;
8.        // 将指针 p 指向变量 a 的内存地址
9.        p=&a;
10.       cout<<"a 的值 ="<<a<<endl;
11.       cout<<"a 的内存地址 ="<<p<<endl;
12.       cout<<" 指针 p 的指向内存地址的值 ="<<*p<<endl;
13.       return 0;
14.   }
```

【输出】

a 的值 =10

a 的内存地址 =0xb5fd74

指针 p 的指向内存地址的值 =10

★注意：内存地址都是十六进制数，以 0x 开头。

10.4　函数的参数传递

在自定义函数中，括号内的参数被称为形参，调用此函数的时候所引用的参数被称为实参，调用的过程就是将实参传递给形参，通过自定义函数将计算结果返给调用函数。

函数的参数传递可以分为按值传递、地址传递和指针传递三种形式。

10.4.1　按值传递

按值传递的过程实质上是将调用函数中的实参复制一份给形参，然而如果要传递数组，当数组非常庞大时，利用这种方法比较耗时，因为程序将数组中所有元素复制一份传递给形参进行计算。

为了清晰地反映不同参数传递方法，这里所调用的函数都是计算两数之和的自定义函数，且函数中需要对某个参数进行 +1 操作，通过案例可以清晰地看出不同调用方式对参数的影响。

问题描述

利用按值传递方法调用 sum 函数，并将计算结果在 main 函数中输出。

C++ 示例程序如下。

```cpp
1.  #include<iostream>
2.  using namespace std;
3.  /**
4.  自定义函数必须在调用该函数之前声明，
5.  声明时可以不写函数体，但在后面需要将函数体补充完整。
6.  按值传递的形参与调用函数类型一致
7.  **/
8.  int sum(int a,int b){
9.    int n=a+b;
10.    a=a+1;
11.    return n;
12.  }
13.  int main()
14.  {
15.    int x,c=3,d=4;
16.    // 调用 sum 函数，并将计算结果赋值给变量 x
17.    x=sum(c,d);
18.    cout<<"x="<<x<<",c="<<c;
19.    return 0;
20.  }
```

【输出】

x=7,c=3

从结果可以看出，按值传递可以将 main 函数中的数值赋值给 sum 函数的形参，并将计算结果返回调用的函数，而且按值传递方法将传给自定义函数的形参 c 和 d 的值，main 函数中的 c 和 d 的值并不受影响。

10.4.2 地址传递

地址传递方式并不是将实参中的值复制一份传给形参，而是将实参变量所在的内存地址传给形参，当形参对变量做 +1 处理时，实参也会发生变化。

案例 10-3

地址传递方式 C++ 示例程序如下。

```
1.  #include<iostream>
2.  using namespace std;
3.  /**
4.  哪些参数是地址传递，就在那个变量前加 & 号
5.  计算时写的是其变量，不加 & 号
6.  **/
7.  int sum(int &a,int b){
8.      int n=a+b;
9.      a=a+1;
10.     return n;
11. }
12. int main()
13. {
14.     int x,c=3,d=4;
15.     // 调用 sum 函数，调用时并不写 & 号
16.     x=sum(c,d);
17.     cout<<"x="<<x<<",c="<<c;
18.     return 0;
19. }
```

【输出】

x=7,c=4

地址传递由于传递的是变量的内存地址，所以在自定义函数中改变相应变量的值时，调用函数中所设定的变量值也一同变化，因此，此处的 c=4。

★注意：地址传递方法传递的一般为变量，常量和表达式是不能通过这种方式传递的。

▼ 10.4.3 指针传递

在指针部分我们已经了解到，指针实质上是指向内存地址的，因此函数的指针传递实参是内存地址，形参则是指针，意味着将某个变量的内存地址传给某个指针。

指针传递方法的 C++ 示例程序如下。

```
1.  #include<iostream>
2.  using namespace std;
3.  /**
4.  要接收相应变量的内存中变量的值，需要利用指针，
5.  在接收内存地址的相应变量位置的变量前加 * 号，
6.  运算时同样需要带 * 号，表示指针所指的那个变量参与运算
7.  **/
8.  int sum(int *a,int b){
9.      int n=*a+b;
10.     *a=*a+1;
11.     return n;
12. }
13. int main()
14. {
15.     int x,c=3,d=4;
16.     // 调用 sum 函数，要传递 c 的内存地址，前面加 & 号
17.     x=sum(&c,d);
18.     cout<<"x="<<x<<",c="<<c;
19.     return 0;
20. }
```

【输出】

x=7,c=4

在指针传递过程中，由于调用函数的实参传递的是内存地址，所以在自定义函数中相应的指针运算会影响到对应变量。

在信息学奥赛中有大量题目涉及函数的调用，其中也包含很多指针的应用。

10.5 递归

递归实质上是一种动态规划的算法，该算法将在第 30 章讲解，此处由于刚刚接触自定义函数，可以先不了解什么是动态规划，只需要知道递归可以理解成在函数体内调用本函数。递归过程其实非常消耗资源（因为每次计算的结果都要放在内存的堆栈中，直到调用结束才需要释放内存）。在算法中，如果有时间和空间限制，递归算法使用中需要充分考虑其条件。

案例 10-5

问题描述

给定一个正整数 *n*，求 *n*!（*n* 的阶乘，其公式是 $n \times (n-1) \times (n-2) \cdots \times 1$）。

【输入】

10

【输出】

3628800

```cpp
1.  #include<iostream>
2.  using namespace std;
3.  long long factorial(int a){
4.      long long f;
5.      if(a>1){
6.          // 此处采用递归
7.          f=a*factorial(--a);
8.      }
9.      return f;
10. }
11. int main()
12. {
13.     int n,fac;
14.     cin>>n;
```

```
15.     fac=factorial(n);
16.     cout<<fac;
17.     return 0;
18. }
```

此处递归类似于循环结构,如果将自定义函数的判断写成while(a>1),是不正确的,因为递归过程需要循环执行,如果想清晰地看出 a 的变化,可以在 if 条件中将 a 打印出来,其数值并不是从 10 开始,而是从 1 开始的,这与前面提到的递归函数数值存储结构有关(栈,入栈与出栈的顺序问题),这些知识可以在后面算法中加以巩固。

（2018 年 NOIP 普及组初赛）阅读程序写结果。

```
1.  #include<iostream>
2.  using namespace std;
3.  int n,m;
4.  int findans(int n, int m){
5.      if(n==0) return m;
6.      if(m==0) return n%3;
7.      return findans(n-1,m)-findans(n,m-1)+findans(n-1,m-1);
8.  }
9.  int main()
10. {
11.     cin>>n>>m;
12.     cout<<findans(n,m)<<endl;
13.     return 0;
14. }
```

【输入】

5 6

【输出】

_____

【参考答案】

8

 程序解析

本题是一道考查递归的题目，下面就以输入的 5 和 6 为例来分析。从自定义的函数可以看出只有当 n==0 或 m==0 时才返回数值，否则返回一个递归的表达式。这道题的关键点在于 n 与 m 值的变化，n 和 m 最后都等于 0，因此，可以列一个关于 n 和 m 变化后返回值的表格，如表 10-1 所示。

表 10-1 n 和 m 变化后的返回值

n m	0	1	2	3	4	5	6
0	0	1	2	3	4	5	6
1	1	0	3	2	5	4	7
2	2	−1	4	1	6	3	8
3	0	1	2	3	4	5	6
4	1	0	3	2	5	4	7
5	2	−1	4	1	6	3	8

案例
10-7

（2018 年 NOIP 普及组初赛）完善程序。

（最大公约数之和）下列程序需要求解整数 n 的所有约数两两之间最大公约数的和对 10007 求余后的值，试补全程序。

例如，4 的所有约数是 1，2，4。1 和 2 的最大公约数为 1；2 和 4 的最大公约数为 2；1 和 4 的最大公约数为 1。于是答案为 $1 + 2 + 1 = 4$。

要求 getDivisor 函数的复杂度为 $O(\sqrt{n})$，gcd 函数的复杂度为 $O(\log \max(a, b))$。

```
1.  #include <iostream>
2.  using namespace std;
3.  const int N = 110000, P = 10007;
4.  int n;
5.  int a[N], len;
6.  int ans;
7.  void getDivisor() {
8.      len = 0;
9.      for (int i = 1; (1) <= n; ++i)
10.         if (n % i == 0) {
11.             a[++len] = i;
12.             if ( (2) != i) a[++len] = n / i;
13.         }
14. }
15. int gcd(int a, int b) {
16.     if (b == 0) {
17.         (3) ;
18.     }
19.     return gcd(b, (4) );
20. }
21. int main() {
22.     cin >> n;
23.     getDivisor();
24.     ans = 0;
25.     for (int i = 1; i <= len; ++i) {
26.         for (int j = i + 1; j <= len; ++j) {
27.             ans = ( (5) ) % P;
28.         }
29.     }
30.     cout << ans << endl;
31.     return 0;
32. }
```

📖 **参考答案**

（1）i*i； （2）n/i； （3）return a； （4）a%b； （5）ans+gcd(a[i],a[j])。

📖 **程序解析**

（1）在求约数时，其最大约数应不大于 $\sqrt{n}$，而此处要求条件小于等于 n，所以应填 i*i。

（2）为了防止约数有重复，只有当 n/i 不等于 i 时，该数才能成为约数。

（3）直到余数为 0 为止，此时返回的第一个参数值即为最大公约数。

（4）gcd 是求最大公约数的函数，运用的方法是辗转相除法，当第二个参数不为 0 的时候，不断求第一个参数与第二个参数的余数。

（5）按照题意，将所有最大公约数相加。

📖 10.6 数组传递参数

在 C 语言中是不允许将数组作为参数进行传递的，而 C++ 是可以的，下面以一维数组和二维数组为例进行介绍。

◉ 10.6.1 一维数组传递参数

从自定义函数的角度来看形参，一维数组传递参数主要有两种方式：一种是以"变量名 []"的方式传递，另一种是传递指向一维数组的指针，以"* 变量名"的方式传递。在调用自定义函数时，所传递的一维数组不管形参是哪种方式，实参只写变量名即可。

下面以一个案例介绍两种传递一维数组参数的方式。

案例 10-8

📖 **问题描述**

输入一个具有 *n* 个整数的数组，并通过传参的形式传给自定义函数，求出该数组的平均值与总和。

【输入格式】

第一行一个正整数 n，表示共有 n 个整数。第二行 n 个整数，整数间用一个空格分隔。

【输出格式】

第一行输出该数组的平均值。第二行输出该数组的总和。

C++ 示例程序如下。

```cpp
1.  #include<iostream>
2.  using namespace std;
3.  // 变量名 [] 方式传递一维数组
4.  float avg(int a[],int n){
5.      float sum=0.0;
6.      for(int i=0;i<n;i++)
7.          sum+=a[i];
8.      return sum/n;
9.  }
10. // 指针形式遍历，*a 指向数组 a 的 a[0] 内存位置
11. int sum(int *a, int n){
12.     int total=0;
13.     for(int i=0;i<n;i++)
14.         total+=(*a+i);
15.     return total;
16. }
17. int main(){
18.     int n;
19.     cin>>n;
20.     int a[n];
21.     for(int i=0;i<n;i++)
22.         cin>>a[i];
23.     // 调用 avg 函数
24.     cout<<" 该数组平均值 ="<<avg(a,n)<<endl;
25.     // 调用 sum 函数
26.     cout<<" 该数组总和 ="<<sum(a,n)<<endl;
27.     return 0;
28. }
```

【输入】

8

32 27 12 3 34 9 20 99

【输出】

该数组平均值 =29.5

该数组总和 =284

⚫ 10.6.2　二维数组传递参数

二维数组传递参数要比一维数组复杂，从自定义函数角度来看，二维数组传递参数有三种形式：第一种是直接传递数组（注意，自定义函数的形参中必须标注二维数组的第二维大小，如第二维有 5 个元素，形参写作 a[][5]）；第二种是传递指针形式（此处的指针与一维数组传递相似，是定义一个指向一维数组的指针，但在二维数组的传递参数过程中需要指明二维数组的第二维的大小，如形参可写作 (*a)[5]）；第三种则是传递一维数组的指针，并在自定义函数中将一维数组转换成二维数组（之所以这样处理，是利用一维数组内存空间连续的特点）。

在调用过程中，直接调用数组的变量名即可。

案例
10-9

📖 问题描述

利用三种方式输出二维数组。

C++ 示例程序如下。

```
1.  #include<iostream>
2.  using namespace std;
3.  // 第一维长度为 t
4.  void print1(int a[][5],int t){
5.      cout<<" 第一种调用方式： "<<endl;
```

```
6.      for(int i=0;i<t;i++){
7.        for(int j=0;j<5;j++)
8.          cout<<a[i][j]<<" ";
9.        cout<<endl;
10.     }
11.  }
12.  void print2(int (*a)[5],int t){
13.    cout<<" 第二种调用方式："<<endl;
14.    for(int i=0;i<t;i++){
15.      for(int j=0;j<5;j++)
16.        cout<<a[i][j]<<" ";
17.      cout<<endl;
18.    }
19.  }
20.  // 一维数组指针，一维长度 t，二维长度 k
21.  void print3(int *a,int t,int k){
22.    cout<<" 第三种调用方式："<<endl;
23.    for(int i=0;i<t;i++){
24.      for(int j=0;j<k;j++)
25.        cout<<*(a+i*k+j)<<" ";
26.      cout<<endl;
27.    }
28.  }
29.  int main(){
30.    int arr[5][5]={{1,2,3,4,5},
31.                   {6,7,8,9,10},
32.                   {11,12,13,14,15},
33.                   {16,17,18,19,20},
34.                   {21,22,23,24,25}};
35.    print1(arr,5);
36.    print2(arr,5);
37.    int arr2[]={1,2,3,4,5,6,7,8,9,10,11,12,13,14,15,16,17,18,19,20,21,22,23,24,25};
38.    print3(arr2,5,5);
```

```
39.    return 0;
40. }
```

【输出】

第一种调用方式如下。

```
 1    2    3    4    5
 6    7    8    9   10
11   12   13   14   15
16   17   18   19   20
21   22   23   24   25
```

第二种调用方式如下。

```
 1    2    3    4    5
 6    7    8    9   10
11   12   13   14   15
16   17   18   19   20
21   22   23   24   25
```

第三种调用方式如下。

```
 1    2    3    4    5
 6    7    8    9   10
11   12   13   14   15
16   17   18   19   20
21   22   23   24   25
```

在传递参数过程中，可以传递一维数组和二维数组，但若想让自定义函数返回数组，在 C++ 中是不允许的。

第11章

结 构 体

在第 7 章中已经介绍了很多数据类型，但有些情况下，用户的数据并不能用一种数据类型就可以全部概括。例如描述学生在校的所有信息（姓名、性别、身高、年龄、语文成绩、数学成绩等），姓名是字符串类型（或字符数组），身高和成绩是浮点型，年龄是整型，需要做复合型的数据类型的声明。

为了解决这个问题，C++ 语言中增加了个性化定义的数据类型，称为结构体（struct）。在结构体内可以设定多种数据类型，甚至还可以设定自定义函数，通过调用结构体及其变量便可以使用多种数据类型。

 11.1 结构体的定义与初始化

结构体也称为结构，其定义的一般格式如下。

1. **struct** 结构体名 {
2.   成员变量； // 可以有多个成员变量，但不能赋值
3.   成员函数； // 可以定义函数，也可以不定义
4.   其他结构体； // 可以调用其他结构体，也可以不调用
5. } 结构体变量； // 结构体变量可以有很多，也可以不写，也可以是数组

结构体的定义形式非常灵活，刚开始接触结构体时易搞混结构体名和结构体变量，从结构体名可知结构体类型，这个类型可以让 a 和 b 使用，a 和 b 是结构体的变量。通俗地讲，之前我们声明变量时，前面要加变量的数据类型，在结构体中结构体名就相当于之前的数据类型。

例如，创建一个记录学生相关数据的结构体 Student（一般结构体名首字母大写）如下。

```
1.  struct Student{
2.      char name[20]; // 姓名
3.      int age;        // 年龄
4.      float height;  // 身高
5.      float chinese; // 语文成绩
6.      float math;    // 数学成绩
7.      float english; // 英语成绩
8.      float sum(){   // 返回语、数、英成绩之和的函数
9.          return chinese+math+english;
10.     }
11. }student1,student2; // 结构体变量
```

在 Student 结构体中，我们定义了学生的姓名、年龄、身高以及语、数、英成绩，除此之外，还通过自定义 sum 函数返回语、数、英成绩之和，在上面的定义中将结构体变量 student1 和 student2 直接写在结构体后面。除了这种写法外，还有一种是先定义结构体，再根据使用情况定义结构体变量，例如：

```
1.  struct Student{
2.      char name[20]; // 姓名
3.      int age;        // 年龄
4.      float height;  // 身高
5.      float chinese; // 语文成绩
6.      float math;    // 数学成绩
7.      float english; // 英语成绩
8.      float sum(){   // 返回语、数、英成绩之和的函数
9.          return chinese+math+english;
10.     }
11. };
12. Student student1,student2; // 结构体变量
```

 11.2 结构体的调用

当使用结构体内的成员或函数时，方法非常简单，其格式如下。

结构体变量名 . 成员变量 / 成员函数 / 其他结构体 . 成员变量 / 成员函数

以 Student 结构体为例，为结构体中成员变量赋值、计算等。

```cpp
1.  #include<iostream>
2.  using namespace std;
3.  struct Student{
4.      char name[20];  // 姓名
5.      int age;        // 年龄
6.      float height;   // 身高
7.      float chinese;  // 语文成绩
8.      float math;     // 数学成绩
9.      float english;  // 英语成绩
10.     float sum(){    // 返回语、数、英成绩之和的函数
11.         return chinese+math+english;
12.     }
13. };
14. int main()
15. {
16.     Student student1; // 声明 Student 类型变量 student1
17.     cin>>student1.name>>student1.age>>student1.chinese>>student1.math>>student1.english; // 为结构体变量赋值
18.     float sum=student1.sum(); // 调用结构体函数
19.     cout<<student1.name<<" 的总成绩 ="<<sum<<endl;
20.     return 0;
21. }
```

【输入】张三 16 89 98 88

【输出】张三的总成绩 =275

　　结构体的使用多与各种算法知识相结合，后面会着重讲解算法，因此这里不涉及复杂算法，只需要了解结构体的定义与使用即可。

11.3　运算符重载

在 C++ 中是无法在结构体中进行大于、小于、不等于等运算的，当利用结构体数据进行这些运算的时候，需要重新定义函数，尤其是使用 STL 函数（参见第 19 章）时，函数内部的运算符需要根据结构体定义的数据进行比较时，重写运算符是非常必要的。如果不在结构体中重写运算符，需要重新自定义函数。

案例 11-2

问题描述

利用 STL 中的 sort 函数将学生按照年龄顺序升序排序。

问题分析

sort 函数需要使用 STL 的 algorithm 库文件，该函数中包含三个参数，比较数组（一般为数组形式）的起始地址、终止地址 +1（因为 sort 函数不包含第二个参数地址，所以做加 1 处理）和比较规则（例如升序还是降序等）。

C++ 示例程序如下。

```
1.  #include<iostream>
2.  #include<algorithm>
3.  using namespace std;
4.  struct student{
5.     // 定义学号
6.     int num;
7.     int age;
8.     // 定义语文、数学、英语成绩
9.     float chinese,math,english;
10. }s[100];
11. // 自定义比较规则
12. bool cmp(student s1,student s2){
13.    return s1.age<s2.age;
```

```
14.  }
15.  int main(){
16.      int n;
17.      // 输入共有多少名学生
18.      cin>>n;
19.      for(int i=0;i<n;i++)
20.          cin>>s[i].num>>s[i].age>>s[i].chinese>>s[i].math>>s[i].english;
21.      sort(s,s+n,cmp);
22.      // 输出排好序的学生信息
23.      for(int i=0;i<n;i++)
24.          cout<<s[i].num<<" "<<s[i].age<<" "<<s[i].chinese<<" "<<s[i].math<<" "<<s[i].
    english<<endl;
25.      return 0;
26.  }
```

【输入】

5

1	12	98	99	100
2	13	90	91	99
3	8	100	100	100
4	5	99	98	97
5	7	100	99	97

【输出】

4	5	99	98	97
5	7	100	99	97
3	8	100	100	100
1	12	98	99	100
2	13	90	91	99

如果使用结构体运算符重载的方式进行，则在 sort 函数中不需要重新定义函数。在

了解运算符重载之前需要先了解两个关键字——const 和 this。

const 本意是不易改变的意思，在 C++ 中用于修饰内置类型变量、自定义对象、成员函数、函数参数等，它会作为一种约束，当修饰变量时，表示这个变量在程序运行时保持不变，可以说 const 修饰谁谁就保持不变。

this 实质上是一个 const 修饰的指针，指向的是当前对象，也就是说现在谁在使用，this 就指向谁，而且 this 指针还可以访问该对象的所有成员。例如，声明一个结构体 student，当前声明一个 s 的变量，它具有 student 结构体结构时，此时的对象就是 s，通过 this 指针可以访问当前 s 的所有元素。

运算符重载是有格式的，其格式如下。

返回数据类型 **operator** 运算符 **(const** 结构体名称 变量 **) const{**

　　　比较 **this->** 元素名称与变量 . 元素名称 ；

　　　return 数据 ；

　　}

案例 11-3

利用运算符重载和 STL 中的 sort 函数将学生按照年龄顺序升序排序。

C++ 示例程序如下。

```
1.  #include<iostream>
2.  #include<algorithm>
3.  using namespace std;
4.  struct student{
5.    // 定义学号
6.    int num;
7.    int age;
8.    // 定义语文、数学、英语成绩
9.    float chinese,math,english;
10.   // 运算符重载
```

```
11.    bool operator<(const student s) const{
12.        return this->age<s.age;
13.    }
14. }s[100];
15. int main(){
16.    int n;
17.    // 输入共有多少名学生
18.    cin>>n;
19.    for(int i=0;i<n;i++)
20.        cin>>s[i].num>>s[i].age>>s[i].chinese>>s[i].math>>s[i].english;
21.    // 此处不再写调用函数，而是通过结构体的运算符重载方式比较
22.    sort(s,s+n);
23.    // 输出排好序的学生信息
24.    for(int i=0;i<n;i++)
25.        cout<<s[i].num<<" "<<s[i].age<<" "<<s[i].chinese<<" "<<s[i].math<<" "<<s[i].english<<endl;
26.    return 0;
27. }
```

输入、输出与案例 11-2 相同。

第四部分

数学知识基础

第12章

数 论

之所以将数学知识基础放在第四部分，是因为多数学习信息学奥赛的学生并不注重对数学知识的梳理与运用，只注重一些常见算法的使用，然而这是一个很大的误区，只有将数学知识与编程知识相融合，在问题解决的过程中才能够巧妙且快速地解决问题。

12.1 整除理论（CSP-J）

12.1.1 定义及性质

当整数 m 除以非零整数 n 时，商是整数，且余数为 0，我们称 n 能整除 m，记为（$n|m$）。例如 2|6，5|10。整除理论还有如下性质。

（1）$n\,|\,m \Leftrightarrow\ \pm n\,|\,\pm m$。

（2）$n\,|\,m, m\,|\,y => n\,|\,y$。

（3）$n\,|\,m_i = (i = 1, 2, \cdots, k) => n\,|\,(m_1 x_1 + m_2 x_2 + \cdots + m_i x_i)(i = 1, 2, \cdots, k)$，其中 x_i 是任意整数。

（4）$n\,|\,m$ 且 $n\,|\,y$，那么对于任意 a 和 b，有 $n\,|\,(m*a + y*b)$。

（5）当 $a \neq 0$ 时，$n\,|\,m$ 等价于 $(n*a)\,|\,(m*a)$。

案例 12-1

📖 问题描述

给定正整数的被除数与除数，求其商与余数。

【输入格式】

输入被除数和除数（非 0）。

【输出格式】

输出商与余数。

图形化编程参考程序如图 12-1 所示。

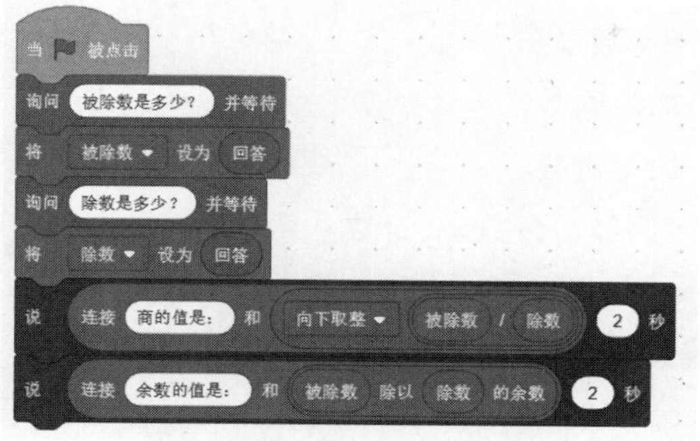

▲ 图 12-1   图形化编程参考程序

★注意：在图形化编程中取整数分为向上取整和向下取整，由于需要求出任意两个正整数的商，所以此处选用"向下取整"。

C++ 示例程序如下。

```
1.  #include<iostream>
2.  using namespace std;
3.  int main(){
4.      //int 表示为整数
5.      int i,j; // 变量使用前先声明类型
6.      // 输入被除数与除数
7.      cin>>i>>j;
8.      // 输出商与余数，中间以空格间隔
9.      cout<<i/j<<" "<<i%j;
10. }
```

在 C++ 中"/"表示除法，由于定义 i 和 j 都为正整数，所以所得结果也是正整数，因此可以通过该方法取得商。如果其中有一个数的类型是 float，则需要先引用 math 库，即：#include<math.h>，然后采用向下取整的方式计算商：floor(x)。

▼12.1.2   奇数与偶数

整数可以分成奇数和偶数两大类，能被 2 整除的数叫作偶数，不能被 2 整除的数叫

作奇数。偶数通常可以用 $2k$（k 为整数）表示，奇数则可以用 $2k+1$（k 为整数）表示。注意：因为 0 能被 2 整除，所以 0 是偶数。

奇数与偶数的运算性质如下。

（1）偶数 ± 偶数 ＝ 偶数，奇数 ± 奇数 ＝ 偶数。

（2）偶数 ± 奇数 ＝ 奇数。

（3）偶数个奇数相加得偶数。

（4）奇数个奇数相加得奇数。

（5）偶数 × 奇数 ＝ 偶数，奇数 × 奇数 ＝ 奇数。

12.2 同余理论（CSP-S）

将某个整数除以 2，根据余数将所有整数分为两类：一类是奇数，另一类是偶数。也可以将所有整数分为三类，即除以 3 以后，余数为 0 的为一类，余数为 1 的为一类，余数为 2 的为一类，如此循环，一定有一类数除以一个非 0 的数后余数相同，将这一类数称为同余数。

定义：给定一个正整数 m，如果两个整数 a 和 b 满足 $a-b$ 能够被 m 整除，即 $(a-b)/m$ 得到一个整数，那么就称整数 a 与 b 关于模 m 同余，记作 $a \equiv b(\bmod\ m)$。它意味着 $a-b=m*k$（k 为一个整数）。

例如：当 $a=8$，$b=23$，$m=5$，$a-b=-15$，$(a-b)/m$ 能够得到整数 -3，同时，$a\%5=3$，$b\%5=3$，因此 a 和 b 是关于 m 同余。

同余理论还有如下性质。

（1）自反性：$a \equiv a(\bmod\ m)$；

（2）传递性：若 $a \equiv b(\bmod\ m)$，$b \equiv c(\bmod\ m)$，则 $a \equiv c(\bmod\ m)$；

（3）对称性：若 $a \equiv b(\bmod\ m)$，则 $b \equiv a(\bmod\ m)$；

（4）可加性：若 $a \equiv b(\bmod\ m)$，则 $a+c \equiv b+c(\bmod\ m)$；

（5）可乘性：若 $a \equiv b(\bmod\ m)$，则 $a*c \equiv b*c(\bmod\ m)$；

　　　若 $a \equiv b(\bmod\ m)$，$c \equiv d(\bmod\ m)$，则 $a*c \equiv b*d(\bmod\ m)$；

（6）乘方性：若 $a \equiv b(\bmod\ m)$，则 $a^n \equiv b^n\ (\bmod\ m)$；

（7）分配性：$a*b\ \bmod\ m = (a\ \bmod\ m)*(b\ \bmod\ m)\ \bmod\ m$；

　　　$(a+b)\ \bmod\ m = ((a\ \bmod\ m) + (b\ \bmod\ m))\ \bmod\ m$；

（8）若 $a\ \bmod\ p = x$，$a\ \bmod\ q = x$，且 p 与 q 互质，则 $a\ \bmod\ p*q = x$。

问题描述

输入正整数 m，n，k，求 $m^n \bmod k$ 的值。

【输入格式】

分别输入 m，n，k 的值。

【输出格式】

输出余数结果。

问题分析

如果直接求取 m^n 的值，如果 n 很大，很容易导致内存溢出而报错，因此为了防止溢出问题，可以利用同余理论性质的分配性，将 m^n 分解为若干个 m^2 的乘积（当然需要考虑 n 是偶数还是奇数）。

图形化编程参考程序如图 12-2 所示。

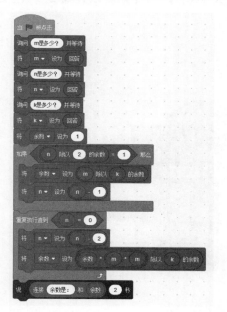

▲ 图 12-2 图形化编程参考程序

C++ 示例程序如下。

```
1.  #include<iostream>
2.  using namespace std;
3.  int main(){
4.      int m,n,k;
5.      cin>>m>>n>>k;
6.      int yushu=1;
7.      if(n%2==1){
8.          yushu = m%k;
9.          n=n-1;
10.     }
11.     while(n>0){
12.         n = n-2;
13.         yushu = (long long) (yushu * m * m) % k;
14.     }
15.     cout<<" 余数是："<<yushu<<endl;
16. }
```

12.3 素数（CSP-J/S）

素数又称为质数，是指一个大于 1 的自然数，除了 1 和它自身外，不能被其他自然数整除的数；否则称为合数（规定 1 既不是质数也不是合数）。

问题描述

查找 2 到正整数 n 范围内的所有素数。

【输入】n 的值。

【输出】$2 \sim n$ 的所有素数。

【方法分析】根据定义，可以通过循环验证每个数是否是素数，也就是将某个数 i 除以 $2 \sim i-1$ 的所有数，只要有能够整除的数，就说明这个数是合数，反之，则证明这个数是素数。然而这种方法非常费时，即时间复杂度非常高，为了优化程序，可以采用"暴力筛选法"，该方法的核心思想是：如果一个数是合数，那么它肯定能写成两个数之积，并且两个因数中较大的一定不大于 $\sqrt{n}$，因此就可以查找 $2 \sim \sqrt{n}$ 是否有被整除的数，如果有则说明它不是素数。

图形化编程参考程序如图 12-3 所示。

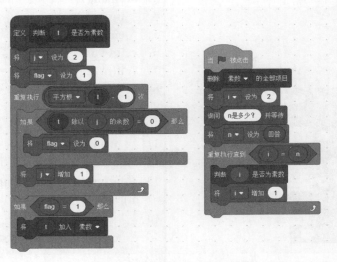

▲ 图 12-3　图形化编程参考程序

　　C++ 示例程序如下。

```cpp
1.  #include<stdio.h>
2.  #include<math.h>
3.  using namespace std;
4.  bool isPrime(int t){
5.      bool flag=true;
6.      for(int j=2;j<=sqrt(t);j++){
7.          if(t%j==0){
8.              flag=false;
9.              break;
10.         }
11.     }
12.     return flag;
13. }
14. int main(){
15.     int n;
16.     scanf("%d", &n);
17.     for(int i=2;i<=n;i++){
18.         if(isPrime(i)){
19.             printf("%d \t",i);
20.         }
21.     }
22.     return 0;
23. }
```

　　素数求解的目的在于其定理的使用，常用的关于素数的定理如下。

1. 唯一性定理

　　如果 a 为合数，则它一定能够表示为若干个素数之积的形式，且该形式是唯一的。

2. 威尔逊定理

　　在初等数论中，威尔逊定理给出了判定一个自然数是否为素数的充分必要条件。

即当且仅当 p 为素数时，$(p-1)! \equiv -1 (\bmod\ p)$（其中 $(p-1)!$ 代表 $p-1$ 的阶乘，即

$(p-1)\times(p-2)\times\cdots\times1)$，但是由于阶乘是呈爆炸增长的，其结论对于实际操作意义不大，但借助计算机的运算能力有广泛的应用，也可以辅助数学推导。

3．费马小定理

在了解费马小定理之前，首先需要知道什么是互质，如果说两个整数（或两个以上的整数）的最大公约数是 1，那么就称它们是互质的。

1636 年，皮埃尔·德·费马发现了数论中一个重要的定理，即如果 p 是一个素数，a 为正整数，a 和 p 互质，那么 $a^{p-1}\equiv1(\mathrm{mod}\ p)$。

例如：计算 2^{100} 除以 13 的余数。在这个题目中 p 为 13，a 为 2，p-1=12，因此可以将 2^{100} 分解为 $2^{12\times8+4}=(2^{12})^8\times2^4$，此时的公式满足费马小定理（$a=z$ 与 $p=13$ 互质），上式可以等价为 $(1)^8\times2^4$，这样再求余数就非常简单了。

4．素数筛选法

学习素数及其定理，重要的目的是筛选哪些是素数，哪些不是，通过一些数学方法可以达到优化程序算法的目的。常见的素数筛选法有：埃氏筛选法和欧拉函数的线性筛选法。

在案例 12-3 中使用的暴力筛选法，可以比较快地判断一个数是否为质数，如果将某个范围内所有质数都筛选出来，这种方法就非常耗时。埃氏筛选法解决了这个问题，即数为 2 ~ n，若从中找到一个数是质数，这个质数的倍数肯定不是质数，那么这个倍数就会被抛弃。

埃氏筛选法 C++ 示例程序如下。

```
1.  #include<iostream>
2.  #include<cstring>
3.  using namespace std;
4.  int main()
5.  {
6.      int n,prime[10000];
```

```
7.      cin>>n;
8.   // 初始化 prime 数组，标记所有值为 0 都是素数
9.   // 如果初始化为 1，不建议使用 memset 函数
10.    memset(prime,0,sizeof(prime));
11.    prime[0]=prime[1]=1;
12.    cout<<n<<" 以内的素数有："<<endl;
13.    for(int i=2;i<=n;i++) {
14.      if(prime[i]==0) {
15.        cout<<i<<endl;
16.        // 注意：这里 j+=i 代表增长幅度是 i 的倍数
17.        for(int j=i*2;j<=n;j+=i){
18.          // 所有被访问的下标都代表非素数
19.          prime[j]=1;
20.        }
21.      }
22.    }
23.    return 0;
24. }
```

【输入】

8

【输出】

8 以内的素数有：

2

3

5

7

【提示】

memset 函数的特点是：将给定地址后连续的内存（包括给定地址），逐个字节初始化为参数中指明的值。因为是逐个字节初始化，所以 memset 一般只用来清空（赋值为 0）。

欧拉函数的线性筛选法是建立在欧拉函数基础之上的。欧拉函数又称为 Euler's totient function（用 φ 表示），是指小于 n 且与 n 互质的正整数的个数，例如 $\varphi(8)=4$，这 4 个数分别是：1、3、5、7。欧拉函数的计算公式有以下四种情况。

（1）当 $n=1$ 时，$\varphi(1)=1$。

因为 1 与任何数互质，根据欧拉函数定义，可知 $\varphi(1)=1$。

（2）当 n 为质数时，$\varphi(n)=n-1$。

因为质数与小于它的每一个数都是互质关系。

（3）当 $n=p^k$（p 为质数，k 为指数且大于或等于 1），n 是质数 p 的 k 次方，那么 $\varphi(p^k)=p^k-p^{k-1}=p^k(1-\frac{1}{p})$。

例如：$\varphi(8)=\varphi(2^3)=2^3\left(1-\frac{1}{2}\right)=4$。

（4）当 n 为两个质数 p_1 和 p_2 之积时，那么 $\varphi(n)=\varphi(p_1 p_2)=\varphi(p_1)\varphi(p_2)$。

例如：$\varphi(56)=\varphi(8\times7)=\varphi(8)\varphi(7)=4\times(7-1)=24$。

欧拉定理也称为"费马—欧拉定理"，与费马小定理有一定关系，欧拉定理实质上是一个关于同余的性质。欧拉定理表明，如果 n 与 a 为正整数，且 n 与 a 互质，那么 $a^{\varphi(n)}\equiv 1(\bmod\ n)$。

对比欧拉定理与费马小定理发现，欧拉定理就是将费马小定理的指数 $p-1$ 换成了 $\varphi(p)$。其证明方法可以查阅相关材料，这里不再赘述。

欧拉函数的线性筛选法实质上使用的是欧拉函数的第四条性质，这种筛选方法的核心思想是：对于任何一个合数，都可以拆成最小质因子 × 某个数 i 的形式，那么 i 同样也可以拆分成其最小质因数 × 某个数 j 的形式……，当最后的某个数不能拆分的时候就获得了其所有质数。因此有公式 $\varphi(i\times\text{prime}[j])=\varphi(i)\times\text{prime}[j]$。

欧拉函数的线性筛选法 C++ 示例程序如下。

```cpp
1.  #include<iostream>
2.  #include<cstring>
3.  using namespace std;
4.  int main()
5.  {
6.      //prime 数组记录小于 n 的素数
7.      int n,prime[10000],cnt=0;
8.      cin>>n;
9.      //is_prime 记录该数是否为素数
10.     int is_prime[10000];
11.     // 初始化，所有数都是素数，设置为 0
12.     memset(is_prime,0,sizeof(is_prime));
13.     cout<<n<<" 以内的素数有："<<endl;
14.     for(int i=2;i<=n;i++) {
15.         //is_prime[i] 等于 0 代表素数
16.         if(is_prime[i]==0){
17.             prime[++cnt]=i;
18.             cout<<i<<endl;
19.         }
20.         // 枚举所有与素数之积的位置，并设置为合数 1
21.         for(int j=1;j<=cnt && prime[j]*i<=n;j++){
22.             is_prime[prime[j]*i]=1;
23.             // 能保证每个数只被自己最小的因子筛掉一次
24.             if(i%prime[j]==0)
25.                 break;
26.         }
27.     }
28.     return 0;
29. }
```

【输入】

12

【输出】

12 以内的素数有：

2

3

5

7

11

12.4　最大公约数（CSP-S）

最大公约数也称公因数、最大公因子，是指两个或多个整数共有约数中最大的一个。a，b 的最大公约数记为 GCD(a,b)，同样的，a，b，c 的最大公约数记为 GCD(a,b,c)，多个整数的最大公约数也有同样的记号。

当 GCD(a,b)=1 时，说明 a 与 b 互质。

求解最大公约数的数学方法有很多，例如质因数分解法、短除法、辗转相除法（又称欧几里得法）等。在编程中，解决最大公约数的方法主要有两种，一种是辗转相除法，另一种是二进制算法。

12.4.1　辗转相除法

辗转相除法又称为欧几里得法，算法过程如下。例如求 GCD(a,b)：

（1）a 除以 b，得到余数 c；

（2）b 除以 c，得到余数 d；

（3）将 c 赋值给 b，将 d 赋值给 c，不断重复（2）；

（4）直到余数为 0 为止，此时取当前算式除数 b 为最大公约数。

案例
12-6

📖 问题描述

任意输入两个正整数 x 和 y，求这两个数的最大公约数。

【输入】

x 和 y 的值。

【输出】

x 和 *y* 的最大公约数。

图形化编程参考程序如图 12-4 所示。

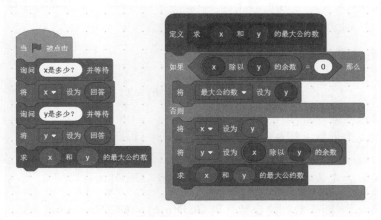

▲ 图 12-4　图形化编程参考程序

C++ 参考程序如下。

```
1.  #include<cstdio>
2.  using namespace std;
3.  int GCD(int x, int y){
4.      /* 返回三元表达式，当 y==0 成立，返回 x,
5.      反之递归调用 GCD 函数，在调用过程中，
6.      为 x 和 y 赋值。*/
7.      return (y == 0) ? x : GCD(y, x%y);
8.  }
9.  int main(){
10.     int a,b;
11.     int gcd;
12.     scanf("%d %d",&a,&b);
13.     gcd = GCD(a,b);
14.     printf(" 最大公约数：%d",gcd);
15.     return 0;
16. }
```

12.4.2 二进制算法

辗转相除法在运行的过程中，通过递归的方式不断地求余数，然而，求余数对计算机而言是一项比较复杂的工作，为了避免大量的取余运算，运用对运算数字奇偶性的判断进行折半运算，其效率将大大提升。

二进制算法求最大公约数的步骤如下。

（1）如果 a，b 两个数都是偶数，则 $GCD(a,b) = 2 * GCD\left(\dfrac{a}{2}, \dfrac{b}{2}\right)$。

（2）如果 a 为偶数，b 为奇数，则 $GCD(a,b) = GCD\left(\dfrac{a}{2}, b\right)$。

（3）如果 a 为奇数，b 为偶数，则 $GCD(a,b) = GCD\left(a, \dfrac{b}{2}\right)$。

（4）如果 a，b 两个数都是奇数，则 $GCD(a,b) = GCD(a-b, b)$。

C++ 示例程序如下。

```cpp
1.  #include<cstdio>
2.  using namespace std;
3.  inline int GCD(int x,int y)
4.  {
5.    int i,j;
6.    if(x==0) return y;
7.    if(y==0) return x;
8.    for(i=0;0==(x&1);++i)
9.      x>>=1;  // 右移一位，去掉所有的 2
10.   for(j=0;0==(y&1);++j)
11.     y>>=1;  // 右移一位，去掉所有的 2
12.   if(j<i)
13.     i=j;
14.   while(1){
```

```
15.        if(x<y){
16.            //x，y 互换
17.            x^=y; // 异或操作
18.            y^=x; // 异或操作
19.            x^=y; // 异或操作
20.        }
21.        if(0==(x-=y))
22.            return y<<i; // 若 x == y，gcd == x == y ( 就是在辗转减，while(1) 控制 )
23.        while(0==(x&1))
24.            x>>=1; // 去掉所有的 2
25.    }
26. }
27. int main(){
28.    int x,y;
29.    scanf("%d %d", &x,&y);
30.    int t=GCD(x,y);
31.    printf("%d",t);
32. }
```

在上述程序中，用到了"inline"关键字，表示为内联函数，是为了解决一些频繁调用的小函数大量消耗栈空间（栈内存）的问题，也是优化程序的一种方式。然而，使用 inline 是有条件的，当函数体内代码较长，不建议使用 inline；如果函数体内循环较多，那么执行函数体内代码的时间要比函数调用开销大，所以也不建议使用 inline；除此之外，递归、类的构造函数和析构函数也不适合使用 inline。简言之，只在简单的函数体内适合使用 inline。

在程序中为了区分整数的奇偶性，使用了大量的位操作，该部分知识可以结合第 4 章计算机基础知识的二进制相关内容学习。

12.5 最小公倍数（CSP-S）

两个或多个整数公有的倍数叫作它们的公倍数，其中除 0 以外最小的一个公倍数就

叫作这几个整数的最小公倍数。整数 a 和 b 的最小公倍数记为 LCM(a,b)。

计算最小公倍数的方法有两种：一种为质因数法，即将几个数的质因数写出，最小公倍数等于它们所有的质因数的乘积；另一种方法为公式法，即几个数的乘积除以这几个数的最大公约数。

问题描述

求正整数 x 和 y 的最小公倍数。

【输入】

x 和 y。

【输出】

最小公倍数。

方法分析

此处采用公式法，即用 x 与 y 之积除以 GCD(x,y)，如果在程序中不希望使用递归的方式运行，可以采用欧几里得方法的变形。

图形化编程参考程序如图 12-5 所示。

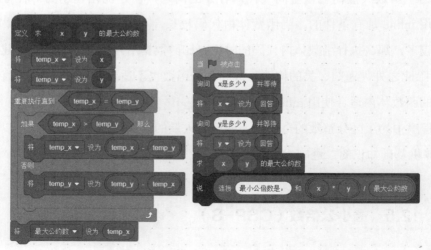

▲ 图 12-5 图形化编程参考程序

C++ 示例程序如下。

```
1.  #include<cstdio>
2.  using namespace std;
3.  int GCD(int i, int j){
4.      while(i!=j){
5.          if(i>j) i-=j;
6.          else j-=i;
7.      }
8.      return i;
9.  }
10. int main(){
11.     int x,y;
12.     scanf("%d %d",&x,&y);
13.     printf(" 最小公倍数是：%d",(x*y)/GCD(x,y));
14. }
```

12.6　扩展欧几里得法（CSP-S）

在 12.4 节，我们了解了辗转相除法（又被称为欧几里得法），扩展欧几里得法其实就是对辗转相除法的扩展。扩展欧几里得法的定义是：已知 a 和 b（不完全为 0 的非负整数），在求 a 和 b 的最大公约数的同时，能够找到整数 x 和 y（其中一个可能是负数），使它们满足下面的等式（贝祖公式）：

$$ax + by = \mathrm{GCD}(a,b)$$

那么学习扩展欧几里得算法有什么用呢？从定义可知，通过扩展欧几里得算法既能够求出 a 和 b 的最大公约数，还能够求出 $ax + by = \mathrm{GCD}(a,b)$ 的通解 x 和 y（可能有很多对）。要想求出通解 x 和 y，可利用递归的算法，一层层地推下去，假设在求解 a 和 b 最大公约数时已经解出 x_1 和 y_1，那么此时的 GCD 就变成了 $\mathrm{GCD}(b,a\%b)$，所以贝祖公式就变成了 $bx_1 + (a\%b)y_1 = \mathrm{GCD}$，由于 $a\%b = a - (a/b)b$（这里的 a/b 代表整除），代入上式可得：

$$bx_1 + (a - (a/b)b)y_1 = bx_1 + ay_1 - (a/b)by_1 = ay_1 + b(x_1 - (a/b)y_1)$$

由上面的公式与 $ax + by = \text{GCD}$ 比较，可知：

$x = y_1$

$y = x_1 - (a / b)y_1$

这样，我们就可以求出通解 x 和 y 的值。

利用 C++ 语言实现扩展欧几里得算法。

```cpp
1.  #include<iostream>
2.  using namespace std;
3.  int exgcd(int a, int b, int &x, int &y){
4.      if(b==0){
5.          // 设置 b=0 时的特殊解
6.          x=1;
7.          y=0;
8.          return a;
9.      }else{
10.         int gcd = exgcd(b,a%b,x,y);
11.         // 此时 y 就是推导中的 y1
12.         int t=y;
13.         // 求通项 y
14.         y=x-(a/b)*y;
15.         //x=y1
16.         x=t;
17.         // 返回最大公约数
18.         return gcd;
19.     }
20. }
21. int main()
22. {
23.     int a,b,x,y,gcd;
24.     cin>>a>>b;
```

```
25.      gcd=exgcd(a,b,x,y);
26.      cout<<"gcd="<<anx<<",x="<<x<<",y="<<y;
27.   return 0;
28. }
```

【输入】

2 4

【输出】

gcd=2,x=1,y=0

12.7　快速幂算法（CSP-J/S）

幂运算实质上形如 a^b，如果 a 和 b 都很小，计算结果不会造成内存溢出，且时间也不会超时，利用数学函数或循环运算即可。然而，当指数很大时使用循环比较耗时，那么一种快速计算幂运算的方式就呼之欲出。

快速幂运算的核心思想是：将指数拆分成几个数相加的形式，指数的拆分实质上是按照其二进制形式拆分的，例如 5^{13}，13 可以拆成 8+4+1，因为二进制的 13 表示为 1101，在 C++ 编程过程中可以利用"位移（>> 右移）"和"&"运算确定每一位是否为 1，如果是 1 则需要将其结果乘以对应的底数幂运算，不管最后一位是否为 1，都要进行底数的乘方运算和右移 1 位运算，保证记录每一位的权值。

案例 12-10

快速幂运算 C++ 示例程序如下。

```
1. #include<iostream>
2. using namespace std;
3. long long pow(int a, int b){
4.    long long res=1;
5.    while(b){
6.       if(b&1==1){
```

```
7.        res *= a;
8.       }
9.       a *= a;
10.      b >>= 1;
11.    }
12.    return res;
13. }
14. int main()
15. {
16.    int a,b;
17.    cin>>a>>b;
18.    long long res=pow(a,b);
19.    cout<<" 结果 ="<<res;
20.    return 0;
21. }
```

【输入】

5 13

【输出】

结果 =1220703125

★注意：在运用快速幂运算的时候需要注意内存会不会溢出。

12.8 逆元（CSP-S）

逆元一般用于密码学的非对称加密中，它的定义是：对于正整数 a 和 m，如果有 $ax \equiv 1 (\bmod\ m)$，那么把这个同余方程中 x 的最小正整数解叫作 a 模 m 的逆元，记作 a^{-1}。如果一个数有逆元，其充分必要条件是 $GCD(a,m)=1$，此时逆元唯一存在。

逆元的作用在于以下两个方面。

（1）当 a 与 m 互质的时候，$ax \bmod m$ 的余数必定为 1。

（2）一个分数是不能直接对 m 进行模运算的，因此运用逆元进行求解，例如

$a/b \bmod m$ 可以看作 $ab^{-1} \bmod m = ((a \bmod m)(b^{-1} \bmod m)) \bmod m$，这样就将模运算看作逆元。

逆元的求解也要分情况，一般情况可以使用扩展欧几里得算法，当模数是质数时可以使用费马小定理，以及线性算法或递归求逆元。

⚡ 12.8.1 扩展欧几里得法求逆元

扩展欧几里得法的核心思想是：$ax \equiv 1(\bmod m)$ 可以等价转化为 $ax + my = 1$，然后套用 EXGCD 解方程，先求出一组 x_0，y_0 和 GCD，此时检查 GCD 是否为 1，如果不等于 1，则说明逆元不存在；如果等于 1，则存在逆元。

利用扩展欧几里得法求 a 关于模 m 的逆元，$ax \equiv 1(\bmod m)$，那么 x 为 a 关于模 m 的逆元，就可以由贝祖方程推出 $ax + my = \text{GCD}(a,m)$，当 a 与 m 互质，那么 $\text{GCD}(a,m) = 1$，所以贝祖方程就变成了 $ax + my = 1$。此时就可以用扩展欧几里得算法来求逆元。

由于 a 关于 m 的逆元关于 m 同余，根据最小整数原理，则一定存在一个最小正整数，它是 a 关于 m 的逆元，而最小的正整数的取值范围应该是 $0 \sim m$，且只有一个，其结果为 $(x\%m+m)\%m$。

扩展欧几里得法求逆元的 C++ 示例代码如下。

```
1.  #include<iostream>
2.  using namespace std;
3.  int exgcd(int a, int b, int &x, int &y){
4.      if(b==0){
5.          x=1;
6.          y=0;
7.          return a;
8.      }else{
9.          int gcd = exgcd(b,a%b,x,y);
10.         // 此时 y 就是推导中的 y1
11.         int t=y;
12.         // 求通项 y
```

```
13.         y=x-(a/b)*y;
14.         //x=y1
15.         x=t;
16.         // 返回最大公约数
17.         return gcd;
18.     }
19. }
20. int inv(int a, int m){
21.     int x,y;
22.     exgcd(a, m, x, y);
23.     return (x%m+m)%m;
24. }
25. int main()
26. {
27.     int a,m,ans;
28.     cin>>a>>m;
29.     ans=inv(a,m);
30.     cout<<a<<" 关于 "<<m<<" 的逆元 ="<<ans;
31.     return 0;
32. }
```

【输入】

2 3

【输出】

2 关于 3 的逆元 =2

◆ 12.8.2 费马小定理求逆元

首先回顾费马小定理，当 a 与 p 互质时，$a^{p-1} \equiv 1 \bmod p$，其中 a^{p-1} 又可以写成 $a^{p-2}p$，所以 a 关于模 p 的逆元是 a^{p-2}。在求逆元之前，首先需要预测程序的耗时问题，因为这里涉及幂指数问题，所以在用费马小定理求逆元的时候需用快速幂算法。

案例
12-12

费马小定理求逆元的 C++ 示例代码如下。

```cpp
1.  #include<iostream>
2.  #include<cmath>
3.  using namespace std;
4.  long long pow(int a, int b, int m){
5.      long long res=1;
6.      while(b){
7.          if(b&1==1){
8.              res = res*a%m;
9.          }
10.         a = a*a%m;
11.         b >>= 1;
12.     }
13.     return res%m;
14. }
15. long long inv(int a, int m){
16.     return pow(a, m-2, m);
17. }
18. int main()
19. {
20.     int a,m;
21.     long long ans;
22.     cin>>a>>m;
23.     ans=inv(a,m);
24.     cout<<a<<" 关于 "<<m<<" 的逆元 ="<<ans;
25.     return 0;
26. }
```

【输入】

2 3

【输出】

2 关于 3 的逆元 =2

⊙ 12.8.3　线性算法 / 递归求逆元

在运用费马小定理求逆元时，由于用到快速幂算法，当规模变大时会导致过大的内存与时间的消耗，所以更需要一种快速的算法——线性算法 / 递归求逆元。

假设当前要求数 i 的逆元，且 $1 \sim i{-}1$ 的逆元都已经求好，模数 p 为质数，p 可以表示为 $p = ki + r$，其中 k 相当于除数，i 相当于商，r 相当于余数，那么 $ki + r = 0 (\bmod\ p)$ 显然成立。当上式两边同时乘以 $i^{-1}r^{-1}$，因为 $ii^{-1} = 1(\bmod\ p)$，所以等式变成了 $kr^{-1} + i^{-1} = 0(\bmod\ p)$，将该式移项可得：$i^{-1} = -kr^{-1}$，其中 k 是向下取整的除数，用 "[]" 符号表示，即 $\left[\dfrac{p}{i}\right]$；$r$ 是余数，即 $p\%i$，且 $p\%i$ 一定小于 i，又因为 p 是质数，所以 $p\%i != 0$。

假设 $1 \sim i{-}1$ 的所有数的逆元用一维数组 inv[] 表示，那么其递推式为：

$$\text{inv}\big[i\big] = -\,[\tfrac{p}{i}]\text{inv}[p\%i] = p - ([\tfrac{p}{i}]\text{inv}[p\%i])\%p$$

📖 问题描述

给定 n，p，求 $1 \sim n$ 中所有整数在模 p 意义下的乘法逆元。

【输入格式】

一行两个正整数 n，p。

【输出格式】

输出 n 行，第 i 行表示 i 在模 p 下的乘法逆元。

线性算法 / 递归求逆元的 C++ 示例代码如下。

```
1.  #include<iostream>
2.  #include<cstring>
3.  // 定义 long long 类型为 ll
4.  #define ll long long
5.  using namespace std;
```

```
6.   void read(int &x){
7.     int f=1;x=0;
8.     char s=getchar();
9.     while(s<'0' || s>'9'){
10.        if(s=='-')
11.          f=-1;
12.        s=getchar();
13.     }
14.     while(s<='9' && s>='0'){
15.        x=x*10+s-'0';
16.        s=getchar();
17.     }
18.     x=f*x;
19.  }
20.  int n,p;
21.  ll a[1000000];
22.  int main()
23.  {
24.     read(n);
25.     read(p);
26.     a[1]=1;
27.     for(int i=2;i<=n;i++){
28.        a[i]=(ll)p-(p/i)*a[p%i]%p;
29.     }
30.     for(int i=1;i<=n;i++)
31.        cout<<a[i]<<endl;
32.     return 0;
33.  }
```

【输入】

10 13

【输出】

1

7

9

10

8

11

2

5

3

4

12.9　中国剩余定理（CSP-S）

中国剩余定理又被称为孙子定理。早在中国南北朝时期（公元 5 世纪）的《孙子算经》中就有"物不知数"的描述：有物不知其数，三三数之剩二，五五数之剩三，七七数之剩二。问物几何？即，一个整数除以三余二，除以五余三，除以七余二，求这个整数。

这个问题本质是同余方程组问题，描述的是如下一元线性同余方程组。

$$\begin{cases} x \equiv a_1 (\mathrm{mod}\ m_1) \\ x \equiv a_2 (\mathrm{mod}\ m_2) \\ \qquad \cdots \\ x \equiv a_n (\mathrm{mod}\ m_n) \end{cases}$$

中国剩余定理说明：假设整数 m_1、m_2、$\cdots$、m_n 两两互质，则对任意的整数：a_1、a_2、$\cdots$、a_n，方程组有解，并且通解可以用下面方式构造。

设 $M = m_1 \times m_2 \times \cdots \times m_n = \prod_{i=1}^{n} m_i$ 是整数 m_1、m_2、$\cdots$、m_n 的乘积，并设 $M_i = \dfrac{M}{m_i}$，$\forall i \in \{1, 2, \cdots, n\}$ 是除了 m_i 以外的 $n-1$ 个整数的乘积。

设 $t_i = M_i^{-1}$ 为 M_i 模 m_i 的数论倒数（t_i 是 M_i 模 m_i 意义下的逆元），即 $M_i t_i \equiv 1 (\mathrm{mod}\ m_i)$，$\forall i \in \{1, 2, \cdots, n\}$。

那么方程组的通解 $x = a_1t_1M_1 + a_2t_2M_2 + \ldots + a_nt_nM_n + kM = kM + \sum_{i=1}^{n} a_it_iM_i$，$k \in Z$。

在模 M 的意义下，方程组只有一个解，即 $x = \left(\sum_{i=1}^{n} a_it_iM_i\right) \bmod M$ 。

从上面分析可以发现其通解公式，且过程中需要用到逆元的解法，在示例代码中用到的是扩展欧几里得法求逆元。

案例 12-14

问题描述

以《孙子算经》描述为例，C++ 示例程序如下。

```
#include<cstdio>
// 扩展欧几里得算法
int exgcd(int a, int b, int &x, int &y){
    if(b==0){
        x=1;
        y=0;
        return a;
    }else{
        int gcd = exgcd(b,a%b,x,y);
         // 此时 y 就是推导中的 y1
         int t=y;
         // 求通项 y
         y=x-(a/b)*y;
         //x=y1
         x=t;
         return gcd;
    }
}
// 求逆元
int invt(int a, int m){
```

```
21.    int x,y;
22.    exgcd(a, m, x, y);
23.    return (x%m+m)%m;
24. }
25. // 中国剩余定理
26. int China(int n,int *m,int *a)
27. {
28.    int M=1,sum=0;
29.    // 求累乘结果
30.    for(int i=0;i<n;i++)
31.        M*=m[i];
32.    for(int i=0;i<n;i++){
33.        int Mi=M/m[i];
34.        int inv=invt(Mi,m[i]);
35.        sum=sum+a[i]*inv*Mi;
36.    }
37.    return sum%M;
38. }
39. int main()
40. {
41.    int n=3;
42.    int m[]={3,5,7};
43.    int a[]={2,3,2};
44.    printf("%lld",China(n,m,a));
45.    return 0;
46. }
```

【输出】

23

12.10　斐波那契数列（CSP-S）

斐波那契数列（Fibonacci sequence）又称黄金分割数列，因数学家莱昂纳多·斐波那契（Leonardoda Fibonacci）以兔子繁殖为例而引入，故又称为"兔子数列"，指的是这样一个数列：0、1、1、2、3、5、8、13、21、34、……在数学上，斐波那契数列以如下方法定义：$F(0)=0$，$F(1)=1$，$F(n)=F(n-1)+F(n-2)$（$n \geq 2$，$n \in N^*$）。

案例
12-15

📖 问题描述

输出斐波那契数列第 *n* 项值。

【输入】

n

【输出】

第 *n* 项值

C++ 示例程序如下。

```cpp
1.  #include<cstdio>
2.  using namespace std;
3.  int fabo(int n){
4.      if(n==1) return 0;
5.      else if(n==2) return 1;
6.      else
7.          return fabo(n-1)+fabo(n-2);
8.  }
9.  int main(){
10.     int i;
11.     scanf("%d",&i);
12.     printf(" 第 %d 项值为：%d",i,fabo(i));
13.     return 0;
14. }
```

斐波那契数列在解决计数问题时起到很大的作用，下面以案例 12-16 为例，看看斐波那契数列在解决计数问题中的应用。

一个运动员在跳台阶训练中，一次可以跳上 1 级，也可以跳上 2 级，当跳上 n 级台阶时，一共有多少种方法？

【输入】

n

【输出】

一共有多少种方法

![方法分析图标] 方法分析

当跳上 1 级的时候只有 1 种方法；当跳上 2 级的时候有 2 种方法；当跳上 3 级的时候有 3 种方法；……当跳上 n 级的时候有 $f(n-1)+f(n-2)$ 种方法。

C++ 示例程序如下。

```
1.  #include<cstdio>
2.  using namespace std;
3.  int fabo(int i){
4.      if(i==1)
5.          return 1;
6.      else if(i==2)
7.          return 2;
8.      else
9.          return fabo(i-1)+fabo(i-2);
10. }
11. int main(){
12.     int n;
13.     scanf("%d",&n);
14.     printf(" 跳上第 %d 级台阶有：%d 种方法 ",n,fabo(n));
15.     return 0;
16. }
```

12.11　卡特兰数（CSP-S）

卡特兰数又称卡塔兰数，英文名为 Catalan number，是组合数学中一个常出现于各种计数问题中的数列。以比利时数学家欧仁·查理·卡塔兰的名字来命名，其前几项为（从第 0 项开始）：1,1,2,5,14,42,132,429,1430,4862,16796,58786,208012,742900,2674440,9694845,35357670,129644790,477638700,1767263190,6564120420,24466267020,91482563640,343059613650,1289904147324,4861946401452,…

卡特兰数第 n 项的通项有两个表达式：

$$f(n) = f(0) \times f(n-1) + f(1) \times f(n-2) + \cdots + f(n-1) \times f(0) \tag{12-1}$$

$$f(n) = \frac{f(n-1) \times (4n-2)}{n+1} \tag{12-2}$$

利用式（12-1），可以得到：$f(3) = f(0) \times f(2) + f(1) \times f(1) + f(2) \times f(0) = 1 \times 2 + 1 \times 1 + 2 \times 1 = 5$。

利用式（12-2），同样可以得到：$f(3) = \dfrac{f(2) \times (4 \times 3 - 2)}{3+1} = \dfrac{2 \times 10}{3+1} = 5$。

若用组合公式有以下两个：

$$f(n) = \frac{C_{2n}^{n}}{n+1} \tag{12-3}$$

$$f(n) = C_{2n}^{n} - C_{2n}^{n-1} \tag{12-4}$$

利用式 (12-3)，也可以得到：$f(3) = \dfrac{C_6^3}{3+1} = \dfrac{\frac{6 \times 5 \times 4}{3 \times 2 \times 1}}{3+1} = 5$。

利用式 (12-4)，也可以得到：$f(3) = C_6^3 - C_6^2 = \dfrac{6 \times 5 \times 4}{3 \times 2 \times 1} - \dfrac{6 \times 5}{2 \times 1} = 20 - 15 = 5$。

案例 12-17

📖 问题描述

求出第 n 项卡特兰数。

【输入】

n

【输出】

第 *n* 项卡特兰数

📖 方法分析

在上述四个通项公式中，前两个是通过递归的方式完成通项的计算，后两个则是通过组合的方法完成，这里需用循环的方法。

图形化编程参考程序如图 12-6 所示。

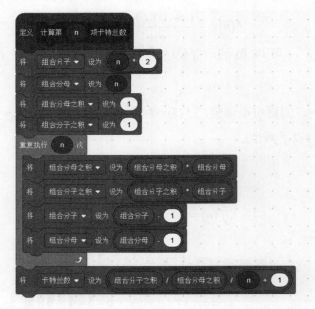

▲ 图 12-6　图形化编程参考程序

C++ 示例程序如下。

```cpp
1.  #include<cstdio>
2.  using namespace std;
3.  long cat(int i){
4.      long fenzi=2*i,fenmu=i;
5.      for(int j=0;j<i-1;j++){
6.          fenzi=fenzi*(2*i-j-1);
7.          fenmu=fenmu*(i-j-1);
8.      }
9.      return (fenzi/fenmu/(i+1));
10. }
11. int main(){
12.     int n;
13.     scanf("%d",&n);
14.     printf(" 第 %d 项卡特兰数是 %d",n,cat(n));
15.     return 0;
16. }
```

卡特兰数在计算机编程中用途非常广泛，例如二叉树的计数问题、出栈次序问题、凸多边形的三角形划分问题等。上述问题的数列均满足卡特兰数特征。

问题描述

一个学校图书馆有 n 本《信息学奥赛一本通关》图书（不区分 n 本书的差别），某天图书馆中该图书全部被借走，过了 m 天后，所有图书都有 1 次还书记录，但此时这 n 本书又被全部借走，且所有图书在 m 天中只被借走 1 次，请问有多少种借走顺序？

【输入】

n

【输出】

借走顺序数

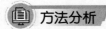 方法分析

本题是一道典型的入栈与出栈的问题，当还书的时候可以被认为是入栈，借出相当于出栈。当只有 1 本书时，借走顺序数为 1，当有两本书时，借走顺序数就变成 2……其实借走顺序数是满足卡特兰数规律的。

案例 12-18 的参考程序参见案例 12-17。

【2018 年 NOIP 提高组初赛】关于 Catalan 数 $C_n = (2n)! / (n+1)! / n!$，下列说法中错误的是（　　　）。

A．C_n 表示有 $n+1$ 个结点的不同形态的二叉树的个数

B．C_n 表示含 n 对括号的合法括号序列的个数

C．C_n 表示长度为 n 的入栈序列对应的合法出栈序列个数

D．C_n 表示通过连续顶点而将 $n+2$ 边的凸多边形分成三角形的方法个数

【参考答案】A

【解析】对 A 选项举一个反例：当 $n=1$ 时，计算得到 $C_n =1$，根据表述：2 个结点的二叉树形态有 2 种，与计算结果不符。

第13章

组合数学

随着计算机科学的日益发展，组合数学的重要性也日渐凸显，因为计算机科学的核心内容是使用算法处理离散数据。在信息学奥赛中用到的组合数学的知识主要有排列、组合、计数、母函数等。

13.1 排列（CSP-J/S）

从 n 个不同元素中取出 $m(m \leqslant n)$ 个元素，按照一定的顺序排成一列，叫作从 n 个元素中取出 m 个元素的一个排列（permutation），记作 P_n^m 或 A_n^m。特别地，当 $m=n$ 时，这个排列被称作全排列（all permutation），记作 P_n 或 A_n，也被称为 n 的阶乘，记作 n!。

排列 P_n^m 的计算公式如下。

$$P_n^m = \frac{n!}{(n-m)!} = n \times (n-1) \times (n-2) \times \cdots \times (n-m+1)$$

假设有三个字母 a、b、c，要用这三个字母组成一个三位的密码，且每一位密码都不重复，则组合有：

abc、acb、bac、bca、cba、cab

从上面密码可以看出，它是一个全排列，共有 3!=6 种。

13.1.1 选排列

通用的排列计算公式表示的就是选排列，指的是从 n 个不同元素中取出 m 个元素，且 $m < n$，这 m 个元素是按顺序排列的。

案例 13-1

问题描述

用户输入 n 个字符，并用这 n 个字符组成一个 m 位的密码，且每一位字符都不重复，密码中字符顺序不同，表示为不同密码，例如：ab 和 ba 是不一样的。

问题分析

如何利用 C++ 程序完成选排列所有组合的输出呢？这里设定三个一维数组，一个用于保存用户输入的所有字符，一个表示是否访问过元素，如果访问过则将该元素保存在一个临时数组中，最后当临时数组长度为 m 时，则将该数组中所有元素输出。

★注意：本示例程序中用到了递归及回溯算法，递归算法在前面已经介绍，回溯算法的核心思想是从一条路往前走，能进则进，不能进则退回来，换一条路再试。

C++ 示例程序如下。

```cpp
1. #include<iostream>
2. #include<cstdio>
3. #include<cstring>
4. using namespace std;
5. //str 存储用户输入的字符串，temp 存储暂时生成的组合
6. char str[10],temp[10];
7. //n 为字符串长度，m 是密码位数
8. int n,m;
9. //vis 表示是否访问过该元素
10. bool vis[10];
11. void dfs(int step)
12. {
13.    // 当等于密码长度时，输出该密码
14.    if(step==m)
15.    {
16.      // 字符串结束标志
17.      temp[step]='\0';
18.      cout<<temp<<endl;
19.    }
```

```
20.     for(int i=0;i<n;i++)
21.         if(vis[i]==0)
22.         {
23.             vis[i]=1;
24.             temp[step]=str[i];
25.             // 递归
26.             dfs(step+1);
27.             // 回溯一步，清空上一步操作
28.             vis[i]=0;
29.         }
30.     }
31. int main()
32. {
33.     // 初始化，所有元素都未被访问
34.     memset(vis,0,sizeof(vis));
35.     // 输入字符串
36.     scanf("%s",str);
37.     n=strlen(str);
38.     // 密码位数
39.     scanf("%d",&m);
40.     dfs(0);
41.     return 0;
42. }
```

【输入】

abc 2

【输出】

ab

ac

ba

bc

ca

cb

13.1.2 全排列

要利用 C++ 实现全排列组合的输出，可以在选排列程序基础上，将示例程序中 if(step == m) 的 m 换成 n 即可。

13.1.3 错位排列

错位排列是组合数学中的问题之一，其核心思想是：考虑一个有 n 个元素的排列，若一个排列中所有的元素都不在自己原来的位置上，那么这样的排列就称为原排列的一个错位排列。

要获得所有错位排列的种类，可以使用递推的方法来求解。例如：将 n 个编号元素放入 n 个位置，编号元素与位置是一一对应的，如果编号元素与位置不对应的方法数量用 $D(n)$ 表示，那么 $D(n-1)$ 表示 $n-1$ 个编号元素放入 $n-1$ 个编号位置的不对应方法数量，以此类推，其步骤如下。

（1）先把编号为 n 的元素放入一个位置 k，共有 $n-1$ 种方法。

（2）下面为 k 寻找位置，此时有两种情况：①把编号 k 的元素放入位置 n 中，那么剩下的 $n-2$ 个元素就有 $D(n-2)$ 种方法；②不把编号 k 的元素放入位置 n 中，此时，对于这 $n-1$ 个元素则有 $D(n-1)$ 种方法。

（3）由步骤（1）和（2）可知：$D(n) = (n-1)[D(n-2) + D(n-1)]$。

在上面三个步骤的基础上，可以递推其通项公式：

当 $n=1$ 时，$D(1)=0$；当 $n=2$ 时，$D(2)=1$。

假设 $D(n) = n!M(n)$，那么 $M(1)=0$，$M(2)=\dfrac{1}{2}$。当 $n \geq 3$ 时，将 $n!M(n)$ 代入上面步骤（3）中，可得：

$$n!M(n) = (n-1)\big[(n-2)!M(n-2) + (n-1)!M(n-1)\big]$$
$$= (n-1)!M(n-2) + n!M(n-1) - (n-1)!M(n-1)$$

上式两边同时除以 $(n-1)!$，可得：

$$nM(n) = M(n-2) + nM(n-1) - M(n-1)$$

移项可得：

$$nM(n) - nM(n-1) = M(n-2) - M(n-1)$$

两边同时除以 n，可得：

$$M(n) - M(n-1) = -\frac{1}{n}[M(n-1) - M(n-2)]$$

$$= -\frac{1}{n}\left(-\frac{1}{n-1}\right)\left(-\frac{1}{n-2}\right)\cdots\left(-\frac{1}{3}\right)(M(2) - M(1))$$

$$= (-1)^n \frac{1}{n!}$$

那么，$M(n) = (-1)^n \frac{1}{n!} + M(n-1)$

所以，$M(n) = (-1)^n \frac{1}{n!} + (-1)^{n-1}\frac{1}{(n-1)!} + \cdots + (-1)^2 \frac{1}{2!}$

所以，$D(n) = n!M(n) = n!\left[(-1)^2\frac{1}{2!} + (-1)^3\frac{1}{3!} + \cdots + (-1)^n\frac{1}{n!}\right]$

在信息学奥赛中，如果遇到的题目是编程题，推到步骤（3）即可完成错位排列种类的测算；如果在初赛中遇到，则可以通过推导出来的递推式进行求解。

案例
13-2

📖 问题描述

为了活跃气氛，组织者举行了一个抽奖活动，活动具体要求如下。

（1）所有参加者都将一张写有自己名字的字条放入抽奖箱。

（2）所有人都放入后，每个人从箱中取一张字条。

（3）如果取到写有自己名字的字条则中奖。

如果此次抽奖活动没有人中奖，出现这一情况的概率是多少？

【输入格式】

第一行输入一个整数 n，表示测试实例的个数，然后是 n 行输入，每行一个整数（该整数取值区间为 $[1,20]$），表示参加抽奖的人数。

【输出格式】

对于每个测试实例，输出没有一人中奖的概率，每个概率占一行，结果保留两位小数。

C++ 示例程序如下。

```cpp
1.  #include<cstdio>
2.  #include<cstring>
3.  using namespace std;
4.  int main()
5.  {
6.      // 存放错位排列数量
7.      long long D[21];
8.  memset(D,0,sizeof(D));
9.      D[1]=0;
10.     D[2]=1;
11.     for(int i=3;i<21;i++)
12.     // 递推
13.         D[i]=(i-1)*(D[i-1]+D[i-2]);
14.     // 实例数量
15.     int n;
16.     scanf("%d",&n);
17.     while(n--){
18.     // 人数
19.         int p;
20.         scanf("%d",&p);
21.         long long sum=1;
22.         for(int j=2;j<=p;j++){
23.         // 求所有抽取方法，p 的阶乘
24.             sum*=j;
25.         }
26.         double f=100.0*D[p]/sum;
27.         printf("%.2f%%\n",f);
28.     }
29.     return 0;
30. }
```

【输入】

2

2

19

【输出】

50.00%

36.79%

▼ 13.1.4　循环排列

循环排列亦称圆排列、环排列等，是排列的一种，指从 n 个不同元素中取出 $m(1 \leqslant m \leqslant n)$ 个不同的元素排列成一个环形，既无头也无尾。两个循环排列相同，当且仅当所取元素的个数相同并且元素的取法及元素在环上的排列顺序一致。

与直线排列不同的是，循环排列首尾相连，在全排列中如果将 n 个元素放在一条直线上，排列的数量为 $n!$，如果围成一圈呢？由于首尾相连，所以有 n 种相同的情况，所以围成一圈的排列数量为 $(n-1)!$。

如果从 n 个不同元素中不重复地取出 $m(1 \leqslant m \leqslant n)$ 个元素放在圆周上，此时循环排列公式为：

$$\frac{n!}{(n-m)! \times m}$$

当 $m = n$ 时，由于 $0! = 1$，上式变为：

$$\frac{n!}{0! \times n} = (n-1)!$$

13.2　组合（CSP-J/S）

从 n 个不同的元素中无序地选出 $m(m \leqslant n)$ 个元素为一组，叫作从 n 个不同元素中取出 m 个元素的一个组合。我们把有关求组合的个数的问题叫作组合问题，用数学符号表示为 C_n^m，其公式如下。

$$\mathrm{C}_n^m = \frac{n \times (n-1) \times (n-2) \times \cdots \times (n-m+1)}{m \times (m-1) \times (m-2) \times \cdots \times 1}$$

与排列不同的是,组合是没有顺序的,而排列是有顺序的。例如,组合 ab 和 ba 被认为是一个组合,而排列 ab 和 ba 被认为是两种排列。

在组合中常用的有以下 8 个恒等式(注意:信息学奥赛与数学奥赛不同的是,信息学奥赛往往考查对公式、定理的应用,而不注重其推导过程,所以在组合问题的应用过程中,用好其公式、定理就可以解决问题,如果有兴趣可以做相关证明)。

(1) $C_n^m = C_n^{n-m}$

(2) $C_n^m = C_{n-1}^{m-1} + C_{n-1}^m$

(3) $C_n^n + C_{n+1}^n + C_{n+2}^n + \cdots + C_{n+r}^n = C_{n+r+1}^{n+1}$

(4) $C_n^0 + C_n^1 + C_n^2 + \cdots + C_n^n = 2^n$

(5) $C_n^0 + C_n^2 + C_n^4 + \cdots = C_n^1 + C_n^3 + C_n^5 + \cdots = 2^{n-1}$

(6) $kC_n^k = nC_{n-1}^{k-1}$

(7) $C_n^r C_r^m = C_n^m C_{n-m}^{r-m}$

(8) $C_n^0 - C_n^1 + C_n^2 + \cdots + (-1)^n C_n^n = 0$

上述恒等式中,第(4)个恒等式为计算如下二项式定理等式右边的二项展开式各项的系数之和。

$$(x+y)^n = C_n^0 x^n + C_n^1 x^{n-1} y + C_n^2 x^{n-2} y^2 + \cdots + C_n^n y^n$$

在第 9 章的案例 9-3 中给出了杨辉三角的案例,观察图 9-1 中每一行数字可以发现,每一行就是一个二项式定理中系数的分布,例如第二行可以看成 $(x+y)^1$ 每一项的系数,即 1、1,第三行可以看成 $(x+y)^2 = 1x^2 + 2xy + 1y^2$ 每一项的系数,即 1、2、1,第四行可以看成 $(x+y)^3 = 1x^3 + 3x^2y + 3xy^2 + 1y^3$ 每一项的系数,即 1、3、3、1,以此类推。

从上面案例可以看出,把编程问题换成数学问题看待会有不一样的思路,甚至更加省时省力。

⯆ 13.2.1　重复组合

组合定理中给出的公式是不允许重复的组合计算方式,如果从 n 个不同元素中取出 m 个进行组合,同时允许重复,则组合数为 C_{n+m-1}^m。

13.2.2 不相邻组合

不相邻组合是指从 n 个元素中挑选 m 个，这 m 个元素任何两个不相邻，其组合数为 C_{n-m+1}^m。

（2008 年 NOIP 提高组初赛）书架上有 21 本书，编号为 1～21，从中选 4 本，其中每 2 本的编号都不相邻的选法一共有 ＿＿＿ 种。

【参考答案】3060

📖 问题分析

套用公式 C_{n-m+1}^m，则结果为：

$$C_{21-4+1}^4 = C_{18}^4 = \frac{18 \times 17 \times 16 \times 15}{4 \times 3 \times 2 \times 1} = 3060$$

📖 问题描述

任意输入一组元素（共有 n 个元素），从这 n 个元素中抽取 m 个元素（不分顺序，且 $m \leqslant n$），输出所有的组合。

【输入格式】

第一行为字符串，表示 n 个元素。

第二行为数字 m。

【输出格式】

所有符合条件的组合。

C++ 示例程序如下。

1. #include<iostream>

```
2.  #include<cstdio>
3.  #include<cstring>
4.  using namespace std;
5.  //str 存储用户输入字符串，temp 存储暂时生成的组合
6.  char str[10],temp[10];
7.  //n 为字符串长度，m 是密码位数
8.  int n,m;
9.  //vis 表示是否访问过该元素
10. bool vis[10];
11. void dfs(int x,int step)
12. {
13.     for(int i=x+1;i<=n;i++)
14.         if(vis[i]==0)
15.         {
16.             vis[i]=1;
17.             temp[step-1]=str[i-1];
18.             if(step==m){
19.                 cout<<temp<<endl;
20.             }else
21.                 // 递归，注意 i 的变化
22.                 dfs(i,step+1);
23.             // 回溯一步，清空上一步操作
24.             vis[i]=0;
25.         }
26. }
27. int main()
28. {
29.     // 初始化，所有元素都未被访问的
30.     memset(vis,0,sizeof(vis));
31.     // 输入字符串
32.     scanf("%s",str);
33.     n=strlen(str);
34.     // 组合位数
35.     scanf("%d",&m);
```

```
36.     dfs(0,1);
37.     return 0;
38. }
```

【输入】

abcd

3

【输出】

abc

abd

acd

bcd

13.3　计数原理（CSP-J）

计数原理是数学中排列组合的数学应用，其中加法原理和乘法原理是解决计数问题的最基本和最重要的方法，也被称为基本计数原理。

13.3.1　加法原理（分类加法计数原理）

加法原理是指在完成一个目标时可以有 n 种方法，在第一种方法中有 m_1 种不同的方法，在第二种方法中有 m_2 种不同的方法，以此类推，在第 n 种方法中有 m_n 种不同的方法，那么完成这个目标共有 N 种方法。

$$N = \sum_{i=1}^{n} m_i = m_1 + m_2 + \cdots + m_n$$

案例 13-5

📖 问题描述

从甲地到乙地可以乘坐火车、汽车，还可以乘坐轮船，一天中火车有 4 班，汽车

有 2 班，轮船有 3 班。那么一天中乘坐这些交通工具从甲地到乙地共有多少种走法？

📖 **问题分析**

这是一道典型的完成一个任务有 n 种方法的题目，因此本题的答案是 $4+2+3=9$，所以共有 9 种走法。

❤ 13.3.2　乘法原理（分步乘法计数原理）

乘法原理是指要完成一个目标，需要分成 n 个步骤，做第一步时有 m_1 种不同方法，做第二步时有 m_2 种不同方法，以此类推，做第 n 步时有 m_n 种不同方法，那么完成这件事有 N 种不同方法。

$$N = \prod_{i=1}^{n} m_i = m_1 \times m_2 \times \cdots \times m_n$$

📖 **问题描述**

如图 13-1 所示，从甲地到乙地的道路有 3 条，由乙地到丙地的道路有 2 条，要想从甲地途经乙地到丙地，共有多少种不同的走法？

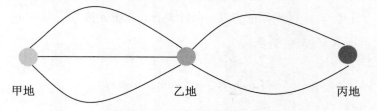

甲地　　　　　　　　　　乙地　　　　　　　　　　丙地

▲ 图 13-1　甲地到丙地路径

📖 **问题分析**

本题是从甲地到丙地，由于途经乙地，所以必须先到乙地再到丙地，是有步骤的，因此适用乘法原理，答案是 $3 \times 2 = 6$，共有 6 种不同走法。

加法原理与乘法原理的区别如表 13-1 所示。

表 13-1　加法原理与乘法原理的区别

区　　别	加 法 原 理	乘 法 原 理
区别	完成一件事共有 n 种方法，每一种都能独立完成，且每一种是互斥和独立的，可以并列执行	完成一件事有 n 个步骤，每一个步骤之间是关联的，缺少任何一步都完不成

 ## 13.4　抽屉原理 / 鸽巢原理（CSP-J）

桌上有 10 个苹果，要把这 10 个苹果放到 9 个抽屉里，无论怎样放，至少有 1 个抽屉里放不少于 2 个苹果。这一现象就是抽屉原理。抽屉原理的一般含义为，如果每个抽屉代表 1 个集合，每个苹果就可以代表 1 个元素，假如将 $n+1$ 个元素放到 n 个集合中，其中必定有 1 个集合里至少有 2 个元素。抽屉原理有时也被称为鸽巢原理。它是组合数学中一个重要的原理。

了解抽屉原理，关键在于对其推论的理解。

推论 1：m 只鸽子，n 个笼子，则至少有一个鸽笼里有不少于 $\dfrac{m-1}{n}+1$ 只鸽子。

推论 2：若取 $n \times (m-1)+1$ 个球放进 n 个盒子，则至少有一个盒子有 m 个球。

推论 3：若 m_1, m_2, ..., m_n 是 n 个正整数，而且 $\dfrac{m_1+m_2+\ldots+m_n}{n} > r-1$，那么 m_1, m_2, ..., m_n 中至少有一个数不小于 r。

案例 13-7

📖 问题描述

小明吃糖果有个癖好，他不喜欢将一样的糖果放在一起吃，而是喜欢先吃一种，下一次吃另一种。请帮忙设计程序，判断是否存在一种吃糖果的顺序，可以把所有糖果都吃完。

【输入格式】

第一行为一个整数 n，表示输入 n 组数据，每组数据占 2 行，其中第一行是一个整数 t，第二行是 t 个数，表示 t 种糖果的数量。

【输出格式】

对于每一组数据输出一行，如果能全部吃完，输出 yes，否则输出 no。

📖 **程序解析**

把某种糖果看作隔板，如果某种糖果有 x 个，至少需要 $x-1$ 个其他种类糖果才能使相同的糖果不挨在一起，这是使用了鸽巢原理。要想符合题意，需要找到数量最多的糖果作为隔板，如果这种糖果有 max 个，那么至少需要 max−1 个其他糖果放在 max 个糖果所间隔的空间中（max+1 个空间）。

C++ 示例程序如下。

```
1.  #include <iostream>
2.  using namespace std;
3.  int main(){
4.      //n 组数据
5.      int n;
6.      cin>>n;
7.      while(n--){
8.          //t 种糖果
9.          int t;
10.         cin>>t;
11.         int sum=0,max=0;
12.         while(t--){
13.             // 输入每一种糖果数量
14.             int temp;
15.             cin>>temp;
16.             if(temp>max)
17.                 max=temp;
18.             sum+=temp;
19.         }
```

```
20.          if((sum-max)>=(max-1))
21.              cout<<"yes"<<endl;
22.          else
23.              cout<<"no"<<endl;
24.      }
25.      return 0;
26. }
```

【输入】

2

3

4 1 1

5

5 4 3 2 1

【输出】

no

yes

13.5　容斥原理（CSP-J）

在计数时，必须注意没有重复和遗漏。为了使重叠部分不被重复计算，人们研究出一种新的计数方法，这种方法的基本思想是：先不考虑重叠的情况，把包含于某内容中的所有对象的数计算出来，然后把计数时重复计算的数排斥出去，使得计算的结果既无遗漏又无重复，这种计数的方法称为容斥原理。

例如，某个班级的学生有三项运动可选，且时间段都不同，每个人可选 1 ~ 3 项，每个学生都需选择，其中选择篮球项目的有 15 人，选择足球项目的有 12 人，选择羽毛球项目的有 16 人，既选篮球又选足球的有 2 人，既选篮球又选羽毛球的有 3 人，既选羽毛球又选足球的有 4 人，三者都选的有 1 人，那么该班共有多少人？为了清晰反映选择三项运动的人数关系，可以参考图 13-2。

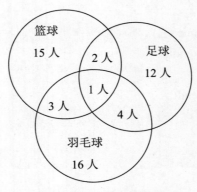

▲ 图 13-2 运动关系图

总人数 = $15+12+16-3-4-2+1=35$ 人。

如果用 $|A|$ 表示选篮球人数，$|B|$ 表示选足球人数，$|C|$ 表示选羽毛球人数，$|A\cap B|$ 表示篮球和足球同时选的人数，$|A\cap B\cap C|$ 表示三者同时选的人数，$|A\cup B\cup C|$ 表示总人数，那么公式如下。

$$|A\cup B\cup C|=|A|+|B|+|C|-|A\cap B|-|A\cap C|-|B\cap C|+|A\cap B\cap C|$$

一般地，设 A_1、$A_2,\cdots,A_n$ 是有限集合，那么公式如下。

$$|A_1\cup A_2\cup\cdots\cup A_n|=\sum_{i=1}^{n}|A_i|-\sum_{i=1}^{n}\sum_{j>i}|A_i\cap A_j|+$$

$$\sum_{i=1}^{n}\sum_{j>i}\sum_{k>j}|A_i\cap A_j\cap A_k|+\cdots+(-1)^{n-1}|A_1\cap A_2\cap\cdots\cap A_n|$$

如果 $|\overline{A}|=N-|A|$，其中 N 是集合 U 的元素个数，即不属于 A 的元素个数等于集合的全体去掉属于 A 的元素个数，那么公式如下。

$$(\overline{A_1}\cap\overline{A_2}\cap\cdots\cap\overline{A_n})=N-|A_1\cup A_2\cup\cdots\cup A_n|$$

$$=N-\sum_{i=1}^{n}|A_i|+\sum_{i=1}^{n}\sum_{j>i}|A_i\cap A_j|-$$

$$\sum_{i=1}^{n}\sum_{j>i}\sum_{k>j}|A_i\cap A_j\cap A_k|+\cdots+(-1)^{n}|A_1\cap A_2\cap\cdots\cap A_n|$$

13.6 母函数（CSP-S）

母函数是组合数学中，尤其是计数方面的一个重要理论和工具。母函数有普通型母函数和指数型母函数两种，其中普通型母函数使用比较多。从形式上说，普通型母函数用于解决多重集的组合问题，而指数型母函数用于解决多重集的排列问题。母函数还可以解决递归数列的通项问题（例如使用母函数推导斐波那契数列的通项公式）。

◆ 13.6.1　普通型母函数

对于任意数列 $S = \{a_0, a_1, a_2, \cdots, a_n\}$，可以用以下方法与一个函数联系起来：

$$f(x) = a_0 + a_1 x + a_2 x^2 + \cdots + a_n x^n$$

那么 $f(x)$ 就称为数列 S 的母函数，一般形式为：

$$f(x) = \sum_{n=0}^{\infty} a_n x^n$$

定理：设从 n 元集合 $S = \{a_0, a_1, a_2, \cdots, a_{n-1}\}$ 中取 k 个元素的组合 b_k，若限定元素 a_i 出现次数的集合为 $M_i (1 \leq i \leq n)$，那么该组合数序列的母函数为：

$$\prod_{i=1}^{n} \left(\sum_{m \in M_i} x^m \right)$$

案例
13-8

📖 问题描述

有 1 g、2 g、3 g、4 g 的砝码各 1 枚，能称出哪几种质量？每种质量各有几种可能方案？

📖 问题分析

本题各种质量砝码数量是有限制的——各 1 枚，如果用 x 表示砝码，x 的指数表示质量，系数表示方案数量，那么：

1 个 1 g 砝码可以用函数 $1 \times x^0 + 1 \times x^1$ 表示；

1 个 2 g 砝码可以用函数 $1 \times x^0 + 1 \times x^2$ 表示；

1 个 3 g 砝码可以用函数 $1 \times x^0 + 1 \times x^3$ 表示；

1 个 4 g 砝码可以用函数 $1 \times x^0 + 1 \times x^4$ 表示。

以 1 个 1 g 砝码函数表达式为例，该函数表达式表示有两种状态，一种是用到这 1 g 的砝码——$1 \times x^1$，一种是不用这 1 g 的砝码——$1 \times x^0$。如题意，需要求能称出几种质量，同时求出方案数，那么需要将这四个母函数进行组合——相乘，可得：

$$(1+x)(1+x^2)(1+x^3)(1+x^4)$$
$$= (1+x^2+x+x^3)(1+x^3)(1+x^4)$$
$$= (1+x^2+x+x^3+x^3+x^5+x^4+x^6)(1+x^4)$$
$$= (1+x+x^2+2x^3+x^4+x^5+x^6)(1+x^4)$$
$$= 1+x+x^2+2x^3+x^4+x^5+x^6+x^4+x^5+x^6+2x^7+x^8+x^9+x^{10}$$
$$= 1+x+x^2+2x^3+2x^4+2x^5+2x^6+2x^7+x^8+x^9+x^{10}$$

从上面函数可以知道：称出 1 g 的方案数有 1 种，称出 4 g 的方案数有 2 种，称出 10 g 的方案数有 1 种。

因此，本题第一问答案应该是可以称出 11 种质量（注意，所有砝码都不用，就是 0 g）；第二问中每一种质量的方案数可参照上面函数展开式的系数。

问题描述

有 1 g、2 g、3 g、4 g 的砝码各 2 枚，能称出哪几种质量？称出 10 g 质量有几种可能方案？

问题分析

与案例 13-8 不同的是，本题中所有砝码各有 2 枚，那么 2 枚砝码如何构建母函数呢？与案例 13-8 相似，分别对每种质量的砝码进行创建，例如 1 g 砝码可以称出 0 g、1 g 和 2 g 质量，2 g 砝码可以称出 0 g、2 g、4 g 质量，以此类推，得到每一种质量砝码的母函数：

1 g 砝码：$1 \times x^0 + 1 \times x^1 + 1 \times x^2$；

2 g 砝码：$1 \times x^0 + 1 \times x^2 + 1 \times x^4$；

3 g 砝码：$1 \times x^0 + 1 \times x^3 + 1 \times x^6$；

4 g 砝码：$1 \times x^0 + 1 \times x^4 + 1 \times x^8$。

母函数组合公式如下。

$$(1 + x + x^2)(1 + x^2 + x^4)(1 + x^3 + x^6)(1 + x^4 + x^8)$$
$$= 1 + x + 2x^2 + 2x^3 + 4x^4 + 4x^5 + 5x^6 + 5x^7 + 7x^8 + 6x^9 + 7x^{10} + 6x^{11} + 7x^{12} +$$
$$5x^{13} + 5x^{14} + 4x^{15} + 4x^{16} + 2x^{17} + 2x^{18} + x^{19} + x^{20}$$

因此，本题可以称出 21 种质量，其中称出 10 g 质量有 7 种方案。

案例 13-10

📖 问题描述

给出 5 张 1，4 张 2，3 张 5 的卡片，要得到 15，有多少种组合？

📖 问题分析

求解这类问题时，首先确定变量，设 k 为物品种类数；$v[i]$ 表示第 i 个因子的权重，指的是每个物品权重；$n1[i]$ 表示第 i 个因子的起始系数，对应于具体问题中每个物品最少个数（一般为 0）；$n2[i]$ 表示第 i 个因子的终止系数，对应于具体问题的每个物品最多个数（一般为该物品的最大数，或 INF 表示无穷大）。那么母函数的通项如下。

$$x^{v[i]n1[i]} + x^{v[i](n1[i]+1)} + x^{v[i](n1[i]+2)} + \cdots + x^{v[i]n2[i]}$$

一般需要写成多项相乘的结果，即：

$$\prod_{i=0}^{k} (x^{v[i]n1[i]} + x^{v[i](n1[i]+1)} + x^{v[i](n1[i]+2)} + \cdots + x^{v[i]n2[i]})$$

要用 C++ 实现多项式相乘，需要从第一个因子开始乘，直到最后一个为止，一般是用循环解决，每次循环的结果存入数组 a[i] 中，计算结束后 a[i] 表示权重 i 的组合数，也就是对应具体问题的组合数。

由于在循环内部需要将每个因子的 a[i] 参与运算，为了使运算准确，需要一个临时数组 b[] 来存储计算结果，最后将 b 赋值给 a。

C++ 示例程序如下。

```
1.  //cstring 调用数组赋值函数 memcpy
2.  #include<cstring>
3.  #include<iostream>
4.  using namespace std;
5.  int const N=1000;
6.  // 组合数
7.  int a[N];
8.  // 临时数组
9.  int b[N];
10. // 最大指数
11. int P;
12. int v[N],n1[N],n2[N];
13. void mu(int k){
14.     // 重置 a 所有元素为 0
15.     memset(a,0,sizeof(a));
16.     a[0]=1;
17.     // 循环每个因子
18.     for(int i;i<=k;i++){
19.         memset(b,0,sizeof(b));
20.         // 循环每个因子的每一项，若 n2 是无穷，则 j<=n2[i] 可以去掉
21.         for(int j=n1[i];j<=n2[i] && j*v[i]<=P;j++){
22.             // 循环 a 的每个项
23.             for(int l=0;l+j*v[i]<=P;l++){
24.                 // 对应位计算
25.                 b[l+j*v[i]] += a[l];
26.             }
27.         }
28.         // 将 b 赋值给 a
29.         memcpy(a,b,sizeof(b));
30.     }
31. }
32. int main(){
```

33.	v[1]=1; v[2]=2; v[3]=5;
34.	n1[1]=0;　n1[2]=0;　n1[3]=1;
35.	n2[1]=5;　n2[2]=4;　n2[3]=3;
36.	P=15;
37.	mu(3);
38.	cout<<a[15]<<endl;
39.	**return** 0;
40.	}

由案例 13-10 的示例程序可以发现，mu() 函数实质上是普通型母函数的通用模板。

通用模板在任务规模较小的时候可以轻松解决问题，但当任务规模较大或者对时间有严格要求的时候，通用模板有时不能完全满足，需要提高其效率。方法是定义一个变量 last，用 last 记录目前最大的指数，这样循环只在 0 ～ last 进行。详见下面 C++ 示例程序中的 mu() 函数模板。

1.	**int** mu(**int** K){
2.	// 初始化 a，因为有 last，所以这里无须初始化其他位
3.	a[0]=1;
4.	**int** last=0;
5.	**for** (**int** i=0;i<K;i++){
6.	// 计算下一次的 last
7.	**int** last2=min(last+n[i]*v[i],P);
8.	// 只清空 b[0~last2]
9.	memset(b,0,**sizeof**(**int**)*(last2+1));
10.	// 这里是 last2
11.	**for** (**int** j=n1[i];j<=n2[i]&&j*v[i]<=last2;j++)
12.	// 这里一个是 last，一个是 last2
13.	**for** (**int** k=0;k<=last&&k+j*v[i]<=last2;k++)
14.	b[k+j*v[i]]+=a[k];
15.	//b 赋值给 a，只赋值 0~last2
16.	memcpy(a,b,**sizeof**(**int**)*(last2+1));
17.	// 更新 last

18.	last=last2;
19.	}
20.	}

13.6.2　指数型母函数

指数型母函数问题：假设有 n 个元素，其中 a_1，a_2，…，a_n 互不相同，进行全排列，可得 $n!$ 个不同的排列。若其中某一元素 a_1 重复了 n_1 次，全排列出来必有重复元素，其中真正不

同的排列数应为 $\dfrac{n!}{n_1!}$，即其重复度为 $n_1!$。

同样理由，a_1 重复了 n_1 次，a_2 重复了 n_2 次，……a_k 重复了 n_k 次，$n_1+n_2+\cdots+n_k=n$。对于这样的 n 个元素进行全排列，可得不同排列的个数是：

$$\frac{n!}{n_1!n_2!\cdots n_k!}$$

那么对于序列 $a_0,a_1,a_2,\cdots$ 来说，其指数型母函数如下。

$$f(x)=a_0+\frac{a_1}{1!}x+\frac{a_2}{2!}x^2+\frac{a_3}{3!}x^3+\cdots$$

当 $a_0,a_1,a_2,\cdots$ 全部为 1 的时候，$f(x)$ 就变成了 e^x 的泰勒展开式：

$$e^x=\sum_{n=0}^{\infty}\frac{x^n}{n!}$$

$$e^{-x}=\sum_{n=0}^{\infty}(-1)^n\frac{x^n}{n!}$$

e^x 泰勒展开式还有两种特殊情况：

$$\frac{e^x+e^{-x}}{2}=\sum_{n=0}^{\infty}\frac{x^{2n}}{2n!}$$

$$\frac{e^x-e^{-x}}{2}=\sum_{n=0}^{\infty}\frac{x^{2n+1}}{(2n+1)!}$$

对比普通型母函数和指数型母函数，其差别在于普通型母函数直接将 a_n 作为幂级数的系数，而指数型母函数是将 $\dfrac{a_n}{n!}$ 作为幂级数的系数，且真正有意义的是 a_n。

母函数的意义在于求组合的次数，因此指数型母函数的组合也是乘积的形式：

$$G(x) = \left(1 + \frac{x}{1!} + \frac{x^2}{2!} + \cdots + \frac{x^{n_1}}{n_1!}\right)\left(1 + \frac{x}{1!} + \frac{x^2}{2!} + \cdots + \frac{x^{n_2}}{n_2!}\right) \cdots \left(1 + \frac{x}{1!} + \frac{x^2}{2!} + \cdots + \frac{x^{n_k}}{n_k!}\right)$$

其中 n_1 表示 a_1 出现次数，以此类推，n_k 表示 a_k 出现次数。

案例
13-11

问题描述

用红、黄、蓝、绿四种颜色给 n 个格子染色，要求红色和绿色格子数必须是偶数，求方案数。

问题分析

本题对四种颜色中的两种颜色有要求，即必须是偶数，那么构建这两种颜色的母函数如下。

$$1 + \frac{x^2}{2!} + \frac{x^4}{4!} + \cdots$$

其他两种颜色的母函数如下。

$$1 + \frac{x}{1!} + \frac{x^2}{2!} + \cdots$$

由于必须为偶数的有两种颜色，没有限制的有两种颜色，所以其组合数公式如下。

$$\left(1 + \frac{x^2}{2!} + \frac{x^4}{4!} + \cdots\right)^2 \left(1 + \frac{x}{1!} + \frac{x^2}{2!} + \cdots\right)^2$$

根据泰勒展开式，上式可以写成：

$$\left(\frac{e^x + e^{-x}}{2}\right)^2 e^{2x} = \frac{e^{2x} + 2 + e^{-2x}}{4} e^{2x} = \frac{e^{4x} + 2e^{2x} + 1}{4}$$

又因为：

$$e^x = \sum_{n=0}^{\infty} \frac{x^n}{n!}$$

所以：

$$e^{4x} = \sum_{n=0}^{\infty} \frac{(4x)^n}{n!}$$

$$e^{2x} = \sum_{n=0}^{\infty} \frac{(2x)^n}{n!}$$

代入泰勒展开式：

$$\frac{e^{4x} + 2e^{2x} + 1}{4} = \frac{1}{4} + \sum_{n=0}^{\infty} \frac{4^n + 2^{n+1}}{4} \frac{x^n}{n!}$$

所以填 n 个格子的系数为 $\dfrac{4^n + 2^{n+1}}{4}$。

【输入格式】

第一行输入整数 T，表示有 T 次测试，每次测试输入一个整数 n。

【输出格式】

每次测试根据 n 输出组合数 %10007（因为组合数太大，所以对 10007 取余）。

C++ 示例程序如下。

```
1.  #include<iostream>
2.  using namespace std;
3.  // 快速幂算法
4.  long long pow(int a, int b){
5.      long long res=1;
6.      while(b){
7.          if(b&1==1){
8.              res *= a;
9.          }
10.         a *= a;
11.         b >>= 1;
```

```
12.        }
13.        return res;
14.  }
15.  int main(){
16.      int T;
17.      cin>>T;
18.      while(T--){
19.          int n;
20.          cin>>n;
21.          cout<<((pow(4,n)+pow(2,n+1))/4)%10007<<endl;
22.      }
23.      return 0;
24.  }
```

【输入】

2

1

2

【输出】

2

6

概率论（CSP-S）

日常生活中我们所接触的任何事情都是有一定发生概率的，例如，在抛一枚硬币的时候，其落地后是正面还是反面的概率随着抛的次数增多，逐渐趋向 50% 的概率。本章研究概率知识与信息学奥赛题之间的关系。

14.1 基础知识

▼ 14.1.1 样本空间与随机事件

概率论研究那些发生结果具有随机性的现象，一般地，这样的现象称为试验，所有可能的试验结果全体称为相应于该试验的样本空间，记为 Ω，其元素称为样本点，记为 ω。

当样本空间为空的时候，记为 ϕ。

所谓的随机试验需要三个条件。

（1）试验可以在相同的条件下重复进行。

（2）试验所有可能结果在试验前已经明确，并且不止一个。

（3）试验前不能确定试验后出现哪一个结果。

例如，在抛硬币后，要么是正面向上，要么是反面向上，但我们并不能精准地说出下一次抛硬币后到底是正面向上还是反面向上。

如果把正面向上记作 0，反面向上记作 1，那么该试验的样本空间可以记作如下形式：

$$\Omega = \{0,1\}$$

其中 $\omega_0 = 0$，$\omega_1 = 1$。

随机事件是指一个随机试验的样本空间的子集，简称为事件，常用大写字母 A，B，C，…表示。

事件与事件之间往往存在某种关系，下面就以韦恩图来表示各个事件之间的关系及记法。

（1）包含。如果事件 B 包含事件 A（记作 $A \subset B$），意味着事件 A 发生，那么事件 B 必然发生，事件 A 是事件 B 的子事件，如图 14-1 所示。

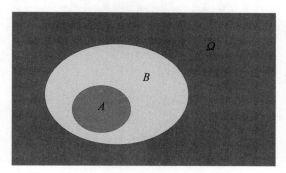

▲ 图 14-1　事件 B 包含事件 A

（2）相等。如果 $A \subset B$ 且 $B \subset A$，那么 $A=B$，称事件 A 与事件 B 相等，如图 14-2 所示。

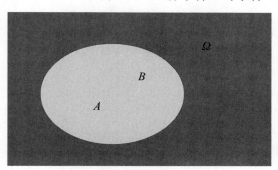

▲ 图 14-2　事件 B 等于事件 A

（3）并关系。和事件（并集，符号 $\bigcup$）$A \bigcup B = \{ \omega : \omega \in A$ 或 $\omega \in B \}$。它的含义如图 14-3 浅色部分所示。

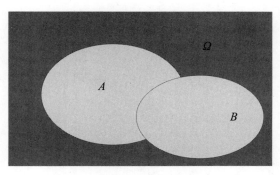

▲ 图 14-3　和事件

（4）交关系。积事件（交集，符号∩）$A \cap B = \{ \omega : \omega \in A$ 且 $\omega \in B \}$。它的含义如图 14-4 白色部分所示。

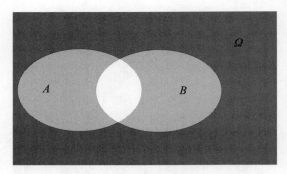

▲ 图 14-4 积事件

（5）差关系。差事件（符号 -）$A - B = \{ \omega : \omega \in A$ 且 $\omega \notin B \}$。它的含义如图 14-5 白色部分所示。

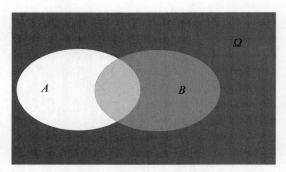

▲ 图 14-5 差事件

（6）互不相容（互斥）。如果 $A \cap B = \phi$，那么称事件 A 和事件 B 互不相容（互斥）。它的含义如图 14-6 所示。

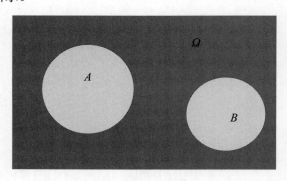

▲ 图 14-6 互斥

（7）对立（互逆）。事件 $\Omega - A$ 称为事件 A 的对立事件（互逆事件），记作 $\overline{A} = \Omega - A$，那么 A 与 $\overline{A}$ 又是互逆的关系。互逆关系如图 14-7 所示。

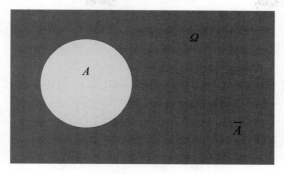

▲ 图 14-7　互逆

事件之间的运算定律满足以下规律。

（1）交换律：$A \cup B = B \cup A, A \cap B = B \cap A$。

（2）结合律：$(A \cup B) \cup C = A \cup (B \cup C), (A \cap B) \cap C = A \cap (B \cap C)$。

（3）分配律：$(A \cup B) \cap C = (A \cap C) \cup (B \cap C), (A \cap B) \cup C = (A \cup C) \cap (B \cup C)$。

（4）德摩根法则：$\overline{A \cup B} = \overline{A} \cap \overline{B}$，$\overline{A \cap B} = \overline{A} \cup \overline{B}$。

▼ 14.1.2　事件的概率

随机事件发生的可能性称为事件的概率，其取值范围是 $[0,1]$，事件 A 的概率记为 $P(A)$，事件 B 的概率记为 $P(B)$。

概率还存在如下三条基本性质。

（1）非负性：对于任意一个事件 A，$P(A) \geqslant 0$。

（2）规范性：$P(\Omega) = 1$。

（3）可加性：当事件 $A_1, A_2, A_3, \cdots, A_n$ 两两互斥时，$P(A_1 \cup A_2 \cup \cdots \cup A_n) = P(A_1) + P(A_1) + \cdots + P(A_n)$。

由上面三条性质可以推出以下性质。

（1）$P(\phi) = 0$。

（2）$P(\overline{A}) = 1 - P(A)$。

（3）如果 $A \subset B$，$P(B - A) = P(B) - P(A)$。

（4）对任意两个事件 A 与 B，$P(B - A) = P(B) - P(AB)$。

（5）对任意两个事件 A 与 B，$P(A\bigcup B)=P(A)+P(B)-P(AB)$。

（6）对于事件 A 与事件 B 互斥的事件，$P(AB)=P(A)P(B)$。

📖 问题描述

一个俱乐部有 5 名一年级学生，2 名二年级学生，3 名三年级学生，2 名四年级学生。

（1）在其中任选 4 名学生，求一、二、三、四年级学生各 1 名的概率。

（2）在其中任选 5 名学生，求一、二、三、四年级学生均包含在内的概率。

📖 问题分析

首先计算一共有多少学生：5+2+3+2=12 名，第一问是任选 4 名，那么有

$C_{12}^4=\dfrac{12\times11\times10\times9}{4\times3\times2\times1}=495$ 种组合，其中每个年级各选 1 名的方法：$C_5^1C_2^1C_3^1C_2^1=60$ 种，

所以第一问的概率 $P=\dfrac{60}{495}=\dfrac{4}{33}$。

在第二问中是从 12 名里面选取 5 名，总方法有 $C_{12}^5=792$ 种，每个年级各取 2 名，其他年级各取 1 名的取法有：

$$C_5^2C_2^1C_3^1C_2^1+C_5^1C_2^2C_3^1C_2^1+C_5^1C_2^1C_3^2C_2^1+C_5^1C_2^1C_3^1C_2^2=240$$

所以第二问的概率 $P=\dfrac{240}{792}=\dfrac{10}{33}$。

📑 14.2　随机变量

定义：设随机试验 E 的样本空间是 $S=\{e\}$，若对于每一个 $e\in S$，有一个实数 $X(e)$ 与之对应，即 $X(e)$ 是定义在 S 上的单值实函数，称为随机变量。

例如，掷一颗骰子，设出现的点数记为 X，事件 A 为掷出的点数大于 3，A 表示为 $X>3$，反过来，X 的变化范围表示一个随机事件，例如 $2<X<5$ 表示事件是点数大于 2 且小于 5。

随机变量随着试验的结果而取不同的值，在试验前不能确切知道它取什么值，但是随机变量的取值有一定的统计规律——概率分布。

概率分布分为离散型概率分布和非离散型概率分布两种。其中离散型概率分布是指随机变量全部可能取到的值是有限多个或者可以列出无限多个。

离散型概率分布主要有 0-1 分布、伯努利试验（二项分布）等。

0-1 分布是指先只进行一次事件试验，该事件发生的概率为 p，不发生的概率为 $1-p$。这是一个最简单的分布，任何一个只有两种结果的随机现象都服从 0-1 分布。即 $P\{X=k\} = p^k(1-p)^{(1-k)}$，其中 $k = 0,1$。

伯努利试验是在同样的条件下重复地、相互独立地进行的一种随机试验，其特点是该随机试验只有两种可能结果：发生或者不发生。假设该项试验独立重复地进行了 n 次，那么就称这一系列重复独立的随机试验为 n 重伯努利试验，或称为伯努利概型。

设在一次试验中，事件 A 发生的概率为 $p(0<p<1)$，则在 n 重伯努利试验中，事件 A 恰好发生 k 次的概率为：

$$P_n(k) = C_n^k p^k (1-p)^{n-k} \quad (k = 0,1,2,\cdots,n)$$

一般地，在 n 次独立重复试验中，ξ 表示事件 A 发生的次数。如果事件 A 发生的概率是 p，则不发生的概率 $q=1-p$，n 次独立重复试验中，事件 A 发生 k 次的概率是：

$$P(\xi=k) = C_n^k p^k (1-p)^{n-k} \quad (k = 0,1,2,\cdots,n)$$

那么就说 ξ 服从参数 p 的二项分布，其中 p 称为成功概率，记作 $\xi \sim B(n,p)$。

案例 14-2

📖 问题描述

一个袋子中有 5 只球，编号为 1,2,3,4,5。从袋中同时取 3 只，以 X 表示取出的 3 只球中的最大号码，写出随机变量 X 的分布律。

📖 问题分析

从 5 只球中取 3 只球，总共有 $C_5^3 = 10$ 种取法。从 $1 \sim 5$ 个数中取出 3 个，X 表

示最大数，它只能是 3 ～ 5 中的一个。

当 $X = 3$ 时，其余两个分别是 1,2，只有这一种情况，所以 $P(X = 3) = \dfrac{1}{10}$。

当 $X = 4$ 时，其余两个需要从 1,2,3 中选取 2 个，有 $C_3^2 = 3$ 种情况，所以 $P(X = 4) = \dfrac{3}{10}$。

当 $X = 5$ 时，其余两个需要从 1,2,3,4 中选取 2 个，有 $C_4^2 = 6$ 种情况，所以 $P(X = 5) = \dfrac{6}{10} = \dfrac{3}{5}$。

那么 X 的分布律如下。

X	3	4	5
$P(X)$	$\dfrac{1}{10}$	$\dfrac{3}{10}$	$\dfrac{3}{5}$

14.3　期望

在概率论和统计学中，数学期望（mean，又称均值，以下简称期望）是试验中每次可能结果的概率乘以其结果的总和，是最基本的数学特征之一。它反映随机变量平均取值的大小。

如果随机变量只取得有限个值或无穷，按一定次序一一列出，其值域为一个或若干个有限或无限区间，这样的随机变量称为离散型随机变量。

离散型随机变量的一切可能的取值 x_i 与对应的概率 $p(x_i)$ 乘积之和称为该离散型随机变量的期望（若该求和绝对收敛），记为 $E(x)$。它是简单算术平均的一种推广，类似加权平均。

离散型随机变量 x 的取值为 $x_1, x_2, \cdots, x_n$，$p(x_1), p(x_2), \cdots, p(x_n)$ 为 x 对应取值的概率，则：

$$E(x) = x_1 p(x_1) + x_2 p(x_2) + \cdots + x_n p(x_n) = \sum_{i=1}^{\infty} x_i p(x_i)$$

期望具备以下性质。

（1）当 c 为常数时，$E(c) = c$。

（2）当 c 为常数时，$E(cX) = cE(X)$。

（3）$E(X + Y) = E(X) + E(Y)$。

（4）当 X 与 Y 相互独立时，$E(XY) = E(X)E(Y)$。

问题描述

假设一名弓箭手，射中 10 环的概率为 0.6，射中 9 环的概率为 0.2，射中 8 环的概率为 0.1，射中 7 环的概率为 0.1，那么在一次比赛中，这名弓箭手最有可能射中多少环？

问题分析

本题利用期望公式即可求出：

$$E(X) = 10 \times 0.6 + 9 \times 0.2 + 8 \times 0.1 + 7 \times 0.1 = 6 + 1.8 + 0.8 + 0.7 = 9.3 \text{ （环）}。$$

【2018 年 NOIP 提高组初赛】假设一台抽奖机中有红、蓝两色的球，任意时刻按下抽奖按钮，都会等概率获得红球或篮球之一。有足够多的人每人都用这台抽奖机抽奖，策略为：抽中篮球则继续抽球，抽中红球则停止。最后每个人都把自己获得的所有球放到一个大箱子里，最终大箱子里的红球与篮球的比例接近于（　　　）。

A．1 : 2　　　　　　　　　　B．2 : 1

C．1 : 3　　　　　　　　　　D．1 : 1

【参考答案】D

📖 **问题分析**

由于每次按下按钮出红球或篮球是等概率的，每次出红球或篮球的概率为 $\frac{1}{2}$，那么第 i 次的期望是 $\left(\frac{1}{2}\right)^i$，最后得到红球的期望是 $\sum\limits_{i=1}^{\infty}\left(\frac{1}{2}\right)^i$，最后结果趋向于 1，同样篮球的期望也是趋向于 1，所以最终结果是 1:1。

第15章

计算几何（CSP-S）

计算几何研究的对象是几何图形，而研究的方法则是利用代数的方式来解决几何问题。本章将从基础知识到常用的算法揭示计算几何的应用。

15.1　基础知识

❤ 15.1.1　平面直角坐标系

在平面内画两条互相垂直，并且有公共原点的数轴。其中横轴为 x 轴，纵轴为 y 轴。这样就说在平面上建立了平面直角坐标系，简称直角坐标系。它分为第一象限、第二象限、第三象限、第四象限，从右上角开始、逆时针方向排列，如图 15-1 所示。

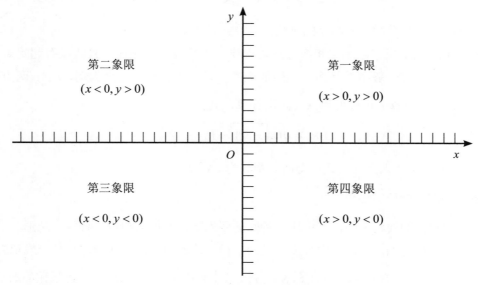

▲ 图 15-1　平面直角坐标系

15.1.2　点、直线、线段

在平面直角坐标系中点的描述是用横、纵坐标值来表示的，例如某点 p 的 x 坐标为 2，y 坐标为 3，那么点 p 可以表示为 $p(2,3)$。

两点可以确定一条直线，如果在刚才 p 点基础上，增加一点 $q(5,8)$，那么这两点确定的直线是什么呢？

在平面直角坐标系中确定的直线实质上是关于 x 和 y 的二元一次方程。根据 p 和 q 两点确定的直线方程公式如下。

$$y - y_1 = k(x - x_1)$$

其中 (x_1, y_1) 是线上的一点，k 为斜率，其表达式如下。

$$k = \frac{y_2 - y_1}{x_2 - x_1}$$

将 p 和 q 两点代入上式中可以得到直线方程为：

$$y - 3 = \frac{5}{3}(x - 2)$$

移项可得关于 x 和 y 的二元一次方程：

$$\frac{5}{3}x - y - \frac{1}{3} = 0$$

该方程指的就是经过 p 和 q 的直线。

线段实质上是指有起始点和终止点的直线，与直线的区别在于直线没有起始点和终止点。线段的长度一般指的是两点之间的距离，以上面 p 和 q 两点为例，p、q 两点的距离记作 $|pq|$，计算 $|pq|$ 可以使用欧氏距离计算，其公式如下。

$$|pq| = \sqrt{(x_2 - x_1)^2 + (y_2 - y_1)^2}$$

将 p、q 两点代入上面公式可得两点距离为 $\sqrt{34}$。

15.1.3　圆与多边形

面是由封闭的线构成的，其中比较特殊的面为圆，其他的都可以称为多边形。

圆是以某点作为圆心，一定长度线段为半径，绘制的封闭的曲线，半径一般记为 r，圆的直径 $R = 2r$，周长 $C = 2\pi r$，面积 $S = \pi r^2$。其中 π 是圆周率，它是一个无限循环的小数，π=3.1415926535… 一般取近似值 π=3.14。

关于圆的计算还有如下公式。

（1）扇形弧长 $L = \theta r = \dfrac{n\pi r}{180}$，其中 θ 指的是弧度值，n 是圆心角度数，如图 15-2 所示。

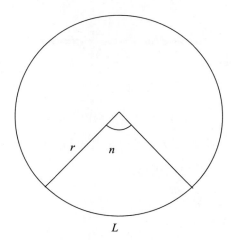

▲ 图 15-2　扇形弧长示意图

（2）扇形面积 $S = \dfrac{n\pi r^2}{360} = \dfrac{Lr}{2}$，其中 L 是扇形弧长。

要用方程表示圆，其方程表达式为 $(x - x_0)^2 + (y - y_0)^2 = r^2$，其中 (x_0, y_0) 为圆上一点，r 表示圆的半径。点与圆的关系有如下三种。

（1）点在圆上，公式表示为 $(x - x_0)^2 + (y - y_0)^2 = r^2$。

（2）点在圆内，公式表示为 $(x - x_0)^2 + (y - y_0)^2 < r^2$。

（3）点在圆外，公式表示为 $(x - x_0)^2 + (y - y_0)^2 > r^2$。

直线与圆的关系也有三种，设直线 l 方程为 $Ax + By + C = 0$，圆 C 方程为 $(x - x_0)^2 + (y - y_0)^2 = r^2$，将直线 l 方程代入圆 C 方程中，可以计算圆心 (x_0, y_0) 到直线距离 d：

$$d = \frac{\left| Ax_0 + By_0 + C \right|}{\sqrt{A^2 + B^2}}$$

（1）当 $d = r$ 时，直线 l 与 C 相切。

（2）当 $d < r$ 时，直线 l 与 C 相交。

（3）当 $d > r$ 时，直线 l 与 C 相离。

其关系如图 15-3 所示。

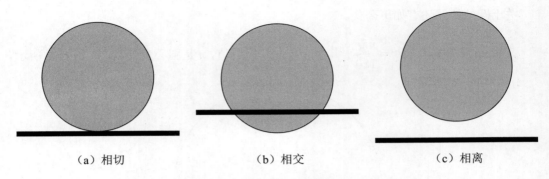

| （a）相切 | （b）相交 | （c）相离 |

▲ 图 15-3　直线与圆的关系

多边形是由三条或三条以上线段首尾相连组成的封闭图形，其中比较特殊的是正多边形，正多边形各边相等，且各角也相等。

多边形的内角和 $= (n-2)\times 180^{\circ}$。

▼ 15.1.4　矢量

矢量的定义是相对标量而言的，标量是只记录数量而不记录方向的量，而矢量是既表示方向又表示数量的量。例如在 15.1.2 节中标量线段，它的表示方法是 $|pq|$，只表示线段的长度。如果要表示它的方向，则需要使用矢量，其表示方式为：$\overrightarrow{pq}$。

矢量之间是可以进行加、减、乘法运算的，但是与标量不同的是需要考虑其方向性。例如，矢量 **a** 和矢量 **b** 如图 15-4 所示。

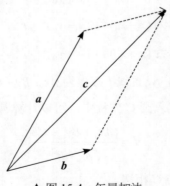

▲ 图 15-4　矢量加法

a+**b**=**c**，使用的方法是将 **b** 平移到 **a** 的末端，最后首尾相连得到两个矢量之和 **c**。

那么 **a**-**b** 应该如何计算呢？首先减 **b** 相当于加上 (-**b**)，所以需要对 **b** 向量取相反的方向表示 -**b**，得到的 **c** 如图 15-5 所示。

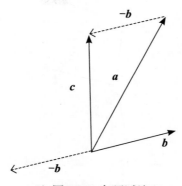

▲ 图 15-5　矢量减法

　　一个标量 k 和一个向量 a 之间可以做乘法，得出的结果是另一个与 a 方向相同或相反，大小为 a 的 $|k|$ 倍的向量，可以记成 ka。该种运算被称为标量乘法或数乘。−1 乘以任意向量得到它的反向量，0 乘以任何向量都得到零向量 **0**。

　　两个矢量相乘分为数量积和矢量积两种。

　　矢量的数量积又称为矢量的标量积，所得结果是标量，其计算方法是两个矢量的大小与它夹角的余弦之积，如图 15-6 所示。

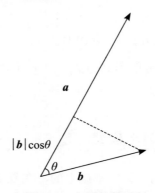

▲ 图 15-6　矢量的数量积

　　向量 a 与向量 b 的数量积公式为：$a \cdot b = |a||b|\cos\theta$，注意此处乘号用 · 来表示，也叫作点积。

　　矢量的矢量积仍然是一个矢量，矢量积的大小等于两个矢量的大小与它们的正弦之积，其方向是垂直于矢量 a 和矢量 b 组成的平面，方向满足右手螺旋规则，如图 15-7 所示。

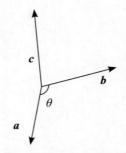

▲ 图 15-7　矢量的矢量积

右手螺旋规则是指将右手的四指沿着 θ 角度标注的方向（也就是从 a 到 b 的方向），此时大拇指的朝向就是两个矢量的矢量积的方向。

矢量的矢量积又被称为向量积和叉积，由于向量积涉及平面外另一个方向，所以表示每一个向量就不应该是二维的，而应该是三维的。例如：$a = (x_1, y_1, z_1)$，$b = (x_2, y_2, z_2)$，那么：

$$a \times b = \begin{vmatrix} i & j & k \\ x_1 & y_1 & z_1 \\ x_2 & y_2 & z_2 \end{vmatrix} = (y_1 z_2 - y_2 z_1)i - (x_1 z_2 - x_2 z_1)j + (x_1 y_2 - x_2 y_1)k$$

其中：$i = (1, 0, 0)$，$j = (0, 1, 0)$，$k = (0, 0, 1)$。

那么也可以把 $a \times b$ 写成向量的形式 $(y_1 z_2 - y_2 z_1, -(x_1 z_2 - x_2 z_1), x_1 y_2 - x_2 y_1)$。矢量积的意义在于得到某个平面的法向量。

15.2　计算几何 C++ 模型

任何复杂计算都是建立在简单计算基础上的，在复杂几何图形计算过程中，将复杂几何图形进行分割或问题的分解，整个大问题便会迎刃而解，可以参照下面简单几何关系的模型解决复杂问题。

▼ 15.2.1　计算点、点关系

1.　#include<iostream>

```
2.  #include<cmath>
3.  using namespace std;
4.  // 定义 pi
5.  const float PI=3.14159265;
6.  const float MM=1E-10;
7.  // 定义点 (x,y)
8.  struct Point{
9.      float x,y;
10. };
11. // 求两点距离（欧氏距离）
12. float dist(Point s,Point e){
13.     return(sqrt(pow(e.x-s.x,2)+pow(e.y-s.y,2)));
14. }
15. // 判断三点关系
16. /*
17. 设三点 p、q、t
18. 计算前两个点与最后一个点的叉积
19. r=(p.x-t.x)*(q.y-t.y)-(q.x-t.x)*(p.y-t.y)
20. 如果 r>0，则说明 q 在矢量 tp 的逆时针方向
21. 如果 r=0，则说明三点共线
22. 如果 r<0，则说明 q 在矢量 tp 的顺时针方向
23. */
24. float multiply(Point p, Point q, Point t){
25.     return((p.x-t.x)*(q.y-t.y)-(q.x-t.x)*(p.y-t.y));
26. }
27. // 点 p 绕点 o 逆时针旋转 a 角度的点
28. Point rotate(Point p,Point o,float a){
29.     // 定义旋转后的点 s
30.     Point s;
31.     // 先将 o 点置于圆心，建立直角坐标系
32.     p.x-=o.x;
33.     p.y-=o.y;
34.     // 将角度转成弧度
```

35.	a=PI*a/180;
36.	// 再加上 o 点坐标，还原原来坐标系
37.	s.x=p.x*cos(a)-p.y*sin(a)+o.x;
38.	s.y=p.y*cos(a)+p.x*sin(a)+o.y;
39.	**return** s;
40.	}
41.	**int** main()
42.	{
43.	Point p1,p2,p3;
44.	cout<<" 请输入 p1 和 p2 两点: "<<endl;
45.	cin>>p1.x>>p1.y;
46.	cin>>p2.x>>p2.y;
47.	**float** dis=dist(p1,p2);
48.	cout<<" 两点距离 ="<<dis<<endl;
49.	cout<<" 请输入第三点 p3: "<<endl;
50.	cin>>p3.x>>p3.y;
51.	**float** r=multiply(p1,p2,p3);
52.	**if**(r>0)
53.	cout<<" 这三点之间关系是：p2 在矢量 p3p1 逆时针方向 "<<endl;
54.	**else if**(r<=MM)
55.	cout<<" 这三点之共线 "<<endl;
56.	**else**
57.	cout<<" 这三点之间关系是：p2 在矢量 p3p1 顺时针方向 "<<endl;
58.	Point p4;
59.	//将 p2 绕 p1 逆时针旋转 30°，得到 p4
60.	p4 = rotate(p2,p1,30);
61.	cout<<" 点 ("<<p2.x<<","<<p2.y<<") 绕点 ("<<p1.x<<","<<p1.y<<") 绕30° 得到点是：("<<p4.x<<","<<p4.y<<")"<<endl;
62.	**return** 0;
63.	}

【输入】

2 3

4 6

−1 −1

【输出】

两点距离 =3.60555

这三点之间的关系是 p2 在矢量 p3p1 逆时针方向

点 (4,6) 绕点 (2,3) 绕 30°得到点 (2.23205,6.59808)

◉ 15.2.2　计算点、线关系

案例
15-2

1. #include<iostream>
2. #include<cmath>
3. **using namespace** std;
4. **const float** MM=1e-10;
5. // 定义点
6. **struct** Point{
7. 　 **float** x,y;
8. };
9. // 定义矢量
10. **struct** V{
11. 　 **float** x,y;
12. };
13. **struct** Line{
14. 　 // 起点
15. 　 Point s;
16. 　 // 终点
17. 　 Point e;
18. };
19. **struct** LineStru{
20. 　 // 形如 Ax+By+C=0

```
21.    float A,B,C;
22.  };
23.  // 返回直线方程
24.  LineStru lineFun(Line l){
25.    LineStru ls;
26.    // 起点、终点 x 坐标相同情况
27.    if(l.e.x-l.s.x==0){
28.       ls.C=-l.e.x;
29.       ls.A=1;
30.       ls.B=0;
31.       return ls;
32.    }
33.    else{
34.       // 计算直线方程 y=kx+b
35.       ls.A = (l.e.y-l.s.y)/(l.e.x-l.s.x);
36.       ls.C = l.e.y-ls.A*l.e.x;
37.       ls.B = -1;
38.       return ls;
39.    }
40.  }
41.  // 判断点是否在直线上
42.  bool onLine(Point p, Line l){
43.    LineStru ls;
44.    // 获得直线方程
45.    ls =  lineFun(l);
46.    if(p.x*ls.A+ls.B*p.y+ls.C<=MM)
47.       return true;
48.    else
49.       return false;
50.  }
51.  // 计算两点间距离
52.  float dist(Point s, Point e){
53.    return(sqrt(pow(s.x-e.x,2)+pow(s.y-e.y,2)));
```

```
54.  }
55.  // 点乘
56.  float dotMultiply(V v1, V v2){
57.      return v1.x*v2.x+v1.y*v2.y;
58.  }
59.  // 判断点与线段的关系
60.  /*
61.  返回值 =0，p 是起点 s
62.  返回值 =1，p 是终点 e
63.  返回值在 0 ～ 1，点 p 在线段上
64.  返回值小于 0 或大于 1 都在线段外
65.  */
66.  float relation(Point p, Line l){
67.      V v1,v2;
68.      //l 线段起始点 s 和 e 与 p 点构建两个向量 v1，v2
69.      v1.x=p.x-l.s.x;
70.      v1.y=p.y-l.s.y;
71.      v2.x=l.e.x-l.s.x;
72.      v2.y=l.e.y-l.s.y;
73.      // 计算 l 线段长度
74.      float d=dist(l.s,l.e);
75.      return(dotMultiply(v1,v2)/pow(d,2));
76.  }
77.  // 计算点到直线的距离
78.  float P_L_dist(Point p, Line l){
79.      LineStru ls;
80.      // 获得直线方程
81.      ls =  lineFun(l);
82.      float d = abs(ls.A*p.x+ls.B*p.y+ls.C)/sqrt(pow(ls.A,2)+pow(ls.B,2));
83.      return d;
84.  }
85.  // 计算点到直线的垂足
86.  Point foot(Point p, Line l){
```

```
87.    Point r;
88.    float t = relation(p,l);
89.    r.x=l.s.x+t*(l.e.x-l.s.x);
90.    r.y=l.s.y+t*(l.e.y-l.s.y);
91.    return r;
92.  }
93.  // 计算点 p 与线段 l 距离最短的点
94.  Point nearest(Point p, Line l){
95.    float r=relation(p,l);
96.    Point np;
97.    if(r<0)
98.      np=l.s;
99.    else if(r>1)
100.     np=l.e;
101.   else
102.     // 垂足
103.     np=foot(p,l);
104.   return np;
105. }
106. // 寻找点 p 关于直线 l 对称的点
107. //x=px-2A(Apx+Bpy+c)/(A^2+B^2)
108. //y=py-2B(Apx+Bpy+c)/(A^2+B^2)
109. Point symmetry(Point p, Line l){
110.   Point sy;
111.   LineStru ls;
112.   // 获得直线方程
113.   ls = lineFun(l);
114.   sy.x=p.x-2*ls.A*(ls.A*p.x+ls.B*p.y+ls.C)/(pow(ls.A,2)+pow(ls.B,2));
115.   sy.y=p.y-2*ls.B*(ls.A*p.x+ls.B*p.y+ls.C)/(pow(ls.A,2)+pow(ls.B,2));
116.   return sy;
117. }
118. int main(){
119.   Point a;
```

```
120.    Line l;
121.    cout<<" 请输入直线的起点："<<endl;
122.    cin>>l.s.x>>l.s.y;
123.    cout<<" 请输入直线的终点："<<endl;
124.    cin>>l.e.x>>l.e.y;
125.    cout<<" 请输入第三个点："<<endl;
126.    cin>>a.x>>a.y;
127.    if(onLine(a,l)){
128.        cout<<" 点 ("<<a.x<<","<<a.y<<") 在线上 "<<endl;
129.    } else{
130.        cout<<" 点 ("<<a.x<<","<<a.y<<") 不在线上 "<<endl;
131.        float d=P_L_dist(a,l);
132.        cout<<" 点 ("<<a.x<<","<<a.y<<") 到直线距离 ="<<d<<endl;
133.        // 计算垂足
134.        Point p;
135.        p=foot(a,l);
136.        cout<<" 点 ("<<a.x<<","<<a.y<<") 到直线的垂足
         是 ("<<p.x<<","<<p.y<<")"<<endl;
137.        // 计算点 a 到线段 l 的最短距离
138.        Point n;
139.        n = nearest(a,l);
140.        float t = dist(a,n);
141.        cout<< " 点 ("<<a.x<<","<<a.y<<") 到线段的最短距离 ="<<t<<endl;
142.        // 点 a 关于直线 l 对称点 b
143.        Point b;
144.        b=symmetry(a,l);
145.        cout<<" 点 ("<<a.x<<","<<a.y<<") 关于直线对称的点
         是 ("<<b.x<<","<<b.y<<")"<<endl;
146.    }
147.    return 0;
148. }
```

【输入】

1 2

8 5

2 2

【输出】

点 (2,2) 不在线上

点 (2,2) 到直线的距离 =0.393919

点 (2,2) 到直线的垂足是 (1.84483,2.36207)

点 (2,2) 到线段的最短距离 =0.393919

点 (2,2) 关于直线对称的点是 (1.68966,2.72414)

📖 程序说明

点到直线的距离可以使用下列公式计算。

$$d = \frac{|kx_0 - y_0 + b|}{\sqrt{k^2 + (-1)^2}}$$

点关于直线对称点的公式如下。

$$x_1 = x_0 - \frac{2A(Ax_0 + By_0 + C)}{A^2 + B^2}$$

$$y_1 = y_0 - \frac{2B(Ax_0 + By_0 + C)}{A^2 + B^2}$$

▼ 15.2.3　计算线、线（矢量）关系

1. #include<iostream>

2. #include<cmath>

3. **using namespace** std;

4. **const float** MM=1e-10;

5. **const float** PI=3.1415926;

6. // 定义点

```
7.  struct Point{
8.     float x,y;
9.  };
10. // 定义矢量
11. struct V{
12.    float x,y;
13. };
14. struct Line{
15.    // 起点
16.    Point s;
17.    // 终点
18.    Point e;
19. };
20. struct LineStru{
21.    // 形如 Ax+By+C=0
22.    float A,B,C;
23. };
24. // 返回直线方程
25. LineStru lineFun(Line l){
26.    LineStru ls;
27.    // 起点、终点 x 坐标相同
28.    if(l.e.x-l.s.x==0){
29.       ls.C=-l.e.x;
30.       ls.A=1;
31.       ls.B=0;
32.       return ls;
33.    }
34.    else{
35.       // 计算直线方程 y=kx+b
36.       ls.A = (l.e.y-l.s.y)/(l.e.x-l.s.x);
37.       ls.C = l.e.y-ls.A*l.e.x;
38.       ls.B = -1;
39.       return ls;
```

```
40.        }
41.    }
42.    // 点乘
43.    float dotMultiply(V v1, V v2){
44.        return v1.x*v2.x+v1.y*v2.y;
45.    }
46.    // 判断两条直线是否相交
47.    // 看叉积是否等于 0，等于 0 则平行
48.    bool intersect(V v1, V v2){
49.        float d=v1.x*v2.y-v1.y*v2.x;
50.        if(d<=MM)
51.            return false;
52.        else
53.            return true;
54.    }
55.    // 两直线的交点
56.    Point intersectPoint(LineStru l1,LineStru l2){
57.        Point i;
58.        // 交点 x 和 y 可以联立 l1 和 l2 两个方程得到
59.        i.x=(l1.B*l2.C-l2.B*l1.C)/(l2.B*l1.A-l1.B*l2.A);
60.        i.y=(l2.A*l1.C-l1.A*l2.C)/(l1.A*l2.B-l2.A*l1.B);
61.        return i;
62.    }
63.    // 两直线 ( 向量 ) 夹角
64.    float alpha(V v1,V v2){
65.        // 点乘除以两个向量的模，得到 cos(a)
66.        float d=dotMultiply(v1,v2);
67.        // 注意得到的 a 是弧度
68.        float a=d/(sqrt(pow(v1.x,2)+pow(v1.y,2))*sqrt(pow(v2.x,2)+pow(v2.y,2)));
69.        // 转成角度
70.        a=acos(a)*180/PI;
71.        return a;
72.
```

```
73.  }
74.  int main(){
75.      Line l1,l2;
76.      cout<<" 请输入 l1 直线的起点和终点： "<<endl;
77.      cin>>l1.s.x>>l1.s.y>>l1.e.x>>l1.e.y;
78.      cout<<" 请输入 l2 直线的起点和终点： "<<endl;
79.      cin>>l2.s.x>>l2.s.y>>l2.e.x>>l2.e.y;
80.      //l1 和 l2 形成的向量 v1 和 v2
81.      V v1,v2;
82.      v1.x=l1.e.x-l1.s.x;
83.      v1.y=l1.e.y-l1.s.y;
84.      v2.x=l2.e.x-l2.s.x;
85.      v2.y=l2.e.y-l2.s.y;
86.      // 如果不平行，计算相交点和夹角
87.      if(intersect(v1,v2)){
88.          cout<<"l1 与 l2 是平行的 "<<endl;
89.      } else{
90.          Point p;
91.          LineStru ls1,ls2;
92.          ls1=lineFun(l1);
93.          ls2=lineFun(l2);
94.          p=intersectPoint(ls1,ls2);
95.          cout<<"l1 与 l2 相交点为 ("<<p.x<<","<<p.y<<")"<<endl;
96.          float a=alpha(v1,v2);
97.          cout<<"l1 与 l2 夹角为 "<<a<<endl;
98.      }
99.      return 0;
100. }
```

【输入】

1 2 9 6

2 5 11 19

【输出】

l1 与 l2 相交点为 (−0.368421,1.31579)

l1 与 l2 夹角为 60.2551

 程序说明

弧度与角度的计算关系如下。

$$角度 = 弧度 \times \frac{180}{\pi}$$

$$弧度 = 角度 \times \frac{\pi}{180}$$

15.2.4 圆与多边形

 案例 15-4

```
1.  #include<iostream>
2.  #include<cmath>
3.  using namespace std;
4.  const double MM=1e-10;
5.  const float PI=3.1415926;
6.  const double INF=1e200;
7.  // 定义点
8.  struct Point{
9.     float x,y;
10. };
11. // 定义矢量
12. struct V{
13.     float x,y;
14. };
15. // 圆
16. struct Circle{
```

```
17.     Point o;// 圆心
18.     float r;// 半径
19.   };
20.   struct Line{
21.     Point s;
22.     Point e;
23.   };
24.   struct LineStru{
25.     // 形如 Ax+By+C=0
26.     float A,B,C;
27.   };
28.   float dist(Point s,Point e){
29.     return(sqrt(pow(e.x-s.x,2)+pow(e.y-s.y,2)));
30.   }
31.   // 叉积
32.   float multiply(V v1,V v2){
33.     return(v1.x*v2.y-v1.y*v2.x);
34.   }
35.   Circle makeCircle(Point a, Point b, Point c){
36.     // 定义两个向量表示 ab 和 ac
37.     V v1,v2;
38.     Circle ci;
39.     v1.x=b.x-a.x;
40.     v1.y=b.y-a.y;
41.     v2.x=c.x-a.x;
42.     v2.y=c.y-a.y;
43.     float r=multiply(v1,v2);
44.     if(r<=MM){
45.       // 三点共线，设置半径为 0
46.       ci.r=0;
47.       ci.o.x=0;
48.       ci.o.y=0;
49.     }else{
```

```
50.        // 求外心
51.        float z1=v1.x*(a.x+b.x)+v1.y*(a.y+b.y);
52.        float z2=v2.x*(a.x+c.x)+v2.y*(a.y+c.y);
53.        float d=2.0*(v1.x*(c.y-b.y)-v1.y*(c.x-b.x));
54.        ci.o.x=(v2.y*z1-v1.y*z2)/d;
55.        ci.o.y=(v1.x*z2-v2.x*z1)/d;
56.        // 求半径
57.        ci.r=dist(ci.o,a);
58.     }
59.     return ci;
60. }
61. // 计算多边形的面积
62. float polygonArea(int vcount,Point polygon[]) {
63.     int i;
64.     float s;
65.     if (vcount<3)
66.        return 0;
67.     s=polygon[0].y*(polygon[vcount-1].x-polygon[1].x);
68.     for (i=1;i<vcount;i++)
69.        s+=polygon[i].y*(polygon[(i-1)].x-polygon[(i+1)%vcount].x);
70.     return abs(s/2);
71. }
72. // 返回直线方程
73. LineStru lineFun(Line l){
74.     LineStru ls;
75.     // 起点、终点 x 坐标相同
76.     if(l.e.x-l.s.x==0){
77.        ls.C=-l.e.x;
78.        ls.A=1;
79.        ls.B=0;
80.        return ls;
81.     }
82.     else{
```

```
83.        // 计算直线方程 y=kx+b
84.        ls.A = (l.e.y-l.s.y)/(l.e.x-l.s.x);
85.        ls.C = l.e.y-ls.A*l.e.x;
86.        ls.B = -1;
87.        return ls;
88.      }
89.  }
90.  // 判断点是否在直线上
91.  bool onLine(Point p, Line l){
92.      LineStru ls;
93.      // 获得直线方程
94.      ls = lineFun(l);
95.      if(p.x*ls.A+ls.B*p.y+ls.C<=MM)
96.          return true;
97.      else
98.          return false;
99.  }
100. // 叉积
101. float multiply(Point p, Point q, Point t){
102.     return((p.x-t.x)*(q.y-t.y)-(q.x-t.x)*(p.y-t.y));
103. }
104. // 如果线段 u 和 v 相交（包括相交在端点处）时，返回 true
105. // 判断 P1P2 跨立 Q1Q2 的依据是（P1－Q1）×（Q2－Q1）*（Q2－Q1）×
     （P2－Q1）>= 0。
106. // 判断 Q1Q2 跨立 P1P2 的依据是（Q1－P1）×（P2－P1）*（P2－P1）×
     （Q2－P1）>= 0。
107. bool intersect(Line u,Line v){
108.     return( (max(u.s.x,u.e.x)>=min(v.s.x,v.e.x))&&// 排斥实验
109.         (max(v.s.x,v.e.x)>=min(u.s.x,u.e.x))&&
110.         (max(u.s.y,u.e.y)>=min(v.s.y,v.e.y))&&
111.         (max(v.s.y,v.e.y)>=min(u.s.y,u.e.y))&&
112.         (multiply(v.s,u.e,u.s)*multiply(u.e,v.e,u.s)>=0)&&// 跨立实验
113.         (multiply(u.s,v.e,v.s)*multiply(v.e,u.e,v.s)>=0));
```

```
114.  }
115.  //（线段 u 和 v 相交）&&（交点不是双方的端点）时返回 true
116.  bool intersect_A(Line u,Line v){
117.      return((intersect(u,v))&&
118.          (!onLine(v.s,u))&&
119.          (!onLine(v.e,u))&&
120.          (!onLine(u.e,v))&&
121.          (!onLine(u.s,v)));
122.  }
123.  // 判断点是否在多边形内
124.  /*
125.  射线法判断点 q 与多边形 polygon 的位置关系，要求 polygon 为简单多边形，
       顶点逆时针排列
126.  如果点在多边形内：  返回 0
127.  如果点在多边形边上： 返回 1
128.  如果点在多边形外：  返回 2
129.  */
130.  int insidePolygon(int vcount,Point Polygon[],Point q)
131.  {
132.      int c=0,i,n;
133.      Line l1,l2;
134.      bool bintersect_a,bonline1,bonline2,bonline3;
135.      float r1,r2;
136.      l1.s=q;
137.      l1.e=q;
138.      l1.e.x=double(INF);
139.      n=vcount;
140.      for (i=0;i<vcount;i++)
141.      {
142.          l2.s=Polygon[i];
143.          l2.e=Polygon[(i+1)%n];
144.          if(onLine(q,l2))
145.          return 1; // 如果点在边上，返回 1
```

```
146.        if ( (bintersect_a=intersect_A(l1,l2))||  // 相交且不在端点
147.           ( (bonline1=onLine(Polygon[(i+1)%n],l1))&&  // 第二个端点在射线上
148.           ( (!(bonline2=onLine(Polygon[(i+2)%n],l1)))&&  /* 前一个端点和后一个端
                点在射线两侧 */
149.           ((r1=multiply(Polygon[i],Polygon[(i+1)%n],l1.s)*multiply(Polygon[(i+1)%n],
                Polygon[(i+2)%n],l1.s))>0) ||
150.           (bonline3=onLine(Polygon[(i+2)%n],l1))&&    /* 下一条边是水平线，前一
                个端点和后一个端点在射线两侧  */
                ((r2=multiply(Polygon[i],Polygon[(i+2)%n],l1.s)*multiply(Polygon[(i+2)%n],Polyg
                on[(i+3)%n],l1.s))>0))))
151.           c++;
152.       }
153.    if(c%2 == 1)
154.        return 0;
155.    else
156.        return 2;
157. }
158. int main(){
159.    Circle c;
160.    // 由三点确定圆，并输出圆心和半径
161.    Point p1,p2,p3;
162.    cout<<" 请输入三个点 p1,p2,p3： "<<endl;
163.    cin>>p1.x>>p1.y>>p2.x>>p2.y>>p3.x>>p3.y;
164.    c=makeCircle(p1,p2,p3);
165.    if(c.r>0)
166.        cout<<" 圆心是 ("<<c.o.x<<","<<c.o.y<<")， 半径 ="<<c.r<<endl;
167.    else
168.        cout<<" 三点共线！ "<<endl;
169.    // 再输入两个点，形成一个五边形，计算其面积
170.    Point p4,p5;
171.    cout<<" 请再输入两个点 p4,p5： "<<endl;
172.    cin>>p4.x>>p4.y>>p5.x>>p5.y;
```

173.	Point p[]={p1,p2,p3,p4,p5};
174.	cout<<" 该五边形面积 ="<<polygonArea(5,p)<<endl;
175.	cout<<" 请输入一个点 p6 来判断是否在上面五边形内： "<<endl;
176.	Point p6;
177.	cin>>p6.x>>p6.y;
178.	**int** is_in=insidePolygon(5,p,p6);
179.	**if**(is_in==0)
180.	cout<<" 在多边形内 "<<endl;
181.	**else if**(is_in==1)
182.	cout<<" 在多边形上 "<<endl;
183.	**else**
184.	cout<<" 在多边形外 "<<endl;
185.	**return** 0;
186.	}

【输入】

1 2 9 5 11 19

5 6 1 1

1 2

【输出】

圆心是 (1.34906,13.2358)，半径 =11.2413

该五边形面积 =37

在多边形上

📖 **程序说明**

多边形可以分为凸多边形和凹多边形。凸多边形（convex polygon）指如果把一个多边形的所有边中，任意一条边向两方无限延长成为直线时，其他各边都在此直线的同旁，那么这个多边形就叫作凸多边形，其内角应该全不是优角（大于 180°小于360°的角），任意两个顶点间的线段位于多边形的内部或边上，如图 15-8 所示。凹多边形（concave polygon）指如果把一个多边形的所有边中，有一条边向两方无限延长成为直线时，其他各边不都在此直线的同旁，那么这个多边形就叫作凹多边形，其内角中至少有一个优角，如图 15-9 所示。

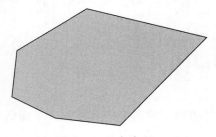

▲ 图 15-8　凸多边形

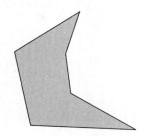

▲ 图 15-9　凹多边形

对于凸多边形而言，面积非常好计算，将其以某个点为起点，与剩余各个点相连，便可以将凸多边形划分成多个三角形，然后计算三角形的面积，再将计算出来的三角形面积相加即可。

对于凹多边形，如果按照凸多边形方法计算，得到的面积会多出一部分。为了去掉多余部分，使用矢量的叉乘，这样计算的面积既有正数也有负数，相加后得到的就是凹多边形面积（对凸多边形也是一样）。用叉乘的方式计算 △ABC 面积的公式如下。

$$S_{\triangle ABC} = \frac{1}{2}(\overrightarrow{AB} \times \overrightarrow{AC})$$

为了方便起见，设定一个原点 O，然后与多边形每个顶点连线建立三角形，然后计算每个三角形叉乘结果，并将结果相加得到总面积。凹多边形面积划分如图 15-10 所示。

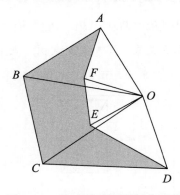

▲ 图 15-10　凹多边形面积划分示意图

该多边形面积公式如下。

$$S = S_{\triangle OAB} + S_{\triangle OBC} + S_{\triangle OCD} + S_{\triangle OED} + S_{\triangle OEF} + S_{\triangle OAF}$$

$$S_{OAB} = \frac{1}{2}\left(\overrightarrow{OA} \times \overrightarrow{OB}\right) = \frac{1}{2}(x_A * y_B - y_A * x_B) \quad \text{其中} A(x_A, y_A)$$

$$\cdots$$

$$S_{\triangle OAF} = \frac{1}{2}(\overrightarrow{OA} \times \overrightarrow{OF}) = \frac{1}{2}(x_A * y_F - y_A * x_F)$$

排斥实验与跨立实验是判断两条线段是否相交的两个著名算法，下面就对这两个实验进行概述。

排斥实验核心如下：任意一有向线段都可以看作一个矩形的对角线，两条线段 p[起点位置矢量是 $p_1(p_{1x}, p_{1y})$，终点是 $p_2(p_{2x}, p_{2y})$]，q[起点是 $q_1(q_{1x}, q_{1y})$，终点是 $q_2(q_{2x}, q_{2y})$] 是矩形 A 和 B 的对角线，如果矩形 A 和矩形 B 不相交，那么两条对角线 p 和 q 肯定不相交。

其中矩形相交的条件如下。

$$\min(p_{1x}, p_{2x}) <= \max(q_{1x}, q_{2x}) \&\& \min(q_{1x}, q_{2x}) <= \max(p_{1x}, p_{2x})$$

$$\&\& \min(p_{1y}, p_{2y}) <= \max(q_{1y}, q_{2y}) \&\& \min(q_{1y}, q_{2y}) <= \max(p_{1y}, p_{2y})$$

如果线段 p_1p_2 跨过线段 q_1q_2，p_1p_2 分布在线段 q_1q_2 的两边，那么：

$$((p_1 - q_1) \times (q_2 - q_1)) * ((q_2 - q_1) \times (p_2 - q_1)) > 0$$

同理，线段 q_1q_2 分布在线段 p_1p_2 两边的条件是：

$$((q_1 - p_1) \times (p_2 - p_1)) * ((p_2 - p_1) \times (q_2 - p_1)) > 0$$

★注意：其中 × 代表叉积（叉乘），* 代表点积（点乘）。

为更好地理解排斥实验和跨立实验，可以参考图 15-11 的图形示例。

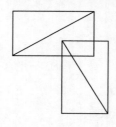 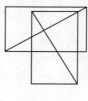 

满足排斥实验　　　　　满足排斥实验　　　　　不满足排斥实验
不满足跨立实验　　　　满足跨立实验　　　　　不满足跨立实验

▲ 图 15-11　排斥实验与跨立实验示例

15.3 平面凸包

平面凸包是指给定二维平面上的点集，凸包就是将最外层的点连接起来构成的凸多边形，它能包含点集中所有的点。形象地说，如果把这些点看作一棵棵树，要想把所有树都包裹起来，在外围用绳子围一圈，得到的这个多边形就是一个凸多边形，它也是最小的凸多边形，如图 15-12 所示。

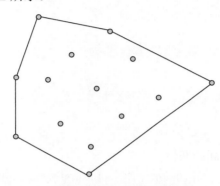

▲ 图 15-12 平面凸包示例

要生成凸多边形，首先需要了解如何判断图形是凸多边形。

15.3.1 判断凸多边形

```
1.  #include<iostream>
2.  using namespace std;
3.  // 定义点
4.  struct Point{
5.      float x,y;
6.  };
7.  // 叉积
8.  float multiply(Point p, Point q, Point t){
9.      return((p.x-t.x)*(q.y-t.y)-(q.x-t.x)*(p.y-t.y));
10. }
11. // 返回值：按输入顺序返回多边形顶点的凸凹性判断，bc[i]=1
```

```
12.    void checkconvex(int vcount,Point polygon[],bool bc[]){
13.      int i,index=0;
14.      Point tp=polygon[0];
15.      for(i=1;i<vcount;i++) // 寻找第一个凸顶点
16.      {
17.        if(polygon[i].y<tp.y||(polygon[i].y == tp.y&&polygon[i].x<tp.x))
18.        {
19.          tp=polygon[i];
20.          index=i;
21.        }
22.      }
23.      int count=vcount-1;
24.      bc[index]=1;
25.      while(count) // 判断凸凹性
26.      {  if(multiply(polygon[(index+1)%vcount],polygon[(index+2)%vcount],polygon[
    index])>=0 )
27.          bc[(index+1)%vcount]=1;
28.        else
29.          bc[(index+1)%vcount]=0;
30.        index++;
31.        count--;
32.      }
33.    }
34.    // 返回值：多边形 polygon 是凸多边形时，返回 true
35.    bool isconvex(int vcount,Point polygon[])
36.    {
37.      bool bc[10000];
38.      checkconvex(vcount,polygon,bc);
39.      // 逐一检查顶点，是否全部是凸顶点
40.      for(int i=0;i<vcount;i++)
41.        if(!bc[i])
42.          return false;
43.      return true;
```

```
44.  }
45.  int main(){
46.      int n;
47.      cout<<" 请输入顶点个数 n="<<endl;
48.      cin>>n;
49.      Point p[n];
50.      for(int i=0;i<n;i++){
51.          cout<<" 请输入第 "<<i+1<<" 个顶点 "<<endl;
52.          cin>>p[i].x>>p[i].y;
53.      }
54.      if(n>2){
55.          // 判断是否为凸多边形
56.          if(isconvex(n,p))
57.              cout<<" 该多边形为凸多边形 "<<endl;
58.          else
59.              cout<<" 该多边形为凹多边形 "<<endl;
60.      }else
61.          cout<<"n 要大于 2 ！ "<<endl;
62.      return 0;
63.  }
```

【输入】

3

1 1

2 2

3 9

【输出】

该多边形为凸多边形

15.3.2 凸多边形重心

这里所说的重心，也称为几何中心。假设一个凸多边形可以分成 n 个三角形，这些

三角形的重心为 $C_i(i=1,2,\cdots,n)$，面积为 $A_i(i=1,2,\cdots,n)$，那么这个凸多边形的重心坐标 (C_x, C_y) 计算公式如下。

$$C_x = \frac{\sum C_{ix} A_i}{\sum A_i}$$

$$C_y = \frac{\sum C_{iy} A_i}{\sum A_i}$$

下面以 C++ 示例代码来解释如何求解凸多边形重心的问题。

```cpp
1.  #include<iostream>
2.  #include<cmath>
3.  using namespace std;
4.  // 定义点
5.  struct Point{
6.      float x,y;
7.  };
8.  // 叉积
9.  float multiply(Point p, Point q, Point t){
10.     return((p.x-t.x)*(q.y-t.y)-(q.x-t.x)*(p.y-t.y));
11. }
12. // 求凸多边形的重心，要求输入多边形按逆时针排序
13. Point gravitycenter(int vcount,Point polygon[])
14. {
15.     Point tp;
16.     float x,y,s,x0,y0,cs,k;
17.     x=0;y=0;s=0;
18.     for(int i=1;i<vcount-1;i++)
19.     {
20.         // 求当前三角形的重心
21.         x0=(polygon[0].x+polygon[i].x+polygon[i+1].x)/3;
```

```
22.        y0=(polygon[0].y+polygon[i].y+polygon[i+1].y)/3;
23.        cs=multiply(polygon[i],polygon[i+1],polygon[0])/2;
24.        // 三角形面积可以直接利用该公式求解
25.        if(abs(s)<1e-20)
26.        {
27.           x=x0;y=y0;s+=cs;continue;
28.        }
29.        // 求面积比例
30.        k=cs/s;
31.        x=(x+k*x0)/(1+k);
32.        y=(y+k*y0)/(1+k);
33.        s += cs;
34.     }
35.     tp.x=x;
36.     tp.y=y;
37.     return tp;
38.  }
39.  int main(){
40.     int n;
41.     cout<<" 请输入顶点个数 n="<<endl;
42.     cin>>n;
43.     Point p[n];
44.     for(int i=0;i<n;i++){
45.        cout<<" 请输入第 "<<i+1<<" 个顶点 "<<endl;
46.        cin>>p[i].x>>p[i].y;
47.     }
48.     if(n>2){
49.        Point o;
50.        o=gravitycenter(n,p);
51.        cout<<" 该凸多边形的重心为 ("<<o.x<<","<<o.y<<")"<<endl;
52.     }else
53.        cout<<"n 要大于 2 ！ "<<endl;
54.     return 0;
55.  }
```

【输入】

5

1 1

2 1

3 6

4 8

1 10

【输出】

该凸多边形的重心为 (1.97849,5.78495)

▽ 15.3.3 寻找凸包——Graham 算法

Graham 算法是通过不断增加新点到凸包影响具有凸性的点，最终形成凸多边形的过程。该算法主要通过排序和扫描两个过程完成。在学习 Graham 算法前需要提前了解两个知识，一个是极坐标，另一个是栈，其中栈的概念将在第五部分详细讲解。

不同于平面直角坐标系的是，极坐标是指在平面内取一个定点 O，叫极点，引一条射线 Ox，叫作极轴，再选定一个长度单位和角度的正方向（通常取逆时针方向）。其中，平面上任何一点到极点的连线和极轴的夹角叫作极角，如图 15-13 所示。

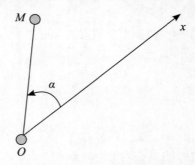

▲ 图 15-13　极坐标系及极角示例

其中 α 就是极角，射线 Ox 为极轴。

可以把栈想象成一个"死胡同"，这个死胡同的特点就是出口和入口只有一个，这个口被称为栈顶，那个封死的口被称为栈底。数据只能一个一个地从栈顶进出，这样便会产生入栈和出栈（弹栈）的顺序性。栈的结构如图 15-14 所示。

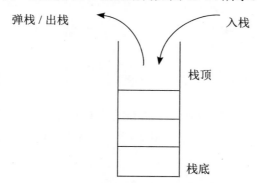

▲ 图 15-14　栈的结构示意图

Graham 算法的步骤如下。

（1）首先对所有点进行排序，选取一点作为极坐标的极点，记为 p_1，该点的特点是 y 坐标值最小，如果 y 相同，则选择 x 坐标最小的点。

（2）剩下点的顺序则是按照逆时针方向极角由小到大的顺序对所有点进行编号，分别是 p_2、p_3、$\cdots$、p_n。

（3）连接 p_1 与 p_2 形成向量 $\overrightarrow{p_1p_2}$，然后连接 p_2 与 p_3 形成向量 $\overrightarrow{p_2p_3}$，如果从 $\overrightarrow{p_1p_2}$ 到 $\overrightarrow{p_2p_3}$ 是向左转（逆时针），那么 p_2 点可以先入栈。

（4）然后再连接 p_3 和 p_4 形成向量 $\overrightarrow{p_3p_4}$，如果从 $\overrightarrow{p_2p_3}$ 到 $\overrightarrow{p_3p_4}$ 是向右转（顺时针），那么说明 p_2 点不是凸包的点，需要从栈中弹出（从栈中删除），将 p_3 加入栈，如果是向左转（逆时针），说明 p_2 是凸包的点，这样依次下去，便可以找到凸包的所有点。

案例
15-7

Graham 算法找凸包点 C++ 示例程序如下。

```
1.  #include<iostream>
2.  #include<cmath>
3.  // 包含查找排序等函数
4.  #include<algorithm>
5.  using namespace std;
6.  const float MM=1e-10;
```

```
7.  //p 记录所有点，s 记录凸包点
8.  struct Point{
9.      float x,y;
10. }p[10000],s[10000];
11. // 叉积
12. float multiply(Point a1, Point a2, Point b1, Point b2){
13.     return((a2.x-a1.x)*(b2.y-b1.y)-(b2.x-b1.x)*(a2.y-a1.y));
14. }
15. // 计算两点距离
16. float dist(Point s,Point e){
17.     return(sqrt(pow(e.x-s.x,2)+pow(e.y-s.y,2)));
18. }
19. // 排序函数
20. bool sortPoint(Point p1,Point p2)
21. {
22.     float tmp=multiply(p[0],p1,p[0],p2);
23.     // 极角更小
24.     if(tmp>0)
25.         return true;
26.     /* 极角相等，距离更短 */
27.     else if(tmp==0 && dist(p[0],p1)<dist(p[0],p2))
28.         return true;
29.     else
30.         return false;
31. }
32. int main(){
33.     // 共有多少个点
34.     int n;
35.     cin>>n;
36.     // 读取所有点，并找到 y 坐标最小的点，放在 p[0]
37.     for(int i=0;i<n;i++){
38.         float x,y;
39.         cin>>x>>y;
```

```
40.        if(i==0){
41.           p[0].x=x;
42.           p[0].y=y;
43.        }else{
44.           // 如果有比 p[0] 还小的，交换位置
45.           if(y<p[0].y || (y==p[0].y && x<p[0].x)){
46.              p[i]=p[0];
47.              p[0].x=x;
48.              p[0].y=y;
49.           }else{
50.              p[i].x=x;
51.              p[i].y=y;
52.           }
53.        }
54.     }
55.     // 排序，sort( 开始地址，结束地址，排序方法 )
56.  // 地址范围：[ 开始地址 , 结束地址 )，左闭右开区间
57.     sort(&p[1],&p[n],sortPoint);
58.     s[0]=p[0];
59.     // 记录凸包点
60.     int k=1;
61.     for(int i=1;i<n;i++){
62.        while(k>0 && multiply(s[k-1],s[k],s[k],p[i])<MM)
63.           // 弹栈处理
64.           k--;
65.        k++;
66.        s[k]=p[i];
67.     }
68.     for(int i=0;i<=k;i++)
69.        cout<<" 凸包点有（"<<s[i].x<<","<<s[i].y<<"）"<<endl;
70.     return 0;
71.  }
```

【输入】

6

1 1

2 2

3 9

6 8

4 4

5 9

【输出】

凸包点有（1,1）

凸包点有（4,4）

凸包点有（6,8）

凸包点有（5,9）

 ## 15.4 旋转卡壳

本阶段的旋转卡壳学习主要解决两个问题，一是解决凸多边形距离的问题，二是解决凸多边形外接矩形的问题。

15.4.1 基础概念

支撑线：如果一条直线通过凸多边形的一个顶点，且该多边形在这条直线的一侧，则称该线为支撑线。

对踵点：如果过凸多边形上的两点画出一对平行线，使凸多边形的所有点都夹在这两条平行线之间（或落在平行线上），那么这两个点就称为一对对踵点。

凸多边形直径：凸多边形对踵点对之间最大距离称为凸多边形的直径。

凸多边形宽度：平行切线间的最小距离。

单峰函数：在所考虑的区间中只有一个严格局部极大值（峰值）的实值函数。如果函数 $f(x)$ 在区间 $[a,b]$ 上只有唯一的最大值点 C，而在最大值点 C 的左侧，函数单调增加；

在点 C 的右侧，函数单调减少，则称这个函数为区间 $[a,b]$ 上的单峰函数，如图 15-15 所示。

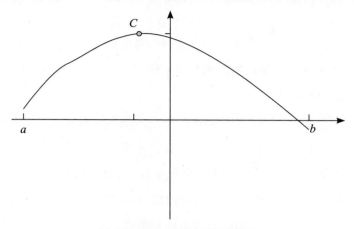

▲ 图 15-15　单峰函数示意图

15.4.2　凸多边形直径

以图 15-16 为例，该凸多边形直径为 d。

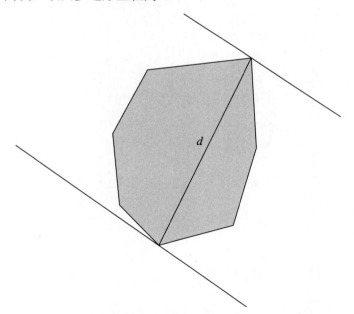

▲ 图 15-16　凸多边形直径示例

凸多边形直径求解核心思想如下。

（1）找到凸多边形所有点 y 坐标的最大值 y_{max} 和最小值 y_{min}。

（2）通过 y_{max} 和 y_{min} 画出两条水平切线，计算这两个点之间的距离，并将该距离设置为当前最大值。

（3）同时旋转两条直线，直至其中一条与凸多边形的一边重合。

（4）此时产生的新的对踵点的距离与原来设定的最大值进行对比，如果比当前最大值大，那么更新最大值。

（5）重复步骤（3）和（4）直到再次产生更大的对踵点对的距离并输出。

该问题的解决主要在对踵点的选择上，由于对象是一个平面凸包，当旋转支撑线到与凸多边形一边重合时，此时寻找对踵点比较麻烦，因此可以把这个问题转化为寻找到该线距离最远的那个点，进而转换为比较以该线段为底的不同三角形面积（运用叉积比较）。由于所有点与该线段所形成的三角形面积形成一个单峰函数（按照凸包上点的顺序逐渐有一个最大面积，接着面积会逐渐缩小），因此找到面积变小的那个点的上一个点便是所找的点，如图 15-17 所示。

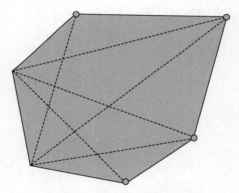

▲ 图 15-17　叉积法寻找对踵点

计算凸多边形直径 C++ 示例程序如下。

```
1. #include<iostream>
2. #include<cmath>
3. #include<algorithm>
4. using namespace std;
5. // 点
```

```
6.  struct Point{
7.      float x,y;
8.  }p[10000];
9.  // 矢量
10. struct Vector{
11.     float x,y;
12. };
13. float maxV(float a,float b){
14.     return a>b?a:b;
15. }
16. // 计算两点距离
17. float dist(Point s,Point e){
18.     return(sqrt(pow(e.x-s.x,2)+pow(e.y-s.y,2)));
19. }
20. // 叉乘
21. float multiply(Vector a, Vector b){
22.     return a.x*b.y-a.y*b.x;
23. }
24. // 排序函数
25. bool sortPoint(Point p1,Point p2)
26. {
27.     Vector v1,v2;
28.     v1.x=p1.x-p[0].x;
29.     v1.y=p1.y-p[0].y;
30.     v2.x=p2.x-p[0].x;
31.     v2.y=p2.y-p[0].y;
32.     float tmp=multiply(v1,v2);
33.     // 极角更小
34.     if(tmp>0)
35.         return true;
36.     /* 极角相等，距离更短 */
37.     else if(tmp==0 && dist(p[0],p1)<dist(p[0],p2))
38.         return true;
```

39.	**else**
40.	**return false**;
41.	}
42.	**int** main(){
43.	// 共有多少个点
44.	**int** n;
45.	cin>>n;
46.	**if**(n>2){
47.	**float** min=1e10;
48.	**float** max=-1e10;
49.	// 凸多边形直径
50.	**float** d;
51.	**int** min_i,max_i;
52.	// 读取所有点
53.	**for**(**int** i=0;i<n;i++){
54.	**float** x,y;
55.	cin>>x>>y;
56.	**if**(i==0){
57.	p[0].x=x;
58.	p[0].y=y;
59.	}**else**{
60.	// 如果有比 p[0] 还小的，交换位置
61.	**if**(y<p[0].y || (y==p[0].y && x<p[0].x)){
62.	p[i]=p[0];
63.	p[0].x=x;
64.	p[0].y=y;
65.	}**else**{
66.	p[i].x=x;
67.	p[i].y=y;
68.	}
69.	}
70.	}
71.	// 排序

```
72.      sort(&p[1],&p[n],sortPoint);
73.      // 寻找最小 y 值和最大 y 值
74.      for(int i=0;i<n;i++){
75.          if(p[i].y<min){
76.              min=p[i].y;
77.              min_i=i;
78.          }
79.          if(p[i].y>max){
80.              max=p[i].y;
81.              max_i=i;
82.          }
83.      }
84.      // 临时最大距离
85.      d=dist(p[min_i],p[max_i]);
86.      // 叉积寻找对踵点
87.      if(n==3){
88.          // 三角形
89.          float t=maxV(dist(p[0],p[1]),dist(p[0],p[2]));
90.          d=maxV(t,dist(p[1],p[2]));
91.      }else if(n>3){
92.          // 多边形
93.          int j=2;
94.          for(int i=0;i<n;++i){
95.              Vector v1,v2,v3,v4;
96.              v1.x=p[i].x-p[i+1].x;v1.y=p[i].y-p[i+1].y;
97.              v2.x=p[j].x-p[i+1].x;v2.y=p[j].y-p[i+1].y;
98.              v3.x=p[i].x-p[i+1].x;v3.y=p[i].y-p[i+1].y;
99.              v4.x=p[j+1].x-p[i+1].x;v4.y=p[j+1].y-p[i+1].y;
100.             // 直到叉乘结果减小为止
101.             while(abs(multiply(v1,v2))<abs(multiply(v3,v4))){
102.                 j=(j+1)%n;
103.                 v1.x=p[i].x-p[i+1].x;v1.y=p[i].y-p[i+1].y;
104.                 v2.x=p[j].x-p[i+1].x;v2.y=p[j].y-p[i+1].y;
```

105.	v3.x=p[i].x-p[i+1].x;v3.y=p[i].y-p[i+1].y;
106.	v4.x=p[j+1].x-p[i+1].x;v4.y=p[j+1].y-p[i+1].y;
107.	}
108.	d=maxV(d,dist(p[i],p[j]));
109.	}
110.	}
111.	cout<<" 该凸多边形直径 d="<<d<<endl;
112.	} else{
113.	cout<<" 请输入大于 2 的数！ "<<endl;
114.	}
115.	return 0;
116.	}

【输入】

4

1 1

3 1

3 8

1 8

【输出】

该凸多边形直径 d=7.28011

▽ 15.4.3　凸多边形宽度

以图 15-18 为例，该凸多边形的宽度为 d。

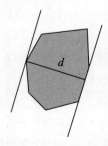

▲ 图 15-18　凸多边形的宽度示例

凸多边形的宽度计算核心思想如下。

（1）找到凸多边形所有点 y 坐标的最大值 $y_{\max}$ 和最小值 $y_{\min}$。

（2）通过 $y_{\max}$ 和 $y_{\min}$ 画出两条水平切线，如果有一条或两条切线与凸多边形的边重合，那么此时对踵点（点—边 / 边—边）对已经确定，这时计算两水平线的距离作为临时最小值。

（3）同时旋转两条直线，直至其中一条与凸多边形的一边重合。

（4）此时产生的水平切线间的距离与原来设定的最大值进行对比，如果比当前最大值小，那么更新最小值。

（5）重复步骤（3）和（4）直到再次产生更小的水平切线距离并输出。

用 C++ 程序求解凸多边形的宽度可以参照凸多边形直径的求解，不同的是，在求解最小距离时，应该是点到直线的距离，而不再是求点与点之间的距离。点与直线距离可以参考计算几何 C++ 模型中的计算点、线关系中的代码。

15.4.4 凸多边形间最大距离

以图 15-19 为例，凸多边形 a 和凸多边形 b 间的最大距离为 d。

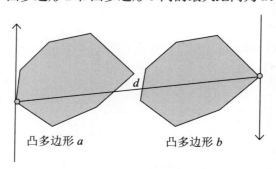

凸多边形 a 凸多边形 b

▲ 图 15-19 凸多边形间最大距离示例

凸多边形间最大距离计算的核心思想如下。

（1）先计算凸多边形 a 的 y 坐标值最小点 p（当 y 相同，找 x 最小）和凸多边形 b 的 y 坐标值最大的点 q。

（2）经过点 p 和点 q 画出两条平行切线，使对应的凸多边形在该切线的右侧（该切线有方向），两条切线的方向相反。

（3）计算点 p、q 距离，并将其作为临时最大距离。

（4）顺时针方向同时旋转两条平行切线，直到其中一条与所在凸多边形的边重合。

（5）计算新的对踵点对的距离，如果比当前临时最大值还大，则更新最大值。如果两条平行线同时与所在多边形的边重合，此时三个对踵点对（先前顶点和新顶点组合）需要考虑在内。

（6）重复执行步骤（4）和步骤（5），直到找到新的对踵点对，计算最大距离，并输出。

除了上面一般的数学方法以外，还可以用另一种思路解决凸多边形间最大距离的问题。当把两个凸多边形所有点进行寻找凸包的计算（Graham 算法），就能够得到一个大的凸包，该凸包包含原来两个凸包的所有点，而且将对踵点对距离较小的点舍弃，通过计算新形成的凸包的直径便可以找到凸多边形间的距离。

计算两个凸多边形间最大距离的 C++ 示例程序如下。

```
1.  #include<iostream>
2.  #include<cmath>
3.  #include<algorithm>
4.  using namespace std;
5.  const float MM=1e-10;
6.  // 点
7.  struct Point{
8.      float x,y;
9.  }p[10000],s[10000];
10. // 矢量
11. struct Vector{
12.     float x,y;
13. };
14. float maxV(float a,float b){
```

```
15.    return a>b?a:b;
16.  }
17.  // 计算两点距离
18.  float dist(Point s,Point e){
19.      return(sqrt(pow(e.x-s.x,2)+pow(e.y-s.y,2)));
20.  }
21.  // 叉乘
22.  float multiply(Vector a, Vector b){
23.      return a.x*b.y-a.y*b.x;
24.  }
25.  // 叉乘
26.  float multiply(Point a1, Point a2, Point b1, Point b2){
27.      return((a2.x-a1.x)*(b2.y-b1.y)-(b2.x-b1.x)*(a2.y-a1.y));
28.  }
29.  // 排序函数
30.  bool sortPoint(Point p1,Point p2)
31.  {
32.      Vector v1,v2;
33.      v1.x=p1.x-p[0].x;
34.      v1.y=p1.y-p[0].y;
35.      v2.x=p2.x-p[0].x;
36.      v2.y=p2.y-p[0].y;
37.      float tmp=multiply(v1,v2);
38.      // 极角更小
39.      if(tmp>0)
40.          return true;
41.      /* 极角相等，距离更短 */
42.      else if(tmp==0 && dist(p[0],p1)<dist(p[0],p2))
43.          return true;
44.      else
45.          return false;
46.  }
47.  int main(){
```

48.	// 共有多少个点
49.	**int** n;
50.	cin>>n;
51.	**float** min=1e10;
52.	**float** max=-1e10;
53.	// 凸多边形直径
54.	**float** d;
55.	**int** min_i,max_i;
56.	// 读取所有点
57.	**for(int** i=0;i<n;i++){
58.	**float** x,y;
59.	cin>>x>>y;
60.	**if**(i==0){
61.	p[0].x=x;
62.	p[0].y=y;
63.	}**else**{
64.	// 如果有比 p[0] 还小的，交换位置
65.	**if**(y<p[0].y || (y==p[0].y && x<p[0].x)){
66.	p[i]=p[0];
67.	p[0].x=x;
68.	p[0].y=y;
69.	}**else**{
70.	p[i].x=x;
71.	p[i].y=y;
72.	}
73.	}
74.	}
75.	// 排序
76.	sort(&p[1],&p[n],sortPoint);
77.	s[0]=p[0];
78.	// 寻找新的凸多边形的凸包点
79.	**int** k=1;
80.	**for(int** i=1;i<n;i++){

```
81.     while(k>0 && multiply(s[k-1],s[k],s[k],p[i])<MM)
82.        // 弹栈处理
83.        k--;
84.     k++;
85.     s[k]=p[i];
86.   }
87.   // 寻找最小 y 和最大 y 值
88.   for(int i=0;i<k;i++){
89.     if(s[i].y<min){
90.        min=s[i].y;
91.        min_i=i;
92.     }
93.     if(s[i].y>max){
94.        max=s[i].y;
95.        max_i=i;
96.     }
97.   }
98.   // 临时最大距离
99.   d=dist(s[min_i],s[max_i]);
100.  // 叉积寻找对踵点
101.  if(k==3){
102.     // 三角形
103.     float t=maxV(dist(s[0],s[1]),dist(s[0],s[2]));
104.     d=maxV(t,dist(s[1],s[2]));
105.  }else if(k>3){
106.     // 多边形
107.     int j=2;
108.     for(int i=0;i<k;++i){
109.        Vector v1,v2,v3,v4;
110.        v1.x=s[i].x-s[i+1].x;v1.y=s[i].y-s[i+1].y;
111.        v2.x=s[j].x-s[i+1].x;v2.y=s[j].y-s[i+1].y;
112.        v3.x=s[i].x-s[i+1].x;v3.y=s[i].y-s[i+1].y;
113.        v4.x=s[j+1].x-s[i+1].x;v4.y=s[j+1].y-s[i+1].y;
```

114.	// 直到叉乘结果减小为止
115.	**while**(abs(multiply(v1,v2))<abs(multiply(v3,v4))){
116.	j=(j+1)%k;
117.	v1.x=s[i].x-s[i+1].x;v1.y=s[i].y-s[i+1].y;
118.	v2.x=s[j].x-s[i+1].x;v2.y=s[j].y-s[i+1].y;
119.	v3.x=s[i].x-s[i+1].x;v3.y=s[i].y-s[i+1].y;
120.	v4.x=s[j+1].x-s[i+1].x;v4.y=s[j+1].y-s[i+1].y;
121.	}
122.	d=maxV(d,dist(s[i],s[j]));
123.	}
124.	}
125.	cout<<" 两个凸多边形间最大距离 ="<<d<<endl;
126.	**return** 0;
127.	}

【输入】

8

1 1

2 2

2 6

1 4

3 3

3 8

5 6

5 11

【输出】

两个凸多边形间最大距离 =10.7703

15.4.5 凸多边形间最小距离

以图 15-20 为例，凸多边形 a 和凸多边形 b 间的最小距离为 d。

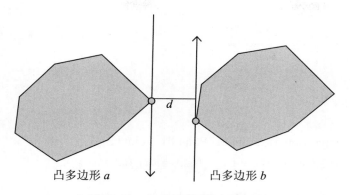

▲ 图 15-20　凸多边形间最小距离示例

凸多边形间最小距离计算的核心思想如下。

（1）先计算凸多边形 a 的 y 坐标值最小点 p（当 y 相同，找 x 最小）和凸多边形 b 的 y 坐标值最大的点 q。

（2）经过点 p 和点 q 画出两条平行切线，使对应的凸多边形在该切线的右侧（该切线有方向），两条切线的方向相反。

（3）计算点 p、q 距离，并将其作为临时最小距离。

（4）顺时针方向同时旋转两条平行切线，直到其中一条与所在凸多边形的边重合。

（5）计算新的对踵点对（点—边对、点—点对）的距离，如果比当前临时最小值还小，则更新最小值。如果此时两条平行线同时与所在多边形的边重合，则需要构建一条两条边的公共垂线，那么就需要计算边—边距离。

（6）重复执行步骤（4）和步骤（5），直到找到新的对踵点对，计算最小距离，并输出。

计算两个凸多边形间最小距离的 C++ 示例程序如下。

```
1.  #include<iostream>
2.  #include<cmath>
3.  #include<algorithm>
4.  using namespace std;
5.  const float MM=1e-10;
```

```
6.  // 点

7.  struct Point{

8.      float x,y;

9.  }p[10000],q[10000];

10. // 叉乘

11. float multiply(Point a1, Point a2, Point b1, Point b2){

12.     return((a2.x-a1.x)*(b2.y-b1.y)-(b2.x-b1.x)*(a2.y-a1.y));

13. }

14. // 获得最小值

15. float minV(float a,float b){

16.     return a<b?a:b;

17. }

18. // 比较两数

19. int compare(float a, float b){

20.     if((a-b)>MM)

21.         return 1;

22.     else if((a-b)<-MM)

23.         return -1;

24.     else

25.         return 0;

26. }

27. // 看 k3 点是否在线段 k1k2 上

28. bool inmid(Point k1,Point k2,Point k3){

29.     return(multiply(k1,k2,k1,k3)==0)&&(((k3.x-k1.x)*(k3.x-k2.x)<=0)&&((k3.y-k1.
    y)*(k3.y-k2.y)<=0));

30. }

31. // 计算两点距离

32. float dist(Point s,Point e){

33.     return(sqrt(pow(e.x-s.x,2)+pow(e.y-s.y,2)));

34. }

35. // 点积

36. float dot(Point k1,Point k2){

37.     return k1.x*k2.x+k1.y*k2.y;
```

```
38.  }
39.  // q 到直线 <k1，k2> 的投影
40.  Point proj(Point k1,Point k2,Point q){
41.      Point k;
42.      k.x=k2.x-k1.x;
43.      k.y= k2.y-k1.y;
44.      Point t,res;
45.      t.x=q.x-k1.x;
46.      t.y= q.y-k1.y;
47.      res.x=k1.x+k.x*(dot(t,k)/(k.x*k.x+k.y*k.y));
48.      res.y=k1.y+k.y*(dot(t,k)/(k.x*k.x+k.y*k.y));
49.      return res;
50.  }
51.  // 点 q 到 <k1，k2> 线最小距离
52.  float disSP(Point k1,Point k2,Point q){
53.      Point k3=proj(k1,k2,q);
54.      if (inmid(k1,k2,k3))
55.          return dist(k3,q);
56.      else
57.          return minV(dist(k1,q),dist(k2,q));
58.  }
59.  // 线段间最小距离
60.  float disSS(Point k1,Point k2,Point k3,Point k4){
61.      return minV(minV(disSP(k1,k2,k3),disSP(k1,k2,k4)),minV(disSP(k3,k4,k1),
         disSP(k3,k4,k2)));
62.  }
63.  // 排序函数
64.  bool sortPoint(Point p1,Point p2)
65.  {
66.      float tmp=multiply(p[0],p1,p[0],p2);
67.      // 极角更小
68.      if(tmp>0)
69.          return true;
```

```
70.        /* 极角相等，距离更短 */
71.        else if(tmp==0 && dist(p[0],p1)<dist(p[0],p2))
72.            return true;
73.        else
74.            return false;
75.    }
76.    // 旋转平行线并查找最小距离
77.    float min_dist(Point a[], int m, Point b[], int n){
78.        int min=0;
79.        int max=0;
80.        for(int i=0;i<m;i++){
81.            // 找最小 y 值点
82.            if(a[i].y<a[min].y || (a[min].y==a[i].y && a[min].x<a[i].x)){
83.                min=i;
84.            }
85.        }
86.        for(int i=0;i<n;i++){
87.            // 找最大 y 值点
88.            if(b[i].y>b[max].y || (b[max].y==b[i].y && b[max].x>b[i].x)){
89.                max=i;
90.            }
91.        }
92.        float d=dist(a[min],b[max]);
93.        for(int i=0;i<m;i++){
94.            while(true){
95.                // 计算叉积
96.                float ss = multiply(a[min],b[max],a[min+1],b[max]);
97.                float ns = multiply(a[min],b[max+1],a[min+1],b[max+1]);
98.                int c=compare(ss,ns);
99.                if(c==0){
100.                    d=minV(d,disSS(a[min],a[min+1],b[max],b[max+1]));
101.                    break;
102.                }
```

```
103.        else if(c<0){
104.            d=minV(d,disSP(a[min],a[min+1],b[max]));
105.            break;
106.        }
107.        min=(min+1)%(m-1);
108.     }
109.     max=(max+1)%(n-1);
110.  }
111.  return d;
112. }
113. int main(){
114. // 凸多边形 a 点的数量 m，凸多边形 b 点的数量 n
115.  int m,n;
116.  cin>>m>>n;
117. // 读取凸多边形 a 所有点
118.  for(int i=0;i<m;i++){
119.      cin>>p[i].x>>p[i].y;
120.  }
121. // 排序
122.  sort(&p[0],&p[m],sortPoint);
123. // 读取凸多边形 b 所有点
124.  for(int i=0;i<n;i++){
125.      cin>>q[i].x>>q[i].y;
126.  }
127. // 排序
128.  sort(&q[0],&q[n],sortPoint);
129.  float d=minV(min_dist(p,m,q,n),min_dist(q,n,p,m));
130.  cout<<" 两个凸多边形间最小距离 ="<<d<<endl;
131.  return 0;
132. }
```

【输入】

4 4

1 1

3 1

4 3

2 3

5 3

7 3

6 6

5 5

【输出】

两个凸多边形间最小距离 =1

📄 15.4.6 凸多边形外接矩形最小面积

凸多边形外接矩形最小面积是指有一个矩形能够包含凸多边形的所有点，且该矩形是能够包裹所有凸多边形点的最小面积，如图 15-21 所示。

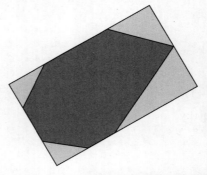

▲ 图 15-21 凸多边形外接矩形最小面积示例

凸多边形外接矩形最小面积计算的核心思想如下。

（1）计算凸多边形 x 值最小和最大的点 $p_{x\min}$、$p_{x\max}$，y 值最小和最大的点 $p_{y\min}$、$p_{y\max}$。

（2）通过四个点画出四条切线，这样便确定了两个旋转卡壳的平行线。

（3）如果当前有一条及以上切线与凸多边形的边重合，那么计算由四条切线决定的矩形的面积，并将此面积作为最小值；否则当前最小值无穷大。

（4）顺时针旋转切线，直到其中一条和凸多边形一条边重合，并计算新的矩形面积，比较与临时最小值的大小，如果小于临时最小值，那么更新最小值。

（5）重复执行步骤（4），直到旋转的角度大于 90°，输出最终外接矩形最小面积。

在程序设计过程中，具体思路为：矩形各边必须经过凸包上的点，且矩形一边为凸包上的边，另外三边肯定经过凸包上的点，因此，先枚举矩形的一个边（也就是凸包的一个边），然后再确定另外三个点。该矩形分为上、下、左、右四条边，假设先枚举的边是矩形下面的边，然后再确定另外三个边的三个点即可。那么上面的边如何确定呢？与下面的边距离最大的就是上面的边的点，利用叉积来求——因为上面的点与下面的边形成一个三角形，高就是上、下边的距离，三角形面积越大其距离也就越大。在下面边的最右边点用点积来求——因为点积反映底边点与右边点形成的向量在底边向量上的投影，点积值越大，说明该点越靠右。最左边的点也是用点积来确定。最后确定矩形的面积。

凸多边形外接矩形最小面积 C++ 示例程序如下。

```
1.  #include<iostream>
2.  #include<cmath>
3.  #include<algorithm>
4.  using namespace std;
5.  const float MM=1e-10;
6.  // 点
7.  struct Point{
8.      float x,y;
9.  }p[10000];
10. // 比较两数
11. int compare(float a, float b){
12.     return(a-b);
13. }
14. // 叉乘
15. float multiply(Point a1, Point a2, Point b1, Point b2){
16.     return((a2.x-a1.x)*(b2.y-b1.y)-(b2.x-b1.x)*(a2.y-a1.y));
```

```
17.  }
18.  // 获得最小值
19.  float minV(float a,float b){
20.      return a<b?a:b;
21.  }
22.  // 计算两点距离
23.  float dist(Point s,Point e){
24.      return(sqrt(pow(e.x-s.x,2)+pow(e.y-s.y,2)));
25.  }
26.  // 点积
27.  float dot(Point k1,Point k2,Point k3,Point k4){
28.      Point k5,k6;
29.      k5.x=k2.x-k1.x;
30.      k5.y=k2.y-k1.y;
31.      k6.x=k4.x-k3.x;
32.      k6.y=k4.y-k3.y;
33.      return k5.x*k6.x+k5.y*k6.y;
34.  }
35.  // 排序函数
36.  bool sortPoint(Point p1,Point p2)
37.  {
38.      float tmp=multiply(p[0],p1,p[0],p2);
39.      // 极角更小
40.      if(tmp>0)
41.          return true;
42.      /* 极角相等，距离更短 */
43.      else if(tmp==0 && dist(p[0],p1)<dist(p[0],p2))
44.          return true;
45.      else
46.          return false;
47.  }
48.  struct Line{
49.      // 起点
```

```
50.     Point s;
51.     // 终点
52.     Point e;
53.  };
54.  struct LineStru{
55.     // 形如 Ax+By+C=0
56.     float A,B,C;
57.  };
58.  // 返回直线方程
59.  LineStru lineFun(Line l){
60.     LineStru ls;
61.     // 起点、终点 x 坐标相同
62.     if(l.e.x-l.s.x==0){
63.        ls.C=-l.e.x;
64.        ls.A=1;
65.        ls.B=0;
66.        return ls;
67.     }
68.     else{
69.        // 计算直线方程 y=kx+b
70.        ls.A = (l.e.y-l.s.y)/(l.e.x-l.s.x);
71.        ls.C = l.e.y-ls.A*l.e.x;
72.        ls.B = -1;
73.        return ls;
74.     }
75.  }
76.  // 计算点到直线的距离
77.  float P_L_dist(Point p, Line l){
78.     LineStru ls;
79.     // 获得直线方程
80.     ls =  lineFun(l);
81.     float d = abs(ls.A*p.x+ls.B*p.y+ls.C)/sqrt(pow(ls.A,2)+pow(ls.B,2));
82.     return d;
```

```
83.   }
84.   // 最小面积
85.   float min_area(int n){
86.      // 最小面积
87.      float s=1e20;
88.      // 因此定义上、左、右点的下标
89.      int up=1,le=1,ri=1;
90.      for(int i=0;i<n-1;i++){
91.         // 比较点 up 到线段 p[i]p[i+1] 的距离
92.         while(compare(multiply(p[i],p[up],p[i+1],p[up]),multiply(p[i],p[up+1],p[i+1],
         p[up+1]))<=0)
93.            up=(up+1)%n;
94.         if(i==0)
95.            le=up;
96.         while(compare(dot(p[i],p[i+1],p[i],p[le]),dot(p[i],p[i+1],p[i],p[le+1]))<=0)
97.            le=(le+1)%n;
98.         while(compare(dot(p[i+1],p[i],p[i+1],p[ri]),dot(p[i+1],p[i],p[i+1],p[ri+1]))<=0)
99.            ri=(ri+1)%n;
100.        float len=dist(p[i],p[i+1]);
101.        // 点到直线的距离：叉乘结果 / 线段长度 ^2
102.        float mul=multiply(p[i],p[up],p[i+1],p[up]);
103.        // 左边点在 p[i]p[i+1] 线段上的投影
104.        float dt1=dot(p[i],p[i+1],p[i],p[le]);
105.        // 右边点在 p[i+1]p[i] 线段上的投影
106.        float dt2=dot(p[i+1],p[i],p[i+1],p[ri]);
107.        s=minV(s,mul*(dt1+dt2+len)/len/len);
108.     }
109.     return s;
110.  }
111.  int main(){
112.     // 凸多边形 p 点的数量 m
113.     int m;
114.     cin>>m;
```

```
115.    // 读取凸多边形 p 的所有点
116.    int min_i,max_i;
117.    // 读取所有点，最小点放在 p[0]
118.    for(int i=0;i<m;i++){
119.       float x,y;
120.       cin>>x>>y;
121.       if(i==0){
122.          p[0].x=x;
123.          p[0].y=y;
124.       }else{
125.          // 如果有比 p[0] 还小的，交换位置
126.          if(y<p[0].y || (y==p[0].y && x<p[0].x)){
127.             p[i]=p[0];
128.             p[0].x=x;
129.             p[0].y=y;
130.          }else{
131.             p[i].x=x;
132.             p[i].y=y;
133.          }
134.       }
135.    }
136.    // 排序
137.    sort(&p[0],&p[m],sortPoint);
138.    float s=min_area(m);
139.    cout<<" 凸多边形外接最小矩形面积 ="<<s<<endl;
140.    return 0;
141. }
```

【输入】

4

1 1

4 3

3 1

2 3

【输出】

凸多边形外接最小矩形面积 =4

15.4.7 凸多边形外接矩形最小周长

一般凸多边形外接矩形的最小周长计算方式与凸多边形外接矩形最小面积的计算方式相似，不同的是比较周长之和最小的值。将代码：

s=minV(s,mul*(dt1+dt2+len)/len/len);

改成：

s=minV(s, 2*mul/len/len+2*(dt1+dt2+len));

第16章

线性代数（CSP-J/S）

一般，二元线性方程组可以记作如下形式：

$$\begin{cases} a_{11}x_1 + a_{12}x_2 = b_1 \\ a_{21}x_1 + a_{22}x_2 = b_2 \end{cases}$$

按照上述方程组的四个系数的位置，可以排成二行二列的数表，如果用"| |"包裹起来，称为二阶行列式，记作：

$$\begin{vmatrix} a_{11} & a_{12} \\ a_{21} & a_{22} \end{vmatrix}$$

同理，n 阶行列式可以记作：

$$D = \begin{vmatrix} a_{11} & a_{12} \dots a_{1n} \\ a_{21} & a_{22} \dots a_{2n} \\ \vdots & \vdots \quad \vdots \\ a_{n1} & a_{n2} \dots a_{nn} \end{vmatrix}$$

该 n 阶行列式可以简记作 $\det(a_{ij})$，其中 a_{ij} 为行列式 D 的 (i,j) 元素。

行列式 D 的转置行列式记作 D^{T}。

$$D^{\mathrm{T}} = \begin{vmatrix} a_{11} & a_{21} & \cdots & a_{n1} \\ a_{12} & a_{22} & \cdots & a_{n2} \\ \vdots & \vdots & & \vdots \\ a_{1n} & a_{2n} & \cdots & a_{nn} \end{vmatrix}$$

既然是 n 元线性方程组的系数组成的行列式，那么行列式是可解的，其公式与计算

方法如图 16-1 所示。

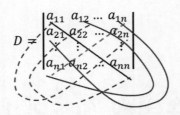

▲ 图 16-1　行列式计算示意图

D 的结果如图 16-1 所示，实线部分数字之积减去虚线部分数字之积，结果便是该行列式的结果。要想求解行列式表示的 n 阶方程组中的未知数，则需要构建包含结果的行列式，以二元线性方程组为例，需要构建两个行列式，分别是：

$$D_1 = \begin{vmatrix} b_1 & a_{12} \\ b_2 & a_{22} \end{vmatrix}$$

$$D_2 = \begin{vmatrix} a_{11} & b_1 \\ a_{21} & b_2 \end{vmatrix}$$

那么：

$$x_1 = \frac{D_1}{D}; \quad x_2 = \frac{D_2}{D}$$

16.2　矩阵

由 $m \times n$ 个数 $a_{ij}(i=1,2,\cdots,m; j=1,2,\cdots,n)$ 排成的 m 行 n 列的数据表格称为矩阵，用"[]"表示，其符号常用大写黑斜体字母表示，例如 m 行 n 列的矩阵 A 可以表示为：

$$A = \begin{bmatrix} a_{11} & \cdots & a_{1n} \\ \vdots & & \vdots \\ a_{m1} & \cdots & a_{mn} \end{bmatrix}$$

当 $m = n$ 时，该矩阵称为方阵。矩阵的每一行称为一个行向量，每一列称为一个列向量。

在信息学奥赛中，矩阵一般用于图的表示，例如，四个城市间单向航线如图16-2所示。

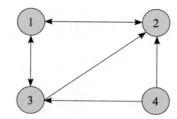

▲ 图 16-2　四个城市间单向航线示意图

如果：

$$a_{ij} = \begin{cases} 1 & i \sim j \text{ 有 1 条单向航线} \\ 0 & i \sim j \text{ 没有航线} \end{cases}$$

那么用矩阵可以表示为：

$$A = \begin{bmatrix} 0 & 1 & 1 & 0 \\ 1 & 0 & 0 & 0 \\ 1 & 1 & 0 & 0 \\ 0 & 1 & 1 & 0 \end{bmatrix}$$

矩阵中还有一些比较特殊的矩阵，当从左上角到右下角对角线上的元素都是 1，其他元素都是 0 时，称为单位矩阵 E：

$$E = \begin{bmatrix} 1 & 0 & \dots & 0 \\ 0 & 1 & \dots & 0 \\ \vdots & \vdots & & \vdots \\ 0 & 0 & \dots & 1 \end{bmatrix}$$

当这条对角线上的元素不是 1，而是其他数值时，称为对角矩阵。

还有一种特殊矩阵称为三角矩阵，是方形矩阵的一种，因其非零系数的排列呈三角形而得名。三角矩阵分上三角矩阵和下三角矩阵两种。上三角矩阵的对角线左下方的系数全部为 0。下三角矩阵的对角线右上方的系数全部为 0。三角矩阵可以看作是一般方阵的一种简化情形。例如，由于带三角矩阵的矩阵方程容易求解，在解多元线性方程组时，总是将其系数矩阵通过初等变换化为三角矩阵来求解；又如三角矩阵的

行列式就是其对角线上元素的乘积，很容易计算。因此，在数值分析等分支中三角矩阵十分重要。

一个不为 0 的可逆方阵 A（指矩阵的行数与列数相同）可以通过 LU 分解（L 是单位下三角矩阵，U 是上三角矩阵）变成一个单位下三角矩阵 L 与一个上三角矩阵 U 的乘积，即：

$$A = \begin{bmatrix} a_{11} & \cdots & a_{1n} \\ \vdots & & \vdots \\ a_{n1} & \cdots & a_{nn} \end{bmatrix} = LU = \begin{bmatrix} 1 & & \\ \vdots & & \\ l_{n1} & \cdots & 1 \end{bmatrix} \begin{bmatrix} u_{11} & \cdots & u_{n1} \\ & & \vdots \\ & & u_{nn} \end{bmatrix}$$

❤ 16.2.1　矩阵的加法

设有两个 $m \times n$ 矩阵 $A=(a_{ij})$ 和 $B=(b_{ij})$，那么矩阵 A 和 B 的和记作 $A+B$，规定为：

$$A + B = \begin{bmatrix} a_{11} + b_{11} & a_{12} + b_{12} & \dots & a_{1n} + b_{1n} \\ a_{21} + b_{21} & a_{22} + b_{22} & \dots & a_{2n} + b_{2n} \\ \vdots & \vdots & & \vdots \\ a_{m1} + b_{m1} & a_{m2} + b_{m2} & \dots & a_{mn} + b_{mn} \end{bmatrix}$$

需要注意的是两个矩阵需要是同型矩阵，即 A 矩阵的 m、n 与 B 矩阵的 m、n 相同。矩阵的加法还满足下列运算规律。

（1）$A + B = B + A$

（2）$(A + B) + C = A + (B + C)$

❤ 16.2.2　数与矩阵的乘法

当数 λ 与矩阵 A 相乘，记作 λA，规定为：

$$\lambda A = \begin{bmatrix} \lambda a_{11} & \cdots & \lambda a_{1n} \\ \vdots & & \vdots \\ \lambda a_{m1} & \cdots & \lambda a_{mn} \end{bmatrix}$$

数与矩阵的乘法满足以下运算规律。

（1）$(\lambda\mu)A = \lambda(\mu A)$

（2）$(\lambda + \mu)A = \lambda A + \mu A$

（3）$\lambda(A + B) = \lambda A + \lambda B$

⚆ 16.2.3 矩阵与矩阵的乘法

设有两个线性变换：

$$\begin{cases} y_1 = a_{11}x_1 + a_{12}x_2 + a_{13}x_3 \\ y_2 = a_{21}x_1 + a_{22}x_2 + a_{23}x_3 \end{cases}$$

$$\begin{cases} x_1 = b_{11}t_1 + b_{12}t_2 \\ x_2 = b_{21}t_1 + b_{22}t_2 \\ x_3 = b_{31}t_1 + b_{32}t_2 \end{cases}$$

若想求出从 t_1、t_2 到 y_1、y_2 的线性变化，将下面线性方程组代入上面线性方程组，可得：

$$\begin{cases} y_1 = (a_{11}b_{11} + a_{12}b_{21} + a_{13}b_{31})t_1 + (a_{11}b_{12} + a_{12}b_{22} + a_{13}b_{32})t_2 \\ y_2 = (a_{21}b_{11} + a_{22}b_{21} + a_{23}b_{31})t_1 + (a_{21}b_{12} + a_{22}b_{22} + a_{23}b_{32})t_2 \end{cases}$$

上面线性变换的过程可以理解为两个矩阵的乘法，即：

$$\begin{bmatrix} a_{11} & a_{12} & a_{13} \\ a_{21} & a_{22} & a_{23} \end{bmatrix} \begin{bmatrix} b_{11} & b_{12} \\ b_{21} & b_{22} \\ b_{31} & b_{32} \end{bmatrix} = \begin{bmatrix} a_{11}b_{11} + a_{12}b_{21} + a_{13}b_{31} & a_{11}b_{12} + a_{12}b_{22} + a_{13}b_{32} \\ a_{21}b_{11} + a_{22}b_{21} + a_{23}b_{31} & a_{21}b_{12} + a_{22}b_{22} + a_{23}b_{32} \end{bmatrix}$$

一般地，设 $A = (a_{ij})$ 是一个 $m \times s$ 的矩阵，$B = (b_{ij})$ 是一个 $s \times n$ 的矩阵，那么两个矩阵之积是一个 $m \times n$ 的矩阵 $C = (c_{ij})$，其中：

$$c_{ij} = a_{i1}b_{1j} + a_{i2}b_{2j} + \cdots + a_{is}b_{sj}$$

根据定义，可以知道一个 $1 \times s$ 的行向量与 $s \times 1$ 的列向量的乘积是一个数。

矩阵与矩阵的乘法满足下列运算规律。

（1）$(AB)C = A(BC)$

（2）$\lambda(AB) = (\lambda A)B = A(\lambda B)$

（3）$A(B + C) = AB + AC$

（4）$(B + C)A = BA + CA$

⚆ 16.2.4 逆矩阵

对于 n 阶矩阵 A，如果有一个 n 阶矩阵 B，使得：

$$AB = BA = E$$

则说明矩阵 A 是可逆的，并把矩阵 B 称为 A 的逆矩阵，简称逆阵，记作 $B = A^{-1}$。

逆矩阵有下列两条定理。

定理 1：若矩阵 A 可逆，则 $|A| \neq 0$。

定理 2：若 $|A| \neq 0$，则矩阵 A 可逆，且

$$A^{-1} = \frac{A^*}{|A|}$$

其中 A^* 为矩阵 A 的伴随矩阵。

当 $|A| = 0$ 时，A 称为奇异矩阵，否则称为非奇异矩阵。因此，判断矩阵 A 是否可逆的充分必要条件是 $|A| \neq 0$。

▼ 16.2.5 分块矩阵

对于行数和列数较高的矩阵 A，运算时常常采用分块的方法，使大矩阵运算转换成小矩阵的运算，例如，可以把下面的矩阵 A 分成如下形式：

$$A = \begin{bmatrix} 1 & 0 & 0 & 0 \\ 0 & 1 & 0 & 0 \\ 1 & 2 & 1 & 0 \\ 1 & 1 & 0 & 1 \end{bmatrix} = \begin{bmatrix} E & O \\ A_1 & E \end{bmatrix}$$

其中 E 为对角矩阵，O 为 0 矩阵。

（2019 年 CSP-J 入门级第一轮）完善程序（分治算法）：

（矩阵变幻）有一个奇幻的矩阵，在不停地变幻，其变幻方式为数字 0 变成矩阵 $\begin{bmatrix} 0 & 0 \\ 0 & 1 \end{bmatrix}$，数字 1 变成矩阵 $\begin{bmatrix} 1 & 1 \\ 1 & 0 \end{bmatrix}$。最初该矩阵只有一个元素 0，变幻 n 次后，矩阵会变成什么样？

例如，矩阵最初为 [0]；矩阵变幻 1 次后为 $\begin{bmatrix} 0 & 0 \\ 0 & 1 \end{bmatrix}$；矩阵变幻 2 次后为 $\begin{bmatrix} 0 & 0 & 0 & 0 \\ 0 & 1 & 0 & 1 \\ 0 & 0 & 1 & 1 \\ 0 & 1 & 1 & 0 \end{bmatrix}$。

输入一个不超过 10 的正整数 n，输出变幻 n 次后的矩阵。

试补全程序。

★提示：

"<<" 是二进制左移运算符，例如 $(11)_2 << 2 = (1100)_2$；

而 "^" 是二进制异或运算符，它将两个参与运算的数中的每个对应的二进制位一一进行比较，若两个数相同，则对应二进制位的运算结果为 0，反之为 1。

```cpp
1.  #include<cstdio>
2.  using namespace std;
3.  int n;
4.  const int max_size = 1 << 10;
5.  int res[max_size][max_size];
6.  void recursive(int x, int y, int n, int t){
7.     if(n==0){
8.        res[x][y] = ___①___ ;
9.        return;
10.    }
11.    int step = 1 << (n-1);
12.    recursive(___②___,n-1,t);
13.    recursive(x,y+step,n-1,t);
14.    recursive(x+step,y,n-1,t);
15.    recursive(___③___,n-1,!t);
16. }
17. int main(){
18.    scanf("%d",&n);
19.    recursive(0,0,___④___);
20.    int size= ___⑤___ ;
21.    for(int i=0;i<size;++i){
22.       for(int j=0;j<size;++j)
23.          printf("%d", res[i][j]);
24.       puts("");
```

25.　　}

26.　　**return** 0;

27.　}

（1）①处应填（　　　）。

A．n%2　　　　　B．0　　　　　　C．t　　　　　D．1

（2）②处应填（　　　）。

A．x-step,y-step　　　　　　　B．x,y-step

C．x-step,y　　　　　　　　　D．x,y

（3）③处应填（　　　）。

A．x-step,y-step　　　　　　　B．x+step,y+step

C．x-step,y　　　　　　　　　D．x,y-step

（4）④处应填（　　　）。

A．n-1,n%2　　　　　　　　B．n,0

C．n,n%2　　　　　　　　　D．n-1,0

（5）⑤处应填（　　　）。

A．1<<(n+1)　　　　　　　　B．1<<n

C．n+1　　　　　　　　　　D．1<<(n-1)

【参考答案】

（1）C　　　　（2）D　　　　（3）B　　　　（4）B　　　　（5）B

16.3　矩阵的初等变换

在了解矩阵初等变换之前，首先需要了解一个概念——增广矩阵。如果一个线性方程组表示为：

$$\begin{cases} a_{11}x_1 + a_{12}x_2 = b_1 \\ a_{21}x_1 + a_{22}x_2 = b_2 \end{cases}$$

那么其系数组成的矩阵为：

$$A = \begin{bmatrix} a_{11} & a_{12} \\ a_{21} & a_{22} \end{bmatrix}$$

在矩阵 A 的基础上增加常数项 b_1 和 b_2，得到的矩阵 B 就是增广矩阵：

$$B = (A, b) = \begin{bmatrix} a_{11} & a_{12} & b_1 \\ a_{21} & a_{22} & b_2 \end{bmatrix}$$

矩阵变换的目的在于消元，矩阵的初等变换包括矩阵的初等行变换和初等列变换。首先来看一下什么是矩阵的初等行变换。

（1）对调两行（对调 i，j 两行，记作 $r_i \leftrightarrow r_j$）。

（2）以数 $k \neq 0$ 乘以某一行中的所有元素（第 i 行乘以 k，记作 $r_i \times k$）。

（3）把某一行所有元素的 k 倍加到另一行对应的元素上去（第 j 行的 k 倍加到第 i 行上，记作 $r_i + kr_j$）。

矩阵的初等列变换与矩阵的初等行变换相似，只需要将上面三条中的行变成列即可。

如果矩阵 A 经过有限次初等变换变成矩阵 B，就称矩阵 A 与 B 等价，记作 $A \sim B$。

16.4　求解线性方程组

16.4.1　高斯消元法

高斯消元法与解方程组的方法相似。首先需要通过方程组之间的系数关系求出某一个未知数，也就是将增广矩阵转变为上三角矩阵，这一过程称为消元；然后将该未知数代入方程组的函数中，最后求出所有的系数，然后判断方程组的扩展矩阵。

判断标准有以下几个。

（1）无解：发现有一行系数都是 0，但该行的常数项不为 0，那么方程组无解。

（2）多解：发现有多行系数、常数项都为 0，此时多解，且有几行全为 0，就有几个变量值可以任意取（称为自由变元），有无数种情况。

（3）唯一解：当形成的增广矩阵为严格的上三角矩阵时，有唯一解。

以下面方程组为例：

$$\begin{cases} 2x_1 - x_2 - x_3 + x_4 = 2 \\ x_1 + x_2 - 2x_3 + x_4 = 4 \\ 4x_1 - 6x_2 + 2x_3 - 2x_4 = 4 \\ 3x_1 + 6x_2 - 9x_3 + 7x_4 = 9 \end{cases}$$

得到增广矩阵如下：

$$\begin{bmatrix} 2 & -1 & -1 & 1 & 2 \\ 1 & 1 & -2 & 1 & 4 \\ 4 & -6 & 2 & -2 & 4 \\ 3 & 6 & -9 & 7 & 9 \end{bmatrix}$$

通过 1、2 行互换，第 3 行除以 2，第 2 行减去第 3 行，第三行减去 2 倍的第 1 行数据，第 4 行减去 3 倍的第 1 行数据，第 2 行乘以 0.5，第 3 行加上 5 倍的第 2 行数据，第 4 行减去 3 倍的第 2 行数据，可以得到以下增广矩阵：

$$\begin{bmatrix} 1 & 1 & -2 & 1 & 4 \\ 0 & 1 & -1 & 1 & 0 \\ 0 & 0 & 0 & 1 & -3 \\ 0 & 0 & 0 & 0 & 0 \end{bmatrix}$$

从上面增广矩阵可以看出，该方程组有无穷多个解，因为最后一行的系数与常数项都为 0。

这一过程中最关键的步骤是选主元，所谓的选主元是选择主要的消元对象。如果某个消元对象的系数非常小（如 0.00001），当它作为除数的时候，得到的数值会非常大。因此选主元的时候，如果出现主元相差比较大的情况，应该选择最大数作为主元。

将案例 16-3 用 C++ 程序实现并计算如下。

```
1. #include<cstdio>
2. #include<cmath>
3. #include<cstring>
4. using namespace std;
5. const int N=10000;
6. // 增广矩阵
7. float a[N][N];
8. // 解集
9. float x[N];
10. // 标记是否为自由变元
11. bool freeX[N];
12. // 最大公约数
13. int GCD(int x, int y){
14.     return (y == 0) ? x : GCD(y, x%y);
15. }
16. void swap(int r1, int c1, int r2, int c2){
17.     int t=a[r1][c1];
18.     a[r1][c1]=a[r2][c2];
19.     a[r2][c2]=t;
20. }
21. // 最小公倍数
22. int LCM(int a,int b){
23.     return a/GCD(a,b)*b;
24. }
25. // 返回自由变元的个数
26. int Gauss(int equ,int var){
27.     /* 初始化 */
28.     for(int i=0;i<=var;i++){
29.         x[i]=0;
```

```
30.        freeX[i]=true;
31.    }
32.    /* 转换为阶梯阵 */
33.    // 当前处理的列
34.    int col=0;
35.    // 当前处理的行
36.    int row;
37.    // 枚举当前处理的行
38.    for(row=0;row<equ&&col<var;row++,col++){
39.        // 当前列绝对值最大的行
40.        int maxRow=row;
41.        // 寻找当前列绝对值最大的行
42.        for(int i=row+1;i<equ;i++){
43.            if(abs(a[i][col])>abs(a[maxRow][col]))
44.                maxRow=i;
45.        }
46.        // 与第 row 行交换
47.        if(maxRow!=row){
48.            for(int j=row;j<var+1;j++)
49.                swap(row,j,maxRow,j);
50.        }
51.        //col 列第 row 行以下全是 0，处理当前行的下一列
52.        if(a[row][col]==0){
53.            row--;
54.            continue;
55.        }
56.        // 枚举要删去的行
57.        for(int i=row+1;i<equ;i++){
58.            if(a[i][col]!=0){
59.                int lcm=LCM(abs(a[i][col]),abs(a[row][col]));
60.                int ta=lcm/abs(a[i][col]);
61.                int tb=lcm/abs(a[row][col]);
62.                // 异号情况相加
```

```
63.        if(a[i][col]*a[row][col]<0)
64.            tb=-tb;
65.        for(int j=col;j<var+1;j++) {
66.            a[i][j]=a[i][j]*ta-a[row][j]*tb;
67.        }
68.      }
69.    }
70.  }
71.  /* 求解 */
72.  // 无解：化简的增广矩阵中存在 (0,0,…,a) 这样的行，且 a!=0
73.  for(int i=row;i<equ;i++)
74.    if (abs(a[i][col])>1e10)
75.        return -1;
76.  // 无穷解：在 var*(var+1) 的增广矩阵中出现 (0,0,…,0) 这样的行
77.  // 自由变元有 var-row 个
78.  int temp=var-row;
79.  // 返回自由变元数
80.  if(row<var)
81.        return(temp);
82.  // 唯一解：在 var*(var+1) 的增广矩阵中形成严格的上三角矩阵
83.  for(int i=var-1;i>=0;i--){// 计算解集
84.    float temp=a[i][var];
85.    for(int j=i+1;j<var;j++)
86.        temp-=a[i][j]*x[j];
87.    x[i]=temp/a[i][i];
88.  }
89.  return 0;
90. }
91. int main(){
92.  //equ 个方程，var 个变元
93.  int equ,var;
94.  while(scanf("%d%d",&equ,&var)!=EOF) {
95.    memset(a,0,sizeof(a));
```

96.	// 输入增广矩阵
97.	**for(int** i=0;i<equ;i++)
98.	**for(int** j=0;j<var+1;j++)
99.	scanf("%f",&a[i][j]);
100.	// 自由变元个数
101.	**int** freeNum=Gauss(equ,var);
102.	// 无解
103.	**if**(freeNum==-1)
104.	printf(" 无解 \n");
105.	// 有无穷多解
106.	**else if**(freeNum>0){
107.	printf(" 有无穷多解，自由变元个数为 %d\n",freeNum);
108.	**for(int** i=0;i<var;i++){
109.	**if**(freeX[i])
110.	printf("x%d 是自由变元 \n",i+1);
111.	**else**
112.	printf("x%d=%d\n",i+1,x[i]);
113.	}
114.	}
115.	// 有唯一解
116.	**else**{
117.	**for(int** i=0;i<var;i++)
118.	printf("x%d=%d\n",i+1,x[i]);
119.	}
120.	printf("\n");
121.	}
122.	**return** 0;
123.	}

【输入】

4   4

2   -1   -1   1   2

1   1   -2   1   4

```
4    -6    2    -2    4
3     6   -9     7    9
```

【输出】

有无穷多解，自由变元个数为 1

x1 是自由变元

x2 是自由变元

x3 是自由变元

x4 是自由变元

16.4.2　*LU* 分解法

把方阵 *A* 分解成单位下三角矩阵（*L*）和上三角矩阵（*U*）的乘积，即：

$$A = LU$$

LU 分解法本质上是高斯消元法，实质上是将矩阵 *A* 通过初等行变换变成一个上三角矩阵，它的变换矩阵就是一个下三角矩阵。

LU 分解法的使用是有前提条件的，满足以下三个条件才能使用 *LU* 分解法。

（1）矩阵是方阵。

（2）矩阵是可逆的，且每一行都是独立向量。

（3）消元过程中没有 0 主元出现，也就是消元过程中不能出现行交换的初等变换。

LU 分解的意义在于求大型方程组。以下面方程组为例：

$$\begin{cases} x_1 + x_2 + 2x_3 = 1 \\ x_1 - 2x_2 - x_3 = 0 \\ x_2 - 2x_3 = -2 \end{cases}$$

相当于：

$$\underbrace{\begin{bmatrix} 1 & 1 & 2 \\ 1 & -2 & -1 \\ 0 & 1 & -2 \end{bmatrix}}_{A} \begin{bmatrix} x_1 \\ x_2 \\ x_3 \end{bmatrix} = \underbrace{\begin{bmatrix} 1 \\ 0 \\ -2 \end{bmatrix}}_{b}$$

LU 分解法就是将矩阵 **A** 分解为上、下三角矩阵，首先需要将第一列除第一个元素不变外其他变成 0，以此类推将第二列除前两个不为 0，其他变成 0……学完高斯消元法后继续学习 **LU** 分解法的原因在于：高斯消元法使用的是增广矩阵，每次消元的过程中常数项是参与运算的，当方程组巨大时，这种计算是比较耗时的。**LU** 分解法由于不依赖常数项，所以计算一次后就可以存储 **U** 和 **L**⁻¹ 矩阵，在输出变化后也只需要简单相乘。

LU 分解法计算公式如下。

$$\begin{cases} u_{kj} = a_{kj} - \sum_{r=1}^{k-1} l_{kr}u_{rj} \\ l_{ik} = \dfrac{(a_{ik} - \sum_{r=1}^{k-1} l_{ir}u_{rk})}{u_{kk}} \\ l_{kk} = 1 \end{cases}$$

其中 $j = k, k+1, \cdots, n,\ i = k, k+1, \cdots, n$。

由于 **A**x = **b**，且 **A** 分解为 **L**、**U**，那么令 **L**y = **b**，那么：

$$y_k = b_k - \sum_{r=1}^{k-1} l_{kr}y_r$$

其中 $k = 1, 2, \cdots, n$。

令 **U**x = y，那么：

$$x_k = \frac{\left(y_k - \sum_{r=k+1}^{n} u_{kr}x_r\right)}{u_{kk}}$$

案例 16-5

用 C++ 程序实现 **LU** 分解法示例代码如下。

```
1.  #include <cstdio>
2.  #include <cstdlib>
3.  const int N=10;
4.  /*
```

```
5.  * 使用已经求出的 x ，向前计算 x （供 getx() 调用）
6.  * float a[][] 矩阵 U
7.  * float x[] 方程组解
8.  * int i 解的序号（数组 X 元素序号）
9.  * int n 矩阵大小
10. * return 公式中需要的和
11. */
12. float getmx(float a[N][N], float x[N], int i, int n){
13.     float mx = 0;
14.     int r;
15.     for(r=i+1; r<n; r++)
16.      mx += a[i][r] * x[r];
17.     return mx;
18. }
19. /*
20. * 使用已经求出的 y ，向前计算 y （供 gety() 调用）
21. * float a[][] 矩阵 L
22. * float y[] 数组 Y
23. * int i 数组 Y 元素序号
24. * int n 矩阵大小
25. * return 公式中需要的和
26. */
27. float getmy(float a[N][N], float y[N], int i, int n)
28. {
29.     float my = 0;
30.     int r;
31.     for(r=0; r<n; r++){
32.      if(i != r)
33.       my += a[i][r]*y[r];
34.     }
35.     return my;
36. }
37. /*
```

38.   * 解方程组，计算某 x

39.   * float a[][] 矩阵 U

40.   * float x[] 方程组解

41.   * int i 解的序号

42.   * int n 矩阵大小

43.   * return 方程组的第 i 个解（数组 X 的第 i 个元素值）

44.   */

45.   **float** getx(**float** a[N][N], **float** b[N], **float** x[N], **int** i, **int** n)

46.   {

47.   **float** result;

48.   // 计算最后一个 x 的值

49.   **if**(i==n-1)

50.   result = (**float**)(b[i]/a[n-1][n-1]);

51.   // 计算其他 x 值（对于公式中的求和部分，需要调用 getmx() 函数）

52.   **else**

53.   result = (**float**)((b[i]-getmx(a,x,i,n))/a[i][i]);

54.   **return** result;

55.   }

56.   /*

57.   * 解数组 Y，计算其中一个元素值

58.   * float a[][] 矩阵 L

59.   * float y[] 数组 Y

60.   * int i 数组 Y 元素序号

61.   * int n 矩阵大小

62.   * return 数组 Y 的第 i 个元素值

63.   */

64.   **float** gety(**float** a[N][N], **float** b[N], **float** y[N], **int** i, **int** n)

65.   {

66.   **float** result;

67.   // 计算第一个 y 的值

68.   **if**(i==0)

69.   result = **float**(b[i]/a[i][i]);

70.   // 计算其他 y 值（对于公式中的求和部分，需要调用 getmy() 函数）

```
71.      else
72.          result = float((b[i]-getmy(a,y,i,n))/a[i][i]);
73.      return result;
74.  }
75.  int main(){
76.      printf(" 请输入系数矩阵的大小： ");
77.      int n;
78.      scanf("%d", &n);
79.      if(n<N){
80.          // 定义 L 矩阵
81.          float l[N][N]={0};
82.          // 定义 U 矩阵
83.          float u[N][N]={0};
84.          // 定义数组 Y
85.          float y[N]={0};
86.          // 定义数组 X
87.          float x[N]={0};
88.          // 定义系数矩阵
89.          float a[N][N];
90.          // 定义常数项
91.          float b[N];
92.          float sum=0;
93.          int i,j,k;
94.          printf(" 请输入系数矩阵值： \n");
95.          for(i=0;i<n;i++)
96.            for(j=0;j<n;j++)
97.                scanf("%f", &a[i][j]);
98.          printf(" 请输入常数项数组： \n");
99.          for(i=0; i<n; i++)
100.               scanf("%f", &b[i]);
101.         /* 初始化矩阵 1*/
102.         for(i=0; i<n; i++)
103.             for(j=0; j<n; j++)
```

```
104.          if(i==j)
105.              l[i][j] = 1;
106.    /* 开始 LU 分解 */
107.    /* 第一步：对矩阵 U 的首行进行计算 */
108.    for(i=0; i<n; i++){
109.        u[0][i] = (float)(a[0][i]/l[0][0]);
110.    }
111.    /* 第二步：逐步进行 LU 分解 */
112.    for(i=0; i<n-1; i++){
113.        /* 对 "L 列 " 进行计算 */
114.        for(j=i+1; j<n; j++){
115.            for(k=0,sum=0; k<n; k++){
116.                if(k!=i)
117.                    sum += l[j][k]*u[k][i];
118.            }
119.            l[j][i] = (float)((a[j][i]-sum)/u[i][i]);
120.        }
121.        /* 对 "U 行 " 进行计算 */
122.        for(j=i+1; j<n; j++){
123.            for(k=0,sum=0; k<n; k++){
124.                if(k != i+1)
125.                    sum += l[i+1][k]*u[k][j];
126.            }
127.            u[i+1][j] = (float)((a[i+1][j]-sum));
128.        }
129.    }
130.    /* 输出矩阵 l*/
131.    printf(" 矩阵 L： \n");
132.    for(i=0; i<n; i++) {
133.        for(j=0; j<n; j++)
134.            printf("%0.3f ", l[i][j]);
135.        printf("\n");
136.    }
```

```
137.         /* 输出矩阵 u*/
138.         printf("\n 矩阵 U： \n");
139.         for(i=0; i<n; i++) {
140.           for(j=0; j<n; j++)
141.             printf("%0.3f ", u[i][j]);
142.           printf("\n");
143.         }
144.         /* 回代方式计算数组 Y*/
145.         for(i=0; i<n; i++)
146.           y[i] = gety(l,b,y,i,n);
147.         /* 显示数组 Y*/
148.         printf("\n\n 数组 Y： \n");
149.         for(i=0; i<n; i++)
150.           printf("y%d = %0.3f\n", i+1,y[i]);
151.         /* 回代方式计算数组 X*/
152.         for(i=n-1; i>=0; i--)
153.           x[i] = getx(u,y,x,i,n);
154.         /* 显示数组 X*/
155.         printf("\n\n 数组 X： \n");
156.         for(i=0; i<n; i++)
157.           printf("x%d = %0.3f\n", i+1,x[i]);
158.       }else
159.         printf(" 请输入小于 10 的数！ \n");
160.       return 0;
161. }
```

【输入】

```
4

2   4   2    6

4   9   6   15

2   6   9   18

6  15  18   40
```

9 23 22 47

【输出】

矩阵 L：

1.000	0.000	0.000	0.000
2.000	1.000	0.000	0.000
1.000	2.000	1.000	0.000
3.000	3.000	2.000	1.000

矩阵 U：

2.000	4.000	2.000	6.000
0.000	1.000	2.000	3.000
0.000	0.000	3.000	6.000
0.000	0.000	0.000	1.000

数组 Y：

$y1 = 9.000$

$y2 = 5.000$

$y3 = 3.000$

$y4 = -1.000$

数组 X：

$x1 = 0.500$

$x2 = 2.000$

$x3 = 3.000$

$x4 = -1.000$

第17章

函数（CSP-J/S）

📖 17.1 定义

在微积分中，如有一个非空实数集合 D，设有一个对应规则 f，使对每一个 $x \in D$，都有一个确定的实数 y 与之对应，那么就称这个对应规律 f 是定义在 D 上的一个函数关系，其中 x 称为自变量，y 称为因变量，集合 D 称为定义域，全体函数值的集合为 $\{y \mid y = f(x), x \in D\}$，该值的集合称为值域。

在平面直角坐标系中，取自变量在 x 轴上的变化，因变量随之变化的点的集合 $\{(x,y) \mid y = f(x), x \in D\}$ 即为函数 $y = f(x)$ 的图形。

📖 17.2 基本性质

▽ 17.2.1 有界性

设函数 $y = f(x)$ 在区间 I 上有定义（可以是函数的整个定义域，也可以是定义域的一部分），如果存在一个正数 M，对于所有的 $x \in I$ 恒有 $|f(x)| \leqslant M$，则称函数 $f(x)$ 在 I 上是有界的；如果不存在这样的正数，则称 $f(x)$ 在 I 上是无界的。

例如，三角函数的正弦函数，因为 $|\sin x| \leqslant 1$，所以称正弦函数是有界的，而 $\tan x$ 在区间 $\left(-\dfrac{\pi}{2}, \dfrac{\pi}{2}\right)$ 上是无界的。

▽ 17.2.2 单调性

如果函数 $y = f(x)$ 对区间 I 内的任意两点 x_1 和 x_2，当 $x_1 < x_2$ 时，有 $f(x_1) \leqslant f(x_2)$，则

称此函数在区间 I 内是单调增加的；当 $x_1 < x_2$ 时，有 $f(x_1) \geqslant f(x_2)$，则称此函数在区间 I 内是单调减少的。

例如 $y = x^2$，在 $(-5,0)$ 区间是单调减少的，在 $(0,5)$ 区间是单调增加的。

17.2.3　奇偶性

给定函数 $f(x)$，其定义域 D 关于原点对称。如果对于所有 $x \in D$，有 $f(-x) = f(x)$，则称 $f(x)$ 是偶函数；如果对于所有 $x \in D$，有 $f(-x) = -f(x)$，则称 $f(x)$ 是奇函数。

例如 $y = x^2$ 就是偶函数，$y = x$ 就是奇函数。

根据函数奇偶性定义，可以得到如下结论。

（1）两个奇函数之和仍为奇函数。

（2）两个偶函数之和仍为偶函数。

（3）两个奇函数之积是偶函数。

（4）两个偶函数之积仍是偶函数。

（5）一个奇函数与一个偶函数之积是奇函数。

17.2.4　周期性

设 $f(x)$ 是定义在实数域 **R** 上的函数，如果存在 $t > 0$，使得：

$$f(x+t) = f(x)$$

则称 $f(x)$ 为周期函数，t 是它的周期，通常周期函数的周期是指它的最小正周期。例如，正弦、余弦函数的最小正周期都是 2π。

17.3　初等函数

基本初等函数包括常量函数、幂函数、指数函数、对数函数、三角函数、反三角函数。常量函数类似于 $y = c$ 类型（其中 c 为常数）。

幂函数类似于 $y = x^a$ 类型（其中 a 为常数），幂函数需要了解如图 17-1 ～ 图 17-3 所示的三种图形。

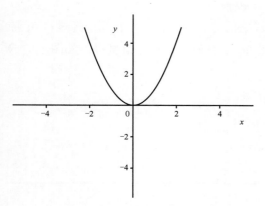

▲ 图 17-1　$y = x^2$ 图形

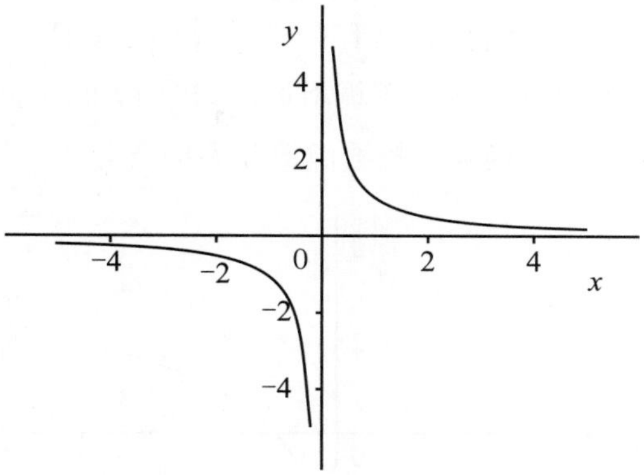

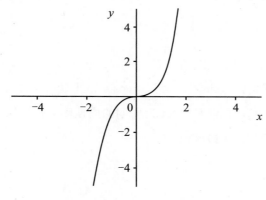

▲ 图 17-2　$y = x^{-1}$ 图形

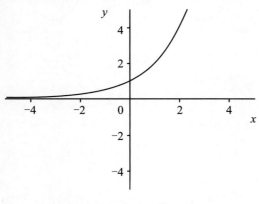

▲ 图 17-3　$y = x^3$ 图形

　　指数函数类似于 $y = a^x$ 类型（$a > 0$ 且 $a \ne 1$）。指数函数分两种情况，当 $a > 1$ 时，函数是单调增加的，如图 17-4 所示；当 $0 < a < 1$ 时，函数是单调减少的，如图 17-5 所示。

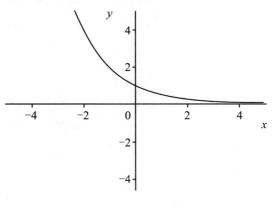

▲ 图 17-4　$y = 2^x$ 图形

▲ 图 17-5　$y = 0.5^x$ 图形

对数函数类似于 $y = \log_a x$（$a > 0$ 且 $a \neq 1$），它的定义域是 $(0, +\infty)$，图形经过 $(1,0)$ 点。当 $a > 1$ 时，函数单调增加，如图 17-6 所示；当 $0 < a < 1$ 时，函数单调减少，如图 17-7 所示。对数函数与指数函数互为反函数。

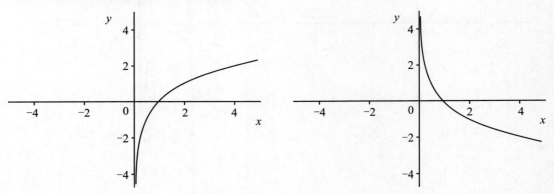

▲ 图 17-6　$y = \log_2 x$ 图形　　　　　▲ 图 17-7　$y = \log_{0.5} x$ 图形

常见的三角函数有正弦（sin）、余弦（cos）、正切（tan）、余切（cot）函数，它们的定义域都是 $(-\infty, +\infty)$，且都是以 2π 为周期的周期函数，值域为 $[-1,1]$ 的有界函数。

正弦、余弦函数图形如图 17-8 所示。

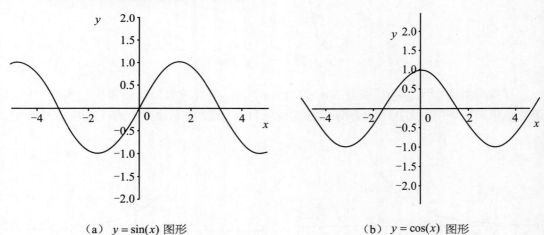

（a）$y = \sin(x)$ 图形　　　　　　　（b）$y = \cos(x)$ 图形

▲ 图 17-8　正弦、余弦函数图形

正切、余切函数图形如图 17-9 所示。

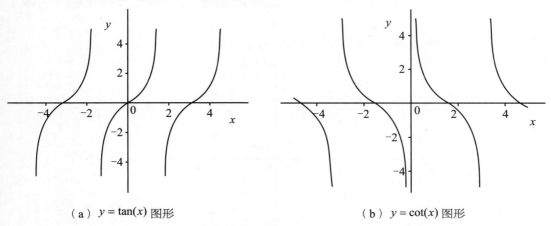

（a）$y = \tan(x)$ 图形　　　　　　　　　　（b）$y = \cot(x)$ 图形

▲ 图 17-9　正切、余切函数图形

　　由于三角函数在定义域内不是一一对应的，因此，三角函数在定义域内不存在反函数，但是在定义域内选取一个区间，使三角函数在区间 I 内一一对应，那么三角函数在区间 I 内也存在反函数。

　　定义域在 $[-1,1]$ 区间内，反正弦、反余弦函数图形如图 17-10 所示。

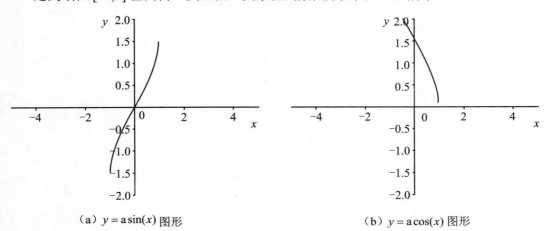

（a）$y = a\sin(x)$ 图形　　　　　　　　　　（b）$y = a\cos(x)$ 图形

▲ 图 17-10　反正弦、反余弦函数图形

$y = a\tan(x)$ 是 $y = \tan(x)$ 且 $x \in \left(-\dfrac{\pi}{2}, \dfrac{\pi}{2}\right)$ 的反函数，称为反正切函数，定义域是 $(-\infty, +\infty)$，

值域 $\left(-\dfrac{\pi}{2}, \dfrac{\pi}{2}\right)$ 上是单调增加函数，如图 17-11 所示。

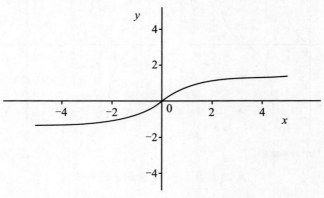

▲ 图 17-11　$y = a\tan(x)$ 图形

所谓的初等函数，是由上述基本初等函数经过有限次四则运算或有限次复合所得到的，且可以用一个公式表示的函数。

第五部分

数据结构

第18章

时间、空间复杂度

算法实质上是通过严密的逻辑思维，利用更优化的方法解决问题的一种方案。这种方案可能利用不同的数据结构或数学公式，目的是节约程序的运行时间和占用的内存空间，什么样的算法才算是好算法呢？其中有一项评价标准——时间、空间复杂度。

18.1 时间复杂度

所谓时间复杂度并不是某一算法的具体执行时间，因为时间复杂度是对某个算法消耗时间的估算，并不是对每个算法进行上机测试而得到的时间。

一般情况下，算法中基本操作重复执行的次数是问题规模 n 的某个函数，用 $T(n)$ 表示，若有某个辅助函数 $f(n)$，使得当 n 趋近于无穷大时，$T(n)/f(n)$ 的极限值为不等于 0 的常数，则称 $f(n)$ 是 $T(n)$ 的同数量级函数。记作 $T(n)=O(f(n))$，称 $O(f(n))$ 为算法的渐进时间复杂度，简称时间复杂度。

那么如何测算程序的时间复杂度呢？例如，如果每一行代码消耗的时间都相同，且消耗的时间是单位 1，那么总消耗时间就是执行所有代码所经历的时间，下面就以几种时间复杂度来举例说明。

▼ 18.1.1 常数阶 O(1)

```
1.  int i,j,k;
2.  i=100;
3.  j=200;
4.  k=i;
5.  j=k;
6.  i=j;
```

从上述代码可以看出，一共有 6 行代码，如果每一行代码消耗时间相同，都是 1，那么总消耗时间是 6，它是一个固定量，从时间复杂度的定义可以看出，它是一个渐进值，所以当程序执行量是固定值的情况下，时间复杂度记为 $O(1)$。

◆ 18.1.2　线性阶 $O(n)$

```
1. int j=0;
2. int n;
3. cin>>n;
4. int sum=0;
5. for(int i=0;i<n;i++){
6.     j++;
7.     sum+=j;
8. }
```

从上面代码可以看出一共有 7 行代码，其中前面 4 行代码消耗的时间单位共有 4 个，到了第 5 行，这是一个循环结构，一共循环了 n 次，也就意味着循环体内（大括号内部）代码被执行 n 次，循环体内包含了两行代码，加起来一共有 $2n+4$ 个时间单位。运用极限思想来思考，它的时间复杂度是多少呢？如果 n 趋向于无限大，那么 $2n+4$ 中 4 就没有意义，n 的倍数 2 也同样没有意义，因此上面代码的时间复杂度就是 $O(n)$。

◆ 18.1.3　对数阶 $O(\log_2 n)$

```
1. int j=0;
2. int n;
3. cin>>n;
4. int sum=0;
5. for(int i=0;i<n;i=i*2){
6.     j++;
7.     sum+=j;
8. }
```

同样以线性阶案例为模板，将循环的步长改为 $i=i*2$，意味着每执行一步 i 就变成原来的两倍，执行循环体内的次数相比线性阶大大缩短，循环体内执行次数是 $\log_2 n$ 次，总共消耗时间是 $4+2\log_2 n$，同样让 n 趋于无穷大，那么其时间复杂度就是 $O(\log_2 n)$。

18.1.4 线性对数阶 $O(n \log_2 n)$

```
1.  int n;
2.  cin>>n;
3.  int sum=0;
4.  for(int j=0;j<n;j++)
5.      for(int i=0;i<n;i=i*2)
6.          sum++;
```

在上面代码中，结构与前面代码相似，不同的是将线性阶与对数阶代码写成了嵌套结构，按照前面的分析，第一个循环的时间复杂度是 $O(n)$，第二个循环的时间复杂度是 $O(\log_2 n)$。时间复杂度的计算在遇到嵌套结构的时候满足乘法规则，因此，上述代码的时间复杂度是 $O(n \log_2 n)$。如果循环与循环间关系是并列关系，那么总的时间复杂度满足加法规则，然而加法规则需要考虑当 n 趋于无穷时，哪些是可以忽略的。

18.1.5 幂指数阶 $O(n^a)$

幂指数阶与线性对数阶相似，当多重循环嵌套，且循环的次数与第一次相同时，根据乘法规则，嵌套几层就是 n 的几次方，a 就是嵌套的层数。

18.1.6 时间复杂度曲线对比

上述各种时间复杂度的时间对比如图 18-1 所示。

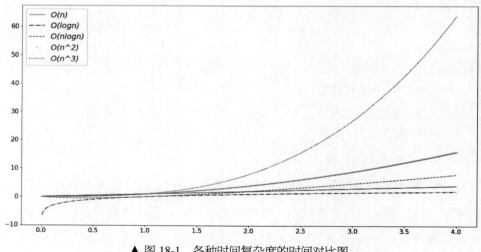

▲ 图 18-1　各种时间复杂度的时间对比图

通过图 18-1 比较的 5 种时间复杂度，可以参照以优化算法。

18.2　空间复杂度

所谓空间复杂度一般指的是对内存的优化。在时间复杂度中 n 表示运算规模，在空间复杂度中 n 表示内存分配规模。

例如：**int n;** 声明一个变量 n，就为其分配了 1 个内存空间，那么空间复杂度就是 $O(1)$。

如果声明的是一个数组 **int a[n]**，那么声明的就是 n 个 int 类型的空间，其空间复杂度就是 $O(n)$。

如果声明的是一个二维数组 **int a[n][n]**，那么声明的就是 $n \times n$ 个 int 类型的空间，那么其空间复杂度就是 $O(n^2)$。

空间复杂度相对时间复杂度比较简单，只需要关注内存的分配情况。

第19章

STL 简介

标准模板库（Standard Template Library，STL）中模板是已经写好的程序，使用时只需要调用别人已经写好的程序，便能够实现相应的功能。STL 提供了丰富的模板供使用者调用，这是 C++ 相对 C 语言的优势之一。

需要注意的是，使用 STL 虽然可以快速完成编码工作，但有时代码的运行效率比较低，所以在信息学奥赛中使用 STL 需要关注代码效率问题。

STL 组件主要包含迭代器、容器和算法三部分。

19.1 迭代器

要访问容器中的元素需要通过迭代器（iterator）来进行。迭代器可以被看作一个变量（或指针），指向容器中的某个元素，通过迭代器可以读取或写入数据。

迭代器分为四类，分别是正向迭代器、常量正向迭代器、反向迭代器、常量反向迭代器。定义迭代器变量的时候需要注意其类型。

正向迭代器定义方法如下。

容量类名 **::iterator** 迭代器名称；

常量正向迭代器定义方法如下。

容量类名 **::const_iterator** 迭代器名称；

反向迭代器定义方法如下。

容量类名 **::reverse_iterator** 迭代器名称；

常量反向迭代器定义方法如下。

容器类名 **::const_reverse_iterator** 迭代器名称；

定义迭代器的目的是根据定义的迭代器指向某个元素所在的位置，要获取该位置元素，则需要在迭代器名称前加"*"号，这一点与指针非常相似。

针对迭代器变量的移动往往是通过"++"来实现的，而正向迭代器与反向迭代器的差别在于：正向迭代器的 ++ 操作是向后移动一个位置，而反向迭代器则是向前移动一个位置。迭代器之间可以通过"=="和"!="进行比较。

双向迭代器具有正向迭代器所有功能，除此之外，迭代器变量既能向前移动又能向后移动，例如 i 为双向迭代器变量，那么 --i 与 ++i 方向相反。这里需要注意的是："++"和"--"往往放在迭代器变量前面，因为如果放在后面需一个局部的临时变量来存储它，运算规模过大会影响运算效率。

除了上述几种迭代器以外，还有一种迭代器不仅可以做 ++ 运算，还可以加任意数字 i 表示移动 i 个位置，当然，这个移动可以通过 + 操作表示向前移动，通过 - 操作表示向后移动，甚至还可以通过像一维数组那样找到迭代器变量所对应的元素，这种迭代器叫作随机访问迭代器。随机访问迭代器的应用在形式上与一维数组的应用比较相似，可以参考后面容器的使用案例。

迭代器在使用时支持容器元素的查找、添加、删除等操作。有些容器支持迭代器的操作，有些不支持，详情如表 19-1 所示。

表 19-1　容器对迭代器支持列表

容　器	支持迭代器类型
list、set、multiset、map、multimap	双向迭代器
vector、deque	随机访问迭代器
stack、queue、priority_queue	不支持迭代器

19.2　容器

STL 容器主要用于合理组织数据的存取。按照元素排列顺序，STL 容器分为序列容器和关联容器两种。

19.2.1　序列容器

所谓序列容器，是指元素在容器中的位置同元素的值无关，将元素插入容器时，指

定在什么位置，元素就在什么位置，也就是说序列容器中的元素并不是排序的。

序列容器主要包括 vector（向量）容器、deque（双端队列）容器以及 list（列表）容器等。

1. vector 容器

vector 容器实质上是数组的"升级版"，不同的是 vector 容器实现的是一个动态数组，即可以进行元素的插入和删除，在此过程中，vector 容器动态调整占用的内存空间，这个过程不需要编程者干预。由于 vector 容器的删除和插入是在尾部进行的，所以在尾部进行插入、删除的时间复杂度为 $O(1)$，而在头部或中部进行时，时间复杂度则为 $O(n)$。

vector 容器的使用需要在头部引入库文件：

#include<vector>

创建 vector 容器格式如下。

vector< 变量类型 > 变量名 [(指定元素个数)];

上面格式中 [] 括号内可以不写。

例如，声明一个拥有 20 个整数元素的 vector 容器：

vector<int> value(20);

在 vector 容器最后添加元素使用的函数是 push_back()，例如在 value 后面增加一个元素 1，写法如下：

value.push_back(1);

注意，由于之前定义该 vector 容器是一个长度为 20 的容器，下标从 0 开始，所以添加的 1 应该在 value[20] 中。

如果需要给 vector 容器赋初值，可以通过定义数组的方式进行，例如：

double arr[]={1.0,2.1,3.5};

vector**<double>** test(arr,arr+sizeof(arr)/sizeof(double));

要从 vector 的头部或中间插入数据，需要使用 insert() 函数，该函数具有三种插入方式，具体方式如表 19-2 所示。

表 19-2　STL vector 容器的插入方式

格　　式	说　　明
insert(pos,e)	在 pos 位置之前插入新元素 e
insert(pos,n,e)	在 pos 位置之前插入 n 个元素 e
insert(pos,first,last)	在 pos 位置之前，插入其他容器位于 [first,last] 区域的所有元素

例如：

```
1. value.insert(value.begin(),3);
2. cout<<value[0]<<endl;
3. value.insert(value.begin(),2,3);
4. cout<<value[1]<<","<<value[2]<<endl;
5. value.insert(value.begin(),test.begin(),test.end());
6. cout<<value[1]<<","<<value[2]<<","<<value[3]<<endl;
```

最后运行输出结果为：

3

3,3

2.1,3.5,3

其中 begin() 函数代表 vector 容器的起始位置（迭代器），end() 函数代表 vector 容器的终止位置（迭代器）。

删除 vector 容器中元素的方法有很多种，各种方法如表 19-3 所示。

表 19-3　删除 vector 容器中元素的方法

函　　数	说　　明
pop_back()	删除 vector 容器最后一个元素，容器大小减 1，但容量（capacity）不变
erase(pos)	删除 vector 容器中 pos 位置的元素，容器大小减 1，容量不变
swap(*a,*b); pop_back();	交换 vector 容器的 a 和 b 的位置，b 的位置往往是最后一个，然后删除最后一个元素
erase(a,b)	删除 vector 容器中从 [a,b) 指定区域位置的元素，容器大小相应减小，容量不变
clear()	清空 vector 容器中元素，大小变为 0，容量不变

★注意：容器的大小指当前容器拥有元素的个数，而容器的容量是指容器在必须分配新的存储空间前可以存放的元素总数，当然也可以通过 reserve() 函数扩容（或改变容量）。

案例
19–1

```
1. #include<iostream>
2. #include<vector>
```

```
3.   // 引用 swap 函数
4.   #include<algorithm>
5.   using namespace std;
6.   int main(){
7.       vector<double> value;
8.       double arr[]={1.0,2.1,3.5};
9.       vector<double> test(arr,arr+sizeof(arr)/sizeof(double));
10.      value.insert(value.begin(),3);
11.      value.insert(value.begin(),2,3);
12.      value.insert(value.begin(),test.begin(),test.end());
13.      value.push_back(2);
14.      // 当前元素有：{1,2.1,3.5,3,3,3,2}
15.      value.pop_back();
16.      cout<<"value 的大小 ="<<value.size()<<"，容量 ="<<value.capacity()<<endl;
17.      // 当前元素有：{1,2.1,3.5,3,3,3}
18.      value.erase(value.begin(),value.begin()+1);
19.      cout<<"value 的大小 ="<<value.size()<<"，容量 ="<<value.capacity()<<endl;
20.      // 当前元素有：{2.1,3.5,3,3,3}
21.      // 交换第二个元素与最后一个元素，并删除最后一个元素
22.      swap(*(value.begin()+1),*value.end());
23.      value.pop_back();
24.      cout<<"value 的大小 ="<<value.size()<<"，容量 ="<<value.capacity()<<endl;
25.      for(int i=0;i<value.size();++i)
26.          cout<<value[i]<<" ";
27.      // 清空 vector
28.      value.clear();
29.      // 更改容量
30.      value.reserve(20);
31.      cout<<endl<<"value 的大小 ="<<value.size()<<"，容量 ="<<value.capacity()<<endl;
32.      return 0;
33.   }
```

【输出】

value 的大小 =6，容量 =12

value 的大小 =5，容量 =12

value 的大小 =4，容量 =12

2.1 3 3 3

value 的大小 =0，容量 =20

2．deque 容器

deque 容器是 double-ended queue 的意思，即双端队列容器，也就是说这种容器擅长在容器的头部和尾部进行添加或删除，且这种操作的时间复杂度为 $O(1)$。但需要注意的是，deque 容器存储的元素并不一定是存储在连续的内存空间中（随机存储），所以如果对容器中元素进行操作时有效率要求，deque 容器的效率要比 vector 容器低。

deque 容器的使用需要在头部引入库文件：

#include<deque>

创建 deque 容器格式如下。

deque< 变量类型 > 变量名 [(指定元素个数)];

上面格式中 [] 括号内可以不写。

例如，声明一个拥有 20 个整数元素的 deque 容器：

deque<int> test(20);

在插入与删除操作中，deque 容器与 vector 容器几乎相同，由于 deque 容器有针对头部的操作，所以其插入、删除操作比 vector 容器要多，其特有函数如表 19-4 所示。

表 19-4 deque 容器特有函数

函　　数	说　　明
front()	返回第一个元素
back()	返回最后一个元素
pop_front()	删除头部元素
push_front()	在头部添加一个元素

deque 容器特有函数的使用如下。

```
1.  #include<deque>
2.  #include<iostream>
3.  using namespace std;
4.  int main(){
5.      deque<int> que(20);
6.      int arr[]={2,9,6,8,11};
7.      deque<int> test(arr,arr+sizeof(arr)/sizeof(int));
8.      que.insert(que.begin(),test.begin(),test.end());
9.      // 队头增加元素
10.     que.push_front(66);
11.     // 队尾增加元素
12.     que.push_back(166);
13.     cout<<" 第一个元素 ="<<que.front()<<endl;
14.     cout<<" 最后一个元素 ="<<que.back()<<endl;
15.     // 删除头部元素
16.     que.pop_front();
17.     for(int i=0;i<que.size();++i)
18.         cout<<que[i]<<" ";
19.     return 0;
20. }
```

【输出】

第一个元素 =66

最后一个元素 =166

2 9 6 8 11 0 0 0 0 0 0 0 0 0 0 0 0 0 0 0 0 0 0 0 0 0 166

3. list 容器

list 容器又被称为双向链表容器，链表知识将在数据结构中详细讲解，这种容器的内存空间分配与 deque 容器相似，同样是不占用连续的内存空间，相互之间通过指针连接，如图 19-1 所示。

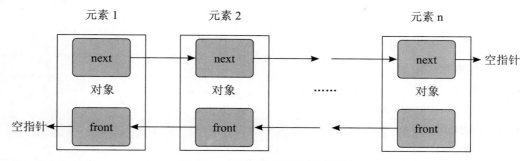

图 19-1　list 容器存储关系示意图

list 容器的使用需要在头部引入库文件：

#include<list>

创建 list 容器格式如下。

list< 变量类型 > 变量名 [(指定元素个数)];

上面格式中 [] 括号内可以不写。

例如，声明一个拥有 20 个整数元素的 list 容器：

list<int> test(20);

由于 list 容器使用的是双向链表的方式，且不支持随机存放于内存中，所以不能对 list 使用 "[]" 来访问元素，由于采用的是双向链表的方式，所以在插入与删除时速度更快。

list 容器对元素的操作与 deque 容器的相关函数操作是相同的，相对 deque 容器的函数，list 容器的函数更丰富，功能也更多，例如，可以通过 unique() 函数移除容器中的重复元素。list 容器函数的使用参考 vector 容器和 deque 容器函数的应用，特有的几个函数说明如表 19-5 所示。

表 19-5　list 容器特有函数

函　　数	说　　明
l1.unique()	移除 l1 重复元素，注意这里移除重复元素只是对 list 中元素相邻的比较，所以一般与 sort 函数（排序）配合使用
l1.splice(pos, l2)	在 l1 的 pos 位置之前将 l2 的所有元素全部移给 l1，l2 将清空
l1.merge(l2)	假设 l1 和 l2 都已经排序，把 l2 所有元素转移给 l1，此时仍是有序表
l1.sort()	对 l1 进行升序排序
l1.reverse()	将 l1 所有元素反向排序

案例
19-3

list 容器函数的使用如下。

```
1.  #include<list>
2.  #include<iostream>
3.  #include<algorithm>
4.  using namespace std;
5.  int main(){
6.      list<int> lst(20);
7.      int arr[]={2,9,6,8,11};
8.      list<int> test(arr,arr+sizeof(arr)/sizeof(int));
9.      lst.insert(lst.begin(),test.begin(),test.end());
10.     lst.insert(lst.begin(),3,9);
11.     // 队头增加元素
12.     lst.push_front(66);
13.     // 队尾增加元素
14.     lst.push_back(166);
15.     cout<<" 第一个元素 ="<<lst.front()<<endl;
16.     cout<<" 最后一个元素 ="<<lst.back()<<endl;
17.     // 删除头部元素
18.     lst.pop_front();
19.     // 对 lst 进行排序，从小到大顺序
20.     lst.sort();
21.     // 移除重复元素
22.     lst.unique();
23.     cout<<" 转移之前，test 大小 ="<<test.size()<<endl;
24.     // 将 test 转移到 lst 之前
25.     lst.splice(lst.begin(),test);
26.     cout<<" 转移之后，test 大小 ="<<test.size()<<endl;
27.     lst.sort();
28.     int arr2[]={33,55,88};
29.     list<int> test2(arr2,arr2+sizeof(arr2)/sizeof(int));
```

```
30.     cout<<" 转移之前，test2 大小 ="<<test2.size()<<endl;
31.     lst.merge(test2);
32.     cout<<" 转移之后，test 大小 ="<<test2.size()<<endl;
33.     // 将所有元素反序
34.     lst.reverse();
35.     // 注意 i 的类型
36.     for(list<int>::iterator i=lst.begin();i!=lst.end();++i)
37.         cout<<*i<<" ";
38.     return 0;
39. }
```

【输出】

第一个元素 =66

最后一个元素 =166

转移之前，test 大小 =5

转移之后，test 大小 =0

转移之前，test2 大小 =3

转移之后，test 大小 =0

166 88 55 33 11 11 9 9 8 8 6 6 2 2 0

19.2.2　关联容器

关联容器与序列容器不同的是，关联容器不再单纯地存储 C++ 的基本数据类型（如 int、double、float 等），而是存储"键—值对"，通过存储键—值对可以快速查找某个键对应的值，也就是给每个值起一个别名，通过别名找到它所对应的值。它的插入、删除效率比序列容器高。

STL 关联容器有四类，分别是 map、set、multimap、multiset。下面针对四类容器进行介绍。

1. map/multimap 容器

map 和 multimap 容器都支持双向迭代器，所以迭代器之间只能通过 == 和 != 进行判

断比较，同时可以通过 ++、-- 操作移动迭代器。

map 容器与 multimap 容器最大的区别在于：map 容器中的键是唯一的；而 multimap 容器中的键是不唯一的，也就是说它的同一个键可以对应多个值。其他的两者相同。

map/multimap 的使用需要在头部引入库文件：

#include<map>

创建 map/multimap 容器格式如下。

map[/multimap]< 键的数据类型 , 值的数据类型 > 变量名 ;

例如，声明一个 map 容器，变量名为 res：

map<int,string> res;

在对 map 容器 res 赋值的时候，其键值为 int 类型，赋值数据为 string 类型，例如：res[5]="0153691"; 这里的 5 与一维数组下标不一样，指的是键，而且对 map 容器赋值后，map 容器按照键的顺序进行排序。

map/multimap 容器常用到的函数如表 19-6 所示。

表 19-6　map/multimap 容器常用函数

函　　数	说　　明
at(key)	返回键为 key 所对应的值
count(key)	返回键为 key 的数量，map 容器得到结果不是 0 就是 1，multimap 则有可能大于 1
find(key)	返回键为 key 的迭代器，如果不存在则返回 end() 函数
empty()	判断容器是否为空
size()	返回容器元素数量，一个键一值对为 1
insert(pair)	pair 指的是键一值对，定义格式如下： pair< 键数据类型 , 值数据类型 > 变量名 (键 , 值); 也可以通过 make_pair(键 , 值) 方式建立键一值对
insert(begin,end)	将另一个 map 容器 [begin,end) 区间的内容插入该 map 容器中
erase(key)	将键为 key 的键一值对删除

map 容器函数的使用如下。

```cpp
1.  #include<iostream>
2.  #include<cstring>
3.  #include<map>
4.  using namespace std;
5.  int main(){
6.      map<int,string> res;
7.      res[5]="0153691";
8.      res[2]=" 张三 ";
9.      res[3]="98";
10.     res[0]="100";
11.     res[66]="99";
12.     cout<<res.at(66)<<endl;
13.     cout<<res.count(66)<<endl;
14.     map<int,string>::iterator m=res.find(66);
15.     cout<<m->second<<endl;
16.     cout<<res.empty()<<endl;
17.     cout<<res.size()<<endl;
18.     // 定义键一值对
19.     pair<int,string> test(1,"55");
20.     res.insert(test);
21.     map<int,string> test2;
22.     test2[7]="332221";
23.     test2[8]="asdf";
24.     test2[11]="54fs";
25.     res.insert(test2.begin(),--test2.end());
26.     res.erase(8);
27.     // 声明一个 map 容器迭代器
28.     map<int,string>::iterator i;
29.     i=res.begin();
30.     for(;i!=res.end();++i)
31.         // 其键用 ->first 表示，值用 ->second 表示
32.         cout<<i->first<<", "<<i->second<<endl;
33.     return 0;
34. }
```

【输出】

99

1

99

0

5

0,100

1,55

2, 张三

3,98

5,0153691

7,332221

66,99

2. set/multiset 容器

和 map、multimap 容器不同，使用 set/multiset 容器存储的各个键—值对，要求键 key 和值 value 必须相等。因此，set/multiset 容器实质上就是一组元素的集合，其中 set 容器中包含的元素是唯一的，而 multiset 容器中的元素不是唯一的，这两种容器中的元素都是排序的。

set/multiset 容器在查询上效率不及 vector 容器，但相比 list 容器较为出色。

set/multiset 的使用需要在头部引入库文件：

#include<set>

创建 set/multiset 容器格式如下。

set[/multiset]< 数据类型 > 变量名；

set/multiset 容器常用函数与 map/multimap 容器常用函数相似，不同的是，set/multiset 容器插入的是元素，而 map/multimap 容器插入的是键—值对，其他函数用法相似，当然在 set/multiset 容器中并不适用 at() 函数，具体如下面代码。

```
1.  #include<set>
2.  #include<iostream>
3.  #include<cstring>
4.  using namespace std;
5.  int main(){
6.      set<string> s;
7.      s.insert("ssfd");
8.      s.insert("55566");
9.      s.insert("df2454");
10.     cout<<s.count("ssfd")<<endl;
11.     set<string>::iterator s2=s.find("55566");
12.     cout<<*s2<<endl;
13.     cout<<s.empty()<<endl;
14.     s.erase("55566");
15.     // 声明一个 set 容器迭代器
16.     set<string>::iterator i;
17.     i=s.begin();
18.     for(;i!=s.end();++i)
19.         // 用指针表示元素
20.         cout<<*i<<endl;
21.     return 0;
22.  }
```

【输出】

1

55566

0

df2454

ssfd

19.3 容器适配器

容器适配器是一个封装了序列容器的类模板，它在一般序列容器的基础上提供了一些不同的功能。之所以称作适配器类模板，是因为它可以通过适配容器现有的接口提供不同的功能。

容器适配器包括 queue、stack 和 priority_queue 三种，由于适配器只承担接口的职能，所以它并不能直接保存元素，保存的元素是通过调用其他容器来实现的。

queue 代表队列，它的一大特点是数据元素是先进先出（first in first out，FIFO）的，queue 适配器默认封装的容器是 deque 容器。

stack 代表栈，它的一大特点是数据元素是后进先出（last in first out，LIFO）的，stack 适配器默认封装的容器也是 deque 容器。

priority_queue 代表优先队列，与 queue 相似，也是先进先出，不同的是，它默认对元素进行排序，保证最大元素总是排在队列的最前面，该适配器默认封装的容器是 queue 容器。

19.3.1 queue 适配器

队列结构如图 19-2 所示。

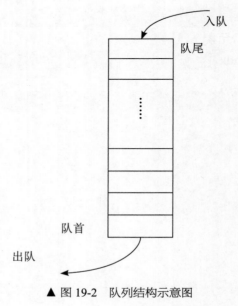

▲ 图 19-2　队列结构示意图

queue 适配器定义如下。

queue< 数据类型 > 变量名 **;**

queue 适配器常用函数如表 19-7 所示。

表 19-7 queue 适配器常用函数

函　　数	说　　明
push(e)	使元素 e 进入队列
front()	返回队列头部元素，但元素并不出队列
back()	返回队列尾部元素
pop()	元素从队列出队
size()	返回队列中元素数量
empty()	判断队列是否为空

案例
19-6

queue 适配器的使用如下。

```
1.  #include<queue>
2.  #include<iostream>
3.  #include<cstring>
4.  using namespace std;
5.  int main(){
6.      queue<string> q;
7.      // 入队
8.      q.push("sfkjls");
9.      q.push("sfds");
10.     q.push("3333");
11.     cout<<" 队列大小 ="<<q.size()<<endl;
12.     cout<<" 队首元素 ="<<q.front()<<endl;
13.     cout<<" 队尾元素 ="<<q.back()<<endl;
14.     //判断队列是否为空
15.     while(!q.empty()){
16.         // 永远只读队首元素
17.         cout<<q.front()<<endl;
```

18.	// 读完一个，让队首元素出队
19.	q.pop();
20.	}
21.	**return** 0;
22.	}

【输出】

队列大小 =3

队首元素 =sfkjls

队尾元素 =3333

sfkjls

sfds

3333

19.3.2 stack 适配器

栈的结构如图 15-14 所示，由于入栈与出栈只能从同一个口进行，因此其出栈顺序与入栈顺序及出栈时机关联度高，详细讲解参见 20.4 节。

stack 适配器常用函数如表 19-8 所示。

表 19-8　stack 适配器常用函数

函　　数	说　　明
empty()	判断栈是否为空
size()	返回栈中元素个数
pop()	元素出栈（也叫弹栈）
top()	返回栈顶元素
push(e)	使元素 e 入栈

案例 19-7

stack 适配器的使用如下。

```
1.  #include<stack>
2.  #include<iostream>
3.  using namespace std;
4.  int main(){
5.     stack<int> s;
6.     // 入栈
7.     s.push(5);
8.     s.push(99);
9.     s.push(102);
10.    cout<<" 栈的大小 ="<<s.size()<<endl;
11.    cout<<" 栈顶元素 ="<<s.top()<<endl;
12.    // 判断栈是否为空
13.    while(!s.empty()){
14.       // 永远只读栈顶元素
15.       cout<<s.top()<<endl;
16.       // 读完一个，让栈顶元素出栈
17.       s.pop();
18.    }
19.    return 0;
20. }
```

【输出】

栈的大小 =3

栈顶元素 =102

102

99

5

▼ 19.3.3　priority_queue 适配器

　　priority_queue 称为优先队列，是指该队列的元素具有优先级，优先级实质上指的是元素的大小，进出顺序与 queue 适配器相似，也是根据先进先出的规则进行，然而由于优先队列赋予元素优先级，那么可能有些元素先进而后出。

在使用 priority_queue 适配器时，需要引用三个头文件，分别是：queue、vector 和 functional，其中 queue 文件是 priority_queue 需要的，vector 用于存储排序，functional 用于选择升序还是降序排列，因此头部引用如下。

#include<queue>

#include<vector>

#include<functional>

定义优先队列的格式如下。

priority_queue< int,vector<int>,greater[/less]<int> > 变量;

★注意：

（1）如果是按照最小值优先出队列，需要使用 greater 方法，反之使用 less 方法表示最大值优先出队列。

（2）priority_queue<> 中 ">" 与 ">" 之间加一个空格，不然程序会将它误认为 ">>" 输入操作而使程序出错。

priority_queue 适配器常用函数如表 19-9 所示。

表 19-9　priority_queue 适配器常用函数

函　　数	说　　明
push(e)	使元素 e 进入队列
top()	返回优先级最高的元素，但不会移除元素
pop()	将优先级最高的元素移出队列
size()	返回队列中元素数量
empty()	判断队列是否为空

priority_queue 适配器的使用如下。

1.　#include<queue>
2.　#include<vector>
3.　#include<functional>
4.　#include<iostream>
5.　**using namespace** std;

```
6.  int main(){
7.     // 定义优先级最小的先出队
8.     priority_queue< int,vector<int>,greater<int> >q;
9.     q.push(3);
10.    q.push(66);
11.    q.push(0);
12.    q.push(8);
13.    while(!q.empty()){
14.       // 输出优先级最高的元素
15.       cout<<q.top()<<endl;
16.       // 使优先级最高的元素出队
17.       q.pop();
18.    }
19.    return 0;
20. }
```

【输出】

0

3

8

66

19.4 算法

STL 算法从功能上分为四类，分别是非可变序列算法、可变序列算法、排序及相关算法和数值算法。非可变序列算法指的是不能直接修改容器内容的算法；可变序列算法指的是可以修改容器内容的算法；排序及相关算法指的是对序列进行排序、合并、搜索等操作；数值算法指的是对容器内容进行数值计算。

算法使用到的头文件有三个，分别是 <algorithm><numeric><functional>。

<algorithm> 头文件涉及内容与功能非常多，包括比较、交换、查找、遍历、复制、修改、反转、排序等。<numeric> 头文件相对比较小，功能也比较简单，主要包括对序列进行加法、

乘法等操作。<functional> 头文件定义了一些模板函数，上一节中的优先队列的优先级问题就使用了该头文件的函数。

上述头文件中包含的函数非常多，本节只针对一些常用函数进行介绍。

19.4.1　非可变序列算法

这种算法包括元素的计数、求最值、查找元素、匹配元素等，常用的函数如下。

count(begin,end,value)：计算 begin 与 end 之间等于 value 的个数。

count_if(begin,end,fun)：计算 begin 与 end 之间满足 fun 函数返回结果为 true 的个数。

search(begin,end,begin2,end2)：查找区间 [begin,end) 内子序列 [begin2,end2) 中第一次出现的位置，返回的是一个迭代器。如果没有找到，返回 end。

search_n(begin,end,n,value)：查找 [begin,end) 区间内连续 n 个 value 值第一次出现的位置，返回的也是一个迭代器。如果没有找到，返回 end。

find(begin,end,value)：在区间 [begin,end) 内查找等于 value 值位置，返回一个迭代器。如果没有找到，返回 end。

find_if(begin,end,fun)：在区间 [begin,end) 内寻找满足 fun 函数返回结果为 true 的第一个位置，返回的是一个迭代器。如果没有找到，返回 end。

min_element(begin,end)：在区间 [begin,end) 寻找最小值所在位置，返回的是一个迭代器。

max_element(begin,end)：在区间 [begin,end) 寻找最大值所在位置，返回的是一个迭代器。

★注意：上述所有函数均要引用 algorithm 库文件。

上述函数示例代码如下。

```
1.  #include<iostream>
2.  #include<vector>
3.  #include<algorithm>
4.  using namespace std;
```

```
5.   bool greater3(int value){
6.       return value>3;
7.   }
8.   int main(){
9.       vector<int> v;
10.      int arr[]={1,2,3,7,33,78,2,0};
11.      vector<int> test(arr,arr+sizeof(arr)/sizeof(int));
12.      v.insert(v.begin(),test.begin(),test.end());
13.      // 计数
14.      int num=count(v.begin(),v.end(),2);
15.      cout<<" 等于 2 的数量有 "<<num<<" 个 "<<endl;
16.      num=count_if(v.begin(),v.end(),greater3);
17.      cout<<" 大于 3 的数量有 "<<num<<" 个 "<<endl;
18.      // 查找
19.      int arr2[]={78,2,0};
20.      vector<int> test2(arr2,arr2+sizeof(arr2)/sizeof(int));
21.      vector<int>::iterator si=search(v.begin(),v.end(),test2.begin(),test2.end());
22.      if(si!=v.end())
23.          cout<<"{78,2,0} 第一个起始位置为: "<<si-v.begin()<<", 第一个元素为: "
         <<*si<<endl;
24.      vector<int>::iterator si2=search_n(v.begin(),v.end(),1,78);
25.      if(si2!=v.end())
26.          cout<<" 连续 1 个 78 的第一个位置为: "<<si2-v.begin()<<endl;
27.      vector<int>::iterator fi=find(v.begin(),v.end(),2);
28.      if(fi!=v.end())
29.          cout<<"2 的第一个位置为: "<<fi-v.begin()<<endl;
30.      vector<int>::iterator fi2=find_if(v.begin(),v.end(),greater3);
31.      if(fi2!=v.end())
32.          cout<<" 大于 3 的第一个位置为: "<<fi2-v.begin()<<", 值为: "<<*fi2<<endl;
33.      // 求最值
34.      vector<int>::iterator min=min_element(v.begin(),v.end());
35.      vector<int>::iterator max=max_element(v.begin(),v.end()) ;
36.      cout<<" 最大值 ="<<*max<<", 最小值 ="<<*min<<endl;
```

```
37.    return 0;
38. }
```

【输出】

等于 2 的数量有 2 个

大于 3 的数量有 3 个

{78,2,0} 第一个起始位置为：5，第一个元素为：78

连续 1 个 78 的第一个位置为：5

2 的第一个位置为：1

大于 3 的第一个位置为：3，值为：7

最大值 =78，最小值 =0

▼ 19.4.2　可变序列算法

该算法主要包括复制、交换、填充、替换、移除等算法，常用的函数如下。

copy(begin1,end1,begin2)：将 [begin1,end1) 区间内元素复制到 begin2 之后。

copy_backward(begin1,end1,end2)：将 [begin1,end1) 区间内元素复制到 end2 之前。

swap(a,b)：交换两个相同类型容器的值。

swap_ranges(begin1,end1,begin2)：将 [begin1,end1) 区间内元素与 begin2 对于区间元素互换。

fill(begin,end,value)：把区间 [begin,end) 内所有元素替换成 value。

fill_n(begin,n,value)：从 begin 开始连续 n 个元素替换为 value。

generate(begin,end,fun)：把区间 [begin,end) 内所有元素替换成 fun 函数得到的值，fun 函数的一个特殊表示为随机数：rand。

replace(begin,end,oldvalue,newvalue)：把区间 [begin,end) 内所有 oldvalue 元素替换成 newvalue。

replace_if(begin,end,fun,newvalue)：把区间 [begin,end) 内所有符合函数 fun 条件的元素替换成 newvalue。

remove(begin,end,value)：把区间 [begin,end) 内所有与 value 相等的元素全部删除。

remove_if(begin,end,fun)：把区间 [begin,end) 内所有满足 fun 函数条件的元素全部删除。

上述函数示例代码如下。

```
1.  #include<iostream>
2.  #include<algorithm>
3.  #include<vector>
4.  using namespace std;
5.  bool greater33(int value){
6.      return value>=33;
7.  }
8.  int main(){
9.      vector<int> v1,v2;
10.     int arr[]={1,2,3,7,33,78,2,0};
11.     vector<int> test(arr,arr+sizeof(arr)/sizeof(int));
12.     v1.insert(v1.begin(),test.begin(),test.end());
13.     v2.push_back(22);
14.     v2.push_back(66);
15.     // 重新设置容器大小
16.     v2.resize(20);
17.     // 将 v1 前 4 个元素拷贝到 v2 前 2 个元素之后
18.     copy(v1.begin(),v1.begin()+4,v2.begin()+2);
19.     // 将 v1 第 5、6 个元素拷贝到 v2 容器之前
20.     copy_backward(v1.begin()+4,v1.begin()+6,v2.end());
21.     vector<int>::iterator it;
22.     cout<<"v2: ";
23.     for(it=v2.begin();it!=v2.end();++it)
24.         cout<<" "<<*it;
25.     cout<<endl;
26.     // 交换 2 个容器元素，2 个容器类型相同
27.     swap(v1,v2);
28.     cout<<"v2: ";
```

```
29.    for(it=v2.begin();it!=v2.end();++it)
30.       cout<<" "<<*it;
31.    cout<<endl;
32.    // 将 v1 前 2 个元素与 v2 前 2 个互换
33.    swap_ranges(v1.begin(),v1.begin()+2,v2.begin());
34.    cout<<"v2：";
35.    for(it=v2.begin();it!=v2.end();++it)
36.       cout<<" "<<*it;
37.    cout<<endl;
38.    cout<<"v1：";
39.    for(it=v1.begin();it!=v1.end();++it)
40.       cout<<" "<<*it;
41.    cout<<endl;
42.    // 填充
43.    fill(v1.begin(),v1.begin()+2,-1);
44.    cout<<"v1：";
45.    for(it=v1.begin();it!=v1.end();++it)
46.       cout<<" "<<*it;
47.    cout<<endl;
48.    fill_n(v1.begin()+6,2,55);
49.    cout<<"v1：";
50.    for(it=v1.begin();it!=v1.end();++it)
51.       cout<<" "<<*it;
52.    cout<<endl;
53.    // 替换
54.    generate(v1.begin()+8,v1.begin()+10,rand);
55.    cout<<"v1：";
56.    for(it=v1.begin();it!=v1.end();++it)
57.       cout<<" "<<*it;
58.    cout<<endl;
59.    replace(v1.begin(),v1.end(),-1,9);
60.    replace_if(v1.begin(),v1.end(),greater33,99);
61.    cout<<"v1：";
```

```
62.    for(it=v1.begin();it!=v1.end();++it)
63.       cout<<" "<<*it;
64.    cout<<endl;
65.    // 删除
66.    remove(v1.begin(),v1.end(),0);
67.    remove_if(v1.begin(),v1.end(),greater33);
68.    cout<<"v1：";
69.    for(it=v1.begin();it!=v1.end();++it)
70.       cout<<" "<<*it;
71.    cout<<endl;
72.    return 0;
73. }
```

【输出】

v2：22 66 1 2 3 7 0 0 0 0 0 0 0 0 0 0 0 33 78

v2：1 2 3 7 33 78 2 0

v2：22 66 3 7 33 78 2 0

v1：1 2 1 2 3 7 0 0 0 0 0 0 0 0 0 0 0 33 78

v1：−1 −1 1 2 3 7 0 0 0 0 0 0 0 0 0 0 0 33 78

v1：−1 −1 1 2 3 7 55 55 0 0 0 0 0 0 0 0 0 33 78

v1：−1 −1 1 2 3 7 55 55 41 18467 0 0 0 0 0 0 0 33 78

v1：9 9 1 2 3 7 99 99 99 99 0 0 0 0 0 0 0 99 99

v1：9 9 1 2 3 7 0 0 0 0 0 0 0 0 0 0 0 99 99

▼ 19.4.3 排序及相关算法

排序及相关算法的主要函数如下。

sort(begin,end,fun)：将区间 [begin,end) 内元素按照 fun 规则进行排序，如果没有 fun 规则，则从小到大排序。

stable_sort(begin,end,fun)：与 sort 函数相似，不同的是，该函数保持相等元素原来的次序。

nth_element(begin,pos,end)：将区间 [begin,end) 中小于 pos 位置的元素放在左边，大于 pos 位置的元素放在右边。

reverse(begin,end)：对区间 [begin,end) 范围内的元素逆转序列。

rotate(begin,middle,end)：将 [begin,middle) 和 [middle,end) 范围内元素交换。

random_shuffle(begin,end)：将 [begin,end) 范围内元素随机打乱顺序。

binary_search(begin,end,value)：对有序序列查找 [begin,end) 范围内是否存在 value 值，有返回 true，没有则返回 false，采用的是二分查找法。

lower_bound(begin,end,value)：返回区间 [begin,end) 范围内第一个大于等于 value 的位置，返回的是迭代器。

upper_bound(begin,end,value)：返回区间 [begin,end) 范围内第一个大于 value 的位置，返回的是迭代器。

在了解堆排序之前，首先了解堆的概念，堆（heap）是计算机科学中一类特殊的数据结构的统称，通常是一个可以被看作一棵树的数组对象，总是满足下列性质。

（1）堆中某个结点的值总是不大于或不小于其父结点的值。

（2）堆总是一棵完全二叉树。

堆的相关算法函数如下。

make_heap(begin,end)：将 [begin,end) 区间内元素转化为堆，时间复杂度为 $O(n)$。

push_heap(begin,end)：原来 [begin,end-1) 为堆结构，将 end 位置元素加入，形成新堆，时间复杂度为 $O(\log n)$。

pop_heap(begin,end)：从 [begin,end) 区间取出最大元素放在最后位置，[begin,end-1) 区间重新组成堆，时间复杂度为 $O(\log n)$。

sort_heap(begin,end,fun)：将堆转换为一个有序集合，时间复杂度为 $O(n\log n)$。

上述函数示例代码如下。

```
1.  #include<iostream>
2.  #include<algorithm>
```

```
3.   #include<vector>
4.   using namespace std;
5.   bool compare(int a,int b){
6.       return a>b;
7.   }
8.   int main(){
9.       vector<int> v1;
10.      int arr[]={1,2,3,7,33,78,2,0};
11.      vector<int> test(arr,arr+sizeof(arr)/sizeof(int));
12.      v1.insert(v1.begin(),test.begin(),test.end());
13.      vector<int>::iterator it;
14.      random_shuffle(v1.begin(),v1.end());
15.      cout<<"random_shufle 后 v1：";
16.      for(it=v1.begin();it!=v1.end();++it)
17.          cout<<" "<<*it;
18.      cout<<endl;
19.      nth_element(v1.begin(),v1.begin()+4,v1.end());
20.      cout<<"nth_element 后 v1：";
21.      for(it=v1.begin();it!=v1.end();++it)
22.          cout<<" "<<*it;
23.      cout<<endl;
24.      reverse(v1.begin(),v1.end());
25.      cout<<"reverse 后 v1：";
26.      for(it=v1.begin();it!=v1.end();++it)
27.          cout<<" "<<*it;
28.      cout<<endl;
29.      rotate(v1.begin(),v1.begin()+4,v1.end());
30.      cout<<"rotate 后 v1：";
31.      for(it=v1.begin();it!=v1.end();++it)
32.          cout<<" "<<*it;
33.      cout<<endl;
34.      sort(v1.begin(),v1.begin()+3,compare);
35.      cout<<"sort 后 v1：";
```

```
36.    for(it=v1.begin();it!=v1.end();++it)
37.        cout<<" "<<*it;
38.    cout<<endl;
39.    bool is_exist=binary_search(v1.begin(),v1.end(),33);
40.    cout<<"33 是否存在："<<is_exist<<endl;
41.    vector<int>::iterator po=lower_bound(v1.begin(),v1.end(),7);
42.    cout<<" 第一个大于等于 7 的元素是："<<*po<<endl;
43.    vector<int>::iterator po2=upper_bound(v1.begin(),v1.end(),7);
44.    cout<<" 第一个大于 7 的元素是："<<*po2<<endl;
45.    // 堆
46.    make_heap(v1.begin(),v1.begin()+5);
47.    cout<<"make_heap 后 v1：";
48.    for(it=v1.begin();it!=v1.end();++it)
49.        cout<<" "<<*it;
50.    cout<<endl;
51.    push_heap(v1.begin(),v1.begin()+6);
52.    cout<<"push_heap 后 v1：";
53.    for(it=v1.begin();it!=v1.end();++it)
54.        cout<<" "<<*it;
55.    cout<<endl;
56.    pop_heap(v1.begin(),v1.begin()+6);
57.    cout<<"pop_heap 后 v1：";
58.    for(it=v1.begin();it!=v1.end();++it)
59.        cout<<" "<<*it;
60.    cout<<endl;
61.    sort_heap(v1.begin(),v1.begin()+6,compare);
62.    cout<<"sort_heap 后 v1：";
63.    for(it=v1.begin();it!=v1.end();++it)
64.        cout<<" "<<*it;
65.    cout<<endl;
66.    return 0;
67. }
```

【输出】

random_shufle 后 v1：33 2 2 3 1 78 0 7

nth_element 后 v1：2 1 0 2 3 7 78 33

reverse 后 v1：33 78 7 3 2 0 1 2

rotate 后 v1：2 0 1 2 33 78 7 3

sort 后 v1：2 1 0 2 33 78 7 3

33 是否存在：1

第一个大于等于 7 的元素是：33

第一个大于 7 的元素是：33

make_heap 后 v1：33 2 0 2 1 78 7 3

push_heap 后 v1：78 2 33 2 1 0 7 3

pop_heap 后 v1：33 2 0 2 1 78 7 3

sort_heap 后 v1：78 2 2 1 0 3 3 7 3

19.4.4　数值算法

数值算法需要使用的库文件有 numeric 和 functional，functional 主要应用的算数操作如表 19-10 所示（使用时需要注意标明类型，如 plus<int>）。

表 19-10　functional 算数操作

操　作	描　述
plus	加法函数对象，相当于 $x+y$
minus	减法函数对象，相当于 $x-y$
multiplies	乘法函数对象，相当于 $x*y$
divides	除法函数对象，相当于 x/y
modulus	取余函数对象，相当于 $x\%y$
negate	取反函数对象，相当于 $-x$

主要函数如下。

accumulate(begin,end,initValue,fun)：当 fun 方法被省略时，accumulate 函数的作用是求 [begin,end) 范围内元素之和，然后再返回该和与初始值 initValue 之和。当 fun 定义其

他算法时，则将求和换为求其他算法。

adjacent_difference(begin,end,pos,fun)：使 [begin,end) 区间内每一个元素与它前面的元素进行 fun 方法处理，并将结果复制到 pos 起始位置。

inner_product(begin1,end1,begin2,initValue,op1,op2)：返回操作结果，类型为数值，计算公式为：initValue op1 (a1 op2 b1) op1 (a2 op2 b2)⋯，其中 a1,a2,a3,⋯属于 [begin1,end1) 区间，b1,b2,b3,⋯属于 begin2 起始的区间范围，op1 和 op2 为运算规则。

上述函数示例代码如下。

```
1.  #include<iostream>
2.  #include<algorithm>
3.  #include<vector>
4.  #include<numeric>
5.  #include<functional>
6.  using namespace std;
7.  bool compare(int a,int b){
8.      return a>b;
9.  }
10.  int main(){
11.      vector<int> v1,v2;
12.      int arr[]={1,2,3,7,33,78,2,4};
13.      int arr2[]={8,5,9,11,21,65,90,41};
14.      vector<int> test(arr,arr+sizeof(arr)/sizeof(int));
15.      vector<int> test2(arr2,arr2+sizeof(arr2)/sizeof(int));
16.      v1.insert(v1.begin(),test.begin(),test.end());
17.      v2.insert(v2.begin(),test2.begin(),test2.end());
18.      int total=accumulate(v1.begin(),v1.end(),0);
19.      cout<<"v1 元素之和 ="<<total<<endl;
20.      long long ji=accumulate(v1.begin(),v1.end(),1,multiplies<int>());
21.      cout<<"v1 元素之积 ="<<ji<<endl;
22.      adjacent_difference(v1.begin(),v1.end(),v1.begin(),modulus<int>());
```

```
23.     vector<int>::iterator it;
24.     cout<<"adjacent_difference 后 v1: ";
25.     for(it=v1.begin();it!=v1.end();++it)
26.        cout<<" "<<*it;
27.     cout<<endl;
28.     long long sum=inner_product(v1.begin(),v1.end(),v2.begin(),65,plus<int>(),
    multiplies<int>());
29.     cout<<"inner_product 之后 sum="<<sum<<endl;
30.     return 0;
31. }
```

【输出】

v1 元素之和 =130

v1 元素之积 =864864

adjacent_difference 后 v1： 1 0 1 1 5 12 2 0

inner_product 之后 sum=1158

第20章

线性数据结构

信息学本质上是运用程序对数据进行处理，要想对现实世界中的万事万物进行计算，单一的数据形式是不能满足计算要求的，因此，需要更加丰富的数据形式来使程序能够快速高效地处理，这就需要有一种数据的组织形式使数据更方便处理，这种组织形式称为数据结构。

数据结构分为两类，一类是线性数据结构，另一类是非线性数据结构。在信息学奥赛中，运用数据结构的目的是提升程序的性能和简化程序代码。

20.1 顺序存储线性表

所谓的顺序存储是针对内存而言的，在建立顺序存储线性表时开辟的内存空间是一块连续的空间，一般用普通的一维数组表示。

顺序存储线性表的操作与一维数组操作完全相同，不再赘述。唯一需要注意的是插入、删除操作，以图 20-1 为例。

1	2	3	4	5	6				
$a[0]$	$a[1]$	$a[2]$	$a[3]$	$a[4]$	$a[5]$	$a[6]$	$a[7]$	$a[8]$	$a[9]$

▲ 图 20-1 顺序存储线性表示例

若要将元素 3 前面插入元素 7，则需要 $a[2] \sim a[5]$ 所有元素后移一个位置，将 $a[2]$ 的位置空出来后，将 7 赋值给 $a[2]$。

同理，如果要将元素 4 删除，需要将元素 4 所在位置后面的所有元素向前移动一个位置。

案例
20-1

顺序存储线性表的插入、删除操作如下。

```cpp
1.  #include<iostream>
2.  using namespace std;
3.  int find_pos(int a[],int find_num){
4.      int find_i=-1;
5.      for(int i=0;i<sizeof(a);i++)
6.          if(a[i]==find_num){
7.              find_i=i;
8.              break;
9.          }
10.     return find_i;
11. }
12. int main(){
13.     int a[10]={1,2,3,4,5,6};
14.     // 在某数前插入一个数
15.     int in_num,put_num;
16.     cin>>in_num>>put_num;
17.     // 找到该数在数组中的位置
18.     int pos=find_pos(a,in_num);
19.     // 该位置后面所有元素向后移动
20.     // 前提是已经找到该元素
21.     if(pos>0)
22.         for(int i=6;i>pos;i--)
23.             a[i]=a[i-1];
24.     a[pos]=put_num;
25.     cout<<" 插入后数组 a=";
26.     for(int i=0;i<7;i++)
27.         cout<<a[i]<<" ";
28.     cout<<endl;
29.     // 删除某个数
```

```
30.    int del_num;
31.    cin>>del_num;
32.    int del_pos=find_pos(a,del_num);
33.    // 删除元素
34.    if(del_pos>0)
35.       for(int i=del_pos;i<6;i++)
36.          a[i]=a[i+1];
37.    cout<<" 删除元素后数组 a=";
38.    for(int i=0;i<6;i++)
39.       cout<<a[i]<<" ";
40.    cout<<endl;
41.    return 0;
42.    }
```

【输出】

4 90

插入后数组 a=1 2 3 90 4 5 6

5

删除元素后数组 a=1 2 3 90 4 6

20.2 链表

所有的链表又被称为基于结点的线性表，是因为链表在内存中的存储与前面所讲的顺序存储线性表有着本质的区别，链表结构在内存中所占空间是不连续的。这就带来一个问题，如何能够找到某个元素的下一个元素，此时使用链表结构体，该结构体包括数据（表示元素）和链（指向下一个或上一个内存地址），这样就可以把不连续的内存空间通过链表结构实现连续。

由于链表结构中链的不同，分为单链表、静态链表、循环链表和双链表。

20.2.1 单链表

单链表指的是仅存储数据和下一元素内存地址的结构，其在内存中的表示如图 20-2 所示。

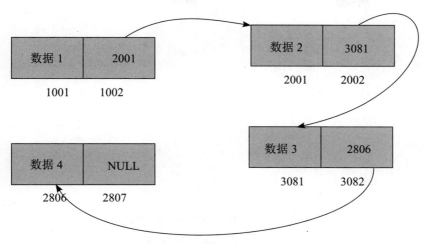

▲ 图 20-2　单链表示意图

从图 20-2 可知，单链表结构在内存中是分散分布的，所以在定义单链表时不需要设定链表的大小，只需要创建一个空的链表，随着使用动态添加结点即可。

单链表结点的结构中需要有两个元素，一个表示数据，一个表示下一个内存位置，其结构体如下。

```
1. struct SingleList{
2.     // 表示值
3.     int value;
4.     // 表示下一个内存地址指针
5.     SingleList *next;
6. };
```

每个单链表都有一个头结点，当刚开始建立列表的时候，先建立一个空的头结点：
SingleList *head=NULL;

然后为其分配内存空间，使用的方法是 new 方法。

```
1. head=new SingleList;
2. head->value=0;
3. head->next=NULL;
```

若想在单链表中插入新的结点，只需要将原来的链表断开，并将新的结点的内存记录在上一结点链中，新的结点的下一内存为原来断开链指向的下一内存地址，具体如图 20-3 所示。

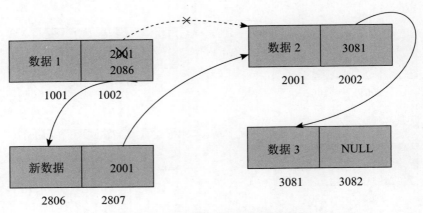

▲ 图 20-3　单链表插入新元素示意图

若想删除某个结点，只需要将该结点的链的前后结点指向加以改变即可，例如删除数据 2 所处的结点，具体方法如图 20-4 所示。

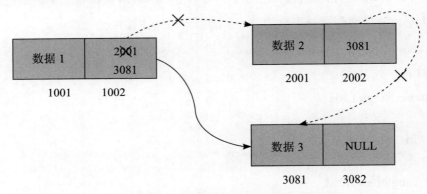

▲ 图 20-4　删除单链表某个结点示意图

如果单链表结点空间是由 new 方法创建的，需要将该结点从内存空间中释放，用到的方法是 delete()。

单链表的操作方法示例如下。

1.　#include<iostream>
2.　**using namespace** std;

```
3.  struct SingleList{
4.      // 表示值
5.      int value;
6.      // 表示下一个内存地址
7.      SingleList *next;
8.  };
9.  int main(){
10.     // 创建头结点
11.     SingleList *head=NULL;
12.     // 分配内存空间
13.     head=new SingleList;
14.     head->value=0;
15.     head->next=NULL;
16.     // 创建新的单链表结点
17.     SingleList *p=new SingleList;
18.     head->next=p;
19.     p->value=5;
20.     p->next=NULL;
21.     SingleList *q=new SingleList;
22.     p->next=q;
23.     q->value=6;
24.     q->next=NULL;
25.     // 在 p 后面 q 前面插入 s 结点
26.     SingleList *s=new SingleList;
27.     s->next=p->next;
28.     p->next=s;
29.     s->value=8;
30.     // 删除 p 结点
31.     head->next=p->next;
32.     // 释放 p 结点空间
33.     delete(p);
34.     // 遍历每一个元素
35.     SingleList *i=head;
```

```
36.     cout<<" 单链表元素值 =";
37.     while(i!=NULL){
38.        cout<<" "<<i->value;
39.        i=i->next;
40.     }
41.     return 0;
42. }
```

【输出】

单链表元素值＝0 8 6

当然，在信息学奥赛中，为了提高程序效率，可以自定义开辟结点空间方法，在定义之前需要对单链表结点设定一个一维数组空间，利用顺序存储线性表。

案例 20-2 的自定义方法如下。

```
1. #include<iostream>
2. using namespace std;
3. const int MAX=10000;
4. struct SingleList{
5.    // 表示值
6.    int value;
7.    // 表示下一个内存地址
8.    SingleList *next;
9. }arr[MAX];
10. // 用于计数
11. int top=-1;
12. #define NEW(sl) sl=&arr[++top];sl->value=0;sl->next=NULL;
13. int main(){
14.    // 创建头结点
15.    SingleList *head=NULL;
16.    // 分配内存空间
```

```
17.    NEW(head);
18.    head->value=0;
19.    head->next=NULL;
20.    // 创建新的单链表结点
21.    SingleList *p;
22.    NEW(p);
23.    head->next=p;
24.    p->value=5;
25.    p->next=NULL;
26.    SingleList *q;
27.    NEW(q);
28.    p->next=q;
29.    q->value=6;
30.    q->next=NULL;
31.    // 在 p 后面 q 前面插入 s 结点
32.    SingleList *s;
33.    NEW(s);
34.    s->next=p->next;
35.    p->next=s;
36.    s->value=8;
37.    // 删除 p 结点
38.    head->next=p->next;
39.    // 遍历每一个元素
40.    SingleList *i=head;
41.    cout<<" 单链表元素值 =";
42.    while(i!=NULL){
43.       cout<<" "<<i->value;
44.       i=i->next;
45.    }
46.    return 0;
47. }
```

从单链表和顺序存储线性表的定义及操作可以看出，在遍历元素时顺序存储线性表的时间复杂度仅为 $O(1)$，而单链表的时间复杂度则为 $O(n)$；插入和删除元素时，顺序存储线性表的时间复杂度为 $O(n)$，而单链表的时间复杂度为 $O(1)$。

20.2.2 静态链表

在单链表中，每个结点由两部分组成，即元素和指向下一个结点内存的指针。在有些编程语言中并没有指针这一概念，为了能够表示单链表，聪明人想到一个方法，利用单链表的结构与顺序存储线性表来表示单链表——也就是将单链表的结构体中的指针换成整型的游标，该游标的作用是记录下一元素所在一维数组的下标，这样就能够实现单链表的结构功能。

静态链表的结构体定义如下。

```
1.  const int MAX=10000;
2.  struct StaticList{
3.      // 表示值
4.      int value;
5.      // 表示下一数组元素下标
6.      int cur;
7.  }sta[MAX];
```

这种方法可以克服顺序存储线性表在插入、删除元素时需要移动大量元素的缺点，因为它并不常用，所以不再举例赘述。

20.2.3 循环链表

循环链表是在单链表基础上，将尾结点与首结点连接起来，就是将尾结点的指针指向首结点，这样就形成了循环链表。循环链表结构如图 20-5 所示。

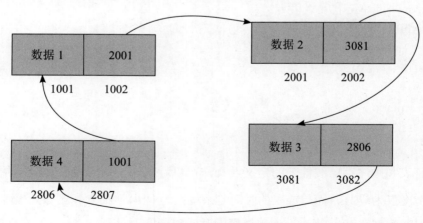

▲ 图 20-5 循环链表示意图

循环链表的定义与单链表是完全一样的，唯一不同的是，在遍历链表中元素的时候需要确定哪个是链表的尾部，否则遍历过程中会陷入死循环。为了解决这个问题，可以定义一个尾指针 rear 指向最后元素地址，这样便可以避免死循环。

▼ 20.2.4　双链表

上述三种链表中的链都是向后指向下一元素的内存地址，如果从后向前找元素非常麻烦，为了解决这个问题，在单链表定义的结构体基础上，需要再定义一个指针，指向前一个元素的内存地址，这样从形式上看，该链表可以通过任意元素找到它的后继结点（后一个）和前驱结点（前一个）。双链表结构如图 20-6 所示。

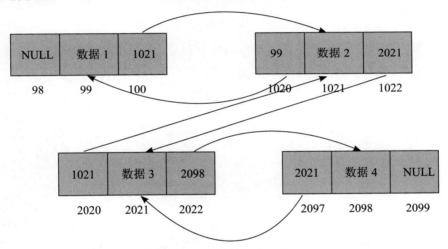

▲ 图 20-6　双链表结构示意图

双链表结点的结构中需要三个元素，一个表示数据，一个表示下一个内存位置，另一个是指向上一个元素内存地址，其结构体如下。

```
1.  struct DoubleList{
2.      // 表示值
3.      int value;
4.      // 指向上一个元素和下一个元素指针
5.      DoubleList *pre,*next;
6.  };
```

若想在双链表中插入新的结点，与单链表相似，不同的是需要给双链表的前驱指针改变指向位置，具体如图 20-7 所示。

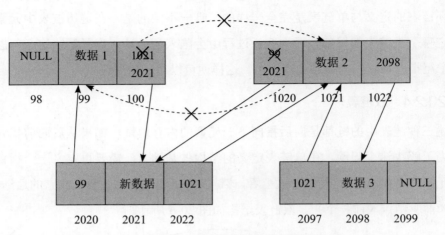

▲ 图 20-7 双链表插入结点示意图

若想删除某个结点，只需要将该结点的前驱和后继结点连接起来即可，例如删除数据 2 所在的结点，具体方法如图 20-8 所示。

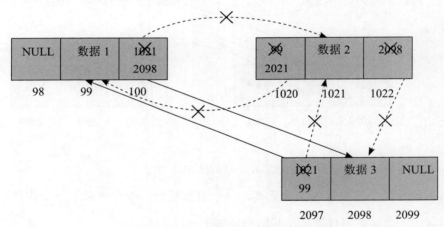

▲ 图 20-8 双链表删除结点示意图

双链表的操作方法示例如下。

1. #include<iostream>
2. **using namespace** std;
3. **struct** DoubleList{

```
4.     // 表示值
5.     int value;
6.     // 指向上一个元素和下一个元素指针
7.     DoubleList *pre,*next;
8.   };
9.   int main(){
10.      // 创建头结点
11.      DoubleList *head=NULL;
12.      // 分配内存空间
13.      head=new DoubleList;
14.      head->value=0;
15.      head->pre=NULL;
16.      head->next=NULL;
17.      // 创建新的双链表结点
18.      DoubleList *p=new DoubleList;
19.      p->value=5;
20.      head->next=p;
21.      p->pre=head;
22.      p->next=NULL;
23.      DoubleList *q=new DoubleList;
24.      p->next=q;
25.      q->value=6;
26.      q->pre=p;
27.      q->next=NULL;
28.      // 在 p 后面 q 前面插入 s 结点
29.      DoubleList *s=new DoubleList;
30.      s->value=8;
31.      s->next=p->next;
32.      s->pre=p;
33.      p->next->pre=s;
34.      p->next=s;
35.      // 删除 p 结点
36.      head->next=p->next;
```

```
37.     p->next->pre=head;
38.     // 释放 p 结点空间
39.     delete(p);
40.     // 遍历每一个元素
41.     DoubleList *i=head;
42.     cout<<" 双链表元素值 =";
43.     while(i!=NULL){
44.         cout<<" "<<i->value;
45.         i=i->next;
46.     }
47.     return 0;
48. }
```

【输出】

双链表元素值＝0 8 6

20.3 队列

从 19.3.1 节的 queue 适配器的介绍中可知，队列是一种"先入先出"的数据结构，可以通过 queue 适配器结合序列容器完成程序的编写，而且通过内在封装的函数可以比较高效地实现一般队列功能。然而在信息学奥赛中，有些队列（如循环队列）的实现是通过数组方式构建的，因此本节将不涉及相关的容器与容器适配器的内容。

一般常用数组来模拟队列，例如，令 $a[10]=\{1,2,3,4,5,6\}$; 表示一个长度为 10 的队列，现在已经入队的有 6 个元素，分别是 1 ～ 6，它的队列形式如图 20-9 所示。

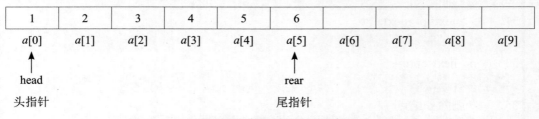

▲ 图 20-9 数组模拟队列示意图

队列最主要的两个操作为入队和出队，入队是从队尾进行的（也就是将尾指针向后延一个，即执行 rear++ 操作），出队则是从队首进行（也就是将头指针向后延一个，即执行 head++ 操作）。例如，当数字 7 进入队列，数字 1 出队后，其头指针与尾指针如图 20-10 所示。

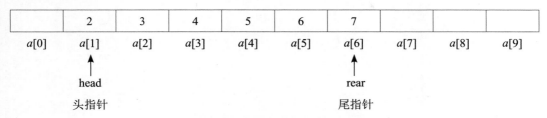

▲ 图 20-10 入队与出队后示意图

维护序列。

📖 **问题描述**

给定一个长度为 n 的整数序列。现在有 m 个操作，操作分为三类，格式如下。

（1）询问序列中第 i 个元素的值，保证 i 小于等于当前序列长度。

（2）在序列中第 i 个元素前加入新的元素 v，保证 i 小于等于当前序列长度。

（3）删除序列中的第 i 个元素，保证 i 小于等于当前序列长度。

【输入格式】

第一行输入 $n(1<=n<=1000)$，表示序列最初的长度。第二行输入 n 个空格隔开的数，表示原始的整数序列。第三行输入 $m(1<=m<=1000)$，表示操作数。第四到 $m+3$ 行依次输入一个操作。

【输出格式】

对应操作输出对应的答案，一行输出一个数。

【输入】

5

6 31 23 14 5

```
5
1 2
2 2 7
1 2
3 3
1 3
31
7
23
```

C++ 参考程序如下。

```cpp
1.  #include<iostream>
2.  using namespace std;
3.  int main(){
4.      const int MAX = 2010;
5.      //n 表示队列长度，m 表示做几次操作
6.      int n, m, a[MAX];
7.      //op 表示操作序号，x，y 代表每个操作对应的输入数据
8.      int op, x, y;
9.      cin>>n;
10.     for(int i = 0; i < n; i++)
11.         // 输入队列
12.         cin>>a[i];
13.     // 输入操作次数
14.     cin>>m;
15.     while(m--){
16.         // 输入操作序号
17.         cin>>op;
18.         if(op == 1){
19.             // 输入位置 x
20.             cin>>x;
21.             cout<<a[x-1]<<endl;
```

```
22.        }else if(op == 2){
23.            // 输入位置 x 和要插入的数 y
24.            cin>>x>>y;
25.            for(int i = n; i >= x; i--)
26.                // 从 n 到 x 位置所有元素后移一个
27.                a[i] = a[i - 1];
28.            a[x - 1] = y;
29.            // 最后要将队列加一
30.            n++;
31.        }else{
32.            // 输入要删除元素的位置 x
33.            cin>>x;
34.            for(int i = x; i < n; i++)
35.                // 从 x 到 n 所有元素前移一个
36.                a[i - 1] = a[i];
37.            // 对应的队列减 1
38.            n--;
39.        }
40.    }
41.    return 0;
42. }
```

当 head==rear 时，表示队列为空，队列长度为 rear-head+1。随着元素从队首出队，数组前面部分会被浪费，当队尾不断有元素添加进来的时候，由于数组长度限制会导致溢出的问题。实际上，数组中前面 head 之前的位置并没有元素占用，这种现象称为"假溢出"。

为了防止这种"假溢出"发生，聪明的程序员设计出循环队列，当 rear 指向数组最后一个元素的时候，其下一个指向位置变成了数组的第一个位置。

循环队列虽然能够解决假溢出，但它也带来了新的问题：当 rear 与 head 重合时，即 rear==head，不能判断此时的队列是空的还是满的。为了克服这个问题，在定义队列的时候增加一个变量——计数器，该计数器的作用是记录出队和入队后队列元素的数量，当

该计数器等于 0 时，表示队列是空的，反之则是满的。

所以在定义循环队列结构体的时候可以这样定义：

```
1.  const int MAX=6;
2.  // 定义循环队列
3.  struct CircleQueue{
4.      // 计数器
5.      int num;
6.      // 头指针
7.      int head;
8.      // 尾指针
9.      int rear;
10.     // 记录数据
11.     int data[MAX];
12.  };
```

循环队列的入队、出队、遍历、判断队满还是队空参考以下代码。

```
1.  #include<iostream>
2.  // 调用 malloc 动态分配内存方法
3.  #include<cstdlib>
4.  using namespace std;
5.  const int MAX=6;
6.  // 定义循环队列
7.  struct CircleQueue{
8.      // 计数器
9.      int num;
10.     // 头指针
11.     int head;
12.     // 尾指针
13.     int rear;
```

```
14.    // 记录数据
15.    int data[MAX];
16. };
17. // 初始化循环队列
18. void InitCircleQueue(CircleQueue *ptr){
19.    ptr->num=0;
20.    ptr->head=0;
21.    ptr->rear=-1;
22. }
23. // 判断队列是否为满
24. bool IsFull(CircleQueue *ptr){
25.    return ptr->num==MAX;
26. }
27. // 判断队列是否为空
28. bool IsEmpty(CircleQueue *ptr){
29.    return ptr->num==0;
30. }
31. // 入队
32. void push(CircleQueue *ptr, int ele){
33.    if(IsFull(ptr)){
34.       cout<<" 队列已满！ "<<endl;
35.       return;
36.    }else{
37.       ptr->num++;
38.       ptr->rear=(ptr->rear+1)%MAX;
39.       ptr->data[ptr->rear]=ele;
40.    }
41. }
42. // 出队
43. void pop(CircleQueue *ptr){
44.    if(IsEmpty(ptr)){
45.       cout<<" 队列为空！ "<<endl;
46.       return;
```

```
47.    }else{
48.        ptr->num--;
49.        ptr->head=(ptr->head+1)%MAX;
50.    }
51. }
52. // 遍历队列
53. void traverse(CircleQueue *ptr){
54.    if(IsEmpty(ptr)){
55.        cout<<" 队列为空！ "<<endl;
56.        return;
57.    }else{
58.        cout<<" 队列内容为： ";
59.        int i=ptr->head;
60.        while(i!=ptr->rear){
61.            cout<<" "<<ptr->data[i];
62.            i=(i+1)%MAX;
63.        }
64.        cout<<" "<<ptr->data[ptr->rear]<<endl;
65.    }
66. }
67. int main(){
68.    // 创建循环队列，并申请结点空间，动态分配
69.    CircleQueue *myQueue=(CircleQueue *)malloc(sizeof(CircleQueue));
70.    // 初始化循环队列
71.    InitCircleQueue(myQueue);
72.    // 入队元素
73.    push(myQueue,8);
74.    push(myQueue,5);
75.    push(myQueue,3);
76.    push(myQueue,22);
77.    push(myQueue,6);
78.    push(myQueue,90);
79.    push(myQueue,88);
```

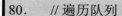
```
80.     // 遍历队列
81.     traverse(myQueue);
82.     // 出队
83.     pop(myQueue);
84.     pop(myQueue);
85.     // 遍历队列
86.     traverse(myQueue);
87.     return 0;
88. }
```

【输出】

队列已满！

队列内容为：8 5 3 22 6 90

队列内容为：3 22 6 90

20.4　栈

前面介绍已提到"栈"的概念，在图 15-14 中能够比较清晰地显示栈的结构及操作过程，在第 19 章的容器适配器中也有关于栈的介绍，重复内容本节将不再赘述。

与众多数据结构教程不同的是，本节也不讲解利用 struct 构建栈的结构体来描述栈的功能，因为利用容器适配器能够很好地处理栈的问题。本节主要利用两个案例展示栈的两种应用：一种是利用一维数组模拟栈的结构，另一种是利用容器适配器解决实际问题。

案例
20-7

📖 问题描述

给定一个只包含左右括号的合法括号序列，按右括号从左到右的顺序输出每一对配对的括号出现的位置（括号序列以 0 开始编号）。

【输入格式】

仅一行，表示一个合法的括号序列。

【输出格式】

设括号序列有 n 个右括号，则输出包括 n 行，每行两个整数 l, r，表示配对的括号左括号出现在第 l 位，右括号出现在第 r 位。

【输入】

(())()

【输出】

1 2

0 3

4 5

C++ 参考程序如下。

```cpp
1.  #include<cstdio>
2.  using namespace std;
3.  int main(){
4.      // 数组最大长度
5.      const int MAX = 110;
6.      // 存放左右括号的一维数组
7.      char c[MAX];
8.      //t 模拟栈，存放一维数组的下标，top 表示栈顶
9.      int t[MAX], top;
10.     top=0;
11.     // 读入一串字符串
12.     scanf("%s", c);
13.     for(int i = 0; c[i]; i++){
14.         // 遇到左括号，入栈，并记录此时栈顶
15.         if(c[i] == '(')
16.             t[top++] = i;
17.         // 遇到右括号，弹栈，做 t[--top] 操作
18.         else
```

```
19.          // 输出第一个左括号位置和当前右括号位置
20.          printf("%d %d\n", t[--top], i);
21.      }
22.      return 0;
23. }
```

案例
20-8

问题描述

假设一个表达式由英文字母（小写）、运算符（+，-，*，/）和左右小（圆）括号构成，以"@"作为表达式的结束符。请编写一个程序检查表达式中的左右圆括号是否匹配，若匹配，则返回"YES"；否则返回"NO"。表达式长度小于 255，左圆括号少于 20 个。

【输入格式】

一行：表达式。

【输出格式】

一行："YES"或"NO"。

【输入】

2*(x+y)/(1-x)@

(25+x)*(a*(a+b+b))@

【输出】

YES

NO

C++ 参考程序如下。

```
1. #include<cstdio>
2. #include<stack>
3. using namespace std;
```

```
4.   int main(){
5.       // 记录是否有成对括号
6.       bool flag=true;
7.       // 读入的表达式字符
8.       char ch;
9.       stack<char> st;
10.      ch=getchar();
11.      while(ch!='@'){
12.        if(ch=='(')
13.          // 只有遇到左括号才需要入栈
14.          st.push(ch);
15.        else if(ch==')'){
16.          // 遇到右括号，将左括号弹栈
17.          if(!st.empty())
18.            st.pop();
19.          else{
20.            // 如果此时栈为空，说明括号不成对
21.            flag=false;
22.            break;
23.          }
24.        }
25.        // 再读入一个字符
26.        ch=getchar();
27.      }
28.      //YES 成立的条件是：1. 括号成对出现，2. 栈为空
29.      if(flag&&st.empty())
30.        printf("YES\n");
31.      else
32.        printf("NO\n");
33.      return 0;
34.  }
```

第21章

树

21.1 树的一般概念

如图21-1所示，树（tree）是由n（$n \geq 0$）个结点组成的有限集合。当$n=0$时，称为空树。任意一非空树需要满足以下条件。

（1）有且只有一个根结点（如图6-1所示的1号结点）。

（2）当$n>1$时，其余结点可分为m（$m>0$）个互不相交的有限集合，其中每个集合本身又是一棵树，并且称为根结点的子树，如图21-2所示。

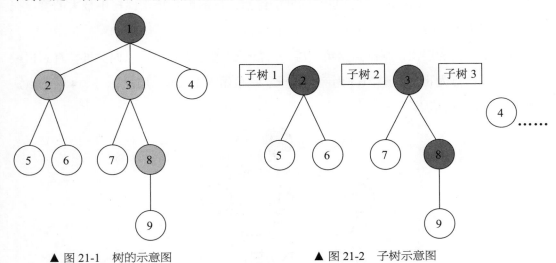

▲ 图21-1　树的示意图　　　　　　▲ 图21-2　子树示意图

♥ 21.1.1 结点关系

结点除了根结点外，还有一种结点叫作叶子（leaf）结点，这种结点没有子树。

在数据结构的树结构中包含三种角色，分别是双亲（也叫作父结点）、孩子（也叫

作子结点）、兄弟。如果一个结点具有子树，则该结点被称为子树的双亲（parent），该子树的根结点称为双亲的孩子（child），同一双亲孩子的关系为兄弟（sibling）。例如，在图 21-3 中，结点 3 为这棵树的根结点，它的两个孩子分别是 7 和 8，7 和 8 的双亲结点是 3，结点 7 和 9 均没有孩子，这样的结点称为叶子结点。

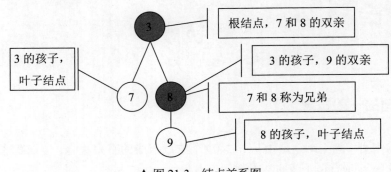

▲ 图 21-3　结点关系图

🔻 21.1.2　度与深度

一个结点的子树个数称为这个结点的度，例如在图 21-1 中，1 号结点的度为 3，2 号结点的度为 2，度为 0 的结点也称为叶子结点。树的度是指这棵树中最大的度，在图 21-1 中的树度为 3。

深度是指树的层次，根结点是第一层，其孩子结点是第二层，以此类推，直到树最后一层叶子结点为止。以图 21-4 为例，第一层是根结点 1，第二层是 2、3、4 号结点，以此类推，该树的深度为 4。

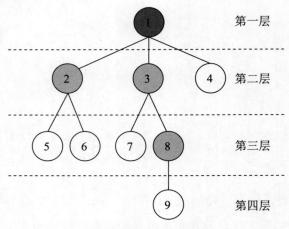

▲ 图 21-4　深度示意图

▼ 21.1.3　树的遍历

树的遍历实质上是指对树这种数据结构的查找，从而获取树中全部结点的信息。遍历的方法有四种：先序遍历、中序遍历、后序遍历和层次遍历。

先序遍历、中序遍历、后序遍历中的"序"指的是"树根"的优先级问题。先序遍历是指先从根结点开始访问，再从树的左侧向右侧访问；中序遍历则是从左到右遍历子树的左结点、根结点再到右结点的过程；后序遍历是指先从左到右的顺序遍历树的各个子树，然后再访问根结点。层次遍历是指从根结点开始按照树的深度（层次）进行逐层遍历，相同深度时遍历的顺序是自左向右的。

其中先序遍历、中序遍历和后序遍历实质上是一种深度优先遍历（deep first search，DFS）：①从图中某个顶点 v 出发，访问 v；②找到刚访问过的顶点的第一个未被访问的邻接点，访问该顶点，以该顶点为新顶点，重复此步骤，直至刚访问的顶点没有未被访问的邻接点为止；③返回前一个访问过的且仍有未被访问的邻接点的顶点，找到该顶点的下一个未被访问的邻接点，访问该顶点；④重复步骤②③，直至所有顶点都被访问。层次遍历则是一种广度优先遍历（breadth first search，BFS），即从某个顶点 v 出发，访问 v，并置访问标志 visited[v] 的值为 true，依次检查 v 的所有邻接点 w，如果 visited[w] 的值为 false，再从 w 出发进行递归遍历，直至图中所有顶点都被访问。

树的遍历实质上是将二叉树这种特殊情况泛化了，为了使编程更容易被理解，遍历仍以二叉树为例，如图 21-5 所示。

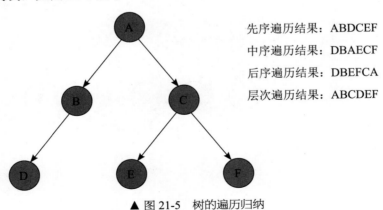

先序遍历结果：ABDCEF
中序遍历结果：DBAECF
后序遍历结果：DBEFCA
层次遍历结果：ABCDEF

▲ 图 21-5　树的遍历归纳

📖 问题描述

假设已经给定了一棵树，请输出这棵树的根结点及孩子最多的结点。

📖 问题分析

问题中的树并没有给出确定的结点，需要用户输入，因此，首先需要确定这棵树一共有多少个结点，确定有多少条边，然后根据输入的边数来输入这条边上的双亲结点和孩子结点，将双亲结点和孩子结点分别输入到每条边中。

【输入格式】

一行两个数，表示结点数 n 和边数 m。在 m 行的每一行输入父结点和子结点。

【输出格式】

3 行，第一行输出根结点，第二行输出孩子最多结点，第三行输出孩子最多结点的孩子结点，如图 21-6 所示。

【输入】

8 7

4 1

4 2

1 3

1 5

2 6

2 7

2 8

【输出】

4

2

6 7 8

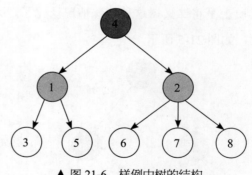

▲ 图 21-6 样例中树的结构

树其实是 n （$n \geqslant 0$）个结点的有限集合，当 $n=0$ 时称为空树，当 $n>0$ 时为非空树，在非空树中均存在子树，该子树又构成一个集合，树的定义就是一个递归的过程。

树的存储方式与树的定义有着密切关系，因为树中结点的关系表示为父子关系、兄弟关系，因此，在存储中按照结点之间的关系可以分为三种表示方法，分别是：双亲表示法、孩子表示法和孩子兄弟表示法。

双亲表示法的优点在于它能够找到唯一的双亲结点，因为双亲的子结点可能有多个，但孩子的双亲结点是唯一的，因此，在数据表示中每个结点的数据结构如表 21-1 所示。

表 21-1 双亲表示法数据结构

Data	Parent

其中，Data 代表结点所存储的数据，Parent 指的是父结点的指针，即数组中的下标。在数据结构中可以表示为如下的结构：

// 定义树的最大规模

#define TREE_SIZE 100

一般当孩子结点的数据为数字时，双亲表示法在程序应用中常用一维数组的方式来表示，即一维数组的下标表示为孩子结点，数值表示为双亲结点。例如一维数组 d，d[1]=5，表示结点 5 是结点 1 的父结点。

C++ 示例程序如下。

```
1.  #include<iostream>
2.  #define INF 0x3f3f3f3f
3.  using namespace std;
4.  int tree[101];
5.  int main()
6.  {
7.      // 树的结点总数 n，边的总数 m
8.      int n,m;
9.      // 每条边的两个结点，y 表示孩子，x 表示双亲
```

```
10.    int x,y;
11.    cin>>n>>m;
12.    for(int i=1;i<=m;i++)
13.    {
14.       cin>>x>>y;
15.       tree[y]=x;
16.    }
17.    // 根结点
18.    int root;
19.    for(int i=1;i<=n;i++)
20.    // 寻找根结点，意味着没有双亲结点
21.       if(tree[i]==0)
22.       {
23.          root=i;
24.          break;
25.       }
26.    int maxx=-INF;
27.    int maxroot;
28.    for(int i=1;i<=n;i++)
29.    {
30.       int sum=0;
31.       // 查找孩子结点最多的双亲结点
32.       for(int j=1;j<=n;j++)
33.          if(tree[j]==i)
34.             sum++;
35.       if(maxx<sum)
36.       {
37.          maxx=sum;
38.          maxroot=i;
39.       }
40.    }
41.    cout<<root<<endl;
42.    cout<<maxroot<<endl;
```

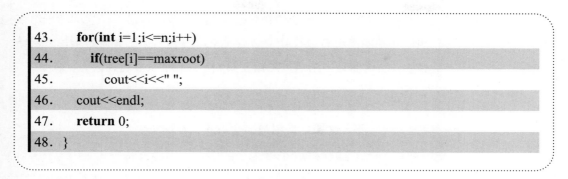

```
43.    for(int i=1;i<=n;i++)
44.      if(tree[i]==maxroot)
45.        cout<<i<<" ";
46.    cout<<endl;
47.    return 0;
48. }
```

21.2　二叉树

所谓的二叉树是指树中结点的度不超过 2 的有序树，它也是解决许多实际问题的有效数据结构，虽然结构比较简单，但其重要性却非常突出。然而它与度为 2 的树又有所区别。二叉树需要满足两个条件：一是它是一棵空树，即连根结点都没有；二是它具有根结点、左子树、右子树，且左子树与右子树都是二叉树。

区别于二叉树，度为 2 的树中左子树与右子树是没有顺序可言的，它可以随便交换左右子树的顺序，而二叉树不可以。

如图 21-7 所示是不同形态的二叉树（二叉树形态不限于下面几种）。

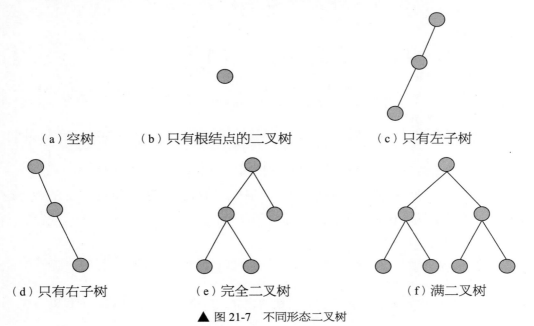

（a）空树　　　（b）只有根结点的二叉树　　　（c）只有左子树

（d）只有右子树　　　（e）完全二叉树　　　（f）满二叉树

▲ 图 21-7　不同形态二叉树

其中，完全二叉树是指只有最后一层结点数不是最大结点数，且最后一层的叶子结点是从左向右依次排列的，并不能出现右边有叶子结点而左边没有。满二叉树是指每一层结点数都能达到最大结点数。所谓的最大结点数是指在第 i 层上的结点数达到 2^{i-1} 个结点。

21.2.1 二叉树性质

（1）若二叉树深度为 h，那么这棵二叉树最多含有 2^h-1 个结点。

（2）任意二叉树有 n_0 个叶子结点和 n_2 个度为 2 的结点，则必有 $n_0=n_2+1$。

（3）具有 n 个结点的完全二叉树，它的深度为 $\log_2 n+1$（其中 $\log_2 n$ 是向下取整）。

（4）若对 n 个结点的完全二叉树进行顺序编号，那么对于编号 i 的结点，当 $i>1$ 时，该结点双亲结点编号为 $\frac{i}{2}$；若 $2i>n$，则该结点无左孩子结点，否则编号为 $2i$ 的结点为其左孩子结点；若 $2i+1>n$，则该结点无右孩子结点，否则编号 $2i+1$ 的结点为其右孩子结点。

21.2.2 二叉树结构与操作

在树的遍历案例中，采用数组的方式存储树的结构，由于树的特殊性，一般利用链表存储。二叉树由于每个结点最多有两个子树，所以在定义二叉树结构的时候可以通过定义左、右指针分别指向左、右子树，定义方法如下。

```
1. struct b_tree{
2.    // 结点数据
3.    int data;
4.    // 左子树指针
5.    b_tree * left;
6.    // 右子树指针
7.    b_tree * right;
8. };
```

当然结点数据部分可以根据问题更换数据类型，此处以整型数据为例。

二叉树常见的操作有插入、查找、清空、遍历、计算深度等，其中插入、查找是遍历的前提，所以本节并不涉及遍历方法。

案例 21-2

建立一个二叉树如图 21-8 所示，二叉树的建立、清空、查找、计算深度代码如下。

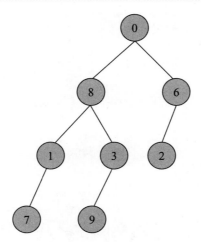

▲ 图 21-8 二叉树样例

1. #include<iostream>
2. **using namespace** std;
3. **struct** b_tree{
4.   // 结点数据
5.   **int** data;
6.   // 左子树指针
7.   b_tree * left;
8.   // 右子树指针
9.   b_tree * right;
10. };
11. // 新建二叉树结点
12. b_tree *newB_tree(**int** v){
13.   // 申请二叉树结点空间
14.   b_tree *node=**new** b_tree;
15.   // 结点数据
16.   node->data=v;
17.   // 结点左右子树设置为 NULL
18.   node->left=NULL;
19.   node->right=NULL;
20.   // 返回新建结点
21.   **return** node;

```
22.    }
23.    // 查找二叉树结点
24.    b_tree *search(b_tree *node, int v){
25.        if(node==NULL){
26.            return NULL;
27.        }else{
28.            b_tree *p;
29.            if(node->data==v){
30.                return node;
31.            }else{
32.                // 先递归查找左子树，再查找右子树
33.                if(p=search(node->left,v)){
34.                    return p;
35.                }else if(p=search(node->right,v)){
36.                    return p;
37.                }else{
38.                    return NULL;
39.                }
40.            }
41.        }
42.    }
43.    // 插入结点，node 表示二叉树，p 表示父结点值，v 表示插入结点值
44.    b_tree *insert(b_tree *node, int p, int v){
45.        b_tree *parent= search(node,p);
46.        if(parent==NULL){
47.            // 找不到父结点的值
48.            return NULL;
49.        }else{
50.            // 左右子树位置是否为空，如果为空，则能够插入结点，否则不能
51.            bool flag=true;
52.            // 新建二叉树结点空间
53.            b_tree *child=newB_tree(v);
54.            if(parent->left==NULL){
```

```
55.        // 先看父结点的左子树是否为空，如果为空，先添加到左子树，
56.        parent->left=child;
57.      }else if(parent->right==NULL){
58.        // 当左子树非空，如果右子树为空则添加到右子树
59.        parent->right=child;
60.      }else{
61.        // 左、右子树都不空，则返回 NULL
62.        flag=false;
63.      }
64.      if(flag){
65.        return child;
66.      }else{
67.        // 删除新建的结点 child 空间
68.        delete(child);
69.        return NULL;
70.      }
71.    }
72. }
73. // 计算深度
74. int deep(b_tree *node){
75.   if(node==NULL){
76.     // 空树
77.     return 0;
78.   }else{
79.     int left=0,right=0;
80.     // 递归左子树深度
81.     left=deep(node->left);
82.     // 递归右子树深度
83.     right=deep(node->right);
84.     if(left){
85.       return left+1;
86.     }else{
87.       return right+1;
```

```
88.        }
89.      }
90.  }
91.  void clear(b_tree *node){
92.      if(node!=NULL){
93.          clear(node->left);
94.          clear(node->right);
95.          delete(node);
96.      }
97.  }
98.  int main(){
99.      // 设置根结点
100.     b_tree *root=newB_tree(0);
101.     // 建立二叉树
102.     insert(root,0,8);
103.     insert(root,0,6);
104.     insert(root,8,1);
105.     insert(root,8,3);
106.     insert(root,1,7);
107.     insert(root,3,9);
108.     insert(root,6,2);
109.     int depth=deep(root);
110.     cout<<" 该二叉树深度 ="<<depth<<endl;
111.     // 清空二叉树
112.     clear(root);
113.     depth=deep(root);
114.     cout<<" 清空后二叉树深度 ="<<depth<<endl;
115.     return 0;
116. }
```

【输出】

该二叉树深度 =4

程序解析

由于 clear() 方法是将二叉树的所有结点全部删除，也就不存在某个结点为 NULL 的情况，所以并不输出清空后的二叉树深度。

▽ 21.2.3　遍历二叉树

与树的遍历方法一样，二叉树的遍历也可以通过先序遍历、中序遍历、后序遍历和层次遍历将二叉树的结构输出。不同的遍历方式呈现在 C++ 程序中时递归的顺序不同。

以图 21-8 为例，基于上一节代码，该二叉树的不同遍历方式的具体代码如下。

```cpp
1.  #include<iostream>
2.  #include<queue>
3.  using namespace std;
4.  struct b_tree{
5.      // 结点数据
6.      int data;
7.      // 左子树指针
8.      b_tree * left;
9.      // 右子树指针
10.     b_tree * right;
11. };
12. // 新建二叉树结点
13. b_tree *newB_tree(int v){
14.     // 申请二叉树结点空间
15.     b_tree *node=new b_tree;
16.     // 结点数据
17.     node->data=v;
18.     // 结点左右子树设置为 NULL
19.     node->left=NULL;
```

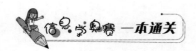

```
20.      node->right=NULL;
21.    // 返回新建结点
22.    return node;
23.  }
24. // 查找二叉树结点
25. b_tree *search(b_tree *node, int v){
26.    if(node==NULL){
27.       return NULL;
28.    }else{
29.       b_tree *p;
30.       if(node->data==v){
31.          return node;
32.       }else{
33.          // 先递归查找左子树, 再查找右子树
34.          if(p=search(node->left,v)){
35.             return p;
36.          }else if(p=search(node->right,v)){
37.             return p;
38.          }else{
39.             return NULL;
40.          }
41.       }
42.    }
43.  }
44. // 插入结点, node 表示二叉树, p 表示父结点值, v 表示插入结点值
45. b_tree *insert(b_tree *node, int p, int v){
46.    b_tree *parent= search(node,p);
47.    if(parent==NULL){
48.       // 找不到父结点的值
49.       return NULL;
50.    }else{
51.       // 左右子树位置是否为空, 如果为空, 则能够插入结点, 否则不能
52.       bool flag=true;
```

53.	// 新建二叉树结点空间
54.	b_tree *child=newB_tree(v);
55.	**if**(parent->left==NULL){
56.	// 先看父结点的左子树是否为空，如果为空，先添加到左子树
57.	parent->left=child;
58.	}**else if**(parent->right==NULL){
59.	// 当左子树非空，如果右子树为空则添加到右子树
60.	parent->right=child;
61.	}**else**{
62.	// 左、右子树都不空，则返回 NULL
63.	flag=**false**;
64.	}
65.	**if**(flag){
66.	**return** child;
67.	}**else**{
68.	// 删除新建的结点 child 空间
69.	**delete**(child);
70.	**return** NULL;
71.	}
72.	}
73.	}
74.	// 先序遍历
75.	**void** DLR(b_tree *node){
76.	**if**(node!=NULL){
77.	// 先输出父结点
78.	cout<<node->data<<" ";
79.	// 递归左子树
80.	DLR(node->left);
81.	// 递归右子树
82.	DLR(node->right);
83.	}
84.	}
85.	// 中序遍历

```
86.  void LDR(b_tree *node){
87.    if(node!=NULL){
88.      // 递归左子树
89.      LDR(node->left);
90.      // 输出父结点
91.      cout<<node->data<<" ";
92.      // 递归右子树
93.      LDR(node->right);
94.    }
95.  }
96.  // 后序遍历
97.  void LRD(b_tree *node){
98.    if(node!=NULL){
99.      // 递归左子树
100.     LRD(node->left);
101.     // 递归右子树
102.     LRD(node->right);
103.     // 输出父结点
104.     cout<<node->data<<" ";
105.   }
106. }
107. // 层次遍历
108. void level(b_tree *node){
109.   // 建立一个队列, 当遇到结点, 先入队, 入队的是二叉树结点
110.   queue<b_tree*> p;
111.   p.push(node);
112.   while(!p.empty()){
113.     // 取出队首结点
114.     b_tree* cur=p.front();
115.     // 将队首结点出队
116.     p.pop();
117.     cout<<cur->data<<" ";
118.     // 左子树非空, 入队左孩子结点
```

```
119.        if(cur->left!=NULL)
120.            p.push(cur->left);
121.        // 右子树非空，入队右孩子结点
122.        if(cur->right!=NULL)
123.            p.push(cur->right);
124.    }
125. }
126. int main(){
127.    // 设置根结点
128.    b_tree *root=newB_tree(0);
129.    // 建立二叉树
130.    insert(root,0,8);
131.    insert(root,0,6);
132.    insert(root,8,1);
133.    insert(root,8,3);
134.    insert(root,1,7);
135.    insert(root,3,9);
136.    insert(root,6,2);
137.    // 先序遍历
138.    cout<<" 先序遍历结果："；
139.    DLR(root);
140.    cout<<endl;
141.    // 中序遍历
142.    cout<<" 中序遍历结果："；
143.    LDR(root);
144.    cout<<endl;
145.    // 后序遍历
146.    cout<<" 后序遍历结果："；
147.    LRD(root);
148.    cout<<endl;
149.    // 层次遍历
150.    cout<<" 层次遍历结果："；
151.    level(root);
```

```
152.        cout<<endl;
153.        return 0;
154.    }
```

【输出】

先序遍历结果：0 8 1 7 3 9 6 2

中序遍历结果：7 1 8 9 3 0 2 6

后序遍历结果：7 1 9 3 8 2 6 0

层次遍历结果：0 8 6 1 3 2 7 9

📖 **程序说明**

在层次遍历中，之所以采用队列的方式存储结点，而不像先序遍历等利用递归方式访问结点，因为利用递归方式与层次遍历方式是采用不同思想进行的，递归方式更趋向于深度优先思想：通过树的孩子结点不停访问能够访问到的最深的孩子结点；而层次遍历则趋向于广度优先思想：通过树的每一层结点，由左至右地访问每一层的结点，如果利用递归方式输出的结果则与先序遍历结果无异。

▽ 21.2.4　二叉排序树

二叉排序树（binary sort tree，BST）又称为二叉查找树或二叉搜索树，该结构可以克服二叉树链表结构查询效率较低的缺点，具有如下特点。

（1）如果左子树不空，那么左子树所有结点值均小于或等于它的根结点的值。

（2）如果右子树不空，那么右子树上所有结点的值均大于它的根结点的值。

（3）左、右子树均为二叉排序树。

二叉排序树关键点在于其结点的顺序性，因此建立二叉排序树和删除二叉排序树结点是本节的难点。

其中建立二叉排序树是指在原来二叉排序树的基础上插入结点，在插入过程中需要比较结点值的大小，如果小于等于当前比较的结点，则插入结点应在当前结点的左子树上，反之则应在当前结点的右子树上，通过递归的方式可以找到插入结点合适的位置。

删除二叉排序树中的结点需要注意该结点与左、右子树的关系，思路如下。

（1）如果删除结点是叶子结点，可以直接删除（将结点赋值为 NULL）。

（2）如果删除结点有左子树，那么需要将左子树最大值替换删除结点值，需要找到左子树的右孩子叶子结点。

（3）如果删除结点有右子树，那么需要将右子树最小值替换删除结点值，需要找到右子树的左孩子叶子结点。

如果二叉排序树如图 21-9 所示，那么二叉排序树的创建、查找、删除操作如下。

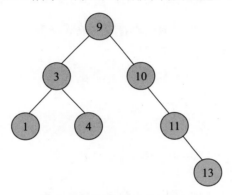

▲ 图 21-9　二叉排序树示例

```
1.  #include<iostream>
2.  #include<queue>
3.  using namespace std;
4.  struct b_tree{
5.      // 结点数据
6.      int data;
7.      // 左子树指针
8.      b_tree * left;
9.      // 右子树指针
10.     b_tree * right;
11. };
12. // 新建二叉树结点
13. b_tree *newB_tree(int v){
```

14.	// 申请二叉树结点空间
15.	b_tree *node=**new** b_tree;
16.	// 结点数据
17.	node->data=v;
18.	// 结点左右子树设置为 NULL
19.	node->left=NULL;
20.	node->right=NULL;
21.	// 返回新建结点
22.	**return** node;
23.	}
24.	// 插入结点，如果小于当前根结点，则放在左子树，反之放在右子树
25.	b_tree *insert(b_tree *node, **int** v){
26.	**if**(node==NULL){
27.	node=newB_tree(v);
28.	}**else**{
29.	**if**(v<=node->data){
30.	node->left=insert(node->left,v);
31.	}**else**{
32.	node->right=insert(node->right,v);
33.	}
34.	}
35.	**return** node;
36.	}
37.	// 查找次数，全局变量
38.	**int** s=0;
39.	// 查找
40.	**void** search(b_tree *node, **int** v){
41.	**if**(node!=NULL){
42.	**if**(node->data==v){
43.	++s;
44.	cout<<" 此时相等，结点 ="<<node->data<<endl;
45.	**return**;
46.	}**else if**(node->data>=v){

```
47.        // 左子树
48.        ++s;
49.        cout<<" 左子树结点 ="<<node->data<<endl;
50.        search(node->left,v);
51.    }else{
52.        // 右子树
53.        ++s;
54.        cout<<" 右子树结点 ="<<node->data<<endl;
55.        search(node->right,v);
56.    }
57.  }
58. }
59. // 查找左子树最大值，其实就是该二叉排序树的最右边的右孩子
60. b_tree *findLeft(b_tree *node){
61.    while(node->right!=NULL)
62.        node=node->right;
63.    return node;
64. }
65. // 查找右子树最小值，其实就是该二叉排序树最左边的左孩子
66. b_tree *findRight(b_tree *node){
67.    while(node->left!=NULL)
68.        node=node->left;
69.    return node;
70. }
71. void deleteLNode(b_tree * &node){
72.    while(node->right!=NULL)
73.        node=node->right;
74.    node=NULL;
75. }
76. void deleteRNode(b_tree * &node){
77.    while(node->left!=NULL)
78.        node=node->left;
79.    node=NULL;
```

```
80.    }
81.    // 删除结点
82.    void del(b_tree * &node, int v){
83.       if(node!=NULL){
84.          if(node->data==v){
85.             if(node->left==NULL && node->right==NULL){
86.                // 叶子结点直接删除
87.                node=NULL;
88.             }else if(node->left!=NULL){
89.                // 左子树不空，将左子树最大值作为该结点
90.                b_tree *l;
91.                l=findLeft(node->left);
92.                // 将 l 结点覆盖 node 结点数值
93.                node->data=l->data;
94.                // 删除结点
95.                deleteLNode(node->left);
96.             }else{
97.                // 右子树不空，将右子树最小值作为该结点
98.                b_tree *r;
99.                r=findRight(node->right);
100.               // 将 r 结点覆盖 node 结点数值
101.               node->data=r->data;
102.               // 删除结点
103.               deleteRNode(node->right);
104.            }
105.         }else if(node->data>=v){
106.            // 从左子树中查找
107.            del(node->left,v);
108.         }else{
109.            // 从右子树中查找
110.            del(node->right,v);
111.         }
112.      }
```

```
113.  }
114.  // 层次遍历
115.  void level(b_tree *node){
116.    // 建立一个队列，当遇到结点，先入队，入队的是二叉树结点
117.    queue<b_tree*> p;
118.    p.push(node);
119.    while(!p.empty()){
120.      // 取出队首结点
121.      b_tree* cur=p.front();
122.      // 将队首结点出队
123.      p.pop();
124.      cout<<cur->data<<" ";
125.      // 左子树非空，入队左孩子结点
126.      if(cur->left!=NULL)
127.        p.push(cur->left);
128.      // 右子树非空，入队右孩子结点
129.      if(cur->right!=NULL)
130.        p.push(cur->right);
131.    }
132.  }
133.  int main(){
134.    // 设置根结点
135.    b_tree *root=newB_tree(9);
136.    // 建立二叉排序树
137.    for(int i=0;i<6;i++){
138.      int n;
139.      cin>>n;
140.      insert(root,n);
141.    }
142.    // 查找结点 4 的路径
143.    cout<<" 查找结点 4 的路径开始："<<endl;
144.    search(root,4);
145.    if(s>0)
```

146.	cout<<" 查找成功！查找次数 ="<<s<<endl;
147.	**else**
148.	cout<<" 没有找到该结点 "<<s<<endl;
149.	// 删除前层次遍历结果
150.	cout<<" 删除前层次遍历结果 :"<<endl;
151.	level(root);
152.	cout<<endl;
153.	// 删除结点 3
154.	cout<<" 删除结点 3： "<<endl;
155.	del(root,3);
156.	// 删除后层次遍历结果
157.	cout<<" 删除后层次遍历结果 :"<<endl;
158.	level(root);
159.	**return** 0;
160.	}

【输入】

3   1   4   10   11   13

【输出】

查找结点 4 的路径开始：

左子树结点 =9

右子树结点 =3

此时相等，结点 =4

查找成功！查找次数 =3

删除前层次遍历结果：

9   3   10   1   4   11   13

删除结点 3：

删除后层次遍历结果：

9   1   10   4   11   13

📖 **程序解析**

在本程序中由于需要删除和修改结点，因此在删除方法中（del、deleteLNode、deleteRNode）其二叉树参数不仅需要用到指针，还需要引用二叉树结点的地址（&方法），这样才能完成对二叉排序树结点的修改，否则，在遍历该二叉排序树的时候会发现结点并没有改变。

▼ 21.2.5　平衡二叉树

在图 21-9 中 10、11、13 结点的排列虽然满足二叉排序树的定义，但是若有更多这种结点出现，在查找的过程中势必增加查找的时间复杂度（最坏情况会达到 $O(n)$），若想查找的时间复杂度保持在 $O(\log n)$，则需要对二叉排序树做处理，使二叉排序树更平衡。

所谓平衡，是指每一个结点的左、右子树的深度之差不超过 1。从上述描述可以看出，平衡二叉树（AVL）仍旧是一个二叉排序树，不同的是需要考虑左、右子树的深度差。

为了使二叉排序树保持平衡，需要引入一个概念即平衡因子，是左子树深度减去右子树深度。若想使二叉排序树保持平衡，平衡因子的取值只能有三种情况：0，1，−1。当平衡因子达到 2 的时候则需要对结点进行调整，例如图 21-9 调整后如图 21-10 所示。

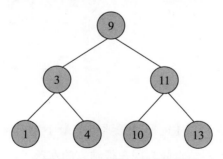

▲ 图 21-10　平衡二叉树示意图

从图 21-9 到图 21-10，变化部分只有 10、11、13 三个结点，这三个结点均在右子树上，其右子树比左子树高，将这个"最小失衡树"的结点 10 向左旋转，这样中间结点 11 成为根结点，结点 10 成为结点 11 的左子树，形成了左、右子树的平衡。

通过上述案例可知，平衡二叉树是通过调整最小失衡树实现的。最小失衡树是指从

新插入的结点向上找，第一个平衡因子的绝对值超过 1 的结点作为根结点所形成的树。

最小失衡树的调整分为两种情况，一种是左子树高，另一种是右子树高。左子树高可以分成 LL 形和 LR 形（L 指的是左，R 指的是右）；右子树高可以分为 RR 形和 RL 形。

1. LL 形

如图 21-11（a）所示，调整 LL 形只需要将该最小失衡树的根结点向右旋转，使中间结点作为根结点，原来的根结点成为现在根结点的右孩子，如图 21-11（b）所示。

2. LR 形

如图 21-12（a）所示，调整 LR 形只需要将该最小失衡树的根结点的左孩子向左旋转，根结点向右旋转，使最后结点作为根结点，原来的根结点成为现在根结点的右孩子，原来根结点的左孩子成为现在根结点的左孩子，如图 21-12（b）所示。

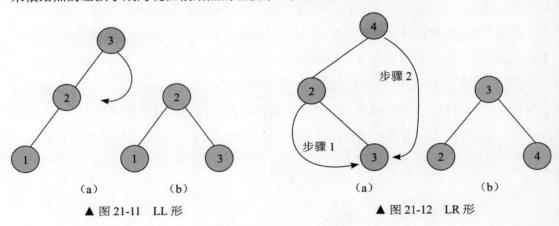

▲ 图 21-11　LL 形　　　　　　▲ 图 21-12　LR 形

3. RR 形

如图 21-13（a）所示，调整 RR 形只需要将该最小失衡树的根结点向左旋转，使中间结点作为根结点，原来的根结点成为现在根结点的左孩子，如图 21-13（b）所示。

4. RL 形

如图 21-14（a）所示，调整 RL 形只需要将该最小失衡树的根结点的右孩子向右旋转，根结点向左旋转，使最后结点作为根结点，原来的根结点成为现在根结点的左孩子，原来根结点的右孩子成为现在根结点的右孩子，如图 21-14（b）所示。

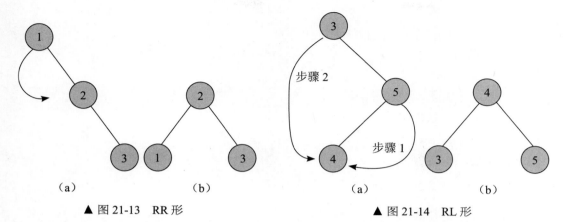

▲ 图 21-13　RR 形　　　　　　　　　　　▲ 图 21-14　RL 形

在 C++ 代码中如何实现结点的左旋、右旋等操作呢？首先不管是什么类型的最小失衡树，对结点的操作只有两种，一种是左转，另一种就是右转。左转的目的是成为下面结点的左孩子，因此找到下面结点将其左孩子设置为该结点；右转的目的是为了成为下面结点的右孩子，找到下面结点将其右孩子设置为该结点。

以图 21-10 为例，插入结点后形成的平衡二叉树如下。

```
1.  #include<iostream>
2.  using namespace std;
3.  struct AVL{
4.      //data 表示数据，depth 表示深度
5.      int data,depth;
6.      //left 是左子树指针，right 是右子树指针
7.      AVL *left,*right;
8.  };
9.  AVL *newAVL(int v){
10.     // 申请 AVL 地址空间
11.     AVL * node=new AVL;
12.     node->data=v;
13.     // 初始条件下深度为 1
14.     node->depth=1;
```

```
15.    node->left=node->right=NULL;
16.    return node;
17.  }
18.  int getDepth(AVL *node){
19.    if(node==NULL)
20.       return 0;
21.    else
22.       return node->depth;
23.  }
24.  // 左转
25.  void turnLeft(AVL *&node){
26.    // 先声明一个变量结点存储右孩子
27.    AVL *rightChild=node->right;
28.    // 断开 node 结点的右指针，指向右孩子的左孩子
29.    node->right=rightChild->left;
30.    //rightChild 的左孩子指向 node
31.    rightChild->left=node;
32.    // 更改当前 node 深度，左右子树较大值加 1
33.    node->depth=max(getDepth(node->left),getDepth(node->right))+1;
34.    // 更改 rightChild 深度
35.    rightChild->depth=max(getDepth(rightChild->left),getDepth(rightChild->right))+1;
36.    // 更改根结点
37.    node=rightChild;
38.  }
39.  // 右转
40.  void turnRight(AVL *&node){
41.    // 先声明一个变量结点存储左孩子
42.    AVL *leftChild=node->left;
43.    // 断开 node 结点的左指针，指向左孩子的右孩子
44.    node->left=leftChild->right;
45.    //leftChild 的右孩子指向 node
46.    leftChild->right=node;
```

```
47.    // 更改当前 node 深度，左右子树较大值加 1
48.    node->depth=max(getDepth(node->left),getDepth(node->right))+1;
49.    // 更改 leftChild 深度
50.    leftChild->depth=max(getDepth(leftChild->left),getDepth(leftChild->right))+1;
51.    // 更改根结点
52.    node=leftChild;
53.  }
54.  // 插入结点
55.  void insert(AVL *&node,int v){
56.    if(node==NULL){
57.      node=newAVL(v);
58.    }else{
59.      if(node->data>v){
60.        // 结点值比插入结点值大，放在该结点左侧
61.        insert(node->left,v);
62.        // 更新结点深度
63.        node->depth=max(getDepth(node->left),getDepth(node->right))+1;
64.        // 计算平衡因子，即左子树深度 - 右子树深度
65.        int balance= getDepth(node->left)-getDepth(node->right);
66.        // 由于 v 值较大，所以左子树深度肯定比右子树深度大
67.        if(balance==2){
68.          // 最小失衡树
69.          // 在左子树深度大的情况下分两种情况，LL 形和 LR 形
70.          int l=getDepth(node->left->left)-getDepth(node->left->right);
71.          //LL 形
72.          if(l==1){
73.            // 右转
74.            turnRight(node);
75.          } else if(l==-1){
76.            //LR 形，先左孩子左转再根结点右转
77.            turnLeft(node->left);
```

78.	turnRight(node);
79.	}
80.	}
81.	}else{
82.	// 结点值不比插入结点值大，应该放在该结点右侧
83.	insert(node->right,v);
84.	// 更新结点深度
85.	node->depth=max(getDepth(node->left),getDepth(node->right))+1;
86.	// 计算平衡因子，即左子树深度 - 右子树深度
87.	int balance= getDepth(node->left)-getDepth(node->right);
88.	if(balance==-2){
89.	// 最小失衡树
90.	// 在右子树深度大的情况下分两种情况，RR 形和 RL 形
91.	int l=getDepth(node->right->left)-getDepth(node->right->right);
92.	if(l==-1){
93.	//RR 形，左旋
94.	turnLeft(node);
95.	} else if(l==1){
96.	//RL 形，先结点的右孩子右旋，再根结点左旋
97.	turnRight(node->right);
98.	turnLeft(node);
99.	}
100.	}
101.	}
102.	}
103.	}
104.	// 先序遍历
105.	void DLR(AVL *node){
106.	if(node!=NULL){
107.	// 先输出父结点
108.	cout<<node->data<<" ";

```
109.        // 递归左子树
110.        DLR(node->left);
111.        // 递归右子树
112.        DLR(node->right);
113.    }
114. }
115. int main(){
116.    // 定义根结点
117.    AVL *root=newAVL(9);
118.    for(int i=0;i<6;i++){
119.        int n;
120.        cin>>n;
121.        insert(root,n);
122.    }
123.    // 前序遍历
124.    cout<<" 前序遍历结果为: "<<endl;
125.    DLR(root);
126.    cout<<endl;
127.    return 0;
128. }
```

【输入】

3　1　4　11　13　10

【输出】

前序遍历结果为:

9　3　1　4　11　10　13

21.3　树状数组

❤ 21.3.1　前缀和

在了解树状数组之前，首先我们思考一个实际问题，有一个一维数组，如果需要求

这个一维数组前 n 项之和，需将这 n 项一项一项相加。这一过程被称为求"前缀和"。

为了更清晰地了解后面的知识，将数组 $a[n]$ 的前缀和 $s[i]$（表示前 i 项和）的公式记为：

$$s[i] = a[1] + a[2] + \cdots + a[i]$$

然而，当这个一维数组中某个值改变了，那么涉及该元素的所有前缀和都改变了，时间复杂度为 $O(n)$，当 n 足够大时，时间复杂度将非常高。为了解决这一问题，引入了树状数组。

21.3.2 树状数组思想

例如，求数组 $a[n]$ 的前 10 项之和 $s[10]$，根据上面公式可知：

$$s[10] = a[1] + a[2] + a[3] + a[4] + a[5] + a[6] + a[7] + a[8] + a[9] + a[10]$$

由于 10 的二进制是 1010，1 所处位置的权值为 8 和 2，那么可以将上面 10 个数之和分成 8 个数与 2 个数之和，即：

$$s[10] = (a[1] + a[2] + a[3] + a[4] + a[5] + a[6] + a[7] + a[8]) + (a[9] + a[10])$$

如果将上述拆分过程放在图中理解，如图 21-15 所示。

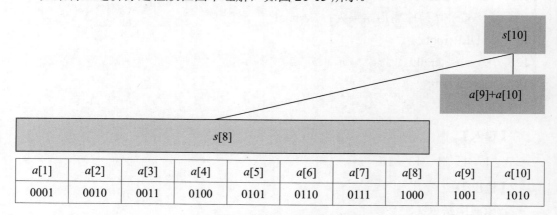

▲ 图 21-15　前 10 项和示意图

这样做的好处在于将大范围分割成小范围，如果前 10 项中某一项改变，只需维护小范围之和，从而达到提高效率的目的。

从图 21-15 可以看出形状与二叉树很相似，为了计算方便，将图 21-15 再次变形如图 21-16 所示。

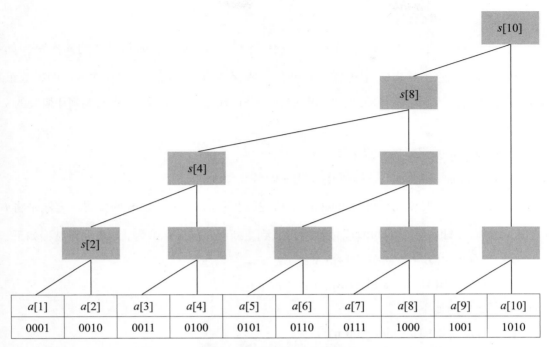

▲ 图 21-16　前缀和树状数组

图 21-16 呈现的树状结构实质上是对一维数组 a 求前 10 项之和的过程，与图 21-15 不同的是，该过程先对一维数组两两求和，然后再分层逐层求和。

21.3.3　lowbit 算法

从树状数组求前缀和的过程可以发现，关键在于如何确定某个下标二进制中 1 所处的位置。在 4.3 节中我们知道计算机存储的数字是以补码形式存储的，其中正数的补码就是它本身，负数的补码是它的反码加一，例如上面案例中 10 的二进制是 1010，为了首先得到权值为 2 的 1，采用的办法是将该二进制与其负数做与计算，在计算机中 −10 的二进制表示为 0110，那么 1010&0110 得到结果为 10，此时得到的就是权值为 2 的 1，那么权值为 8 的 1 只需要用 1010 减去得到的 10，然后再重复前面与其负数做与计算即可得到权值为 8 的 1。

这种方法称为 lowbit 算法，程序如下。

```
1. int lowbit(int t){
2.     return t&(-t);
3. }
```

21.3.4 单点更新

单点更新实质上是维护数组 s，一般情况下，s 存储的下标都是 2 的 n 次幂，如图 21-16 所示，除了要求的 $s[10]$ 需要存储外，所存储的下标都是 2 的 n 次幂。如果数组 a 中的某个元素（下标为 i）改变了，即增加一个正数或一个负数 y，那么与 $a[i]$ 相关的 s 都需要做出调整。

当 $i = 3$ 时，数组 a 的长度为 10。

那么首先需要更新 $s[3]$，即 $s[3] = s[3] + y$。

下面再更新 s 时就需要结合 lowbit 算法，找出下标为 2 的 n 次幂的位置，方法是将 i 增加 lowbit(i)，即 $i = i + $ lowbit(i)，依次类推直到更新到 i 不小于 10 为止。其更新过程如下。

$i = 3 + $ lowbit(3) $= 4$，$s[4] = s[4] + y$；

$i = 4 + $ lowbit(4) $= 4$，$s[8] = s[8] + y$；

其更新代码如下。

```
1.  void update(int i,int y,int n){
2.      //i 为数组 a 更新的位置，y 为更新的值，n 为数组 a 的长度
3.      for(;i<=n;i+=lowbit(i))
4.          s[i]+=y;
5.  }
```

21.3.5 区间求和

区间求和实质上是求 1 ~ i 所有数组元素之和，转化到树状数组，则为求 i 二进制中所有 1 权值位置的 s 数组元素之和。其求和代码如下。

```
1.  int getSum(int i){
2.      int sum=0;
3.      //i 为数组 a 的位置
4.      for(;i;i-=lowbit(i))
5.          sum+=s[i];
6.      return sum;
7.  }
```

如果所求区间和范围不是从 1 开始的，而是从 t 开始到 i 结束，可以通过 getSum(i)-getSum(t-1) 来求。

案例
21-6

📖 问题描述

给定数组 a，动态设置 a 的初值，并通过不同操作动态为数组 a 的某个元素增加或减去一个数，最后求某个区间范围内元素之和。

【输入格式】

输入数据第一行包含两个整数 N 和 M，表示数组 a 的长度和操作次数。输入 N 个数组 a 的值。输入 M 行操作，第一个数表示位置，第二个数表示操作，第三个数表示更改的值。1 表示加法操作，2 表示减法操作。输入要求区间 $c \sim d$ 所有元素之和。

【输出格式】

输出区间 $c \sim d$ 所有元素之和。

【输入】

10　5

1　2　3　4　5　6　7　8　9　10

1　1　2

2　2　3

5　1　6

9　1　4

4　2　1

3　8

【输出】

38

C++ 示例程序如下。

```
1. #include<iostream>
2. using namespace std;
3. const long long Max=1e5;
4. int s[Max];
```

```
5.    // 数组 a 的长度为 N，M 为操作次数
6.    int N,M;
7.    int lowbit(int t){
8.        return t&(-t);
9.    }
10.   void update(int i,int y){
11.       //i 为数组 a 更新的位置，y 为更新的值，n 为数组 a 的长度
12.       for(;i<=N;i+=lowbit(i))
13.           s[i]+=y;
14.   }
15.   int getSum(int i){
16.       int sum=0;
17.       //i 为数组 a 的位置
18.       for(;i;i-=lowbit(i))
19.           sum+=s[i];
20.       return sum;
21.   }
22.   int main(){
23.       cout<<" 请输入数组 a 的长度 N 和操作次数 M："<<endl;
24.       cin>>N>>M;
25.       cout<<" 请输入数组 a"<<endl;
26.       for(int b=1;b<=N;b++){
27.           int t;
28.           cin>>t;
29.           // 直接维护数组 s，不维护数组 a，减少空间复杂度
30.           update(b,t);
31.       }
32.       cout<<" 请输入操作位置、操作符号及操作数："<<endl;
33.       // 更改数组 a 中某个元素
34.       //1 表示加法，2 表示减法
```

```
35.     for(int b=1;b<=M;b++){
36.         //x 表示位置，o 表示操作规则，v 表示更改的数
37.         int x,o,v;
38.         cin>>x>>o>>v;
39.         switch(o){
40.             case 1:
41.                 update(x,v);
42.                 break;
43.             case 2:
44.                 update(x,-v);
45.                 break;
46.         }
47.     }
48.     // 求某个区间之和
49.     cout<<" 请输入区间范围："<<endl;
50.     int c,d;
51.     cin>>c>>d;
52.     cout<< " 该范围元素之和 ="<<getSum(d)-getSum(c-1)<<endl;
53. }
```

21.4 线段树

21.4.1 线段树基本结构

从名称上看线段树似乎与线段相关，这里的线段指的是一个区间，其中根结点表示的是整棵树的全部区间，左子树是根结点的左半边区间，右子树是根结点的右半边区间，因此线段树中的结点就不再是单个数，而是一个区间。根据定义可以看出，线段树实质上是一棵二叉排序树。

例如 1 ～ 6 的线段树如图 21-17 所示。

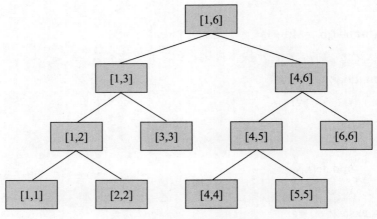

▲ 图21-17 线段树示意图

假设线段树根结点的区间范围是 $[a,b]$ ，当 $b>a$ 时，其左孩子结点区间是 $[a,(a+b)/2]$ ，右孩子结点区间是 $[(a+b)/2+1,b]$（其中 $(a+b)/2$ 向下取整），以此类推，直到每个结点区间为同一值为止（即当 $a==b$ 时）。

在构建线段树结构体时，需要分析题目是否只需维护每个结点两个区间端点值及左、右指针。在有些题目中需要记录该区间是否已经被覆盖，因此需要在结构体中增加判断是否已经覆盖的变量；有些需要记录区间内所有元素之和，则需要在结构体中增加记录所有元素之和的变量。一般，线段树链表形式的结构体可以定义为如下形式。

```
1. struct segment{
2.    // 定义线段树结点区间的两个端点
3.    // 最小值 minV，最大值 maxV
4.    int minV,maxV;
5.    // 定义线段树结点的左右指针
6.    segment *left,*right;
7. };
```

除了通过链表形式定义线段树结点，还可以利用数组模拟链表的形式存储，该数组为一维数组，那么左、右孩子结点便可以利用完全二叉树的特点来找到，例如结点的下标为 i ，那么它的左孩子结点下标则为 $2*i$（在程序中一般用左移1位来运算，这样效率高，即： $i<<1$ ），右孩子结点下标为 $2*i+1$（在程序中一般使用左移1位并与1进行或运算，即： $i<<1|1$ ），其中根结点下标为1。在信息学奥赛中，数组形式是解决线段树

常用的一种存储结构。要利用一维数组构建一棵线段树，需要开启足够大的空间存储这棵线段树，那么多大的空间足够大呢？一般，这个空间是需要存储的数据长度的 4 倍（在程序中一般写成左移两位来提高运算效率，即：$n << 2$）。

为了计算的方便性，信息学奥赛中一般使用数组模拟链表进行定义，且定义的一维数组一般从下标 1 开始记录线段树的元素，这样也方便计算其左右孩子结点。以图 21-17 为例，如果区间表示下标，且数组 $a[7] = \{0, 5, 3, 6, 1, 8, 9\}$，$a[0]$ 不用，那么寻找下标 1 ～ 6 区间内最大值是 9，其查找过程是自下而上的，与图 21-17 所示的线段树相对应的最大值查找线段树如图 21-18 所示。

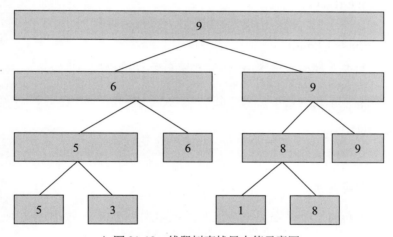

▲ 图 21-18　线段树查找最大值示意图

21.4.2　建立线段树

以查找最大值为例，由于线段树的特殊性，其建立过程可以通过递归方式实现。例如数组 a 记录各结点数值，数组 t 记录线段树，a 数组长度为 Max，那么 t 数组的长度为 Max<<2。在建立过程中，只有当左右结点下标相同时，为叶子结点，且其值为 a 对应数值，否则需要计算左右结点下标的中间值来构造该线段树的左右子树。构建过程如下。

```
1.  const long long Max=1e5;
2.  int a[Max],t[Max<<2];
3.  // 获取最大值
4.  void getMax(int k){
5.      t[k]=max(t[k<<1],t[k<<1|1]);
```

6.	}
7.	// 建树
8.	//m 为线段树下标，l 为区间左端点，r 为区间右端点
9.	**void** build(**int** m, **int** l, **int** r){
10.	// 到叶子结点
11.	**if**(l==r){
12.	t[m]=a[l];
13.	**return**;
14.	}
15.	**int** mid=(l+r)/2;
16.	// 构建左子树，当前结点为 2*m，表示为 m<<1
17.	build(m<<1,l,mid);
18.	// 构建右子树，当前结点为 2*m+1，表示为 m<<1|1
19.	build(m<<1|1,mid+1,r);
20.	// 更新最大值，自下而上更新
21.	getMax(m);
22.	}

21.4.3 单点更新

此处的单点更新实质上是在原来数组基础上增加一个值 v，如果针对所建立的树中某个结点进行更新，那么需要更新的就是它所属区域的结点内容。具体事例代码如下。

1.	// 单点更新
2.	//m 为当前结点下标，p 为需要更新结点下标
3.	//l 为区间左端点，r 为区间右端点，v 是需要修改的值
4.	**void** changePoint(**int** m,**int** p,**int** l,**int** r,**int** v){
5.	// 到叶子结点
6.	**if**(l==r){
7.	a[m]=v;
8.	t[m]=v;
9.	**return**;
10.	}
11.	**int** mid=(l+r)/2;
12.	//p 不大于 mid，说明在左区间，所以更新左区间即可

```
13.    // 当前下标应为原来的 2 倍，表示左孩子下标编号
14.    if(p<=mid){
15.        changePoint(m<<1,p,l,mid,v);
16.    }else{
17.        // 反之在右区间，当前下标应为 2*m+1
18.        changePoint(m<<1|1,p,mid,r,v);
19.    }
20.    // 更新父结点
21.    getMax(m);
22. }
```

▼ 21.4.4　区间查询与修改

线段树结构主要用于区间信息的查找与修改。如果要修改某一任意区间的信息，这就涉及每一个区间的信息变化会影响到子结点的信息，如果每个都去标注，时间复杂度就会骤增。为了解决这个问题，引入一个懒标记（lazy tag）的概念，又称为延迟标记。其实现的核心思路如下。

首先在定义线段树的结构体中增加一个记录修改操作的变量，该变量记录该结点是否被标记，如果在查询或修改的时候遇到有这个标记的结点（该标记会标记完包含被修改结点的所有区间），这时再考虑它的子结点值是否被修改。若修改，则需要将结点的标记变量消除。这个过程实质上就是从标记结点向下传递的过程，这样做的好处是用到时再向下传递，不用的时候就可以先标注出来。

该线段树结构的定义可以按照如下方式进行。

```
1. struct segmentTree{
2.    // 定义线段树结点存储值
3.    int v;
4.    // 懒标记
5.    int lazy;
6. }t[Max<<2];
```

当区间内的结点没有变化时，也就是说没有进行懒标记的前提下，不需要考虑懒标记的下传，此时区间的查询只需要考虑三种情况：一是查询区间在当前结点区间之内，那么查找到的值就是当前结点所维护的值；二是查询区间不在当前结点区间之内，但两

个区间是相交的，那么需要通过递归的方式查询结点区间的左右子树符合条件的值，并通过对比左右子树来确定；三是两个区间完全不相交，那么返回一个极大值，表示没有找到。具体可以参考如下代码。

```
1.  // 无懒标记的区间查询
2.  //m 为当前结点下标，[l1,r1] 是查询区间，[l2,r2] 是结点区间
3.  int queryRegion(int m, int l1, int r1,int l2,int r2){
4.      // 结点区间在查询区间之内
5.      if(l2>=l1 && r2<=r1){
6.          // 返回当前已经维护好的值
7.          return t[m].v;
8.      }else if(r2<l1 || l2>r1){
9.          // 两个区间不相交，返回一个极大值
10.         return Max;
11.     }else{
12.         // 当前结点区间左右子树查询
13.         int mid=(l2+r2)/2;
14.         return max(queryRegion(m<<1,l1,r1,l2,mid),queryRegion(m<<1|1,l1,r1,mid+1,r2));
15.     }
16. }
```

当区间内结点均有所变化时，即有懒标记的情况下，在查询的过程中需要将懒标记传递给子树，传递过程中需要将左右子树的懒标记增加一个当前结点的懒标记，同时，左右子树的值增加一个懒标记，最后将该点的懒标记设置为 0，这样就将懒标记传递给其左右子树了，同时保证了维护的线段树值的正确性。具体可以参考以下代码。

```
1.  // 将点 k 的懒标记下传
2.  void pushdown(int k){
3.      if(t[k].lazy!=0){
4.          // 做左右子树的懒标记
5.          t[k<<1].lazy+=t[k].lazy;
6.          t[k<<1|1].lazy+=t[k].lazy;
```

```
7.        // 将左右子树的值增加懒标记值
8.        t[k<<1].v+=t[k].lazy;
9.        t[k<<1|1].v+=t[k].lazy;
10.       // 下传完毕后需要将该懒标记设置为0
11.       t[k].lazy=0;
12.     }
13. }
14. // 有懒标记的区间查询
15. int lazyQuery(int m, int l1,int r1,int l2,int r2){
16.     // 结点区间在查询区间之内
17.     if(l2>=l1 && r2<=r1){
18.         // 返回当前已经维护好的值
19.         return t[m].v;
20.     }else if(r2<l1 || l2>r1){
21.         // 两个区间不相交，返回一个极大值
22.         return Max;
23.     }else{
24.         // 将结点 m 的懒标记下传
25.         if(t[m].lazy!=0)
26.             pushdown(m);
27.         // 当前结点区间左右子树查询
28.         int mid=(l2+r2)/2;
29.         return max(queryRegion(m<<1,l1,r1,l2,mid),queryRegion(m<<1|1,l1,r1,mid+1,r2));
30.     }
31. }
```

  懒标记的主要目的是提高修改和查询效率，因此，在修改的过程中不仅需要修改结点的值，更需要注意的是将懒标记传递下去。与建树过程相似，区间值的修改也可以通过递归来实现。与建树不同的是，在修改过程中需要考虑三种情况：一是当修改区间完全在当前结点区间内时，只需要对本结点的懒标记记录上修改的值；二是当修改区间与当前结点区间完全不相交时，则不进行操作并退出；三是当修改区间与当前结点区间相交但不完全包含时，则需要对相交区间内的结点进行懒标记。具体可以参考以下代码。

```
1.  // 区间 [l1,r1] 结点全部增加 v,
2.  // 当前结点为 m，当前结点区间为 [l2,r2]
3.  void update(int m,int v, int l1,int r1,int l2, int r2){
4.    // 结点区间 [l2,r2] 在区间 [l1,r1] 之内
5.    if(l2>=l1 && r2<=r1){
6.      // 标记当前结点
7.      t[m].lazy+=v;
8.      t[m].v+=v;
9.      return;
10.   }else if(r2<l1 || l2>r1){
11.     // 退出函数
12.     return;
13.   }else{
14.     // 将结点 m 的懒标记下传
15.     if(t[m].lazy!=0)
16.       pushdown(m);
17.     // 递归更新左右子树
18.     int mid=(l2+r2)/2;
19.     // 更新左子树
20.     update(m<<1,v,l1,r1,l2,mid);
21.     // 更新右子树
22.     update(m<<1|1,v,l1,r1,mid+1,r2);
23.     // 修改当前结点的值为其左右结点的最大值
24.     t[m].v=max(t[m<<1].v,t[m<<1|1].v);
25.   }
26. }
```

为了深入理解线段树在问题解决中的应用，下面以 ZOJ 的一道经典题目为案例来分析。

案例
21-7

 问题描述

在一条长度为 8000 的线段上染色，每次把区间 [a,b] 染成一种颜色，当区间有重合时，重合部分后面的颜色会覆盖前面染的颜色。求染完色后，每种颜色在线段上有多少个间断的区间。

【输入格式】

每个数据集的第一行正好包含一个整数 n，$1 \leqslant n \leqslant 8000$，等于彩色段的数量。以下 n 行中的每一行都由 3 个由单个空格分隔的非负整数组成，即 $x1\ x2\ c$。$x1$ 和 $x2$ 表示线段的左端点和右端点，c 表示线段的颜色。所有的数字都在 [0,8000] 范围内，它们都是整数。

【输出格式】

输出的每一行都应该包含一个颜色索引，可以从顶部看到，在这个颜色段的计数之后，应该根据颜色索引打印它们。如果某些颜色看不见，就不打印。在每个数据集后打印一个空行。

【输入】

5
0 4 4
0 3 1
3 4 2
0 2 2
0 2 3
4
0 1 1
3 4 1
1 3 2
1 3 1
6
0 1 0
1 2 1
2 3 1

```
1  2  0
2  3  0
1  2  1
```

【输出】

```
1  1
2  1
3  1


1  1


0  2
1  1
```

【题目分析】

在题目中是按照区间来记录色彩的，为了得到最后每一种颜色共占多少个不连续区间，可以使用线段树加懒标记的方式。根据线段树特点可知，树上一个结点表示一个区间，如果该区间是一种颜色，便给它标注这种颜色的数字，那么这一区间就是这种颜色，当下一次涂色的时候涉及该区间时，再向下传递，否则不需要向下传递，这样便可以用最小代价实现涂色统计。定义一个数组 ans，将色彩作为下标，其值就是不连续色彩数量。

了解思路后，需要注意本题有一个关键点，题意是给区间涂颜色，如果在区间 [1,2] 上涂颜色，指的是这个区间，并不是两个点，要用其中一个点表示区间，那么可以设置左区间为开区间，所以在做更新的时候，将左区间增加 1 就可以很好地解决这个问题。

C++ 示例代码如下。

```
1. #include<iostream>
2. using namespace std;
3. const int Max=8010;
4. // 前一区间颜色
```

```
5.  int last;
6.  struct SegementT{
7.      // 左右子树
8.      int l,r;
9.      // 颜色
10.     int col;
11. }t[Max<<2];
12. // 记录色彩
13. int ans[Max];
14. // 建树
15. //m 为线段树下标，l 为区间左端点，r 为区间右端点
16. void build(int m, int l, int r){
17.     t[m].l=l;
18.     t[m].r=r;
19.     t[m].col=-1;
20.     // 到叶子结点
21.     if(l==r)
22.         return;
23.     int mid=(l+r)>>1;
24.     // 构建左子树，当前结点为 2*m，表示为 m<<1
25.     build(m<<1,l,mid);
26.     // 构建右子树，当前结点为 2*m+1, 表示为 m<<1|1
27.     build(m<<1|1,mid+1,r);
28. }
29. // 懒标记下传
30. void pushdown(int m){
31.     if(t[m].col!=-1){
32.         // 左子树 col 设置为其根结点 col
33.         t[m<<1].col=t[m].col;
34.         // 右子树 col 设置为其根结点 col
35.         t[m<<1|1].col=t[m].col;
36.         // 下传完毕将根结点设置为初始状态 -1
37.         t[m].col=-1;
```

38.	}
39.	}
40.	// 更新
41.	// 当前结点下标为 m，更新颜色为 c
42.	// 更新区间为 [l1,r1]
43.	**void** update(**int** m, **int** c, **int** l1,**int** r1){
44.	// 结点区间 [l2,r2]
45.	**int** l2=t[m].l;
46.	**int** r2=t[m].r;
47.	// 结点区间 [l2,r2] 在更新区间 [l1,r1] 之内
48.	**if**(l1<=l2 && r2<=r1){
49.	t[m].col=c;
50.	**return**;
51.	}**else if**(r1<l2 || l1>r2){
52.	// 退出函数
53.	**return**;
54.	}**else**{
55.	// 颜色相同，不需要更新
56.	**if**(t[m].col==c) **return**;
57.	pushdown(m);
58.	// 递归更新左右子树
59.	**int** mid=(l2+r2)>>1;
60.	**if**(r1<=mid)
61.	// 只更新左子树
62.	update(m<<1,c,l1,r1);
63.	**else if**(l1>mid)
64.	// 只更新右子树
65.	update(m<<1|1,c,l1,r1);
66.	**else**{
67.	// 更新左右子树
68.	update(m<<1,c,l1,mid);
69.	update(m<<1|1,c,mid+1,r1);
70.	}

```
71.      }
72.  }
73.  // 区间查询
74.  void query(int m, int l1, int r1){
75.      if(l1==r1){
76.          if(t[m].col!=-1 && t[m].col!=last){
77.              // 此种颜色数量加 1
78.              ans[t[m].col]++;
79.          }
80.          // 标记该颜色
81.          last=t[m].col;
82.          return;
83.      }
84.      pushdown(m);
85.      // 向下传递
86.      int mid=(l1+r1)/2;
87.      query(m<<1,l1,mid);
88.      query(m<<1|1,mid+1,r1);
89.  }
90.  int main(){
91.      int n;
92.      cin>>n;
93.      // 建树
94.      build(1,1,8000);
95.      for(int i=0;i<n;i++){
96.          int x1,x2,c;
97.          cin>>x1>>x2>>c;
98.          // 更新树
99.          update(1,c,x1+1,x2);
100.     }
101.     last=-1;
102.     // 记录 [1,8000] 区间色彩
103.     query(1,1,8000);
```

```
104.      for(int i=0;i<=8000;i++)
105.        if(ans[i])
106.          cout<<i<<" "<<ans[i]<<endl;
107.      return 0;
108.    }
```

21.5 并查集

⬇ 21.5.1 基本操作

上面介绍的所有树的结构都是针对一棵树而言的，当有多棵树存在时，如何对多棵树进行查找操作呢？这里引入一个集合（set）的概念，把每棵树看作多个结点的集合，若要对多棵树进行查找，可以首先将这几棵树做合并处理，然后再进行查找。这其实就是"并查集"，也就是"合并—查找—集合"的意思。

在并查集中，一般会使用一维数组来记录结点的父结点是哪一个，如图 21-19 所示。

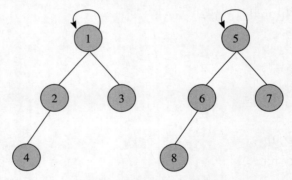

▲ 图 21-19 并查集示例树结构

如果用一维数组 father[n] 表示图 21-19，结点 1 ～ 4 属于同一个集合，用 father[1]=1 表示根结点（其父结点就是自身），father[2]=1 表示结点 2 的父结点是 1，father[3]=1 表示结点 3 的父结点是 1，father[4]=2 表示结点 4 的父结点是 2；结点 5 ～ 8 属于同一个集合，用 father[5]=5 表示根结点，father[6]=5 表示结点 6 的父结点是 5，father[7]=5 表示结点 7 的父结点是 5，father[8]=6 表示结点 8 的父结点是 6。

要合并这两个集合，首先是分属不同集合的结点才有必要合并，例如集合 1 ～ 4 与集合 5 ～ 8 的结点需要合并，而集合 1 ～ 4 内的任何一个结点不需要与本集合内的结点合并。合并的核心思想是：找到其中一个集合的根结点，然后将该根结点指向另一个集合的根结点，这样就达到合并的目的。

例如在图 21-19 中，father[5]=1 表示将集合 5 ～ 8 中的根结点 5 指向集合 1 ～ 4 中的根结点 1。

其合并过程的代码如下。

```
1.  int f[50];
2.  // 查找根结点
3.  int findRoot(int t){
4.      // 如果其父结点与本身相等，说明是根结点
5.      if(t==f[t]){
6.          return t;
7.      }else{
8.          // 否则递归查找父结点
9.          return findRoot(f[t]);
10.     }
11. }
12. // 合并集合
13. void getTogether(int a, int b){
14.     // 查找根结点
15.     int root1=findRoot(a);
16.     int root2=findRoot(b);
17.     // 当两个根结点不在同一集合中
18.     // 设置一个父结点为另外一个
19.     if(root1!=root2){
20.         f[root1]=root2;
21.     }
22. }
```

❤ 21.5.2　算法优化

有一种极端情况，每一个结点的父结点只有一个，如果一共有多个结点，且该值非常大，在查找根结点的时候，选取的是最后一个结点，如图 21-20 所示。

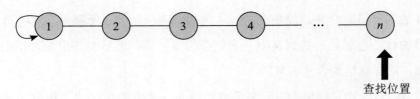

查找位置

▲ 图 21-20　查找父结点的极端情况

这种情况下查找效率就是 $O(n)$，当 n 极大的情况下，这种时间复杂度是不被接受的。为了解决这一问题，可以采用路径压缩的优化方式，即将查找位置开始的所有父结点全部改成根结点，使得纵向路径得到压缩，压缩的结构如图 21-21 所示。

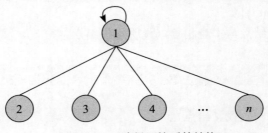

▲ 图 21-21　路径压缩后的结构

要进行路径压缩只需要对查找过程的代码进行修改即可，当 $t == f[t]$ 时，说明 t 就是根结点，反之就将递归找到的根结点赋值给 $f[t]$，这样就实现了路径的压缩。具体代码如下。

```
1.  // 压缩路径查找根结点
2.  int fRoot(int t){
3.      // 如果其父结点与本身相等，说明是根结点
4.      if(t==f[t]){
5.          return t;
6.      }else{
7.          // 将 f[t] 赋值为根结点
8.          int root=fRoot(f[t]);
9.          f[t]=root;
10.          return root;
11.      }
12.  }
```

当然也有一种简单的方式来实现路径压缩——使用三元表达式来实现。具体代码如下。

```
1.  int fRoot(int t){
2.      // 三元表达式形式
3.      return t==f[t]?t:f[t]=fRoot(f[t]);
4.  }
```

案例
21-8

问题描述

某个羊群数量非常庞大，其中有些羊有着共同的父辈，称它们具有亲属关系，若给所有羊都编上号，且给出羊群中所有羊的亲属关系图，任意输入两只羊的编号，判断它们是否具有亲属关系。

规定 x 和 y 是亲属关系，y 和 z 是亲属关系，那么 x 和 z 也具备亲属关系。

【输入格式】

第一行输入三个整数 a、b、c（$a \leqslant 8000$，$b \leqslant 8000$，$c \leqslant 8000$），分别表示 a 只羊，b 个亲属关系，查询 c 对亲属关系。输入 b 行：每行两个数（表示两只羊的编号），表示两只羊具有亲属关系，且前一只羊的父辈为后一只羊。输入 c 行：每行两个数（表示两只羊的编号），询问两只羊是否具有亲属关系。

【输出格式】

输出 c 行，每行输出"是"或者"不是"，"是"表示具有亲属关系，"不是"表示不具备亲属关系。

【输入】

6　5　3

1　2

1　5

3　4

5　2

1　3

1　4

2　3

5　6

【输出】

是

是

不是

1. #include<iostream>

2. **using namespace** std;

3. **int** f[8080];

4. **int** fRoot(**int** t){

5. 　// 三元表达式形式

6. 　**return** t==f[t]?t:f[t]=fRoot(f[t]);

7. }

8. **int** main(){

9. 　**int** a,b,c;

10. 　cin>>a>>b>>c;

11. 　// 初始化，使所有父结点等于本身

12. 　**for**(**int** i=1;i<=a;i++)

13. 　　f[i]=i;

14. 　// 构建羊群关系图

15. 　**for**(**int** i=0;i<b;i++){

16. 　　//x 和 y 表示具有亲属关系的两只羊的编号

17. 　　**int** x,y;

18. 　　cin>>x>>y;

19. 　　**int** root1=fRoot(x);

20. 　　**int** root2=fRoot(y);

21. 　// 合并

22. 　　**if**(root1!=root2)

```
23.         f[root1]=root2;
24.     }
25.     // 查询任意两只羊的关系
26.     for(int i=0;i<c;i++){
27.         int x,y;
28.         cin>>x>>y;
29.         int root1=fRoot(x);
30.         int root2=fRoot(y);
31.         if(root1==root2)
32.             cout<<" 是 "<<endl;
33.         else
34.             cout<<" 不是 "<<endl;
35.     }
36.     return 0;
37. }
```

21.6　哈夫曼树

哈夫曼树又称为最优二叉树，由于该二叉树是带有权值的，所以哈夫曼树是带有权值路径长度最小的二叉树。其中树的路径长度是指每一个叶子结点到根结点路径长度之和；带权值的二叉树是将叶子结点赋值表示权值，带权值的路径长度是指各叶子结点路径长度与权值之积后再求总和。

21.6.1　构建哈夫曼树

构建哈夫曼树的核心思想如下。

（1）将不同权值的结点看成只有一个结点的树，并将所有结点看作一个集合 T。

（2）选取所有结点中权值最小的两个结点组成一棵二叉树，并将这两个结点设置为该二叉树的左右孩子，根结点就是左右结点权值之和。

（3）将选出的结点从集合 T 中删除，并将第（2）步生成的二叉树添加到集合 T 中。

（4）重复（2）、（3）两步，直到集合 T 中只含有一棵二叉树为止。

例如有 5 个结点，其权值分别是 $T = \{2,5,1,7,6\}$，那么其构建步骤如图 21-22 所示。

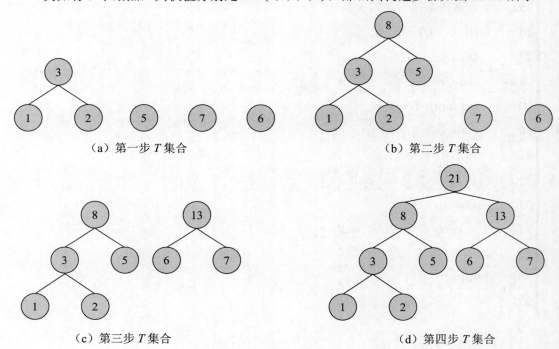

（a）第一步 T 集合　　　　　　　　　　（b）第二步 T 集合

（c）第三步 T 集合　　　　　　　　　　（d）第四步 T 集合

▲ 图 21-22　哈夫曼树构建过程

图 21-22 中该哈夫曼树的最优带权路径长度的计算公式为：

$$(1+2) \times 3 + 5 \times 2 + (6+7) \times 2 = 45$$

21.6.2　哈夫曼树的实现

哈夫曼树的实现一般有两种方式：一是将所有结点权值放在一个队列 $Q1$ 中（升序排列），合并后的新二叉树放在新的队列 $Q2$ 中（升序排列），每次选择最小二叉树的时候只需要对比 $Q1$ 和 $Q2$ 队首元素即可；二是利用 STL 中的优先队列的顺序性，建构小根堆（权值不大于左右孩子结点），按照哈夫曼树的构建过程予以实现。

这两种方式都可以搭建哈夫曼树，由于第二种方法利用 STL 库文件可以更简练地实现编码，因此，下面以第二种方法为例用代码实现哈夫曼树的构建。

案例
21-9

📖 问题描述

输入各个结点权值，计算最优带权路径长度。

【输入格式】

第一行输入一个数，表示 n 个结点。输入 n 行结点权值。

【输出格式】

最优带权路径长度。

【输入】

5

2

5

1

7

6

【输出】

45

C++ 参考程序如下。

```cpp
1. #include<iostream>
2. #include<queue>
3. using namespace std;
4. const int Max=10000;
5. struct node{
6.    // 元素的值
7.    int v;
8.    // 自定义 < 号方法，构建小根堆
9.    bool operator<(const struct node h)const{
```

```
10.        return v>h.v;
11.    }
12. }cur;
13. // 定义优先队列
14. priority_queue<struct node> q;
15. int main(){
16.    int n,sum=0;
17.    cin>>n;
18.    for(int i=0;i<n;i++){
19.       cin>>cur.v;
20.       q.push(cur);
21.    }
22.    // 哈夫曼树的根为权值和，所以从 1 开始，小于 n
23.    for(int i=1;i<n;i++){
24.       // 取优先队列的队首元素，即最小值
25.       cur=q.top();
26.       q.pop();
27.       // 再取新的队首元素，即当前的最小值
28.       cur.v+=q.top().v;
29.       q.pop();
30.       // 合并之后的新元素进入优先队列
31.       sum+=cur.v;
32.       q.push(cur);
33.    }
34.    cout<<sum;
35.    return 0;
36. }
```

21.6.3　哈夫曼编码

哈弗曼编码是在哈夫曼树的基础上将哈夫曼树非叶子结点的左右孩子路径分别用 0 和 1 表示，从根到叶子结点的路径便形成了 0、1 编码，该 0、1 编码即为哈夫曼编码。以哈夫曼树案例为例，其哈夫曼编码结构如图 21-23 所示。

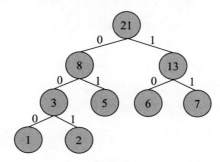

图 21-23　哈夫曼编码结构

根据哈夫曼编码定义可知其叶子结点编码如下。

结点 1 编码：000

结点 2 编码：001

结点 5 编码：01

结点 6 编码：10

结点 7 编码：11

这 5 个结点的总长度为：3×2+2×3=12。

其实树的结构就是一种特殊的图，而图的定义更为广泛，即图 $= (V, E)$ ，其中 V 代表一个非空的有限顶点集合，E 代表边的集合。

图根据方向性可以分为有向图和无向图两种。有向图是指图的边有方向，而无向图是指图的边没有方向，如图 22-1 所示。

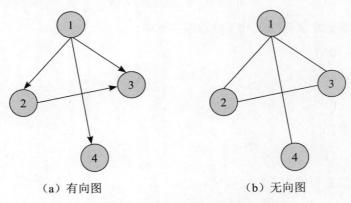

（a）有向图　　　　　　（b）无向图

▲ 图 22-1　有向图与无向图示例图

22.1　图的重要概念

度：此处的度与"树"中的度有所不同，此处的度是指无向图中与该结点连接的所有边的总数。

入度：在有向图中，以该结点为终端的所有边的总数。

出度：在有向图中，以该结点为起点的所有边的总数。

权值：在该边上的"费用"，这个费用可以指边的长度也可以指消耗的时间等，根据数据抽象的情况而定。

连通：结点 A 和 B 可以通过若干条边连接起来，并能够从 A 点（B 点）走向 B 点（或 A 点），则称 A 和 B 是连通的。

回路：能够构成一个"环"的路径称为回路，如图 22-1 无向图中的 1、2、3 结点构成一个回路。

完全图：一个 n 个结点的完全无向图的边的总数为 $n \times (n-1)/2$；一个 n 个结点的完全有向图的边的总数为 $n \times (n-1)$。

22.2　欧拉路与欧拉回路

欧拉路：指从图中任意一个点开始到图中任意一个点结束的路径，并且图中每条边都通过且只通过一次，且在图中有且只有两个结点度数为奇数。

欧拉回路：指起点和终点相同的欧拉路，结点度数为奇数的个数为 0。

在无向连通图中，所有结点度数都是偶数，或者恰好有两个结点的度数是奇数，则有欧拉路。若有结点度数为奇数，则该结点一定是欧拉路的起点和终点，否则可取任意一点作为起点。

在有向连通图中，每个点的入度等于出度，则存在欧拉回路（任意一点有度的点都可以作为起点）；除两点外，所有入度等于出度。这两点中一点的出度比入度大，另一点的出度比入度小，则存在欧拉路。取出度大者为起点，入度大者为终点。

在判断图中是否存在欧拉路的问题中，主要有两种方法，分别是深度优先算法（DFS）与并查集算法（union-find）。

接下来，以一道一笔画问题来体验深度优先算法与并查集算法的解决方法。所谓"一笔画"问题实质上就是用一笔将所有结点连接起来，且结点在路径中没有重复，这种一笔画出的路径就是欧拉路，如果终点又回到起点，那么这个路径叫作欧拉回路。

一笔画有如下性质。

- 所有结点的度数都是偶数的连通图，那么一定可以一笔画成，以任意一个结点为起点，最终的终点也是起点。

- 图中所有结点中有且只有两个结点度数为奇数，其余结点度数为偶数，一定可以一笔画成，且起点的度数必须为奇数，终点的度数也是奇数。

- 除上述两种情况外，其他情况都不能一笔画出。

一个图中将所有结点连接起来，除了一笔画出情况以外，要想得知用几笔可以画出，可以通过结点度数为奇数点的个数除以 2，得到的值就是需要用几笔可以画出的结果。

在 C++ 中存储图时，考虑到图是由顶点和边组成的，合在一起比较困难，因此很自然地考虑分成两个结构分别存储。顶点分大小、主次，所以用一个一维数组存储是很不错的选择。而边由于是顶点与顶点之间的关系，一维不能满足，那就考虑用一个二维数组存储。这样就诞生了"邻接矩阵"。

于是用两个数组来表示图。一个一维数组表示图中顶点信息，一个二维数组（邻接矩阵）存储图中的边的信息。

假设图 G 有 n 个顶点，邻接矩阵是一个 $n \times n$ 的方阵，如图 22-2 所示的是无向图及其顶点与邻接矩阵表示方式。

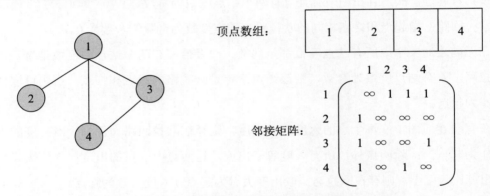

▲ 图 22-2　无向图及其顶点与邻接矩阵表示方式

除了用邻接矩阵表示图以外，还有一种常用的储存方式——邻接表。邻接表的结构类似于链表结构，同样以图 22-2 为例，其存储结构如图 22-3 所示。

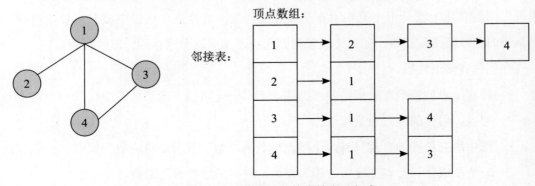

▲ 图 22-3　无向图及邻接表的表示方式

在存储过程中可以通过定义结构体的方式表示结点及结点权值等，一般没有权值的情况下，邻接表也常常用二维数组的方式存储，其中行坐标 i 表示当前结点，纵坐标 j 表示与当前结点连接的第几个元素，其值表示为与 i 连接的第 j 个结点是多少，例如与结点 1 连接的第 1 个结点是 2，可以表示为：$a[1][1]=2$，其他的表示为 0 或 ∞，那么用二维数组来存储图 22-3 中的无向图，如下所示。

$$
\begin{array}{c}
\text{邻接表的二维数} \\
\text{组存储方法：}
\end{array}
\quad
\begin{array}{cccc}
 & 1 & 2 & 3 & 4 \\
1 & \begin{pmatrix} 2 & 3 & 4 & 0 \\ 2 & & & \end{pmatrix}
\end{array}
$$

$$
\begin{array}{c}
 \\
1 \\
2 \\
3 \\
4
\end{array}
\begin{pmatrix}
2 & 3 & 4 & 0 \\
1 & 0 & 0 & 0 \\
1 & 4 & 0 & 0 \\
1 & 3 & 0 & 0
\end{pmatrix}
$$

案例 22-1

📖 **问题描述**

小明从小喜欢玩一些小游戏，其中就包括画一笔画，他想请你帮他写一个程序，判断一个图是否能够用一笔画下来。规定所有的边都只能画一次，不能重复画。

【输入格式】

第一行有两个正整数 P，Q（$P \leqslant 1000$，$Q \leqslant 2000$），分别表示这个画中有多少个顶点和多少条连线。点的编号为 $1 \sim P$；随后的 Q 对，每对有两个正整数 A，B（$0<A$，$B<P$），表示编号为 A 和 B 的两点之间有连线。

【输出格式】

如果存在一笔画则输出 yes，并输出一笔画路径；否则输出 no。

【输入】

4 3

1 2 1 3 1 4

4 5

1 2 2 3 1 3 1 4 3 4

【输出】

no

yes

4 3 2 1

 案例分析

首先用深度优先算法来解决一笔画问题。

建立一个二维数组存放结点间连接的边，如果两点间有边则记录为1，否则记录为0。除此之外，还需要另外一个数组记录已经检索过的结点，且检索的过程是通过递归的形式不断查找，这实质上体现的就是深度优先的思想。由于欧拉回路定义中，连通图有两个度数为奇数的顶点，因此还需要一个数组记录每个顶点的度数。这样便完成了用深度优先算法解决一笔画问题。

C++ 示例程序如下。

```cpp
1.  #include<iostream>
2.  using namespace std;
3.  const int Max=2020;
4.  // 定义二维数组
5.  int a[Max][Max]={0};
6.  // 定义访问过的路径
7.  int path[Max]={0};
8.  // 定义是否访问过
9.  int visit[Max]={0};
10. // 定义结点度数
11. int degrees[Max]={0};
12. int t=1;
13. // 深度优先算法
14. //n 为顶点总数，node 为当前访问结点
15. int DFS(int n, int node){
16.     visit[node]=1;
17.     for(int i=1;i<=n;i++){
18.     // 结点 i 到 node 有边
19.     if(a[i][node]==1 && visit[i]==0){
20.         DFS(n,i);
```

```
21.        }
22.    }
23.    // 访问路径，倒序记录
24.    path[t++]=node;
25. }
26. int main(){
27.    // 定义度数为奇数结点个数
28.    int sum=0;
29.    //n 为每个图结点数量，m 为每个图边的数量
30.    int n,m;
31.    cin>>n>>m;
32.    for(int j=0;j<m;j++){
33.        // 定义边的起始结点
34.        int from,to;
35.        cin>>from>>to;
36.        a[from][to]=1;
37.        a[to][from]=1;
38.        degrees[from]+=1;
39.        degrees[to]+=1;
40.    }
41.    // 深度优先
42.    DFS(n,1);
43.    bool flag1=false;
44.    int flag2=0;
45.    for(int j=1;j<=n;j++){
46.        // 查看是否连通
47.        if(visit[j]==0){
48.            flag1=true;
49.            break;
50.        }
51.        if(degrees[j]%2!=0){
52.            flag2++;
53.        }
```

```
54.      }
55.    if(flag1)
56.       cout<<"no"<<endl;
57.    else{
58.       if(flag2==0 || flag2==2){
59.          cout<<"yes"<<endl;
60.          for(int j=1;j<t;j++){
61.             cout<<path[j]<<" ";
62.          }
63.       }else
64.          cout<<"no"<<endl;
65.    }
66.    return 0;
67. }
```

"并查集"方法解决一笔画问题与深度优先算法不同，与树的并查集方法相似。先单独使每个结点都是孤立的结点，当两个结点相连，就把相连的结点并在一个图中，这样随着连线的增加，结点逐渐归到一个图中，最后通过查找根结点的方式，查找根结点的数量，即如果超过一个，说明所有结点并不连通，那么一笔画就无从谈起；反之，当只有一个根结点的时候，我们需要看结点度数为奇数的个数，根据定义就可以发现该图是否可以用一笔画解决。

以案例 22-1 为例，利用并查集的方式来解决。

C++ 示例程序如下。

```
1. #include<iostream>
2. using namespace std;
3. const int Max=2020;
4. // 二维数组
```

```
5.   int a[Max][Max]={0};
6.   // 访问路径
7.   int path[Max];
8.   // 定义结点父结点
9.   int father[Max];
10.  // 定义结点度数
11.  int degrees[Max]={0};
12.  // 初始化结点
13.  void init(int n){
14.      for(int i=1;i<=n;i++)
15.          // 初始状态每个结点父结点是自己
16.          father[i]=i;
17.  }
18.  // 查找根结点
19.  int findFather(int node){
20.      if(node!=father[node]){
21.          int root=findFather(father[node]);
22.          father[node]=root;
23.          return root;
24.      }else{
25.          return node;
26.      }
27.  }
28.  // 并集
29.  void join(int a,int b){
30.      // 查找根结点
31.      int root1=findFather(a);
32.      int root2=findFather(b);
33.      // 当两个根结点不在同一集合中
34.      // 设置一个父结点为另外一个
35.      if(root1!=root2){
36.          father[root1]=root2;
37.      }
```

```
38.  }
39.  // 路径记录
40.  int t=1;
41.  void getPath(int n,int s){
42.      for(int i=1;i<=n;i++){
43.          if(a[s][i]==1){
44.              a[s][i]=0;
45.              a[i][s]=0;
46.              getPath(n,i);
47.              path[t++]=i;
48.          }
49.      }
50.  }
51.  int main(){
52.      // 定义集合数量
53.      int sum=0;
54.      //n 为结点数量，m 为边的数量
55.      int n,m;
56.      cin>>n>>m;
57.      init(n);
58.      for(int j=0;j<m;j++){
59.          // 定义边的起始结点
60.          int from,to;
61.          cin>>from>>to;
62.          a[from][to]=1;
63.          a[to][from]=1;
64.          // 并集
65.          join(from,to);
66.          degrees[from]+=1;
67.          degrees[to]+=1;
68.      }
69.      // 先判断有几个集合（图是否是连通的），也就是根结点数量
70.      // 查看根结点数量
```

```
71.     for(int j=1;j<=n;j++){
72.         if(father[j]==j){
73.             sum++;
74.         }
75.     }
76.     if(sum!=1){
77.         // 不连通，说明不能一笔画
78.         cout<<"no"<<endl;
79.     } else{
80.         // 度数为奇数点的个数
81.         int cnt=0;
82.         // 定义路径起点
83.         int start;
84.         // 连通
85.         // 判断是否一笔画
86.         for(int j=1;j<=n;j++){
87.             if(degrees[j]%2==1){
88.                 start=j;
89.                 cnt++;
90.             }
91.         }
92.         if(cnt==2 || cnt==0){
93.             cout<<"yes"<<endl;
94.             getPath(n,start);
95.             for(int j=1;j<t;j++)
96.                 cout<<path[j]<<" ";
97.         }else{
98.             cout<<"no"<<endl;
99.         }
100.    }
101.    return 0;
102. }
```

22.3 连通图

由上一节图的重要概念可知，结点 *A* 和 *B* 可以通过若干条边连接，并能够从 *A* 点（或

B 点）走向 B 点（或 A 点），则称 A 和 B 是连通的。

若想判断一个图是否是连通的，一般有三种方法，分别是深度优先算法、广度优先算法和并查集算法。其中并查集算法与 21.5 节及上一节算法相似，且深度优先算法在上几章中也均有所涉及，不再赘述，本节主要分析广度优先算法。注意，在求图的连通性中广度优先算法并不一定是最优的算法，学习时可以根据具体条件选用相关算法。

22.3.1　广度优先算法

广度优先算法的核心思想是：从一个起点开始，向与该起点连通的所有可能路径走一步，重复该步骤，直到找到目的结点为止。如果增加路径的权值，那么找到目的路径也是最短路径。

在信息学奥赛中求通路问题，一般是以迷宫问题出现，下面就以一个案例来讲解广度优先算法。

案例
22-3

📖 问题描述

如图 22-4 所示，假设有一个快递员要从 A 入口进入一个社区，黑色方块表示此路不通，白色表示此路相通，请问该快递员是否可以顺利地将快递送给 B 口的用户？

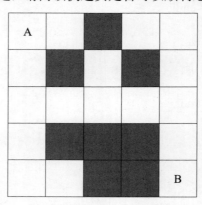

▲ 图 22-4　社区图

用邻接矩阵表示图 22-4，1 表示黑色方块，0 表示白色方块，那么邻接矩阵如下。

$$\begin{bmatrix} 0 & 0 & 1 & 0 & 0 \\ 0 & 1 & 0 & 1 & 0 \\ 0 & 0 & 0 & 0 & 0 \\ 0 & 1 & 1 & 1 & 0 \\ 0 & 0 & 1 & 1 & 0 \end{bmatrix}$$

程序解析

按照广度优先算法思路，首先在第一行开始找通路。如果是通路，需要将通路坐标放在栈内。自左向右查找，当遇到 1 时，后退一个元素，看看向下是否是通路，如果不是，那么再后退一个，此时说明第一行已经没有路了，应该再下一行。此时需要注意的是列坐标位置，列坐标位置应该与当前栈顶元素的列坐标相同。

C++ 示例代码如下。

```
1.  #include<iostream>
2.  #include<cstring>
3.  #include<stack>
4.  using namespace std;
5.  // 邻接矩阵记录图
6.  int map[5][5]={{0,0,1,0,0},
7.          {0,1,0,1,0},
8.          {0,0,0,0,0},
9.          {0,1,1,1,0},
10.         {0,0,1,1,0}};
11. // 记录是否访问过
12. bool visit[5][5];
13. // 记录结点
14. struct node{
15.   int x,y;
16. };
17. void BFS(){
```

```
18.    // 初始化 visit
19.    memset(visit,false,sizeof(visit));
20.    // 路径
21.    stack<node> s;
22.    // 定义第一个结点
23.    node first;
24.    int x=0,y=0;
25.    first.x=x;
26.    first.y=y;
27.    visit[first.x][first.y]=true;
28.    s.push(first);
29.    while(x<5){
30.        // 读取栈顶
31.        node curr=s.top();
32.        // 广度优先是从当前结点 y 坐标开始的
33.        for(int i=curr.y;i<5;i++){
34.            if(!visit[x][i] && map[x][i]==0){
35.                node temp;
36.                temp.x=x;
37.                temp.y=i;
38.                s.push(temp);
39.                visit[temp.x][temp.y]=true;
40.            }else{
41.                // 如果向下可走，那么向下
42.                if(map[x+1][i]==0 && !visit[x+1][i]){
43.                    x++;
44.                    break;
45.                }else{
46.                    // 否则就退一个
47.                    s.pop();
```

```
48.            x++;
49.            break;
50.          }
51.        }
52.      }
53.    }
54.    if(!s.empty()){
55.      // 查找目标结点是否是出口
56.      if(s.top().x==4 && s.top().y==4){
57.        // 倒序输出路径
58.        while(!s.empty()){
59.          node cur=s.top();
60.          cout<<"("<<cur.x<<","<<cur.y<<")"<<endl;
61.          s.pop();
62.        }
63.      }else{
64.        cout<<" 不存在路径！ "<<endl;
65.      }
66.    }else{
67.      cout<<" 不存在路径！ "<<endl;
68.    }
69. }
70. int main()
71. {
72.   BFS();
73.   return 0;
74. }
```

【输出】

(4,4)

(3,4)

(2,4)

(2,3)

(2,2)

(2,1)

(2,0)

(1,0)

(0,0)

22.3.2 强连通图

强连通图（strongly connected graph）是指在有向图 G 中，如果对于每一对 V_i、V_j，$V_i \neq V_j$，从 V_i 到 V_j 和从 V_j 到 V_i 都存在路径，则称 G 是强连通图。有向图中的极大强连通子图称作有向图的强连通分量，如图 22-5 所示。

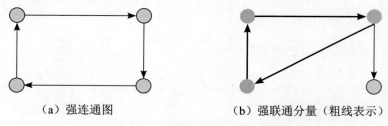

（a）强连通图　　　　　（b）强联通分量（粗线表示）

▲ 图 22-5　强连通图与强联通分量

强连通图概念中重要的算法就是寻找强连通分量，常用的算法是 Tarjan 算法。

Tarjan 算法是基于深度优先算法的，并且在运用过程中，将其结构看成一棵树，这样就转换成深度优先搜索树的算法，那么每一个连通分量是搜索树中的一个子树。在搜索过程中，常将当前未处理的结点加入栈中，在回溯的时候再去判断栈顶到栈中结点是否是一个强连通分量。注意：算法中认为单结点自身就是一个强连通分量。

在算法中有两个重要变量数组，分别是 DFN[u] 与 LOW[u]。DFN[u] 表示在深度优先搜索中遍历到结点 u 的次序；LOW[u] 表示以 u 结点为树根，u 及 u 以下树的结点中能找到的最早次序号，当下一结点 v 已经存在于栈中时，需要计算 LOW[u] 与 DFN[v] 的最

小值作为当前结点 u 的值——LOW[u]，反之则需要计算 LOW[u] 与 LOW[v] 的最小值作为当前结点 u 的值——LOW[u]。当 DFN[u]==LOW[u] 时，便形成了以 u 为根结点的搜索子树上所有结点的一个强连通分量。

从分析可以发现，每个顶点都被访问了一次，且只进出栈一次，每条边也只访问了一次，因此 Tarjan 算法的时间复杂度为 $O(n+m)$，其中 n 指的是结点个数，m 指的是边的数量。

为了更好地理解 Tarjan 算法，我们以图 22-6 所表示的有向图为例。

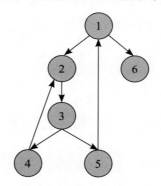

▲ 图 22-6　Tarjan 算法示例图

第一步，从结点 1 开始进行深度优先搜索得到以下结果：

DFN[1]=1，LOW[1]=1；结点 1 入栈，下一结点 2 不在栈中；

DFN[2]=2，LOW[2]=2；结点 2 入栈，下一结点 3 不在栈中；

DFN[3]=1，LOW[3]=1；结点 3 入栈，下一结点 4 不在栈中；

DFN[4]=4，LOW[4]=4；结点 4 入栈，下一结点 2 在栈中。

第二步，遍历到结点 4，发现下一结点 2 在栈中，那么就需要比较下一结点的 DFN 值与当前结点 LOW 值大小，并将较小的值赋值给当前 LOW 值。由于 DFN[2]=2，当前 LOW[4]=4，所以 LOW[4]=2，继续遍历得到：

DFN[4]=4，LOW[4]=2；返回结点 3 更新；

DFN[3]=3，LOW[3]=2；从结点 3 再次遍历。

由于结点 4 已经存在于栈中，那么遍历另一个连接的结点 5：

DFN[5]=4，LOW[5]=5；下一结点 1 在栈中。

第三步，更新结点 5 并返回更新其他结点，得到：

DFN[5]=4，LOW[5]=1；

DFN[3]=3，LOW[3]=1；

DFN[2]=2，LOW[2]=1；

DFN[1]=1，LOW[1]=1。

第四步，此时发现 DFN[1]==LOW[1]，需要将栈内元素弹栈，得到强连通分量，即 5 4 3 2 1，在图中还有一个结点没有访问过——结点 6，将 6 入栈，得到：

DFN[6]=6，LOW[6]=6；发现 DFN[6]==LOW[6]，弹栈，得到另一个强连通分量——6。

C++ 示例代码如下。

```cpp
1.  #include<iostream>
2.  #include<cstring>
3.  #include<stack>
4.  #include<algorithm>
5.  using namespace std;
6.  const int Max=1000;
7.  int DFN[Max],LOW[Max];
8.  // 结点数 n，边数 m
9.  int n,m;
10. // 次序 cnt
11. int cnt=0;
12. //visit 记录结点是否访问过，inStack 记录是否在栈中
13. bool visit[Max],inStack[Max];
14. // 存储有向图
15. int map[Max][Max];
16. stack<int> s;
17. //Tarjan 算法，u 为当前结点
18. void tarjan(int u){
```

```
19.    // 次序从 1 开始，初始状态 DFN[u] 与 LOW[u] 相等
20.    DFN[u]=LOW[u]=++cnt;
21.    // 设置访问过该结点，并入栈，记录在栈中
22.    visit[u]=true;
23.    s.push(u);
24.    inStack[u]=true;
25.    // 读取与 u 相连的下一结点 v
26.    for(int j=0;j<=n;j++){
27.       if(map[u][j]==1){
28.          int v=j;
29.          // 当该结点没有访问过
30.          if(!visit[v]){
31.             // 深搜
32.             tarjan(v);
33.             // 回溯，更新 LOW[u]
34.             LOW[u]=min(LOW[u],LOW[v]);
35.          }else{
36.             // 访问过结点，且该结点在栈中
37.             if(inStack[v]){
38.                //v 结点已经被访问，并且在栈中，说明在当前路径上存在环
39.                // 此处只是赋值，但并不代表在 u 子树的底下的多个结点没有比当前环更大的环
40.                // 无法作为深度终止条件
41.                LOW[u]=min(LOW[u],DFN[v]);
42.             }
43.          }
44.       }
45.    }
46.    // 栈顶元素
47.    int top;
48.    if(DFN[u]==LOW[u]){
49.       // 输出栈，即环
50.       do{
```

```
51.          top=s.top();
52.          s.pop();
53.          inStack[top]=false;
54.          cout<<top<<" ";
55.      }while(top!=u);
56.      cout<<endl;
57.   }
58. }
59. int main(){
60.   // 初始化数据
61.   memset(map,0,sizeof(map));
62.   memset(visit,false,sizeof(visit));
63.   memset(inStack,false,sizeof(inStack));
64.   // 读取结点和边数
65.   cin>>n>>m;
66.   // 记录有向图
67.   for(int i=0;i<m;i++){
68.      int x,y;
69.      cin>>x>>y;
70.      map[x][y]=1;
71.   }
72.   tarjan(1);
73.   return 0;
74. }
```

【输入】

6 7

1 2

2 3

3 4

3 5

4 2

```
5  1
1  6
【输出】
6
5  4  3  2  1
```

Tarjan 算法在结点数量非常多的情况下可以将有向图化繁为简，以图 22-6 为例，结点 1 ～ 5 是一个强连通分量，那么我们可以将结点 1 ～ 5 看成一个整体，这个过程称为 Tarjan 缩点，也就是将一个强连通分量缩成一个点，如图 22-7 所示。

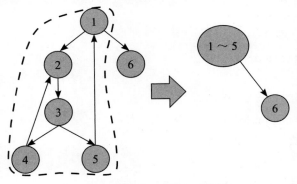

▲ 图 22-7　Tarjan 缩点示意图

▼ 22.3.3　割点与桥

上面的 Tarjan 算法针对的是有向图。在无向图中，有些结点和边非常特殊，以至于删除某个结点 T 及与结点连接的所有边以后，该无向图便形成了 2 个或 2 个以上的不相连的子图，这个点 T_1、T_2、T_3 就被称为割点（如图 22-8（a）所示）；同样如果删除图中某条边 t 以后，该无向图形成了两个不相连的子图，那么这条边便被称为桥（如图 22-8（b）所示）。

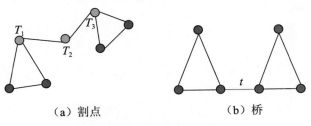

（a）割点　　　　　　　　（b）桥

▲ 图 22-8　割点与桥的示意图

寻找割点与桥的方法仍旧要利用前面介绍的 Tarjan 算法。判断割点 v 的条件是 LOW[u]>=DFN[v]，判断桥 v–u 的条件是 LOW[u] > DFN[v]。具体步骤是利用 Tarjan 算法计算每个结点的访问顺序 DFN 和最小访问顺序 LOW。

以图 22-8（a）为例计算图中割点与桥，本案例中将图的记录方式改成了邻接表的数组形式，请读者对比邻接矩阵来学习。C++ 示例代码如下。

```cpp
1.  #include<iostream>
2.  #include<cstring>
3.  #include<algorithm>
4.  #include<vector>
5.  using namespace std;
6.  const int Max=1000;
7.  // 记录无向图的邻接表
8.  vector<int> map[Max];
9.  //n 记录结点数，m 记录边数
10. int n,m;
11. int LOW[Max],DFN[Max];
12. // 记录割点
13. int cutPoint[Max];
14. // 记录割点数量
15. int cutNum=0;
16. // 记录父结点
17. int father[Max];
18. // 记录是否访问过结点
19. bool visit[Max];
20. // 次序 cnt
21. int cnt=0;
22. //u 代表当前结点，f 为父结点
23. void tarjan(int u, int f){
24.    // 次序从 1 开始，初始状态 DFN[u] 与 LOW[u] 相等
25.    DFN[u]=LOW[u]=cnt++;
```

```
26.     //u 结点父结点为 f
27.     father[u]=f;
28.     visit[u]=true;
29.     // 读取与 u 相连的下一结点 v
30.     for(int j=0;j<map[u].size();j++){
31.         int v=map[u][j];
32.         // 当该结点没有访问过
33.         if(!visit[v]){
34.             // 深搜
35.             tarjan(v,u);
36.             // 回溯，更新 LOW[u]
37.             LOW[u]=min(LOW[u],LOW[v]);
38.         }else{
39.             // 访问过结点，且该结点不是父结点
40.             if(f!=v){
41.                 LOW[u]=min(LOW[u],DFN[v]);
42.             }
43.         }
44.     }
45.
46. }
47. // 求割点
48. void printCut(){
49.     // 根结点子树数量
50.     int rootSon=0;
51.     for(int i=2;i<=n;i++){
52.         int v=father[i];
53.         if(v==1)
54.             rootSon++;
55.         else{
56.             if(LOW[i]>=DFN[v])
57.                 cutPoint[cutNum++]=v;
58.         }
```

```
59.     }
60.     // 当根结点子树个数大于等于 2 表示结点 1 是割点
61.     if(rootSon>1)
62.        cutPoint[cutNum++]=1;
63.     // 打印割点
64.     cout<<" 割点是: "<<endl;
65.     for(int i=0;i<cutNum;i++){
66.        cout<<cutPoint[i]<<" ";
67.     }
68.     cout<<endl;
69.  }
70.  // 求桥
71.  void printBridge(){
72.     for(int i=1;i<=n;i++){
73.        int v=father[i];
74.        if(v>0 && LOW[i]>DFN[v]){
75.           cout<<" 桥: "<<v<<"-"<<i<<endl;
76.        }
77.     }
78.  }
79.  int main(){
80.     memset(map,0,sizeof(map));
81.     memset(visit,false,sizeof(visit));
82.     cin>>n>>m;
83.     for(int i=0;i<m;i++){
84.        // 边的两个结点
85.        int x,y;
86.        cin>>x>>y;
87.        map[x].push_back(y);
88.        map[y].push_back(x);
89.     }
90.     // 初始状态, 父结点是 0
91.     tarjan(1,0);
```

```
92.    printCut();
93.    printBridge();
94.    return 0;
95. }
```

【输入】

7 8

1 2

2 3

1 3

1 4

4 5

5 6

6 7

5 7

【输出】

割点是：

4 5 1

桥：1-4

桥：4-5

22.4　哈密尔顿图

哈密尔顿图（Hamiltonian graph，又称 H 图）是一个无向图，天文学家哈密尔顿提出从起点到终点，途经所有结点只能经过一次，如果该路径构成一个闭合的回路，那么这个回路被称为哈密尔顿回路（Hamiltonian cycle，又称 H 回路）。经过该无向图中每一个结点一次且仅有一次的路径称为哈密尔顿路径（又称 H 路）。

哈密尔顿图还有以下性质。

- 哈密尔顿通路是经过图中所有结点通路中长度最短的通路。
- 哈密尔顿回路是经过图中所有结点回路中长度最短的回路。

哈密尔顿图的判定常用的三个充分条件如下。

定理1: 设 $G=<V,E>$（V 表示顶点，E 表示边，G 表示图）是具有 n 个结点的简单无向图，如果 G 中每一对结点的度数之和大于等于 $(n-1)$，那么 G 中一定存在一条哈密尔顿路径（也叫作哈密尔顿通路）。

定理1的推论: 设 $G=<V,E>$ 是具有 n 个结点的简单无向图，如果 G 中每一对结点的度数之和大于等于 n，那么 G 中一定存在一条哈密尔顿回路。

例如有一个图如图 22-9 所示，共有 4 个结点。

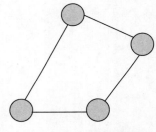

▲ 图 22-9　简单无向图

图 22-9 中每个结点度数都是 2，那么所有结点度的总和为 8，根据定理 1 和其推论得知：8>(4-1) 且 8>4，那么这个图存在一条哈密尔顿路径和一条哈密尔顿回路。

定理2（Ore 定理）: 对于大于等于 3 个结点（$N \geq 3$）的简单图而言，如果任意两个不相邻结点 A 和 B，其结点度数之和大于等于 $N(d(A)+d(B) \geq N)$，那么该图为哈密尔顿图。

定理3（迪克拉定理）: 如果一个无向图有 N 个结点，且该图为连通图，如果每个结点的度数都大于等于 $\left\lceil \dfrac{N}{2} \right\rceil$（表示向上取整），那么必然存在哈密尔顿回路。

案例 22-6

在图 22-10 中，（a）图既存在哈密尔顿通路，又存在哈密尔顿回路；（b）图存在哈密尔顿通路，但不存在哈密尔顿回路；（c）图既不存在哈密尔顿通路也不存在哈密尔顿回路。

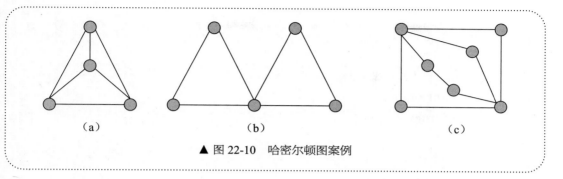

▲ 图 22-10 哈密尔顿图案例

哈密尔顿图的判定除了充分条件以外，还有一个必要条件如下。

定理 4：若图 $G = <V, E>$ 具有哈密尔顿回路，那么对于结点集 V 的每个非空子集 S，均有 $W(G-S) \leqslant |S|$ 成立。其中 $W(G-S)$ 表示从图 G 中删除子集 S 后连通分支数，$|S|$ 表示子集 S 结点个数。

要寻找无向图的哈密尔顿回路，一般方法是利用深度优先搜索的方式实现，由于寻找的是回路，因此需要检查路径中首尾是否相通，如果记录路径是一维数组 r，那么检验的前一个元素是 $r[i]$，后一个元素就是 $r[i\%n+1]$。深度优先搜索过程中需要配合回溯的方法实现，当路径不通时回撤一步。具体案例及代码如下。

（2010 年 NOIP 提高组初赛）阅读程序写结果：

```
1.  #include<iostream>
2.  #include<cstring>
3.  using namespace std;
4.  const int SIZE=100;
5.  //n 为结点数，m 为边数，r 为哈密尔顿回路
6.  int n,m,r[SIZE];
7.  //map 记录是否存在边
8.  bool  map[SIZE][SIZE],found;
9.  // 检测整个路径是否通路
10.   bool successful()
11.  {
```

```
12.    int i;
13.    for(i=1;i<=n;i++)
14.        if(!map[r[i]][r[i%n+1]])
15.            return false;
16.    return true;
17.  }
18.  // 交换两个元素
19.  void swap(int *a,int *b)
20.  {
21.    int t;
22.    t=*a;
23.    *a=*b;
24.    *b=t;
25.  }
26.  // 哈密尔顿路径
27.  void perm(int left,int right)
28.  {
29.    int i;
30.    if(found)
31.        return ;
32.    if(left>right)
33.      {
34.          if(successful())
35.          {
36.            // 如果通路，输出哈密尔顿回路
37.            for(i=1;i<=n;i++)
38.                cout<<r[i]<<' ';
39.            found=true;
40.          }
41.        return ;
42.      }
43.    for(i=left;i<=right;i++)
44.      {
```

```
45.        swap(r+left,r+i);
46.        // 递归
47.        perm(left+1,right);
48.        // 回溯
49.        swap(r+left,r+i);
50.    }
51. }
52. int main()
53. {
54.    int x,y,i;
55.    cin>>n>>m;
56.    memset(map,false,sizeof(map));
57.    for(i=1;i<=m;i++)
58.    {
59.      cin>>x>>y;
60.      map[x][y]=true;
61.      map[y][x]=true;
62.    }
63.    // 初始化路径为自己
64.    for(i=1;i<=n;i++)
65.      r[i]=i;
66.    found=false;
67.    perm(1,n);
68.    if(!found)
69.      cout<<"No solution!"<<endl;
70.    return 0;
71. }
```

【输入】

9 12

1 2

2 3

3 4

4 5

5 6

6 1

1 7

2 7

3 8

4 8

5 9

6 9

【输出】

————————

【参考答案】

1 6 9 5 4 8 3 2 7

22.5 最短路径

前面几节介绍的图均不涉及权值，有时候我们遇到一些图的结点或路径有着特殊含义，例如：从 A 地到 F 地去，有如图 22-11 所示的三种走法，每一条连线上的数字表示通过该路径所花的费用。

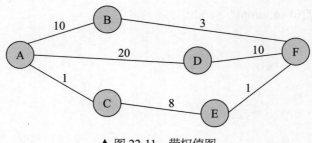

▲ 图 22-11　带权值图

从图 22-11 可知，A-C-E-F 路径费用最少，虽然这条路径经过结点最多，但按照经济原则是费用最少的。

当然，在现实条件和竞赛题目中并没有那么简单。本节将讨论带有权值的最短路径算法。

图论中求最短路径主要有以下几种形式。

- 已知起点和终点，求从起点到终点的最短路径。
- 已知终点，起点不定，求最短路径。
- 整个图中的最短路径。

在路径中，我们将出发点称为源。从图论中求最短路径的几种形式中可知，有些情况起点是已知的且固定一个，有些情况起点并不确定且不止一个。根据源头不同，我们将最短路径又分为两种：一种是单源最短路径（一个起点），一种是多源最短路径（多个起点）。

常用的最短路径算法有Floyed、Dijkstra、Bellman-Ford、SPFA。为了清晰对比各种算法，在实际应用中选取合适的算法，从时间复杂度及多源性等方面进行对比，如表22-1所示。在此之后再对每种算法进行详细分析。

表22-1　最短路径算法

算 法 名 称	Floyed	Dijkstra	Bellman-Ford	SPFA
源 头 数 量	多源	单源	单源	单源
时间复杂度	$O(n^3)$	$O(n^2)$ 堆优化后 $O((n+m)\log m)$	$O(nm)$ m 为边数	$O(km)$ 期望的 k 小于等于 2，m 为边数
边的权值 正负性	正 / 负数 （条件：所形成的环的权值总和不能为负数）	正数	正 / 负数 （条件：所形成的环的权值总和不能为负数）	正 / 负数 （可以判断所形成的环是否为负数，对于环为负数不能计算最短路径） 注意：权值为负数最好不用该方法求最短路径
图的方向性	有向图 / 无向图	有向图 / 无向图	有向图 / 无向图	有向图 / 无向图

表中有些方法对于负权回路有要求，之所以最短路径中不能包含负权回路，是因为每次经过负权回路，路径的权值会减少，所以这种情况下不存在最短路径。有些图结构中会存在负权边，用于表达通过某条途径可以降低总消耗。在有向图中，负权边不一定

会形成负权回路，所以在一些计算最短路径算法中，负权边也可以计算最短路径；在无向图中，负权边意味着负权回路，所以无向图中不能存在负权边。

22.5.1 Floyed 算法

Floyed 算法的核心思想是：要得到任一点 i 到任一点 j 的最短路径，有两种情况，一是从 i 直接到 j，另一种是通过 i 与 j 中间结点到达。如果用 $dis[i,j]$ 表示从 i 到 j 最短路径，只需要遍历所有 k 点，比较 $dis[i,k]+dis[k,j]$ 与 $dis[i,j]$ 大小，如果均大于 $dis[i,j]$，那么 $dis[i,j]$ 就是最短路径，否则，经过 k 点就是最短路径上的点。

在大小比较之前，需要对 dis 矩阵进行初始化，这个地方不建议使用 memset 函数对矩阵初始化一个比较大的值，否则容易出现问题。

通过 Floyed 算法的核心思想可以得知，在程序中一般需要两个矩阵，一个矩阵记录每条边的权值，另一个矩阵记录从 i 到 j 经过的 k 点。

以图 22-12 为例，用 Floyed 算法寻找任意两点的最短路径长度及其路径。

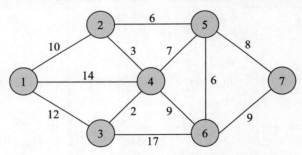

▲ 图 22-12 Floyed 算法图例

C++ 示例程序如下。

```cpp
1.  #include<iostream>
2.  #include<cstdio>
3.  using namespace std;
4.  // 定义一个极大的数
5.  const int INF=1e5;
6.  const int Max=100;
```

```
7.  //n 表示结点数，m 表示边数
8.  int n,m;
9.  //map 表示原始图，path 表示经过结点
10. int map[Max][Max];
11. int path[Max][Max];
12. // 查询起点 a，查询终点 b
13. void Floyed(){
14.     // 中间结点 k，其他结点围绕 k 进行遍历
15.     for(int k=1;k<=n;k++)
16.         // 起点 i
17.         for(int i=1;i<=n;i++)
18.             // 终点 j
19.             for(int j=1;j<=n;j++)
20.                 if(map[i][k]<INF && map[k][j]<INF && i!=j &&
21.                 j!=k && i!=k)
22.                     // 当经过中间结点且权值小于直接连接时
23.                     if(map[i][j]>(map[i][k]+map[k][j])){
24.                         // 更新权值
25.                         map[i][j]=map[i][k]+map[k][j];
26.                         // 将中间结点写入路径，该路径是倒序
27.                         path[i][j]=k;
28.                     }
29.     return;
30. }
31. // 输出路径，倒序输出
32. void shortPath(int a,int b){
33.     int k=path[a][b];
34.     if(k==0)
35.         return;
36.     // 输出终点和连接终点的结点
37.     cout<<b<<"<-"<<k<<"<-";
38.     while(k!=a){
39.         k=path[a][k];
```

40.   if(k!=0){
41.   cout<<k<<"<-";
42.   }else{
43.   break;
44.   }
45.   }
46.   // 输出开始结点
47.   cout<<a;
48.   return;
49. }
50. int main(){
51.   freopen("in22-8.in","r",stdin);
52.   freopen("out22-8.out","w",stdout);
53.   cin>>n>>m;
54.   // 初始条件，不用 memset 方法
55.   for(int i=1;i<=n;i++)
56.   for(int j=1;j<=n;j++){
57.   map[i][j]=INF;
58.   path[i][j]=0;
59.   }
60.   for(int i=0;i<m;i++){
61.   // 边的两个结点 x 和 y，边的权值 v
62.   int x,y,v;
63.   cin>>x>>y>>v;
64.   // 无向图
65.   map[x][y]=v;
66.   map[y][x]=v;
67.   }
68.   // 输入起始结点
69.   int start,end;
70.   cin>>start>>end;
71.   Floyed();
```
```

```
72.    cout<<" 从 "<<start<<" 到 "<<end<<" 最短路径长度是: "<<map[start][end]<<endl;
73.    cout<<" 从 "<<start<<" 到 "<<end<<" 最短路径是: ";
74.    shortPath(start,end);
75.    cout<<endl;
76.    fclose(stdin);
77.    fclose(stdout);
78.    return 0;
79. }
```

【输入】

7 12

1 2 10

1 4 14

1 3 12

3 4 2

2 5 6

2 4 3

3 6 17

4 5 7

4 6 9

5 6 6

5 7 8

6 7 9

1 7

【输出】

从 1 到 7 最短路径长度是: 24

从 1 到 7 最短路径是: 7 ← 5 ← 2 ← 1

22.5.2 Dijkstra 算法

Dijkstra 的核心思想是：先求出长度最短的一条路径，再参照该最短路径求出长度次长的一条路径，直到求出从源点到其他各个顶点的最短路径。

以如图 22-13 所示有向图为例，Dijkstra 算法的步骤如下。

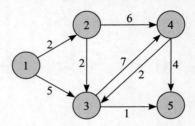

▲ 图 22-13　Dijkstra 算法图例

（1）设置地图为带权的邻接矩阵，即二维数组 map[][]，如果从顶点 i 到顶点 j 有边，则 map[i][j] 等于 $<i, j>$ 的权值，否则 map[i][j] $=\infty$（无穷大）。

（2）初始化路径顶点集合 $s=[1]$，初始化剩下顶点 $v=[2,3,4,5]$，初始化最短距离数组 dist[i] $=$ map[1][i]，因此 dist[1] $=0$。如果源点 1 到顶点 i 有边，则 $p[i]=1$，否则 $p[i]=-1$，如图 22-14 所示。

▲ 图 22-14　Dijkstra 算法步骤（2）图示

（3）在集合 $v=[2,3,4,5]$ 中，寻找 dist[] 最小的顶点 t，找到最小值 2，对应结点 $t=2$。

（4）将顶点 $t=2$ 加入 s 集合中 $s=[1,2]$，同时更新 v 集合为 $[3,4,5]$，如图 22-15 所示。

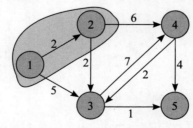

▲ 图 22-15　Dijkstra 算法步骤（4）图示

（5）找到了源点到 $t=2$ 的最短路径，那么对集合 v 中所有 t 的邻接点 j，都可以借

助 t 走捷径，如下所示，2 号结点的邻接点是 3 和 4。

$$
\begin{bmatrix}
\infty & 2 & 5 & \infty & \infty \\
\infty & \infty & 2 & 6 & \infty \\
\infty & \infty & \infty & 7 & 1 \\
\infty & \infty & 2 & \infty & 4 \\
\infty & \infty & \infty & \infty & \infty
\end{bmatrix}
$$

先看 3 号结点，$\mathrm{dist}[2]+\mathrm{map}[2][3]=2+2=4$，而当前 $\mathrm{dist}[3]=5>4$，因此可以走捷径 2-3，更新 $\mathrm{dist}[3]=4$，记录顶点 3 的前驱为 2，$p[3]=2$。再看 4 号结点能否借助 2 号走捷径：如果 $\mathrm{dist}[2]+\mathrm{map}[2][4]=2+6=8$，而当前 $\mathrm{dist}[4]=\infty>8$，因此可以走捷径 2-4，更新 $\mathrm{dist}[4]=8$，记录顶点 4 的前驱为 2，$p[4]=2$。更新后的 dist 和 p 如图 22-16 所示。

▲ 图 22-16　Dijkstra 算法步骤（5）图示

（6）重复步骤（3）～（5），当 $v=[]$ 时，算法结束。从源点到图中其余各个结点的最短路径及长度，也可以通过前驱数组 p 逆向找到最短路径上所经过的结点。

如图 22-17 所示，利用 Dijkstra 算法输出从结点 1 到结点 7 所经历的最短路径及最短路径长度是多少。

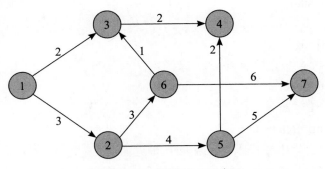

▲ 图 22-17　案例 22-9 示意图

C++ 示例程序如下。

```
1.  #include<iostream>
2.  using namespace std;
3.  const int Max=100;
4.  // 设定一个极大数
5.  const int INF=1e7;
6.  //map 用于存储图，dist 计算结点 1 到结点 n 的距离，p 记录前驱结点
7.  int map[Max][Max],dist[Max],p[Max];
8.  //n 表示结点数，m 表示边数
9.  int n,m;
10. //flag 记录顶点 i 是否加入集合 s
11. bool flag[Max];
12. void Dijkstra(int start){
13.     // 初始化
14.     for(int i=1;i<=n;i++){
15.     //start 到其他各个顶点最短路径长度
16.         dist[i]=map[start][i];
17.         flag[i]=false;
18.         if(dist[i]==INF)
19.         // 前驱结点不存在
20.             p[i]=-1;
21.         else
22.         // 说明顶点 i 与源点 start 相邻，设置顶点 i 的前驱为 start
23.             p[i]=start;
24.     }
25.     dist[start]=0;
26.     // 初始时，s 集合只有 start
27.     flag[start]=true;
28.     for(int i=1;i<=n;i++){
29.         int temp=INF,t=start;
30.         // 在集合 v 中寻找距离源点 start 最近的顶点 t
31.         for(int j=1;j<=n;j++){
32.             if(!flag[j] && dist[j]<temp){
33.                 t=j;
```

```
34.              temp=dist[j];
35.            }
36.          }
37.        // 找不到 t，跳出循环
38.        if(t==start)
39.            return;
40.        // 否则，将 t 加入集合
41.        flag[t]=true;
42.        for(int j=1;j<=n;j++){
43.            if(!flag[j] && map[t][j]<INF){
44.                if(dist[j]>(dist[t]+map[t][j])){
45.                    dist[j]=dist[t]+map[t][j];
46.                    p[j]=t;
47.                }
48.            }
49.        }
50.    }
51. }
52. int main(){
53.    freopen("in22-9.in","r",stdin);
54.    freopen("out22-9.out","w",stdout);
55.    cin>>n>>m;
56.    // 先初始化 map 为最大值
57.    for(int i=1;i<=n;i++){
58.        for(int j=1;j<=n;j++){
59.            map[i][j]=INF;
60.        }
61.    }
62.    while(m--){
63.        //x，y 为线段两个结点，v 表示权值
64.        int x,y,v;
65.        cin>>x>>y>>v;
66.        // 邻接矩阵保留最小值
```

67.	map[x][y]=min(map[x][y],v);
68.	}
69.	// 计算结点 1 到结点 7 的最短路径
70.	Dijkstra(1);
71.	**if**(dist[7]<INF){
72.	cout<<" 从结点 1 到结点 7 最短路径长度为： "<<dist[7]<<endl;
73.	cout<<" 从结点 1 到结点 7 最短路径是： "<<endl;
74.	**int** n=7;
75.	cout<<"7";
76.	**while**(p[n]!=-1){
77.	n=p[n];
78.	cout<<"<-"<<n;
79.	}
80.	}**else**{
81.	cout<<" 没有路径 "<<endl;
82.	}
83.	fclose(stdin);
84.	fclose(stdout);
85.	**return** 0;
86.	}

【输入】

7 9

1 2 3

1 3 2

3 4 2

6 3 1

2 6 3

6 7 6

2 5 4

5 4 2

5 7 5

【输出】

从结点 1 到结点 7 最短路径长度为：12

从结点 1 到结点 7 最短路径是：

7 ← 6 ← 2 ← 1

22.5.3　Bellman-Ford 算法

从上面案例可知，求最短路径关键看哪条连线的权值更小，权值小代表付出的代价小，Bellman-Ford 算法就是将边的权值由 $w[i]$ 数组单独存放，dist[i] 数据存放从源点到第 i 个结点的最短路径，其判断标准是：当 dist[u] + $w[j]$ < dis[v] 时（其中 u 和 v 表示 j 边的两点），说明从 u 到 v 需要经过 j 边，那么 dist[v] 的值就更新为 dist[u] + $w[j]$，那么到达 v 结点的前驱结点就是 u。

Bellman-Ford 算法的思想与 Dijkstra 算法思想相似，不同的是将矩阵存储的边的权值用一维数组 w 来替代，并将这一过程称为"松弛"过程，判断条件被称为"松弛函数"，其含义是：从顶点开始沿着边找到权值最小的路径，这样就相当于路径从顶点坍缩到终点，其实坍缩就是松弛的内在含义。

案例
22-10

Bellman-Ford 算法过程参照 Dijkstra 算法，图 22-17 的 Bellman-Ford 算法程序如下。

```
1.  #include<iostream>
2.  using namespace std;
3.  const int Max=100;
4.  // 设定一个极大数
5.  const int INF=1e7;
6.  //map 用于存储每条边的起始点，dist 计算结点 1 到结点 n 的距离
7.  //p 记录前驱结点，w 记录边的权值
8.  int map[Max][2],dist[Max],p[Max],w[Max];
```

```
9.   //n 表示结点数，m 表示边数
10.  int n,m;
11.  void BellmanFord(int start){
12.     dist[start]=0;
13.     // 外层循环遍历点
14.     for(int i=1;i<=n;i++){
15.        // 内层循环遍历边
16.        for(int j=1;j<=m;j++){
17.           //map[j][0] 表示边的起点，map[j][1] 表示边的终点
18.           // 如果是无向图，需要将第一和第二个元素互换再比较
19.           if(dist[map[j][0]]+w[j]<dist[map[j][1]]){
20.              dist[map[j][1]]=dist[map[j][0]]+w[j];
21.              p[map[j][1]]=map[j][0];
22.           }
23.        }
24.     }
25.  }
26.  int main(){
27.     freopen("in22-9.in","r",stdin);
28.     freopen("out22-10.out","w",stdout);
29.     cin>>n>>m;
30.     // 先初始化 dist 为最大值
31.     for(int i=1;i<=n;i++){
32.        dist[i]=INF;
33.     }
34.     // 遍历边
35.     for(int i=1;i<=m;i++){
36.        //x，y 为线段两个结点，v 表示权值
37.        int x,y,v;
38.        cin>>x>>y>>v;
39.        // 第 i 条边第一个元素是 x，第二个元素是 y
40.        map[i][0]=x;
41.        map[i][1]=y;
```

```
42.        // 第 i 条边权值为 v
43.        w[i]=v;
44.    }
45.    // 计算结点 1 到结点 7 的最短路径
46.    BellmanFord(1);
47.    if(dist[7]<INF){
48.        cout<<" 从结点 1 到结点 7 最短路径长度为： "<<dist[7]<<endl;
49.        cout<<" 从结点 1 到结点 7 最短路径是： "<<endl;
50.        int n=7;
51.        cout<<"7";
52.        while(n!=1){
53.            n=p[n];
54.            cout<<"<-"<<n;
55.        }
56.    }else{
57.        cout<<" 没有路径 "<<endl;
58.    }
59.    fclose(stdin);
60.    fclose(stdout);
61.    return 0;
62. }
```

本案例的输入与输出与 Dijkstra 算法案例的输入、输出完全一致，此处不再赘述。

▼ 22.5.4　SPFA 算法

SPFA 算法是在 Bellman-Ford 算法基础上，利用队列结构予以实现的。其核心思想是：初始状态将源点放入队列中，每次从队首取出一个点，并对与该点相邻的所有点进行"松弛函数"运算。若"松弛"成功，那么就把该点放入队列中，直到队列为空为止。

SPFA 算法与其他算法不同的是：它能够判断图中是否有负环，判断标准是：如果存在某个点进入队列次数超过 n 次，那么说明存在负环。

以图 22-17 为例，利用 SPFA 算法计算该图是否出现负环、最短路径及其长度。

C++ 示例程序如下。

```cpp
1.  #include<iostream>
2.  #include<cstdio>
3.  #include<cstring>
4.  #include<queue>
5.  using namespace std;
6.  const int Max=100;
7.  // 设定一个极大数
8.  const int INF=1e7;
9.  //map 用于存储每条边的起始点，dist 计算结点 1 到结点 n 的距离
10. //p 记录前驱结点，w 记录边的权值，c 记录结点进入队列次数
11. int map[Max][2],dist[Max],p[Max],w[Max],c[Max];
12. // 定义栈
13. queue<int> q;
14. // 队列头和尾
15. int head=0,tail=1;
16. // 记录结点是否在栈中
17. bool visit[Max];
18. //n 表示结点数，m 表示边数
19. int n,m;
20. void SPFA(){
21.     dist[1]=-1;
22.     // 第一个点入队
23.     q.push(1);
24.     visit[1]=true;
25.     c[1]++;
26.     // 队列不空
27.     while(q.size()>0){
28.         int front=q.front();
```

```
29.        // 出队列
30.        q.pop();
31.        // 设置不在队列中
32.        visit[front]=false;
33.        for(int j=1;j<=m;j++){
34.          //map[j][0]表示边的起点，map[j][1]表示边的终点
35.          int u=map[j][0];
36.          int v=map[j][1];
37.          // 有向图只需要起点与 front 相同即可
38.          if(u==front){
39.            if(dist[u]+w[j]<dist[v]){
40.              dist[v]=dist[u]+w[j];
41.              if(!visit[v]){
42.                // 没有环
43.                q.push(v);
44.                visit[v]=true;
45.                p[v]=u;
46.                c[v]++;
47.              }
48.            }
49.          }
50.        }
51.      }
52.    return;
53.  }
54.  int main(){
55.    freopen("in22-9.in","r",stdin);
56.    freopen("out22-11.out","w",stdout);
57.    cin>>n>>m;
58.    // 先初始化 dist 为最大值
59.    for(int i=1;i<=n;i++){
60.      dist[i]=INF;
61.    }
```

62.	// 初始化 c
63.	memset(c,0,**sizeof**(c));
64.	// 遍历边
65.	**for**(**int** i=1;i<=m;i++){
66.	//x，y 为线段两个结点，v 表示权值
67.	**int** x,y,v;
68.	cin>>x>>y>>v;
69.	// 第 i 条边第一个元素是 x，第二个元素是 y
70.	map[i][0]=x;
71.	map[i][1]=y;
72.	// 第 i 条边权值为 v
73.	w[i]=v;
74.	}
75.	// 初始化 visit
76.	memset(visit,**false**,**sizeof**(visit));
77.	SPFA();
78.	// 记录是否有负环
79.	**bool** flag=**false**;
80.	**for**(**int** i=1;i<=n;i++)
81.	**if**(c[i]>n){
82.	flag=**true**;
83.	**break**;
84.	}
85.	**if**(flag){
86.	cout<<" 出现负环！ "<<endl;
87.	}**else**{
88.	**if**(dist[7]<INF){
89.	cout<<" 从结点 1 到结点 7 最短路径长度为："<<dist[7]<<endl;
90.	cout<<" 从结点 1 到结点 7 最短路径是："<<endl;
91.	**int** n=7;
92.	cout<<"7";
93.	**while**(n!=1){
94.	n=p[n];

```
95.          cout<<"<-"<<n;
96.        }
97.      }else{
98.        cout<<" 没有路径 "<<endl;
99.      }
100.    }
101.    fclose(stdin);
102.    fclose(stdout);
103.    return 0;
104.  }
```

本案例的输入与输出与 Dijkstra 算法案例的输入、输出完全一致，此处不再赘述。

📑 22.6　最小生成树

本章主要讲解的是图的相关算法，那么图和树之间有什么关系呢？首先我们需要辨析以下四个概念。

- 子图：从原图中选中一些顶点和边组成的图，称为原图的子图。
- 生成子图：选中一些边和所有顶点组成的图。
- 生成树：如果生成子图恰好是一棵树，称为生成树。
- 最小生成树（MST）：权值之和最小的生成树，也是原图的极小连通子图，因此最小生成树边的数量一定是 $n-1$（n 表示顶点个数）。

最小生成树面向的图是无向图，常用的两种算法分别是 Prim（普利姆）算法和 Kruskal（克鲁斯卡尔）算法。

🔻 22.6.1　Prim 算法

Prim 算法思路是：从点的集合中任意找一点作为起点，标记该点已经被访问，后面不再访问该点，然后选取与该点相邻权值最小的点作为新的起点，并标记该点被访问，这样循环下去，直到所有点都访问过为止。

从算法的描述可知，算法的时间复杂度为 $O(n^2)$，所以比较适合稠密图（所谓的稠密

图与稀疏图可以通过边的数量 e 与顶点数量 n 的关系表示，当 $e>n\log n$ 时表示稠密图，反之则为稀疏图）。

以图 22-18 为例，利用 Prim 算法找出该图的最小生成树，并输出最小生成树的权值和。

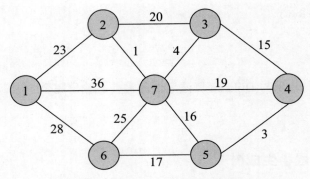

▲ 图 22-18　最小生成树示例图

📖 **算法分析**

（1）设置图的带权邻接矩阵为 map[][]，即如果从顶点 i 到顶点 j 有边，则 map[i][j]=<i,j> 的权值，否则 map[i][j]=∞，则图可以表示成如下矩阵。

$$\begin{bmatrix} \infty & 23 & \infty & \infty & \infty & 28 & 36 \\ 23 & \infty & 20 & \infty & \infty & \infty & 1 \\ \infty & 20 & \infty & 15 & \infty & \infty & 4 \\ \infty & \infty & 15 & \infty & 3 & \infty & 9 \\ \infty & \infty & \infty & 3 & \infty & 17 & 16 \\ 28 & \infty & \infty & \infty & 17 & \infty & 25 \\ 36 & 1 & 4 & 9 & 16 & 25 & \infty \end{bmatrix}$$

假设起始结点为结点 1，则 $u=1$，令数组 visit[1]=true（说明初始时 u 被访问），初始化数组 closet[]：除了结点 1 外其余结点均为 1，表示 v 中的顶点到集合 u 的最邻近点均为 1；数组 lowcost[]：结点 1 到 v 中的顶点的边值，即读取邻接矩阵第 1 行，如下所示。

	1	2	3	4	5	6	7
closet[]	0	1	1	1	1	1	1

	1	2	3	4	5	6	7
lowcost []	0	23	∞	∞	∞	28	36

初始设置完成后，图 22-18 中结点 1 可以想象成灰色，后面再次执行的时候，会从后面未涂灰色的结点也就是 visit[] 数组中为 false 的结点中选择。初始设置完成后的图如图 22-19 所示。

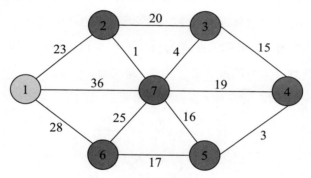

▲ 图 22-19　完成初始设置后的图

（2）接下来在 lowcost 数组中找最小值，目的是找到与上一个结点连接权值最小的结点，并将找到的结点加入 visit 数组，设置为 true，如图 22-20 所示。

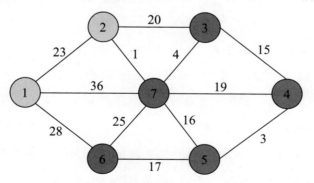

▲ 图 22-20　步骤（2）后得到的图

（3）第（2）步找到了到结点 u 最近邻近点 t=2，结点 2 邻接点是结点 3 和 7，得到：map[2][3]=20<lowcost[3]= ∞，更新最邻近距离 lowcost[3]=20，最邻近点 closest[3]=2，

然后再比较 map[2][7]=1<lowcost[7]=36，更新最邻近距离 lowcost[7]=1，最邻近点 closest[7]=2，更新后的 closet 和 lowcost 如下。

	1	2	3	4	5	6	7
closet[]	0	1	2	1	1	1	2

	1	2	3	4	5	6	7
lowcost []	0	23	20	∞	∞	28	1

closet[j] 和 lowcost[j] 分别表示 visit 集合中顶点 j 到 u 集合的最邻近顶点和最邻近距离。顶点 3 到 u 集合的最邻近点为 2，最邻近距离为 20；顶点 4、5 到 u 集合的最邻近点仍为初始化状态 1，最邻近距离为∞；顶点 6 到 u 集合最邻近点为 1，最邻近距离为 28；顶点 7 到 u 集合的最邻近点为 2，最邻近距离为 1。

此时找到最小值为 1，对应结点为 t=7，如图 22-21 所示。

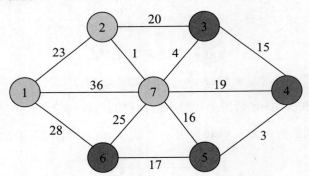

▲ 图 22-21　步骤（3）后得到的图

（4）步骤（3）后找到了与 u 的最邻近点 t=7，那么对 t 在集合 visit 中值为 false 的每一个邻接点 j，都可以借助 t 更新。我们从图或邻接矩阵可以看出，结点 7 在集合 v 中的邻接点是结点 3、4、5、6。

map[7][3] = 4 < lowcost[3] = 20，更新邻近距离 lowcost[3] = 4，最邻近点 closet[3] = 7；

map[7][4] = 9 < lowcost[4] = ∞，更新邻近距离 lowcost[4] = 9，最邻近点 closet[4] = 7；

map[7][5] = 16 < lowcost[5] = ∞，更新邻近距离 lowcost[5] = 16，最邻近点 closet[5] = 7；

map[7][6] = 25 < lowcost[6] = 28，更新邻近距离 lowcost[6] = 25，最邻近点 closet[6] = 7。

更新 closet 和 lowcost 数组如下。

	1	2	3	4	5	6	7
closet[]	0	1	7	7	7	7	2

	1	2	3	4	5	6	7
lowcost []	0	23	4	9	16	25	1

（5）重复（2）～（4）步骤，得到 closet 和 lowcost 数组如下。

	1	2	3	4	5	6	7
closet[]	0	1	7	3	4	5	2

	1	2	3	4	5	6	7
lowcost []	0	23	4	15	3	17	1

最终得到的最小生成树如图 22-22 所示。

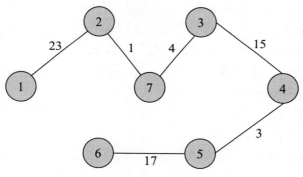

▲ 图 22-22 得到的最小生成树

C++ 示例程序如下。

```
1. #include<iostream>
2. #include<cstring>
3. using namespace std;
4. const int Max=100;
5. // 定义一个极大值
6. const int INF=1e7;
7. // 定义结点是否被访问
8. bool visit[Max];
```

```
9.   // 定义邻接矩阵存储无向图
10.  int map[Max][Max];
11.  // 定义图的顶点数 n，边数 m
12.  int n,m;
13.  // 定义与某个结点连接点的最小权值
14.  int lowcost[Max];
15.  // 定义临近结点，可以倒查路径
16.  int closet[Max];
17.  //u 代表起点
18.  void prim(int u){
19.    // 开始顶点 u，带权邻接矩阵 map
20.    // 如果 visit[i]=true，说明顶点 i 已经加入最小生成树的顶点集合 visit
21.    // 否则顶点 i 不属于 visit 集合
22.    // 将最后的相关最小权值传递到数组 lowcost
23.    // 初始时，集合中 visit 只有一个元素即顶点 u
24.    visit[u]=true;
25.    // 初始化 lowcost，把与 u 相连结点的权值赋给它
26.    // 当 i==u 时，赋值为 0
27.    for(int i=1;i<=n;i++){
28.      if(i!=u){
29.        lowcost[i]=map[u][i];
30.        closet[i]=u;
31.      }else
32.        lowcost[i] =0;
33.    }
34.    // 初始化后找最小权值并更新
35.    for(int i=1;i<=n;i++){
36.      int temp=INF;
37.      int t=u;
38.      // 找到最小的权值及结点
39.      for(int j=1;j<=n;j++){
40.        if((!visit[j]) && (lowcost[j]<temp)){
41.          t=j;
```

```
42.        temp=lowcost[j];
43.      }
44.    }
45.    // 找不到 t，跳出循环
46.    if(t==u)
47.      return;
48.    // 否则，将 t 加入集合 u
49.    visit[t]=true;
50.    // 更新 lowcost
51.    for(int j=1;j<=n;j++){
52.      if((!visit[j]) && (map[t][j]<lowcost[j])){
53.        lowcost[j]=map[t][j];
54.        closet[j]=t;
55.      }
56.    }
57.  }
58. }
59. int main(){
60.   freopen("in22-12.in","r",stdin);
61.   freopen("out22-12.out","w",stdout);
62.   cin>>n>>m;
63.   // 初始化 map 与 lowcost
64.   for(int i=1;i<=n;i++){
65.     for(int j=1;j<=n;j++){
66.       map[i][j]=INF;
67.     }
68.   }
69.   memset(visit,false,sizeof(visit));
70.   for(int i=0;i<m;i++){
71.     // 边的两点 x 和 y，边的权值 v
72.     int x,y,v;
73.     cin>>x>>y>>v;
74.     map[x][y]=v;
```

```
75.        map[y][x]=v;
76.    }
77.    // 输入任意一个起点
78.    int u;
79.    cin>>u;
80.    prim(u);
81.    cout<<" 生成路径："<<endl;
82.    while(u<=7){
83.        cout<<closet[u]<<"-"<<u<<endl;
84.        u++;
85.    }
86.    cout<<" 最小生成树权值和 =";
87.    int sum=0;
88.    for(int i=1;i<=n;i++)
89.        sum+=lowcost[i];
90.    cout<<sum<<endl;
91.    fclose(stdin);
92.    fclose(stdout);
93.    return 0;
94.    }
```

【输入】

7 12

1 2 23

1 6 28

1 7 36

2 7 1

2 3 20

3 7 4

3 4 15

4 7 19

```
4 5 3
5 7 16
5 6 17
6 7 25
1
【输出】
生成路径:
0-1
1-2
7-3
3-4
4-5
5-6
2-7
最小生成树权值和 =63
```

▼ 22.6.2　Kruskal 算法

Prim 算法是针对稠密图的，而 Kruskal 算法更多地针对稀疏图，因此 Kruskal 算法是从边的角度来考虑的。

Kruskal 算法的核心思想是：将所有边按照权值大小从小到大进行排序（使用快排序算法），然后进行判断。判断标准是：如果所选的边不与前面所选边形成回路，那么这条边就称为最小生成树的"一块"，反之舍去这条边。直到筛选出能够连通 n 个顶点的 n-1 条边为止。

该算法有一个难点，即如何判断所选边不与前面所选边形成回路。要解决这一问题，需要利用之前所学的"并查集"的知识，如果所选边的两个结点的根结点是一个，则说明产生回路，丢弃这条边；反之，则需要将该边存入最小生成树中。

以图 22-18 为例，利用 Kruskal 算法找出该图的最小生成树，并输出最小生成树的权值和。其具体步骤如下。

（1）定义一个边的结构体，它包含三个元素，分别是 x、y 和 v，其中 x 和 y 指的是边的两个顶点，v 指的是边的权值。得到的图的存储结构如下。

$e[1].x = 1$，$e[1].y = 2$，$e[1].v = 23$；

……

根据 v 值的大小进行升序排序，然后初始化所有结点的父结点为自身，这样使得所有结点都是孤立的，以便后面加入最小生成树中。

（2）对排好序的数据从小到大取出每条边的 x 和 y 顶点，比较 x 和 y 的根结点是否相同。如果不相同，那么便将 y 的根结点赋值给 x 的根结点，也就意味着这条边已加入最小生成树中。此时需要累加该边的权值。

（3）当最后边数等于 $n-1$ 的时候，最小生成树也就形成了。

C++ 程序示例如下。

```
1.  #include<iostream>
2.  #include<algorithm>
3.  using namespace std;
4.  const int Max=100;
5.  // 定义边的结构
6.  struct edge{
7.     // 边的两点 x 和 y，边的权值 v
8.     int x,y,v;
9.  }e[Max];
10. // 定义父结点
11. int f[Max];
12. // 定义最小生成树权值之和
13. int sum=0;
14. //n 为结点个数，m 为边数
```

```
15.  int n,m;
16.  // 查找根结点
17.  int fRoot(int t){
18.      // 三元表达式形式
19.      return t==f[t]?t:f[t]=fRoot(f[t]);
20.  }
21.  // 比较规则, 排序方式: 升序
22.  // 注意: 此处通过传址的方式将结构体传过来, 需要在结构体类型前加 const
23.  // 如果这里直接是数, 则不需要传址, 更不需要加 const, 但调用程序就会很
          麻烦
24.  bool cmp(const edge &a, const edge &b){
25.      return a.v<b.v?true:false;
26.  }
27.  // 合并集合
28.  void getTogether(int a, int b){
29.      if(a!=b){
30.          f[a]=b;
31.      }
32.  }
33.
34.  void kruskal(){
35.      // 初始化所有顶点父结点为自己
36.      for(int i=1;i<=n;i++)
37.          f[i]=i;
38.      // 快速排序, 利用 sort 函数
39.      sort(e+1,e+m+1,cmp);
40.      // 记录加入最小生成树边的数量
41.      int num=0;
42.      // 遍历边, 并查找边的两个顶点是否同一个根
43.      for(int i=1;i<=m;i++){
44.          int root1=fRoot(e[i].x);
45.          int root2=fRoot(e[i].y);
46.          if(root1!=root2){
```

```
47.        // 并集，加入最小生成树
48.           getTogether(root1,root2);
49.           sum+=e[i].v;
50.           num++;
51.        }
52.     if(num==(n-1))
53.        break;
54.     }
55.  }
56.  int main(){
57.    freopen("in22-13.in","r",stdin);
58.    freopen("out22-13.out","w",stdout);
59.    cin>>n>>m;
60.    for(int i=1;i<=m;i++){
61.      // 边的两点 x 和 y，边的权值 v
62.      int x,y,v;
63.      cin>>x>>y>>v;
64.      e[i].x=x;
65.      e[i].y=y;
66.      e[i].v=v;
67.    }
68.    // 调用 Kruskal 算法
69.    kruskal();
70.    cout<<" 最小生成树权值和 ="<<sum<<endl;
71.    fclose(stdin);
72.    fclose(stdout);
73.    return 0;
74.  }
```

【输入】

7 12

1 2 23

1 6 28

1 7 36

2 7 1

2 3 20

3 7 4

3 4 15

4 7 19

4 5 3

5 7 16

5 6 17

6 7 25

【输出】

最小生成树权值和 =63

 22.7　关键路径

关键路径往往用于工程项目中，通过计算每条路径花费时间来预估任务最早完成时间。从这里可知，如果把这项工程放在图中，每一项子工程之间是有先后顺序的，因此，关键路径产生在有向图中。

之所以称为关键路径，是因为一项工程最早完成时间往往取决于完成步骤中最耗时的那些步骤，因此我们将一项工程完成过程中耗时最长的那一条路径称为关键路径，当然有时关键路径不止一条。

为了便于理解，我们以学生起床到上学这一过程为例来解释关键路径。

案例 22-14

例如，小明一个人在家，他早晨需要起床（结点 0）、叠被子（结点 1）、烧水（结点 2）、煮饭（结点 3）、洗脸（结点 4）、刷牙（结点 5）、吃早饭（结点 6）、离开家（结点 7）这八个步骤，完成后才离开家去上学。

假设叠被子耗时 2 min，烧水耗时 10 min，煮饭耗时 12 min，洗脸耗时 3 min，刷牙耗时 4 min，吃早饭耗时 12 min，离开家耗时 2 min。

如果把这几个步骤抽象成一幅有向图（见图 22-23），那么他起床后耗时多久离开家呢？

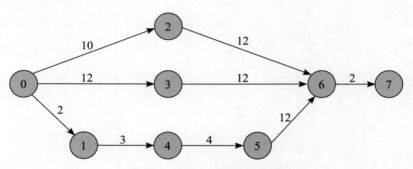

▲ 图 22-23　关键路径案例图

从图 22-23 可知，小明从起床到离开家有三条路径，且都是并列关系，它们分别是：

第一条：0 → 2 → 6 → 7，总耗时 24 min；

第二条：0 → 3 → 6 → 7，总耗时 26 min；

第三条：0 → 1 → 4 → 5 → 6 → 7，总耗时 23 min。

通过生活经验可知，小明起床后离开家最长需要 26 min 的时间，虽然第三条路径中结点较多，但总耗时较少，并不能对离开家的最长耗时起决定性作用，起决定性作用的是第二条路径，我们将这样起决定性作用的路径称为关键路径。

🔽 22.7.1　相关概念

拓扑排序：针对有向无环图，将图中顶点排成线性序列的方式称为拓扑排序。

AOV 网（activity on vertex network）：用顶点表示活动，边表示活动（顶点）发生的先后关系。AOV 网的边不设权值，若存在边 <*a,b*>，则表示活动 *a* 必须发生在活动 *b* 之前。

AOE 网（activity on edge network）：用边表示活动，用顶点表示事件，权值表示活动所经历的时间，AOE 网往往是通过 AOV 网拓扑排序后得到的结果。图 22-23 是 AOE 网。

路径长度：针对 AOE 网，是指各个活动所持续时间的总和。

关键路径：针对 AOE 网，是指各个活动持续时间最长的事件集合（路径）。

关键活动：关键路径上的活动。

22.7.2　拓扑排序

拓扑排序的思路很简单，关键在于寻找入度为 0 的结点，因为只有入度为 0 才满足有向图起点的要求，找到入度为 0 的点后，将这些点压入栈内，然后逐个弹栈得到当前访问结点 u，查找以 u 为出发点的边，将找到的所有对应点的入度减一（相当于删除这些边）。如果此时减一后入度变成 0，则将该点压入栈内，直到找到不存在入度为 0 的点为止。然后统计所有入度为 0 的点的个数，如果入栈点的个数正好等于顶点个数，则说明拓扑排序成功，反之则说明有环存在。

在拓扑排序中，为了提高时间效率，常常使用邻接表存储图，通过定义结构体的形式来存储起点连接终点的队列如下。

```
1.  struct map{
2.      // 定义连接起点的终点队列
3.      queue<int> end;
4.  }a[Max];
```

其中数组 a 存储的是起点，end 队列存储的是终点。

案例
22-15

📖　问题描述

任意给出一个有向图，进行拓扑排序。

【输入格式】

第一行两个数，分别是结点数 n 与边数 m。输入 m 行，每行两个数，分别是起点和终点。

【输出格式】

如果有环存在输出存在环！反之输出拓扑排序成功！

C++ 示例程序如下。

```
1.  #include<iostream>
2.  #include<cstdio>
3.  #include<cstring>
```

```
4.   #include<stack>
5.   #include<queue>
6.   using namespace std;
7.   const int Max=100;
8.   // 用邻接表定义图
9.   struct map{
10.      // 定义连接起点的终点队列
11.      queue<int> end;
12.  }a[Max];
13.  // 每个顶点入度
14.  int inDegree[Max];
15.  // 有向图顶点个数 n, 边数 m
16.  int n,m;
17.  // 计算入度为 0 结点个数
18.  int sum=0;
19.  // 栈
20.  stack<int> s;
21.  void topSort(){
22.      // 初始化, 现将所有入度为 0 的点入栈
23.      for(int i=1;i<=n;i++){
24.          if(inDegree[i]==0){
25.              // 入栈
26.              s.push(i);
27.              sum++;
28.          }
29.      }
30.      // 没有入度为 0 的点, 说明有环
31.      if(sum==0){
32.          cout<<" 存在环! "<<endl;
33.          return;
34.      }
35.      while(!s.empty()){
36.          int t=s.top();
```

```
37.        // 出栈
38.        s.pop();
39.        while(!a[t].end.empty()){
40.            // 获取队首元素
41.            int front=a[t].end.front();
42.            // 队首出队
43.            a[t].end.pop();
44.            // 入度减一
45.            inDegree[front]--;
46.            // 当入度等于 0，入栈 s
47.            if(inDegree[front]==0){
48.                s.push(front);
49.                sum++;
50.            }
51.        }
52.    }
53.    // 判断 sum 与 n 的关系
54.    if(sum==n)
55.        cout<<" 拓扑排序成功！ "<<endl;
56.    else
57.        cout<<" 存在环！ "<<endl;
58. }
59. int main(){
60.    freopen("in22-15.in","r",stdin);
61.    freopen("out22-15.out","w",stdout);
62.    cin>>n>>m;
63.    // 初始化入度都是 0
64.    memset(inDegree,0,sizeof(inDegree));
65.    for(int i=0;i<m;i++){
66.        // 有向图起点 q，终点 e
67.        int q,e;
68.        cin>>q>>e;
69.        a[q].end.push(e);
```

70.	// 终点入度加一
71.	inDegree[e]++;
72.	}
73.	// 拓扑排序
74.	topSort();
75.	fclose(stdin);
76.	fclose(stdout);
77.	**return** 0;
78.	}

【输入】

12 16

1 2

1 3

2 3

1 4

3 5

4 5

11 6

5 7

3 7

3 8

6 8

9 10

9 11

9 12

10 12

1 12

【输出】

拓扑排序成功!

22.7.3　关键路径的应用

关键路径往往应用于工程时间的估算，用到的网络拓扑结构为 AOE 网，其中结点表示事件，有向边表示活动，边上的权值表示活动持续的时间。AOE 网具有以下两个性质。

- 只有进入某个结点的所有活动都结束，才表示该结点的事件发生了。
- 只有某个结点表示的事件发生后，从该结点出发的活动才会发生。

关键路径上的时间总和决定整个工程的工期。以图 22-24 所示的 AOE 网为例来帮助理解关键路径的算法思想如下。

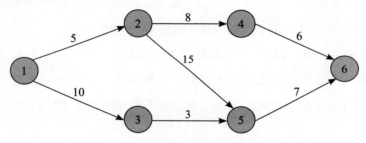

▲ 图 22-24　AOE 网示例图

图 22-24 是一个典型的 AOE 网示例图，该图首先是一个无环的有向图，其次，它存在唯一的入度为 0 的点，我们称之为源点；也存在唯一的出度为 0 的点，我们称之为汇点（或终点）。

要求解 AOE 网的关键路径，还需要了解下面几个概念。

正向拓扑：从源点向汇点方向计算，一般用于求事件的最早发生时间。

反向拓扑：从汇点向源点方向计算，一般用于求事件的最迟发生事件。

事件的最早发生时间：如果用 V_i 表示结点，$<V_i, V_j>$ 表示从 i 到 j 活动所需要的时间，最早发生时间一般是从源点向汇点方向计算。那么结点 j 的最早发生时间 $Ve[j]$ 的计算公式如下。

$$Ve[j] = \begin{cases} 0 & (j\text{为源点}) \\ \max(Ve[i] + <V_i, V_j>) & (j\text{不是源点}) \end{cases}$$

以图 22-24 为例，结点 5 的最早发生时间计算公式如下。

$$Ve[5] = \max(Ve[2] + <2, 5>, Ve[3] + <3, 5>)$$

得到结果为 20。

事件的最迟发生时间：是指在不推迟整个工程时间的前提下，允许某个结点 j（事件 j）最迟发生的时间，最迟发生时间一般是从汇点向源点方向计算。结点 j 的最迟发生时间 $Vl[j]$ 的计算公式如下。

$$Vl[j] = \begin{cases} Ve[j] & \text{（} j \text{为汇点）} \\ \min(Vl[i] - <V_j, V_i>) & \text{（} j \text{不是汇点）} \end{cases}$$

在关键路径求解过程中，实质上是针对活动而言，也就是说以"边"为单位进行关键路径的求解，因此需要在事件的基础上计算活动的最早发生时间与最迟发生时间。

活动的最早发生时间：根据 AOE 网性质，结点 i 表示事件发生，活动 $<i,j>$ 才可能发生，那么活动 $<i,j>$ 的最早发生时间也就是事件 i 的最早发生时间。

活动的最迟发生时间：活动 $<i,j>$ 最迟发生时间实质上是活动最迟发生后，事件 j 才开始，其计算公式与事件最迟发生时间相似，即用 $Vl[j] - <i,j>$ 表示活动 $<i,j>$ 最迟发生时间。对于活动的最迟发生时间，可以理解为在不影响整个工期的前提下，活动最晚开始的时间。

关键路径实现的核心思想如下。

- 每个结点最早发生时间为 0，然后对其进行拓扑排序，排序过程中获取并设置每个结点的最早发生时间，同时活动的最早发生时间就可以利用事件最早发生时间得到。
- 拓扑排序过程中为了下面进行反向拓扑，需要利用栈记录正向拓扑的结点顺序，然后从汇点开始，按照公式计算每个结点（活动）的最迟发生时间。
- 如果活动的最迟发生时间与最早发生时间相等，则该活动为关键活动，相关结点为关键结点，该活动所处路径为关键路径。

以图 22-24 为例，输出该图的关键路径。

C++ 示例代码如下。

```
1.  #include<iostream>
2.  #include<cstdio>
3.  #include<cstring>
```

```
4.   #include<stack>
5.   #include<queue>
6.   #include<vector>
7.   // 用于使用 fill 函数
8.   #include<algorithm>
9.   using namespace std;
10.  const int Max=100;
11.  //n 为结点数，m 为边数
12.  int n,m;
13.  int Ve[Max],Vl[Max];
14.  struct node{
15.      //end 表示活动结束事件，value 表示耗时
16.      int end,value;
17.  };
18.  int inDegree[Max];
19.  // 存储图
20.  vector<node> map[Max];
21.  // 记录每个结点的后一事件
22.  vector<int> pre[Max];
23.  // 用栈存储源点
24.  stack<int> topStore;
25.  // 用于存储关键路径
26.  vector<int> path;
27.  // 拓扑排序
28.  bool topSort(){
29.      // 临时记录源点队列
30.      queue<int> q;
31.      // 记录进入队列源点数量
32.      int num=0;
33.      // 查找源点
34.      for(int i=0;i<n;i++){
35.          if(inDegree[i]==0)
36.              q.push(i);
```

```
37.        }
38.        while(!q.empty()){
39.            int front=q.front();
40.            num++;
41.            // 存储栈中，便于反向拓扑
42.            topStore.push(front);
43.            // 从临时队列中出队
44.            q.pop();
45.            for(int i=0;i<map[front].size();i++){
46.                int end=map[front][i].end;
47.                int value=map[front][i].value;
48.                inDegree[end]--;
49.                if(inDegree[end]==0)
50.                    q.push(end);
51.                if(Ve[front]+value>Ve[end])
52.                    Ve[end]=Ve[front]+value;
53.            }
54.        }
55.        return num==n?true:false;
56.    }
57.    // 深度优先遍历 path
58.    void DFS(int s, int e){
59.        if(s==e){
60.            path.push_back(s);
61.            for(int i=path.size()-1;i>=0;i--){
62.                cout<<path[i];
63.                if(i>0)
64.                    cout<<"->";
65.                else
66.                    cout<<endl;
67.            }
68.            path.pop_back();
69.            return;
```

```
70.      }
71.      path.push_back(e);
72.      for(int i=0;i<pre[e].size();i++){
73.          DFS(s,pre[e][i]);
74.      }
75.      path.pop_back();
76. }
77. // 计算关键路径
78. int criticalPath(){
79.      // 初始化 Ve 从第一个到第 n 个全部为 0
80.      fill(Ve,Ve+n,0);
81.      if(!topSort()){
82.          return -1;
83.      }
84.      // 设置所有 Vl 值为汇点的 Ve 值
85.      fill(Vl,Vl+n,Ve[n-1]);
86.      // 反向拓扑
87.      while(!topStore.empty()){
88.          int t=topStore.top();
89.          topStore.pop();
90.          for(int i=0;i<map[t].size();i++){
91.              int end=map[t][i].end;
92.              int value=map[t][i].value;
93.              if(Vl[end]-value<Vl[t])
94.                  Vl[t]=Vl[end]-value;
95.          }
96.      }
97.      cout<<" 所有关键活动为："<<endl;
98.      for(int i=0;i<n;i++)
99.          for(int j=0;j<map[i].size();j++){
100.              int end=map[i][j].end;
101.              int value=map[i][j].value;
102.              int e=Ve[i];
```

```
103.        int l=Vl[end]-value;
104.          if(e==l){
105.            // 根据输入减一，路径用结点表示时将删除的 1 再加上
106.              cout<<i+1<<"->"<<end+1<<endl;
107.              pre[end+1].push_back(i+1);
108.            }
109.          }
110.      cout<<" 所有关键路径为： "<<endl;
111.      DFS(1,n);
112.      return Ve[n-1];
113.    }
114.    int main(){
115.      freopen("in22-16.in","r",stdin);
116.      freopen("out22-16.out","w",stdout);
117.      cin>>n>>m;
118.      // 初始化入度都是 0
119.      memset(inDegree,0,sizeof(inDegree));
120.      // 录入图
121.      for(int i=0;i<m;i++){
122.        //start 表示开始事件结点，end 表示结束事件结点，value 表示耗费时间
123.        int start,end,value;
124.        cin>>start>>end>>value;
125.        // 定义一个结点
126.        node nd;
127.        // 下标从 0 开始，所以 start 和 end 要减一
128.        nd.end=end-1;
129.        nd.value=value;
130.        map[start-1].push_back(nd);
131.      }
132.      // 关键路径
133.      cout<<" 关键路径长度为： "<<criticalPath();
134.      fclose(stdin);
135.      fclose(stdout);
```

```
136.    return 0;
137. }
```

【输入】

6 7

1 2 5

1 3 10

2 5 15

3 5 3

2 4 8

4 6 6

5 6 7

【输出】

所有关键活动为：

1 → 2

2 → 5

5 → 6

所有关键路径为：

1 → 2 → 5 → 6

关键路径长度为：27

第六部分

算法补充与归纳

第23章

数学公式补充

本章作为算法的补充，主要是针对数学知识的补充。在第四部分已经介绍，信息学奥赛中很多题目可以通过数学公式来解决，这种解决方式既准确，又能利用极小的时间复杂度完成代码，为同学们开辟一片新的世界。

23.1 蔡勒公式

在信息学奥赛中，经常遇到这样一种问题，已知某年某月某日是星期几，问另外一个日期是星期几。这种问题乍一看需要推算每年有多少天，且该年份是否为闰年，但如果通过公式，这种问题将迎刃而解。

下面就来介绍这种用于日期计算的公式——蔡勒（Zeller）公式：

$$w = \left(y + \left\lfloor \frac{y}{4} \right\rfloor + \left\lfloor \frac{c}{4} \right\rfloor - 2c + \left\lfloor \frac{26(m+1)}{10} \right\rfloor + d - 1 \right) \bmod 7$$

上式中，w 表示星期几，0 对应的是星期日、1 对应的是星期一、2 对应的是星期二、3 对应的是星期三、4 对应的是星期四、5 对应的是星期五、6 对应的是星期六；c 表示的是年份的前两位，例如 1949 年的 c 就是 19；y 表示的是年份的后两位；m 表示月份，但这里有个特殊的取值范围，它的取值范围是 [3,14]，1 月看作上一年的 13 月，2 月看作上一年的 14 月；d 表示日期；$\lfloor \ \rfloor$ 称为高斯符号，表示向下取整，在 C++ 语言中需要引入 cmath 库文件，用到的函数是 floor 函数；mod 指的是取余数。

案例 23-1

（2017年NOIP初赛提高组）2017年10月1日是星期日，1949年10月1日是（　　　）。

A. 星期三　　　　B. 星期日　　　　C. 星期六　　　　D. 星期二

【分析】

利用蔡勒公式可得：

$$w = \left(49 + \left\lfloor \frac{49}{4} \right\rfloor + \left\lfloor \frac{19}{4} \right\rfloor - 2 \times 19 + \left\lfloor \frac{26 \times (10+1)}{10} \right\rfloor + 1 - 1 \right) \bmod 7$$

$$= (49 + 12 + 4 - 2 \times 19 + 28) \bmod 7$$

$$= (49 + 12 + 4 - 2 \times 19 + 28) \bmod 7$$

$$= 55 \bmod 7 = 6$$

【参考答案】C

23.2　归一问题

归一问题是一类问题的总称，指的是在一些复合问题中，根据已知条件，可以求出一个单位量的数值，然后根据这些条件可以求解问题。在所有归一问题中一定存在一个不变的量，例如，3 台拖拉机 2 小时内耕地 30 公顷（1 公顷 =10000 平方米），问照这样的速度，120 公顷的地 6 台拖拉机耕地用多长时间。其中"照这样的速度"指的就是问题中不变的量。

23.3　等差数列

等差数列是指从第二项起，每一项与它前面一项的差等于同一个常数的数列。等差数列有如下公式需要牢记。

特殊的前 n 项和：

$$1 + 2 + 3 + \cdots + n = \frac{n(n+1)}{2}$$

$$1 + 3 + 5 + \cdots + (2n-1) = n^2$$

$$2 + 4 + 6 + \cdots + 2n = n(n+1)$$

$$1^2 + 2^2 + 3^2 + \cdots + n^2 = \frac{n(n+1)(2n+1)}{6}$$

$$1^3 + 2^3 + 3^3 + \cdots + n^3 = \left[\frac{n(n+1)}{2} \right]^2$$

$$1 \times 2 + 2 \times 3 + 3 \times 4 + \cdots + n(n+1) = \frac{n(n+1)(n+2)}{3}$$

等差数列通项公式：

$$a_n = a_1 + (n-1)d$$

其中，a_1 指的是数列的第一项，d 代表的是等差数列的常数差值——公差。

等差数列前 n 项和公式：

$$S_n = \frac{n(a_1 + a_n)}{2} = na_1 + \frac{n(n-1)d}{2}$$

问题描述

一群猴子在山上摘桃子，第一只猴子摘了 1 个桃子，第二只猴子摘了 2 个桃子，第三只猴子摘了 3 个桃子，以此类推，后面猴子都比前面猴子多摘 1 个桃子，最后每只猴子分了 8 个桃子，问共有多少只猴子。

【分析】

从问题描述可知，这是一个等差数列，且公差为 1，设有 n 只猴子，那么得到的桃子总数为：

$$1 + 2 + 3 + \cdots + n = \frac{n(n+1)}{2}$$

最后每只猴子平均得到 8 个桃子，所以用和除以 n，得到结果为 8：

$$\frac{n(n+1)}{2n} = 8$$

可得：

$$n^2 - 15n = 0$$

最后解得 n 要么等于 15 要么等于 0，因为 n 不可能等于 0，所以最后得出猴子共有 15 只。

【参考答案】15

23.4　等比数列

等比数列是指从第二项起，每一项与它前面一项的比值等于同一个常数的数列。其公比一般用 q 表示，等比数列的每一项都不等于 0。

等比数列的通项式：$a_n = a_1 q^{n-1}$

等比数列的求和公式：

当 $q=1$ 时，$S_n = n a_1$

当 $q \neq 1$ 时，$S_n = \dfrac{a_1(1-q^n)}{1-q}$

第24章

高精度四则运算

在 C++ 语言中，int 型的整数范围是 −2147483648 ～ 2147483647，long 型的也是有大小范围限制的。如果在计算过程中遇到超过这些数据类型范围的数，如何计算也是参加信息学奥赛需要学习的知识点。

24.1 数字存储

在高精度计算中，首要解决的难点在于数字的存储问题。因为高精度计算的数字都超过 int 或 long 型的数据类型，所以在存储过程中，需要将输入的每一位数字进行单独存储，这就需要利用数组将用户输入的每一位数字进行存储。

在四则运算中都是从低位开始进行的，如果用数组存储的数字顺序是按照用户输入的顺序进行存储的，那么用户输入的最后一位其实是计算数字的最低位，对真实计算并不便利，为了解决这一问题，需要将用户输入的数字进行倒序存储。

输入一串数字并按照倒序存储在数字数组中。

C++ 示例程序如下。

```
1.  #include<iostream>
2.  #include<cstring>
3.  using namespace std;
4.  const int Max=10000;
5.  // 存储数字的数组
```

```
6.  int a[Max];
7.  void string2int(char s[]){
8.     //a[0] 存储 s 的长度
9.     a[0]=strlen(s);
10.    // 倒序存储，并将字符转成数字
11.    for(int i=a[0];i>0;i--){
12.       a[i]=s[a[0]-i]-'0';
13.    }
14.    for(int i=1;i<=a[0];i++)
15.       cout<<a[i];
16. }
17. int main(){
18.    char s[Max];
19.    cin>>s;
20.    string2int(s);
21.    return 0;
22. }
```

【输入】

9767823674602374083784932709847230784072364078326 0428

【输出】

8240623870463270487032748907239487380473206476328 7679

24.2　高精度加法计算

高精度加法计算的思路为：首先分清两个数字的符号，如果两个数字符号相同，那么将两个数字对应位相加，当遇到进位时，则需要将进位数字增加到前一位的加法运算中；当两个数字符号不同时，则说明是一个减法运算公式，减法运算在后面介绍中具体讲解。

在高精度加法运算中，设置存储数字的最高位为符号位，如果符号相同则对应位相加，反之则进行减法运算。

问题描述

计算两个高精度数字之和，如果两个数字符号不同则不进行加法运算。最高位 0 表示正数，1 表示负数。

C++ 示例程序如下。

```
1.  #include<iostream>
2.  #include<cstring>
3.  using namespace std;
4.  const int Max=10000;
5.  // 存储数字的数组
6.  int a[Max],b[Max];
7.  // 数组 a 的长度和数组 b 的长度
8.  int a1,b1;
9.  bool string2int(char s1[],char s2[]){
10.     if(s1[0]==s2[0]){
11.        // 初始化 a 和 b
12.        memset(a,0,sizeof(a));
13.        memset(b,0,sizeof(b));
14.        // 第一位存储符号
15.        a[0]=s1[0]-'0';
16.        b[0]=s2[0]-'0';
17.        a1=strlen(s1);
18.        b1=strlen(s2);
19.        // 倒序存储，并将字符转成数字
20.        for(int i=a1-1;i>0;i--){
21.           a[i]=s1[a1-i]-'0';
22.        }
23.        for(int i=b1-1;i>0;i--){
24.           b[i]=s2[b1-i]-'0';
25.        }
```

470

```
26.        return true;
27.    }else{
28.        return false;
29.    }
30. }
31. void add(char s1[], char s2[]){
32.    if(string2int(s1,s2)){
33.        // 将位数最多的数组长度作为和的数组长度
34.        int len=a1>b1?a1:b1;
35.        // 进位数字
36.        int carry=0;
37.        // 对应位相加之和
38.        int sum=0;
39.        for(int i=1;i<=len;i++){
40.            // 对应位相加再加上进位数字
41.            sum=a[i]+b[i]+carry;
42.            carry=sum/10;
43.            // 用数组 a 表示最后的和数
44.            a[i]=sum%10;
45.        }
46.        // 最高位如果是 0 则说明没有进位
47.        if(a[len]==0)
48.            len--;
49.        // 先输出符号位
50.        cout<<a[0];
51.        // 输出和
52.        for(int i=len;i>0;i--){
53.            cout<<a[i];
54.        }
55.    }else{
56.        cout<<" 请做减法运算！ ";
57.    }
58.    return;
```

```
59.  }
60.  int main(){
61.      char s1[Max],s2[Max];
62.      // 最高位 0 表示正数，1 表示负数
63.      cin>>s1>>s2;
64.      add(s1,s2);
65.      return 0;
66.  }
```

【输入】

1696757659767578658765685

1765768769879798798708087

【输出】

1146252642964737745747473772

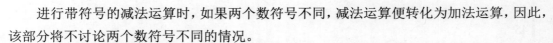

24.3 高精度减法计算

进行带符号的减法运算时，如果两个数符号不同，减法运算便转化为加法运算，因此，该部分将不讨论两个数符号不同的情况。

带符号的高精度减法计算思路是：当两个数符号相同的条件下进行减法计算，需要首先分清两个数的绝对值哪个大，当减数绝对值大于被减数时，得到结果符号位为负号，反之则为正号，然后将绝对值较大的作为被减数，绝对值较小的作为减数。

当被减数绝对值比减数绝对值大时，两个数的差等于被减数与减数对应位数的差，当被减数对应位的数比减数对应位数字小时，需要向前一位借一位，也就是当前被减数位的数加 10 再减去减数的对应位数字。

 问题描述

计算两个高精度数字之差，如果两个数字符号不同则不进行减法运算。最高位 0

472

表示正数，1 表示负数。

C++ 实例程序如下。

```
1.  #include<iostream>
2.  #include<cstring>
3.  using namespace std;
4.  const int Max=10000;
5.  // 被减数 a，减数 b，差 c
6.  int a[Max],b[Max],c[Max];
7.  // 数组 a 的长度和数组 b 的长度
8.  int a1,b1;
9.  bool string2int(char s1[],char s2[]){
10.     if(s1[0]==s2[0]){
11.         // 初始化 a 和 b
12.         memset(a,0,sizeof(a));
13.         memset(b,0,sizeof(b));
14.         // 第一位存储符号
15.         a[0]=s1[0]-'0';
16.         b[0]=s2[0]-'0';
17.         a1=strlen(s1);
18.         b1=strlen(s2);
19.         // 倒序存储，并将字符转成数字
20.         for(int i=a1-1;i>0;i--){
21.             a[i]=s1[a1-i]-'0';
22.         }
23.         for(int i=b1-1;i>0;i--){
24.             b[i]=s2[b1-i]-'0';
25.         }
26.         return true;
27.     }else{
28.         return false;
29.     }
30. }
31. void calculation(int a[], int b[],int l){
```

```
32.      for(int i=1;i<=l-1;i++){
33.        if(a[i]<b[i]){
34.          c[i]=a[i]+10-b[i];
35.          a[i+1]--;
36.        }else
37.          c[i]=a[i]-b[i];
38.      }
39.    }
40.  void sub(char s1[], char s2[]){
41.    if(string2int(s1,s2)){
42.      // 将位数最多的数组长度作为和的数组长度
43.      int len=a1>b1?a1:b1;
44.      // 比较两个数绝对值哪个大
45.      //flag 为 true 表示 a 大于 b
46.      bool flag=false;
47.      for(int i=len-1;i>0;i--){
48.        if(a[i]>b[i]){
49.          flag=true;
50.          // 跳出循环
51.          break;
52.        }else if(a[i]<b[i]){
53.          break;
54.        }
55.      }
56.      if(flag){
57.        //a 比 b 大
58.        calculation(a,b,len);
59.        if(a[0]==0)
60.          c[0]=0;
61.        else
62.          c[0]=1;
63.      }else{
64.        //b 比 a 大
```

```
65.        calculation(b,a,len);
66.        if(a[0]==0)
67.            c[0]=1;
68.        else
69.            c[0]=0;
70.        }
71.    // 先输出符号
72.    cout<<c[0];
73.    // 输出差
74.    for(int i=len-1;i>0;i--){
75.        cout<<c[i];
76.    }
77.    }else{
78.    cout<<" 请做加法运算！ ";
79.    }
80.    return;
81. }
82. int main(){
83.    char s1[Max],s2[Max];
84.    // 最高位 0 表示正数，1 表示负数
85.    cin>>s1>>s2;
86.    sub(s1,s2);
87.    return 0;
88. }
```

【输入】

087786876

06768723

【输出】

081018153

24.4 高精度乘法计算

乘法利用竖式计算如下：

$$
\begin{array}{r}
13637 \\
\times\quad 34 \\
\hline
54548 \\
40911 \\
\hline
463658 \\
\end{array}
$$

从上式可以看出，个位与个位相乘结果保存在个位，个位与十位相乘结果加上个位的进位保存在十位，以此类推，第 i 位与第 j 位相乘得到的结果保存在 $i+j-1$ 位，同时需要加上该位上原来的值，最后得到的结果即为两个数的积。

带符号的乘法计算非常好判断积的符号，当两个因子符号不同时得到的结果符号为负数，反之为正数。

 问题描述

计算两个高精度数字之积。最高位 0 表示正数，1 表示负数。

C++ 示例程序如下。

```
1.  #include<iostream>
2.  #include<cstring>
3.  using namespace std;
4.  const int Max=10000;
5.  // 因子 a，因子 b，积 c
6.  int a[Max],b[Max],c[Max<<1];
7.  // 数组 a 的长度和数组 b 的长度
8.  int a1,b1;
9.  bool string2int(char s1[],char s2[]){
10.     bool flag=false;
11.     if(s1[0]==s2[0]){
12.        flag=true;
```

```
13.       }
14.       // 初始化 a 和 b
15.       memset(a,0,sizeof(a));
16.       memset(b,0,sizeof(b));
17.       memset(c,0,sizeof(c));
18.       // 第一位存储符号
19.       a[0]=s1[0]-'0';
20.       b[0]=s2[0]-'0';
21.       a1=strlen(s1);
22.       b1=strlen(s2);
23.       // 倒序存储，并将字符转成数字
24.       for(int i=a1-1;i>0;i--){
25.           a[i]=s1[a1-i]-'0';
26.       }
27.       for(int i=b1-1;i>0;i--){
28.           b[i]=s2[b1-i]-'0';
29.       }
30.       return flag;
31.   }
32.   void multiply(char s1[], char s2[]){
33.       if(string2int(s1,s2)){
34.           c[0]=0;
35.       }else{
36.           c[0]=1;
37.       }
38.       // 乘法运算
39.       for(int i=1;i<=a1;i++){
40.           for(int j=1;j<=b1;j++){
41.               int mul=c[i+j-1]+a[i]*b[j];
42.               // 进位
43.               c[i+j]=c[i+j]+mul/10;
44.               c[i+j-1]=mul%10;
45.           }
```

46.	}
47.	// 先输出符号位
48.	cout<<c[0];
49.	// 输出
50.	**int** len=a1+b1;
51.	// 删除前面的 0
52.	**while**(c[len]==0 && len>0)
53.	len--;
54.	**for**(**int** i=len;i>0;i--)
55.	cout<<c[i];
56.	**return**;
57.	}
58.	**int** main(){
59.	**char** s1[Max],s2[Max];
60.	// 最高位 0 表示正数，1 表示负数
61.	cin>>s1>>s2;
62.	multiply(s1,s2);
63.	**return** 0;
64.	}

【输入】

0687868582638746328764

187686876967797

【输出】

16031704777585665279781488200281290B

24.5　高精度除法计算

在做除法运算时，当除数为高精度数字时，不能用常用思维将被除数前几位（根据除数位数定）除以除数得到商，而应该更换思维，将除法问题转为减法问题。例如，9 除以 4 相当于将 9 不断减去 4，直到差不大于 4 为止，减的次数就是商，余数就是最后的差。

以 12345÷124 为例，设置数组 $a[]$ 存储被除数 12345，$b[]$ 存储除数 124，$c[]$ 存储

商。为了计算方便，设置两个数组的第一个元素存储被除数和除数长度，即 $a[0]=5$，$b[0]=3$。

高精度除法计算步骤如下。

（1）确定商的最大位数 $c[0]=a[0]-b[0]+1$，上例中得到商的最大位数为 3。

（2）倒序存储数组 a 和 b，得到结果如下。

$a[]$ 5 5 4 3 2 1

$b[]$ 3 4 2 1

（3）为了使 b 与 a 最高位对齐，设置一个临时数组 temp 将 b 向右移动 2 个格（也就是从 $c[0]$ 位置开始移动），得到如下结果。

temp[] 5 0 0 4 2 1

（4）用 a 减 temp，并将得到的结果赋值给 a，此时 a 就成为余数的容器，得到结果如下。

$a[]$ 5 5 3 9 0 0

（5）比较 a 与 temp 大小，如果 a 大于 temp，则将 $a=a-\text{temp}$，同时对应的商 $c[i]$ 执行加 1 操作，直到 $a<\text{temp}$ 为止。

（6）此时已经进行完一轮循环，应该将 temp 临时数组重新设置为 0，重复（3）～（5）步骤。

（7）最后将 c 数组前面的 0 去掉，商即为 c 数组内容，余数即为数组 a 的内容。

案例 24-5

📖 **问题描述**

计算两个高精度数字之商及余数。

C++ 示例程序如下。

```
1.  #include<iostream>
2.  #include<cstring>
3.  using namespace std;
4.  const int Max=10000;
5.  // 被除数 a，除数 b，商 c
```

```
6.   int a[Max],b[Max],c[Max];
7.   void string2int(char s1[],char s2[]){
8.      // 初始化 a 和 b
9.      memset(a,0,sizeof(a));
10.     memset(b,0,sizeof(b));
11.     // 第一位存储长度
12.     a[0]=strlen(s1);
13.     b[0]=strlen(s2);
14.     // 倒序存储，并将字符转成数字
15.     for(int i=1;i<=a[0];i++){
16.        a[i]=s1[a[0]-i]-'0';
17.     }
18.     for(int i=1;i<=b[0];i++){
19.        b[i]=s2[b[0]-i]-'0';
20.     }
21.     return;
22.  }
23.  // 比较 p 和 q 哪个大，p 大返回 1，q 大返回 -1，相等返回 0
24.  int compare(int p[], int q[]){
25.     // 先比较位数
26.     if(p[0]>q[0])
27.        return 1;
28.     else if(p[0]<q[0])
29.        return -1;
30.     else{
31.        // 从高到低逐位比较
32.        for(int i=p[0];i>0;i--){
33.           if(p[i]>q[i])
34.              return 1;
35.           else if(p[i]<q[i])
36.              return -1;
37.        }
38.        return 0;
```

```
39.      }
40.   }
41.   // 计算 a=a-q
42.   void sub(int a[],int q[]){
43.      int t=compare(a,q);
44.      if(t==0){
45.        // 两个数相等
46.        a[0]=0;
47.        return;
48.      }else if(t==1){
49.        //a 大于 b
50.        for(int i=1;i<=a[0];i++){
51.          // 借位运算
52.          if(a[i]<q[i]){
53.            a[i+1]--;
54.            a[i]+=10;
55.          }
56.          a[i]-=q[i];
57.        }
58.        // 删除前面的 0
59.        while(a[0]>0 && a[a[0]]==0)
60.          a[0]--;
61.        return;
62.      }
63.   }
64.   void division(char s1[], char s2[]){
65.      string2int(s1,s2);
66.      int com=compare(a,b);
67.      if(com==1){
68.        // 除数比被除数小
69.        // 设置商的位数
70.        c[0]=a[0]-b[0]+1;
71.        // 设置临时数组 temp
```

72.	**int** temp[Max];
73.	**for**(**int** i=c[0];i>0;i--){
74.	// 将 temp 数组清零
75.	memset(temp,0,**sizeof**(temp));
76.	// 将数组 b 从 i 开始复制到 temp
77.	**for**(**int** j=1;j<=b[0];j++)
78.	temp[j+i-1]=b[j];
79.	temp[0]=b[0]+i-1;
80.	// 用减法模拟除法
81.	**while**(compare(a,temp)>=0){
82.	c[i]++;
83.	sub(a,temp);
84.	}
85.	}
86.	// 删除前面的 0
87.	**while**(c[0]>0 && c[c[0]]==0)
88.	c[0]--;
89.	cout<<" 商 =";
90.	**if**(c[0]==0)
91.	cout<<0;
92.	**else**{
93.	**for**(**int** i=c[0];i>0;i--)
94.	cout<<c[i];
95.	}
96.	cout<<", 余数 =";
97.	**if**(a[0]==0)
98.	cout<<0;
99.	**else**{
100.	**for**(**int** i=a[0];i>0;i--)
101.	cout<<a[i];
102.	}
103.	}**else if**(com==-1){
104.	// 除数比被除数大

```
105.        cout<<" 商 =0，余数 =";
106.        for(int i=1;i<a[0];i++)
107.            cout<<a[i];
108.      }else{
109.        // 两个数相等
110.        cout<<" 商 =1，余数 =0";
111.      }
112.      return;
113.    }
114.    int main(){
115.      char s1[Max],s2[Max];
116.      cin>>s1>>s2;
117.      division(s1,s2);
118.      return 0;
119.    }
```

【输入】

78629596567567592878769 7

66576587876697

【输出】

商 =11810397479，余数 =56311717140834

第25章

字符串算法

字符串算法是编程过程中常用的算法，其本质是解决字符串的匹配问题，主要包括哈希算法、KMP 算法、Trie 树（字典树）、Manacher 算法和 AC 自动机五种算法。下面对这五种算法进行详细介绍。

25.1 哈希算法

在了解哈希算法进行字符串匹配之前，首先需要了解哈希算法使用的存储结构——哈希表。哈希表（Hash table，也叫散列表），是根据关键码值（key value）直接进行访问的数据结构。也就是说，它通过把关键码值映射到表中一个位置来访问记录，以加快查找的速度。这个映射函数叫作散列函数，存放记录的数组叫作散列表。

那么什么情况下使用哈希表呢？其优势是什么？

首先，给出答案——哈希表使用户在不经过排序的前提下，能够利用最短时间搜索到指定的元素。

为了理解哈希表的作用，例如，有一个数组 $a[] = \{1, 65, 98772, 23, 342, 5694, 985\}$，要从数组中搜索某个数，需要从第一个数进行遍历，最坏情况下时间复杂度就是 $O(n)$。为了使检索效率提升，可以采用信息学奥赛中常用的一种思维——用空间换取时间，就是开辟一个长为 98773 的数组，令 $a[1] = 1$，$a[98772] = 98772$，$a[23] = 23 \cdots$，这样在查找某个元素的时候，通过下标就可以查找相关元素，时间复杂度仅为 $O(1)$。

然而这种用空间换取时间的方法虽然可以提高检索效率，但也大大浪费了空间，为了缩减空间，利用哈希函数 $h(x)$ 可以减小空间的浪费。例如，令 $h(x) = x \bmod 89$（这里一般使用一个质数作为模），这样数组 a 的下标就变成了 $\{1, 65, 71, 23, 75, 87, 6\}$，对于未优化的空间，只需要开辟长度为 88 的数组就可以实现时间复杂度为 $O(1)$ 的查找。

虽然经过哈希函数计算的数组空间可以大大降低，但也会出现地址冲突的问题。例如 $a[] = \{1,65,98772,23,342,5694,985,90,112,154\}$，经过哈希函数 $h(x) = x \bmod 89$ 计算后得到的数组下标为：$\{1,65,71,23,75,87,6,1,23,65\}$。为了解决地址冲突问题，我们可以结合链表的数据结构将哈希表设置为如图 25-1 所示的结构。

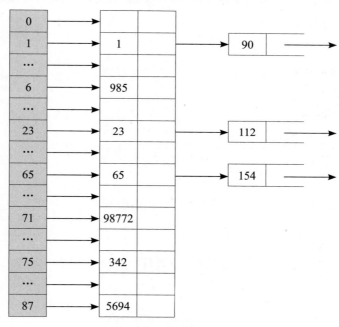

▲ 图 25-1　哈希表示意图

了解了哈希表的结构及地址冲突解决的一般方式后，下面介绍如何在字符串匹配中利用哈希算法。

假设有 n 个长度为 m 的字符串，要查找相同的字符串，首先需要在字符串间两两比较，其次在比较过程中还需要对每一个字符进行对应比较，这种比较查找方式的时间复杂度为 $O(n^2m)$。由此可见，这种方法耗时长。

字符串匹配的哈希算法思路是：如果将每个字符串转换成一个数字，那么比较这些数字是否相等，效率会大大提升。

如何将字符串转换成数字呢？其中一种方法被称为 BKDRHash 算法，思路是：将一个字符串看成一个 k（一般为质数）进制数，每个字母有其 ASCII 码与之对应，所以可

以计算字符串的和。例如将字符串"abc"看作 19 进制数，其中 a 的 ASCII 码为 97，b 是 98，c 是 99，那么字符串"abc"则转换成"97 98 99"，这个 19 进制数对应的权值如下。

字 符 串	a	b	c
ASCII 码	97	98	99
权 值	19^2	19^1	19^0

该字符串的和应该是 $97 \times 19^2 + 98 \times 19^1 + 99 \times 19^0$，在 C++ 程序中，则可以通过顺序读取字符串的方式来实现如下。

```
1.  int k=19;
2.  int BKDHash(char *s){
3.      int sum=0;
4.      for(int i=0;s[i];i++)
5.          sum=sum*k+s[i];
6.      return sum;
7.  }
```

当返回的 sum 过大时，可以通过取余的方式实现存储空间的缩小。如果用通用公式表示字符串的和，可以表示为如下形式：

$$sum = s[0] * k^{n-1} + s[1] * k^{n-2} + s[2] * k^{n-3} + \cdots + s[n-1] * k^0$$

案例 25-1

📖 问题描述

给定需要查找的字符串与 n 个字符串，查找这 n 个字符串中有多少个与给定的字符串相同，并将相同数量输出。

【输入格式】

第一行为需要查找的字符串；第二行输入正整数 n（$10 < n < 100$）；输入 n 行字符串。

【输出格式】

与查找字符串相同的字符串数量。

C++ 示例程序如下。

```
1.  #include <iostream>
```

```
2.  using namespace std;
3.  // 定义无符号 long 型
4.  typedef unsigned long long ULL;
5.  int k=19;
6.  ULL BKDHash(char *s){
7.     ULL sum=0;
8.     for(int i=0;s[i];i++)
9.        sum=sum*k+s[i];
10.    return sum;
11. }
12. int main() {
13.    freopen("in25-1.in","r",stdin);
14.    freopen("out25-1.out","w",stdout);
15.    // 目标字符串
16.    char des[20];
17.    cin>>des;
18.    // 计算查找字符串值
19.    ULL t=BKDHash(des);
20.    // 读取 n 个字符串，并与查找字符比较
21.    int n;
22.    cin>>n;
23.    // 统计相同字符数量
24.    int tol=0;
25.    for(int i=0;i<n;i++){
26.       char temp[20];
27.       cin>>temp;
28.       if(BKDHash(temp)==t)
29.          tol++;
30.    }
31.    cout<<" 与 "<<des<<" 相同的字符串有："<<tol<<" 个 ";
32.    fclose(stdin);
33.    fclose(stdout);
34.    return 0;
35. }
```

【输入】

sdoifjoh

9

sjhflhuiheoifhewhf

shfowe

sdoifjoh

shfewoe

fsfowiehjfio

sdoifjoh

joijw

sdoifjoh

jiwijofiewj

【输出】

与 sdoifjoh 相同的字符串有：3 个。

在哈希算法中，我们以查找相同字符串为例来讲解字符串的匹配问题。在实际情况中，经常需要查找某个字符串是否包含另一个字符串。在哈希算法中可以通过创建一维 sum 数组的方式来滚动计算，公式如下。

$$sum[i] = sum[i-1] * k + (int)s[i]$$

其中 $s[i]$ 表示第 i 个字母的 ASCII 码值，$sum[i]$ 实质上指的是前 i 项哈希之和。

25.2 KMP 算法

在哈希算法最后我们提出了一个问题，当查找某个字符串中是否包含另一个字符串时，除了可以使用滚动计算的方式来实现，还可以用另外一种方式——KMP 算法。

在讲解 KMP 算法之前，首先看一个案例，要想知道模式串 "abd" 是否是目标串 "abababd" 的子串，最容易想到的方法是按照如下步骤开始比较。

首先，设置两个指针 i 和 j 分别指向字符串 "abababd" 和 "abd" 的第一个位置，当

相同时 i 和 j 同时向后移动一个位置，如图 25-2 所示。

当对应的 i 和 j 不匹配的时候，i 再从第 2 个位置开始匹配，j 则从头开始匹配，如图 25-3 所示。

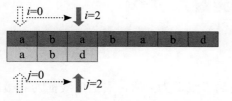

▲ 图 25-2　字符串匹配常用方法第一步

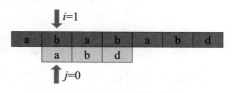

▲ 图 25-3　字符串匹配常用方法第二步

很显然，这种"暴力破解"的方法在时间上十分低效，如果利用之前已经匹配的信息（前面两个字符"ab"是完全匹配的，然而 a 和 b 是不相同的，所以 j 要回到第一个位置，原因后面将详细介绍），也就是在图 25-2 的基础上让 i 指针的位置保持不变，通过修改 j 指针（j=0），重新匹配子串与目标字符，如图 25-4 所示。

以此类推，当匹配到第一个不相同的字符时，i 保持不变，改变 j 再次进行匹配，新方法的第三步如图 25-5 所示。

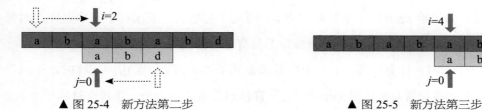

▲ 图 25-4　新方法第二步　　　　　　　　▲ 图 25-5　新方法第三步

上述的新方法使时间效率得到提升，这种方法就是 KMP 算法（该算法是由 Knuth、Morris 和 Pratt 三人共同提出的，所以该算法就取了三人名字的首字母）。该算法的关键点在于模式串 j 指针的回溯，同时消除了目标串 i 指针的回溯，即 j 的位置的设置是该算法的关键。为了更好地理解 j 的回溯，首先需要了解以下几个概念。

前缀：是针对模式串而言的，在目标串匹配过程中，所匹配的字符串中包含首位字符，但不包含末位字符的子串。

后缀：与前缀相同，是指所匹配的字符串中包含末位字符串，但不包含首位字符的子串。

最长公共子串：在前缀子串与后缀子串中，从左向右读取，只要相同就是公共子串，最长公共子串是能够读取的长度最长的子串。也就是说下标从 0 开始到第 k-1 个元素与

从第 $j-k$ 到第 $j-1$ 个元素是完全相同的,因此查找最长公共子串就是查找 k 所在位置。

为了更好地理解上面几个概念,以图 25-6 为例。

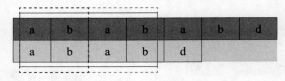

▲ 图 25-6　最长公共子串

图 25-6 中实线框内字符串是匹配字符串,左边虚线框为前缀,右边虚线框为后缀,
"ab"为最长公共子串。

之所以求最长公共子串,目的在于在发现不匹配的字符的时候,模式串 j 指针回到
什么位置。用 t 表示模式串,$t[j]$ 表示模式串中的每个字符,用数组 next[j] 来表示下一步
j 回到的位置 k,那么这个 k 如何求呢?需要分四种情况讨论。

(1)当 $j==0$ 时,令 next[0]=-1。也就是说模式串 j 位置之前没有子串,不符合最长
公共子串的定义,给 next[0] 一个初始状态。

(2)当 $j==1$ 时,令 next[1]=0。模式串 j 位置之前只有 1 个字符,不符合最长公共
子串的定义,同样给 next[1] 一个初始状态 0,而这个初始状态表示在字符串匹配的时候
可以将模式串的第一个元素对应当前目标串的位置进行匹配。

(3)当 $j>1$ 时,计算前面 $j-1$ 个子串最长公共子串长度 k。当 $t[j]==t[k]$ 时,可以将
前缀的第一个元素位置对应的目标子串 i 的位置移到后缀的第一个元素对应目标子串 i 的
位置(这一点理解起来有点难度,可以对应后面案例及代码一步一步推算可得)。对应
的计算公式为:next[$j+1$]=$k+1$。

(4)当 $j>1$ 时,计算前面 $j-1$ 个子串最长公共子串长度 k。当 $t[j]!=t[k]$ 时,有两种情况,
一种是 $k==-1$,另一种是 $k!=-1$。当 $k!=-1$ 时,next[$j+1$] 回溯的位置一定要小于 k,所以
需要查找 $t[0~j]$ 中前缀的前 k 个字符与后 k 个相同的公共子串,实质上就是求 next[k] 的值。
对应的计算公式为:k=next[k]。当 $k==-1$ 时,令 next[j]=k。

为了方便理解,以如下模式串 t 为例。

下标	0	1	2	3	4	5	6
字符	a	b	a	b	c	a	b

初始阶段 k=-1（表示最长公共子串长度）。

该模式串的前缀子串及每个前缀子串的最长公共子串如图25-7所示。

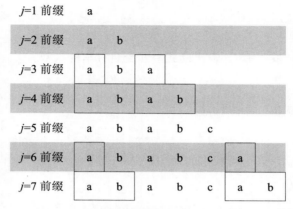

▲ 图25-7 模式串前缀子串最长公共子串标注

由图25-7（方框表示最长公共子串，其中当 j==7 时，表示整个模式串）可知：

当 j=0 时，此时为初始状态，k=-1，next[0]=-1；

当 j=1 时，k=0，$t[j]$='b'，$t[k]$='a'，$t[j]$!=$t[k]$，令 next[k+1]=k，此时 next[1]=0；

当 j=2 时，k=0，$t[j]$='a'，$t[k]$='a'，$t[j]$==$t[k]$，令 next[2]=next[0]=-1；

当 j=3 时，k=1，$t[j]$='b'，$t[k]$='b'，$t[j]$==$t[k]$，令 next[3]=next[1]=0；

当 j=4 时，k=2，$t[j]$='c'，$t[k]$='a'，$t[j]$!=$t[k]$，令 k=next[2]=-1；

当 j=5 时，k=0，$t[j]$='a'，$t[k]$='a'，$t[j]$==$t[k]$，令 next[5]=next[0]=-1；

当 j=6 时，k=1，$t[j]$='b'，$t[k]$='b'，$t[j]$==$t[k]$，令 next[6]=next[1]=0；

当 j=7 时，k=2，$t[j]$='\0'，$t[k]$='a'，$t[j]$!=$t[k]$，令 next[7]=k=2。

求出 next[] 数组 KMP 算法就已经完成一大半了，从上面计算过程可知，next[] 数组是针对模式串进行的自我匹配，实现了模式串指针 j 与目标串指针 i 不匹配的情况下 j 的回溯位置的查找，下面就是与目标串的匹配工作。

设置 j 的初始值为 -1，i 的初始值为 0，当目标串第 i 个与模式串的 j+1 个不同且 j!=-1 时，需要让 j 回溯到 next[j] 的位置，如果相等，则需要将 j 加 1 再次匹配，如果与模式串完全匹配，则需要让 j 再次回溯到 next[j] 的位置继续匹配。如果模式串长度为 m，目标串长度为 n，那么 KMP 算法的时间复杂度为 $O(n+m)$。

问题描述

给定目标串 s 与模式串 t，输出模式串匹配目标串的次数。

【输入格式】

第一行输入模式串。第二行输入目标串。

【输出格式】

一行整数（模式串匹配目标串的次数）。

C++ 示例程序如下。

```cpp
1.  #include <cstring>
2.  #include <iostream>
3.  using namespace std;
4.  int next[20];
5.  // 获取 next 数组
6.  void getnext(char *t){
7.      int j=0,k=-1;
8.      next[0]=-1;
9.      while(j<strlen(t)){
10.         if(k==-1 || t[j]==t[k]){
11.             j++;
12.             k++;
13.             if(t[j]==t[k]){
14.                 next[j] = next[k];
15.             }else{
16.                 next[j] = k;
17.             }
18.         }
19.         else{
20.             k = next[k];
21.         }
```

```
22.      }
23.   }
24.   int KMP(char *s,char *t){
25.      // 匹配数量 sum，初始状态 j
26.      int sum=0,j=-1;
27.      for(int i=0;i<strlen(s);i++){
28.         while(j!=-1 && s[i]!=t[j+1])
29.            // 回溯 j
30.            j=next[j];
31.         if(s[i]==t[j+1])
32.            //j 后移一个位置
33.            j++;
34.         // 当 j+1 与 t 字符串长度相同，sum 加 1，j 回溯
35.         if(j+1==strlen(t)){
36.            sum++;
37.            j=next[j];
38.         }
39.      }
40.      return sum;
41.   }
42.   int main(){
43.      // 目标串 s，模式串 t
44.      char s[50],t[20];
45.      cin>>s>>t;
46.      // 计算 next 数组
47.      getnext(t);
48.      //kmp 算法
49.      int sum=KMP(s,t);
50.      cout<<" 匹配数量为 "<<sum<<" 个 ";
51.      return 0;
52.   }
```

【输入】

abcababcababcababcaaaababbbbabcabc

abc

【输出】

匹配数量为 5 个

25.3 Trie 树

Trie 树又被称为单词查找树或前缀树，从名字上可知它是一种树形结构，因此通过先序遍历的方式可以得到不同的字符串，这种结构可以通过共同前缀提升匹配效率，因此 Trie 树经常被用于词频的统计、前缀的匹配以及去重操作。

例如有 5 个字符串，分别是 abet（教唆）、able、back、bold（大胆）、bomb（炸弹），用 Trie 树表示如图 25-8 所示。

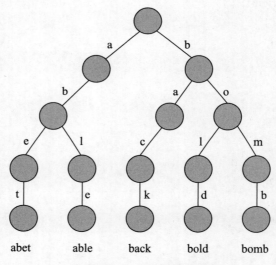

▲ 图 25-8　Trie 树示意图

由图 25-8 可以看出，每条边对应一个字母，当前缀相同时，该单词存在于同一分支上。因此 Trie 树的操作主要包含两方面，分别是插入操作和查找操作。在插入过程中，如果某个单词的前缀已经存在则共享这条路径，如果不存在则创建相应的边和结点；查找过程实质上就是先序遍历的过程。

Trie 树的图示与以往学习的树的结构不同的是：结点暂时没有赋值，赋值的是边（用字母表示）。在实际编程中，结点用一维数组 *T*[] 表示，其孩子结点用 child[] 数组表示，由于连接孩子结点的都是字母，所以 child 长度为 26，因此，定义一个结构体表示 Trie 树的结构如下。

```
1.  const int Max=10000;
2.  struct Trie{
3.      // 孩子结点，长度为 26 个字母的长度
4.      int child[26];
5.  }T[Max];
```

如果 $T[i].child[j]==0$，说明该结点后面没有结点，反之则说明该结点后面还有结点，那么后面结点的编号就是 $T[i].child[j]$。

案例
25-3

📖 问题描述

输入 n 个字符串并建立 Trie 树，然后再输入 m 个字符串，查找这 m 个字符串是否存在于 Trie 树中，如果存在，输出 "Yes"，反之输出 "No"。

【输入格式】

第一行输入一个正整数 n；输入 n 行字符串；再输入一行正整数 m；输入 m 行字符串。

【输出格式】

输出 m 行查找结果 Yes/No。

C++ 示例代码如下。

```
1.  #include <cstring>
2.  #include <iostream>
3.  using namespace std;
4.  const int Max=10000;
5.  struct Trie{
6.      // 孩子结点，长度为 26 个字母的长度
7.      int child[26];
8.  }T[Max];
```

```
9.  // 结点编号
10. int q=0;
11. // 建立 Trie 树
12. void insert(char *s){
13.     // 字符串 s 的长度
14.     int len=strlen(s);
15.     // 当前字母编号
16.     int p=0;
17.     for(int i=0;i<len;i++){
18.       // 如果该结点没有，则新建一个
19.       if(T[p].child[s[i]-'a']==0)
20.         T[p].child[s[i]-'a']=++q;
21.       // 插入字母
22.       p=T[p].child[s[i]-'a'];
23.     }
24. }
25. // 查找字符串
26. bool search(char *s){
27.     // 字符串 s 的长度
28.     int len=strlen(s);
29.     // 当前字母编号
30.     int p=0;
31.     for(int i=0;i<len;i++){
32.       // 如果该结点为 0 说明没有匹配的
33.       if(T[p].child[s[i]-'a']==0)
34.         return false;
35.       // 读取下一个
36.       p=T[p].child[s[i]-'a'];
37.     }
38.     return true;
39. }
40. int main(){
41.     // 建立 Trie 树，并输入 n 个字符串
```

```
42.    int n;
43.    cin>>n;
44.    for(int i=0;i<n;i++){
45.        char temp[50];
46.        cin>>temp;
47.        insert(temp);
48.    }
49.    // 查找字符串数量 m，并输入 m 个字符串
50.    int m;
51.    cin>>m;
52.    for(int i=0;i<m;i++){
53.        char temp[50];
54.        cin>>temp;
55.        if(search(temp))
56.            cout<<"Yes"<<endl;
57.        else
58.            cout<<"No"<<endl;
59.    }
60.    return 0;
61. }
```

【输入】

5

about

abet

back

black

abandon

3

asdfj

about

bet

【输出】

No

Yes

No

 ## 25.4　Manacher 算法

Manacher 算法（又称为"马拉车算法"）是用于查找字符串中最长回文子串的算法。回文串是指有一种字符串从左向右读与从右向左读完全一样，例如"abba""1234321"等。

看到这种找回文串的题目，我们一般会想到的方法是把第一个字符与最后一个字符进行比较，然后依次向中间移动，如果完全相同说明该字符串是回文串，反之则说明不是回文串。然而，当一个字符串中由 n 个回文串组成，要求将这些回文串全部找出来时，传统方法是先找出所有子串，然后再判断这些子串是否为回文串，其实这种思想在算法中并不是一个好的想法，时间复杂度太高。

为了解决这一问题，Manacher 发明了 Manacher 算法，该算法包含以下几个步骤。

（1）将原来字符串 $s1$ 的首尾及字符之间插入一个字符"#"，这样不管原来字符串长度是奇数还是偶数，加入字符"#"后，字符串长度都是奇数。例如"abcd"变为"#a#b#c#d#"（长度由 4 变成 9），"abc"变为"#a#b#c#"（长度由 3 变成 7）。这样在处理过程中就不用区分奇数串还是偶数串。

（2）由于 Manacher 算法是从字符串中间向两端扩展查找，所以需要对边界进行判断，为了使判断更具便捷性，我们在字符串的开头增加一个字符"$"，在字符串的结尾增加一个字符"^"，此时生成的字符串被我们称为 $s2$。

（3）要计算字符串中最长回文串的长度，需要对每一位进行查找，查找的目标字符串为 $s2$，此时创建一个一维数组 $p[]$，其中 $p[i]$ 表示在字符串 $s2$ 中，以位置 i 为中心的最长回文串的半径。例如：$s1$="abcbaaa"，那么 $s2$="\$#a#b#c#b#a#a#a#^"，对应的 $p[i]$ 如下。

下　　标	0	1	2	3	4	5	6	7	8	9	10	11	12	13	14	15	16
$s2$	\$	#	a	#	b	#	c	#	b	#	a	#	a	#	a	#	^
$p[i]$	0	1	2	1	2	1	6	1	2	1	2	3	4	3	2	1	1

由上面分析可知，$p[i]-1$ 就是原字符串最长回文串的长度，有兴趣的读者可以查阅资料证明。

从上面步骤可以看出，Manacher 算法的难点和关键点在于 $p[]$ 数组的求解，$p[]$ 数组求解过程是从字符串第一个字符开始依次向右求解，假设当前位置是 i，Max 为位置 i 之前所计算出的最长回文子串的最右端点，如图 25-9 所示，那么 id 为该最长回文子串的中心位置。

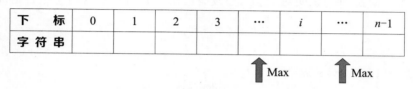

▲ 图 25-9　查找回文子串示意图

那么关于 i 和 Max 的位置有两种情况需要讨论。

（1）当 $i<$ Max 时，根据回文串的性质，以中心点 id 为中心左、右字符对应相同，那么 i 关于 id 对称的位置 $j=2*id-i$，之所以求 j 的位置，是因为 i 之前的 $p[j]$（$0 \leqslant j<i$）都已经知道了，求 $p[i]$ 就需要利用之前已经求好的值来推算后面的 $p[i]$。那么 $p[i]$ 回文串的范围与 $p[j]$ 回文串的范围如图 25-10 所示（其中 Min 为以 id 为中心回文串的最左端点）。

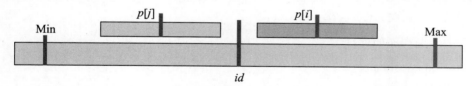

▲ 图 25-10　$p[i]$ 和 $p[j]$ 回文串范围示意图

此时需要分两种情况讨论。

情况 1：当以 j 为中心的回文串长度在 [Min,Max] 范围内时，由于 [Min,Max] 范围的字符串也是一个回文串，且回文的中心为 id 位置，所以以 j 为中心的回文串与以 i 为中心的回文串是关于 id 对称的，所以 $p[i]=p[j]$。

情况 2：当以 j 为中心的回文串左端点超过以 id 为中心回文串的左端点（见图 25-11），如果按照情况 1 来计算，那么 $p[i]$ 的最右端也会超过 Max，此时就不能利用中心对称性，但此时我们至少可以计算出以 i 为中心的回文串的最小半径，即 $p[i]=$ Max$-i$，但这并不意味着 $p[i]$ 就是 Max$-i$，而是先赋值，后面再从 Max$+1$ 逐个进行适配，直到不能适配为止，最后再更新 $p[i]$ 的值。

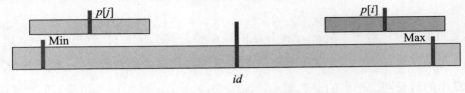

▲ 图 25-11　情况 2 示意图

（2）当 $i \geqslant \text{Max}$ 时，说明对于 $p[i]$ 还没有匹配，此时就需要对它进行适配，初始值为 $p[i]=1$。

问题描述

输入一个字符串，并输出该字符串中回文子串最大长度值是多少。

【输入】

一行字符串。

【输出】

回文子串长度。

C++ 示例程序如下。

```
1. #include<iostream>
2. #include<cstring>
3. #include<algorithm>
4. using namespace std;
5. const int M=2000;
6. // 原字符串
7. char s1[M];
8. // 初始化后的字符串
9. char s2[M<<1];
10. //s2 每个位置计算回文子串长度
11. int p[M<<1];
```

```
12.  // 初始化
13.  void init(){
14.      s2[0]='$';
15.      s2[1]='#';
16.      // 从第二个位置开始
17.      int j=2;
18.      for(int i=0;i<strlen(s1);i++){
19.          s2[j++]=s1[i];
20.          // 在 i 后面添加 #
21.          s2[j++]='#';
22.      }
23.      // 最后一个字符是 ^，字符串结束是以 \0 为标志的
24.      s2[j++]='^';
25.      s2[j++]='\0';
26.  }
27.  //Manacher 算法
28.  int Manacher(){
29.      // 最长回文串长度 len 初始值为 -1
30.      int len=-1;
31.      // 最右端端点 max_i
32.      int max_i=0;
33.      // 定义最初的 id 为 0
34.      int id=0;
35.      // 初始值 p
36.      p[0]=0;
37.      for(int i=1;i<strlen(s2);i++){
38.          if(i<max_i)
39.              p[i]=min(p[2*id-i],max_i-i);
```

40.	**else**
41.	p[i]=1;
42.	// 向右进行比较，用中心扩展法匹配回文串
43.	// 不用考虑边界，因为右边是 ^ 结尾，开头是 $ 开头
44.	**while**(s2[i-p[i]]==s2[i+p[i]])
45.	p[i]++;
46.	// 尽可能设置 max 为最大的值
47.	**if**(max_i<i+p[i]){
48.	id=i;
49.	max_i=i+p[i];
50.	}
51.	// 更新最长子串长度
52.	len=max(len,p[i]-1);
53.	}
54.	**return** len;
55.	}
56.	**int** main(){
57.	cin>>s1;
58.	// 初始化
59.	init();
60.	cout<<" 最长回文子串长度 ="<<Manacher();
61.	**return** 0;
62.	}

【输入】

uhahuifhwhabccbahwasiesabc

【输出】

最长回文子串长度 =10

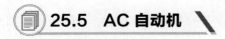

25.5 AC 自动机

AC 自动机（Aho-Corasick automaton，1975 年诞生于贝尔实验室）是一种典型的多

502

模匹配算法。常见的案例是给定 n 个单词，然后再给定一个字符串 s，统计这 n 个单词在字符串 s 中出现的次数。多模指的是多个模式串针对目标串的匹配，这里的多模匹配算法是建立在 Trie 树算法基础之上的。自动机实质上是指状态的转换，这里所说的状态的转换一般是指当匹配不成功的时候，如何快速地跳转到下一匹配位置。

AC 自动机的字符串匹配共分为三个步骤。

第一步是构建 Trie 树（与前面所学的 Trie 树构建最大的不同在于：此处需要 fail 指针的创建）；第二步是 fail 指针的查找，查找的目的在于当查找字符不适配的时候，能够根据 fail 指针指向的位置找到下一匹配地址，这就是转换状态的过程（自动机的作用）；第三步则是根据目标串进行多模匹配，且匹配过程中可以根据 fail 指针快速进行匹配，不需要针对目标串再做回溯处理，大大增加了查询效率。

AC 自动机算法中一大难点在于 fail 指针的求法，fail 指针求法是利用广度优先算法（BFS）来求的，具体分为以下两步。

（1）与根结点直接相连的结点的 fail 指针指向的是根结点。

（2）不与根结点直接相连的结点 a（其 fail 指针是 c），其孩子结点是 b，如果孩子结点 b 失配时，首先需要找到它的父结点 a 的 fail 指针 c 指向的结点的孩子中是否有与 b 相同的结点，如果有（将其定义为结点 d），那么 b 的 fail 指针就指向结点 d，如果没有，那么需要再找 c 的 fail 指针指向的结点，重复上述步骤，直到找到相同结点为止，如果最后都没有找到，那么 b 的 fail 结点就是根结点。

为了更加清晰地了解 fail 指针的查找，我们以下面五个字符串（"abc" "abd" "bcd" "bde" "bec"）为例来创建 Trie 树，并标注每个结点的 fail 指针指向的结点，如图 25-12 所示。

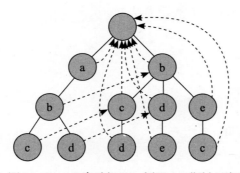

▲ 图 25-12　AC 自动机 Trie 树及 fail 指针示意图

问题描述

给定 n 个模式串，然后再给一个长字符串作为目标串，统计模式串在目标串中出现的次数。

【输入格式】

第一行输入正整数 n；输入 n 行模式串；输入 1 行目标串。

【输出格式】

输出匹配模式串数量。

C++ 示例程序如下。

```cpp
1.  #include<iostream>
2.  #include<cstring>
3.  #include<queue>
4.  using namespace std;
5.  const int Max=1000;
6.  struct Trie{
7.      //孩子结点，长度为 26 个字母的长度
8.      int child[26];
9.      //失败指针
10.     int fail;
11.     //统计出现的次数
12.     int count;
13. }T[Max];
14. //结点编号，从 1 开始，0 表示根结点
15. int cnt=1;
16. //队列存储父结点
17. queue<int> q;
18. //建立 Trie 树
19. void insert(char *s){
20.     //字符串 s 的长度
21.     int len=strlen(s);
```

```
22.    // 当前字母编号从 1 开始，0 表示根结点
23.    int p=1;
24.    for(int i=0;i<len;i++){
25.        // 如果该结点没有，则新建一个
26.        if(T[p].child[s[i]-'a']==0)
27.            T[p].child[s[i]-'a']=++cnt;
28.        // 插入字母
29.        p=T[p].child[s[i]-'a'];
30.    }
31.    // 统计数量增加 1
32.    T[p].count++;
33. }
34. // 设置 fail 指针
35. void setFail(){
36.    // 初始化，根结点的孩子结点全部设置为 1
37.    for(int i=0;i<26;i++)
38.        T[0].child[i]=1;
39.    // 将与根结点相连的结点 1 入队
40.    q.push(1);
41.    // 设置 1 的 fail 指针为根结点 0
42.    T[1].fail=0;
43.    // 宽度优先遍历
44.    while(!q.empty()){
45.        // 读取队首
46.        int u=q.front();
47.        // 队首出队
48.        q.pop();
49.        // 宽度优先，因为字母只有 26 个
50.        for(int i=0;i<26;i++){
51.            // 子结点
52.            int v=T[u].child[i];
53.            // 父结点的 fail 指针指向的结点
54.            int f=T[u].fail;
55.            // 不存在该结点
```

56.	`if(v==0){`
57.	`// 将子结点指向父结点 fail 指针指向结点的孩子结点`
58.	`T[u].child[i]=T[f].child[i];`
59.	`continue;`
60.	`}else{`
61.	`// 子结点的 fail 指针指向父结点 fail 指针指向结点的孩子结点`
62.	`T[v].fail=T[f].child[i];`
63.	`// 将该结点入队`
64.	`q.push(v);`
65.	`}`
66.	`}`
67.	`}`
68.	`}`
69.	`// 查询`
70.	`int search(char *s){`
71.	`// 字符串 s 的长度`
72.	`int len=strlen(s);`
73.	`// 当前字母编号，根结点是 0，所以从 1 开始`
74.	`int p=1;`
75.	`// 统计出现次数`
76.	`int num=0;`
77.	`for(int i=0;i<len;i++){`
78.	`// 孩子结点`
79.	`int v=s[i]-'a';`
80.	`int k=T[p].child[v];`
81.	`// 存在孩子结点，k 不是根结点，也不是与根结点直接相连的结点`
82.	`// 且尚未经过该结点，经过的话标注为 -1`
83.	`while(k>1 && T[k].count!=-1){`
84.	`// 将该位置的模式串匹配数量增加到统计次数中`
85.	`num+=T[k].count;`
86.	`// 统计过的将其标注为 -1，表示已经访问过，后面不重复统计`
87.	`T[k].count=-1;`
88.	`// 将 k 指向 fail 指向结点`
89.	`k=T[k].fail;`

```
90.        }
91.        // 读取下一个
92.        p=T[p].child[v];
93.      }
94.      return num;
95.  }
96.  int main(){
97.      // 建立 Trie 树，并输入 n 个字符串
98.      int n;
99.      cin>>n;
100.     for(int i=0;i<n;i++){
101.         char temp[50];
102.         cin>>temp;
103.         insert(temp);
104.     }
105.     // 设置 fail 指针
106.     setFail();
107.     // 输入目标串
108.     char temp[50];
109.     cin>>temp;
110.     cout<<" 匹配模式串数量 ="<<search(temp);
111.     return 0;
112. }
```

【输入】

5

abc

abd

bcd

bed

bde

abdbbdebed

【输出】

匹配字符串数量 =3

第26章

排 序 算 法

前几章已经介绍相关的排序算法，例如 algorithm 库文件中的 sort 函数，该函数是一种快速排序算法，但在使用时需要注意 sort 函数的计算范围（其范围是左闭右开的范围，具体可以参照第 15 章代码）。

在讲解排序算法之前，首先需要了解一个概念——排序算法的稳定性。它是指在一组数 $t[]$ 中，存在 i 和 $j(i > j)$，使得 $t[i] == t[j]$，排序之后 i 仍然大于 j，则称排序算法是稳定的，反之则称排序算法不稳定。

本章将总结和归纳各种常用排序算法，以便读者可以清晰了解不同情境下使用哪种排序算法。

26.1 冒泡排序算法

冒泡排序算法是一种简单且稳定的排序算法。其核心思想是：比较每一对相邻元素，当大小顺序不对时则交换，一直重复到没有任何相邻两个元素可以交换为止。

从冒泡排序算法的核心思想可以看出，其时间复杂度为 $O(n^2)$，因此当 n 比较小，且对稳定性有要求时可以选择冒泡排序算法。其辅助空间为 $O(1)$。

案例
26-1

📖 问题描述

利用冒泡排序算法对数组进行升序排序。

【输入格式】

一行整数 n；输入 n 个整数。

【输出格式】

按照升序排序输出 n 个数。

C++ 示例程序如下。

```cpp
1.  #include<iostream>
2.  using namespace std;
3.  void bubbleSort(int *t,int n){
4.      for(int i=0;i<n;i++)
5.        for(int j=n-1;j>i;j--)
6.        // 升序排序
7.          if(t[j-1]>t[j]){
8.          // 互换元素
9.            int temp=t[j-1];
10.           t[j-1]=t[j];
11.           t[j]=temp;
12.          }
13. }
14. int main(){
15.    // 数组长度
16.    int n;
17.    cin>>n;
18.    int t[n];
19.    for(int i=0;i<n;i++)
20.      cin>>t[i];
21.    // 冒泡排序，升序
22.    bubbleSort(t,n);
23.    // 输出
24.    for(int i=0;i<n;i++)
25.      cout<<t[i]<<" ";
26.    return 0;
27. }
```

【输入】

5

90　32　321　34　67

【输出】

32　34　67　90　321

26.2　插入排序算法

插入排序是在已排序数列的基础上，将新的元素插入合适的位置。这种算法针对的是具有少量数据而言的，如果数据量太大，且待排序元素是逆序的时候，查找和移动元素耗费时间太长。在最坏情况下，这种算法的时间复杂度为 $O(n^2)$，辅助空间为 $O(1)$，但在稳定性方面是稳定的。因此，在时间复杂度为 $O(n^2)$ 的排序算法中，插入排序算法为最好的算法。

其核心思想是：将一个序列分为两部分，分别用两个变量指向这两部分，前面部分表示已排序的序列，依次选取后面部分序列的元素插入到前面部分中。当然，在插入过程中，如果插入位置不是在序列最后，需要将从插入位置到最后的所有元素向后移动。

问题描述

利用插入排序算法对数组进行升序排序。

【输入】

一行整数 n；输入 n 个整数。

【输出】

按照升序排序输出 n 个数。

C++ 示例程序如下。

```
1.  #include<iostream>
```

```
2.  using namespace std;
3.  void insertSort(int *t,int n){
4.      //index 表示指向前面部分变量
5.      int index;
6.      //value 表示指向后面部分变量
7.      int value;
8.      // 前面部分初始状态只有一个元素 t[0]
9.      // 所以外层循环从 1 开始
10.     for(int i=1;i<n;i++){
11.         value=t[i];
12.         // 向后移动
13.         for(index=i-1;index>=0 && value<t[index];index--){
14.             t[index+1]=t[index];
15.         }
16.         t[index+1]=value;
17.     }
18. }
19. int main(){
20.     // 数组长度
21.     int n;
22.     cin>>n;
23.     int t[n];
24.     for(int i=0;i<n;i++)
25.         cin>>t[i];
26.     // 插入排序，升序
27.     insertSort(t,n);
28.     // 输出
29.     for(int i=0;i<n;i++)
30.         cout<<t[i]<<" ";
31.     return 0;
32. }
```

输入、输出与案例 26-1 相同。

26.3 选择排序算法

选择排序算法是一种不稳定的排序算法。其核心思想是：将序列中最小/最大的元素选出并放在序列的起始位置（通过互换的方式进行），然后再选取剩余序列中最小/最大的元素放在前面已经选好的序列的后面，直到所有元素排序完毕为止。从描述可以看出这种排序算法的时间复杂度仍为 $O(n^2)$，其辅助空间为 $O(1)$。

因此，当待排序数据量较小，且对稳定性没有要求的情况下可以选用选择排序算法。

问题描述

利用选择排序算法对数组进行升序排序。

【输入】

一行整数 n；输入 n 个整数。

【输出】

按照升序排序输出 n 个数。

C++ 示例程序如下。

```cpp
1.  #include<iostream>
2.  using namespace std;
3.  void chooseSort(int *t,int n){
4.      for(int i=0;i<n;i++)
5.          for(int j=i+1;j<n;j++)
6.              if(t[i]>t[j]){
7.                  // 互换 t[i] 和 t[j]
8.                  int temp=t[i];
9.                  t[i]=t[j];
10.                 t[j]=temp;
11.             }
12. }
```

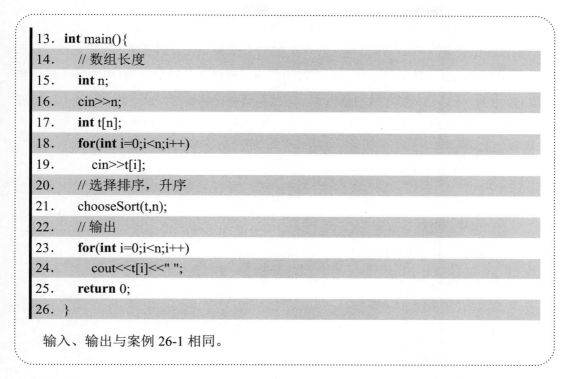

```
13.  int main(){
14.    // 数组长度
15.    int n;
16.    cin>>n;
17.    int t[n];
18.    for(int i=0;i<n;i++)
19.      cin>>t[i];
20.    // 选择排序，升序
21.    chooseSort(t,n);
22.    // 输出
23.    for(int i=0;i<n;i++)
24.      cout<<t[i]<<" ";
25.    return 0;
26.  }
```

输入、输出与案例 26-1 相同。

26.4　快速排序算法

快速排序算法实质上是对冒泡排序算法的一种改进，其核心思想是：通过一遍排序将需要排序的序列分为两部分（一般以序列的第一个元素作为判断标准），其中一部分所有数据都比另一部分数据小，然后再对这两部分进行相同的操作，最后使所有元素都按顺序排列为止。

快速排序算法步骤如下。

（1）设置第一个分类标准的参考值为序列的第一个元素 check，设置最低位指针 low 和最高位指针 high，初始状态 $low = 0$，$high = n-1$。

（2）从 high 向前搜索，直到找到第一个小于 check 的值，并将 high 指针指向的元素与 low 指针指向的元素互换。

（3）从 low 向后搜索，直到找到第一个大于 check 的值，并将 high 指针指向的元素与 low 指针指向的元素互换。

（4）重复（2）、（3）步骤，直到 low 与 high 相等为止。

快速排序算法的平均时间复杂度为 $O(n \log n)$，在稳定性方面表现出不稳定特点，在辅助空间方面，由于在递归过程中需要栈的参与，所以其辅助空间为 $O(\log n)$，最坏情况下是 $O(n)$。所以在待排序数据量较大，且这些数据比较随机，对于稳定性没有特殊要求的前提下可以采用该算法。

问题描述

利用快速排序算法对数组进行升序排序。

【输入格式】

一行整数 n；输入 n 个整数。

【输出格式】

按照升序排序输出 n 个数。

C++ 示例程序如下。

```cpp
1.  #include<iostream>
2.  using namespace std;
3.  void quickSort(int *t,int s, int e){
4.      // 分类标准以第一个元素为依据
5.      int check=t[s];
6.      int low=s,high=e;
7.      do{
8.          // 找到第一个小于 check 的 high 位置
9.          while(t[high]>=check && low<high)
10.             high--;
11.         // 找到后互换 high 与 low 指针指向的元素
12.         if(t[high]<check){
13.             int temp=t[high];
14.             t[high]=t[low];
15.             t[low]=temp;
```

514

```
16.            }
17.       // 找到第一个大于 check 的 low 位置
18.       while(t[low]<=check && low<high)
19.            low++;
20.       // 找到后互换 high 与 low 指针指向的元素
21.       if(t[low]>check){
22.            int temp=t[high];
23.            t[high]=t[low];
24.            t[low]=temp;
25.       }
26.   }while(low!=high);
27.   // 对两部分进行递归
28.   // 首先设置当前 low 指针位置为分类标准值，即 check
29.   t[low]=check;
30.   //low 和 high 分别向前和向后扩展
31.   low--;
32.   high++;
33.   // 左半部分递归
34.   if(low>s)
35.       quickSort(t,s,low);
36.   if(high<e)
37.       quickSort(t,high,e);
38. }
39. int main(){
40.   // 数组长度
41.   int n;
42.   cin>>n;
43.   int t[n];
44.   for(int i=0;i<n;i++)
45.       cin>>t[i];
46.   // 选择排序，升序
```

```
47.     quickSort(t,0,n-1);
48.     // 输出
49.     for(int i=0;i<n;i++)
50.         cout<<t[i]<<" ";
51.     return 0;
52. }
```

输入、输出与案例 26-1 相同。

26.5　归并排序算法

归并排序算法实质上是采用"分治"的思想来解决问题的（参见第 29 章）。其核心思想是：先将序列元素分解成单个元素，然后再两两比较，形成有序序列，针对合并后的有序序列再次进行两两比较，直到生成一个有序序列为止，如图 26-1 所示。

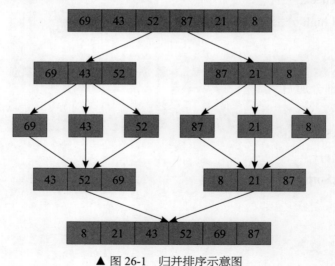

▲ 图 26-1　归并排序示意图

归并排序步骤如下。

（1）首先创建一个与原有序列空间一样大的序列空间，并用该空间来存放合并后的序列。

（2）根据序列的起始和结束位置确定该序列的中间点，利用递归的形式分解序列，形成单独的元素。

（3）设置两个指针分别指向相邻两个序列的起始位置，比较两个指针指向的元素，选择较小 / 较大的放入合并空间中，并移动已经放入合并空间的指针到下一位置，直到所有元素都是有序序列为止。

其中最后两个有序序列合并过程也被称为二路归并排序。通过归并排序的算法描述可知，该算法需要另辟空间来存储排序序列，所以其辅助空间均为 $O(n)$ 。时间复杂度与快速排序算法相似，都是 $O(n\log n)$ ，在稳定性方面为稳定的排序算法。因此，当待排序数据量较大，且这些数据本身是有序的，对稳定性也有要求，且对于空间没有特殊要求时，可以采用该方法。

案例
26-5

🖹 问题描述

利用归并排序算法对数组进行升序排序。

【输入格式】

一行整数 n ；输入 n 个整数。

【输出】

按照升序排序输出 n 个数。

C++ 示例程序如下。

```cpp
1.  #include<iostream>
2.  using namespace std;
3.  // 创建一个用于存储合并序列的空间
4.  int temp[100];
5.  //s 起始位置，e 终止位置
6.  void mergeSort(int *t,int s, int e){
7.      if(s+1>=e)
8.          return;
9.      // 定义中间位置
10.     int mid=s+(e-s)/2;
11.     // 分解左序列
```

```
12.        mergeSort(t,s,mid);
13.        // 分解右序列
14.        mergeSort(t,mid,e);
15.        //mid 两侧序列合并
16.        //i,j 分别指向两个序列起始位置
17.        int i=s,j=mid;
18.        //k 指向合并后序列位置
19.        int k=s;
20.        while(i<mid || j<e){
21.          if(j>=e || (i<mid && t[i]<=t[j]))
22.            temp[k++]=t[i++];
23.          else
24.            temp[k++]=t[j++];
25.        }
26.        // 两两归并一次需要对原始序列根据排序结果重新排列
27.        for(i=s;i<e;i++)
28.          t[i]=temp[i];
29.    }
30.    int main(){
31.        // 数组长度
32.        int n;
33.        cin>>n;
34.        int t[n];
35.        for(int i=0;i<n;i++)
36.          cin>>t[i];
37.        // 归并排序，升序
38.        mergeSort(t,0,n);
39.        // 输出
40.        for(int i=0;i<n;i++)
41.          cout<<temp[i]<<" ";
42.        return 0;
43.    }
```

输入、输出与案例 26-1 相同。

26.6 桶排序算法

桶排序算法又称为箱排序算法，它是我们在数学基础部分所学的鸽巢原理的一种归纳结果。其核心思想是：划分 n 个大小相同的区间，将待排序序列中的元素按照区间不同，存放在对应区间内，再针对每个区间内的元素进行排序，最后将排序后的每个区间合并起来。

每个区间看成一个桶，那么这种算法就叫作桶排序算法。例如序列 {29,14,25,38,35,19,45} 有 7 个数，可以安排在如图 26-2 所示的桶中。

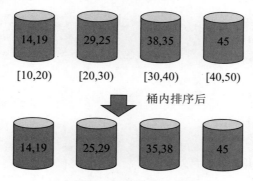

▲ 图 26-2 桶排序示意图

假设有 n 个元素待排序，排序过程中需要用到 m 个桶，将 n 个元素分到 m 个桶内，平均每个桶内有 n/m 个元素，桶内排序的时间复杂度取决于桶内元素个数及算法，因此当 $m==n$ 时，其时间复杂度为 $O(n)$，且稳定性由桶内排序算法来定，辅助空间为 $O(n+m)$。

在程序设计中，我们往往让一个桶内装一个数（注意：如果有重复的，可以标注该桶内有多个数），这种方法非常浪费空间，如果对于空间没有限制要求的可以考虑桶排序算法。

📖 问题描述

利用桶排序算法对数组进行升序排序。

【输入格式】

一行整数 n；输入 n 个整数。

【输出格式】

按照升序排序输出 n 个数。

C++ 示例程序如下。

```cpp
1.  #include<iostream>
2.  #include<cstring>
3.  using namespace std;
4.  const int Max=1000;
5.  void bucketSort(int *t){
6.      for(int i=0;i<Max;i++){
7.          // 当标记数量大于 0 说明存在
8.          while(t[i]>0){
9.              // 按 i 的顺序输出
10.             cout<<i<<" ";
11.             // 同时对 t[i] 做减一处理
12.             t[i]--;
13.         }
14.     }
15.     return;
16. }
17. int main(){
18.     int t[Max];
19.     // 数组长度
20.     int n;
21.     cin>>n;
22.     // 初始化 t 为 0
23.     memset(t,0,sizeof(t));
24.     for(int i=1;i<=n;i++){
25.         // 每个桶装一个数字，该数字为 temp
26.         int temp;
27.         cin>>temp;
```

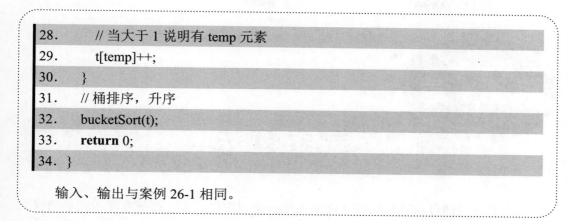

```
28.        // 当大于 1 说明有 temp 元素
29.        t[temp]++;
30.    }
31.    // 桶排序, 升序
32.    bucketSort(t);
33.    return 0;
34. }
```

输入、输出与案例 26-1 相同。

26.7　堆排序算法

具体的堆排序算法参见 19.4.3 节。其核心思想是: 首先将数组转换成堆的结构, 然后从堆顶取出最大元素放在数组后面, 最后将剩余元素重新建堆, 并且重复上述操作, 直到堆为空为止。堆排序的时间复杂度为 $O(n\log n)$, 在稳定性方面表现出不稳定的特点, 而它也有自身的优势。当待排序序列很大、本身是有序的前提下, 且对稳定性没有要求时, 可以优先使用堆排序算法。

第27章

搜索算法

搜索算法是通过计算机的高性能来枚举一个问题的答案，在问题相当简单的情况下，通过循环就可以找到对应的答案。然而，现实中的问题往往没有那么简单，需要学习一些特定的算法来解决问题，例如前面我们所接触的深度优先和广度优先算法就是搜索算法。

为了避免重复，本章将着重对搜索算法中的典型问题及典型算法进行讲解。

27.1 A* 算法

A* 算法（又称为启发式搜索算法）是求解静态路网最短路径中常见的一种算法，同时也是解决许多搜索问题的有效算法。该算法核心思想是：从起始位置到终止位置的路径，每一次循环查找路径的过程中，不会寻找所有的相邻位置，而是寻找"代价"最小的相邻位置。此处代价包含两部分内容：一部分叫作当前代价/路程代价，用 $g(n)$ 表示，表示从起始位置到当前位置经历的路程长度；另一部分叫作预估代价，用 $h(n)$ 表示，表示从当前位置到终点位置大概需要经历的路程长度。一般有两种方法计算这个预估值：一种叫作欧拉距离，也就是计算当前位置与终点位置的直线距离 $\sqrt{(x_1 - x_2)^2 + (y_1 - y_2)^2}$；另一种叫作曼哈顿距离，也就是两点在竖直和水平两个方向的距离总和 $|x_1 - x_2| + |y_1 - y_2|$。由于曼哈顿距离在计算过程中不需要开方，计算速度快，所以经常被用于计算预估代价。

所以该算法的代价函数 $f(n)$ 可以表示为 $f(n) = g(n) + h(n)$。当 $h(n) = 0$ 时，A* 算法就退化成 Dijkstra 算法；当 $g(n) = 0$ 时，A* 算法会退化成广度优先算法。

A* 算法需要维护两个表，一个是 open 表，另一个是 closed 表。open 表是保存已经生成而未访问的结点，closed 表记录已经访问过的结点，这些结点也就是结点移动的路径。

根据搜索过程中选择扩展结点范围不同，可以分为全局择优搜索和局部择优搜索。

全局择优搜索是指当需要扩展结点的时候，总是从 open 表的所有结点中选择一个代价值最小的结点进行扩展，其搜索过程如下。

（1）把初始结点 S_0 放入 open 表中，计算 $f(S_0) = g(S_0) + h(S_0)$。

（2）如果 open 表为空，那么无解，退出。

（3）将 open 表的第一个结点取出放在 closed 表中，并记录该结点为 n。

（4）考查结点 n 是否为目标结点，如果是，那么找到问题的解，退出。

（5）如果结点 n 不可扩展，跳转至第（2）步。

（6）扩展结点 n，生成子结点 $n_i(i=1,2,3,\cdots)$，计算每一个子结点的代价值 $f(n_i)$，并为每一个子结点设置指向父结点的指针，然后将这些子结点放入 open 表中。

（7）根据各结点代价值，对 open 表中全部结点按照从小到大的顺序排序。

（8）跳转第（2）步判断，直到 open 表为空为止。

而局部择优搜索与全局择优搜索的不同点在于每当要扩展结点时，总是从刚生成的子结点中选择代价值最小的结点进行扩展，其搜索过程如下。

（1）把初始结点 S_0 放入 open 表中，计算 $f(S_0) = g(S_0) + h(S_0)$。

（2）如果 open 表为空，那么无解，退出。

（3）将 open 表的第一个结点取出放在 closed 表中，并记录该结点为 n。

（4）考查结点 n 是否为目标结点，如果是，那么找到问题的解，退出。

（5）如果结点 n 不可扩展，跳转至第（2）步。

（6）扩展结点 n，生成子结点 $n_i(i=1,2,3,\cdots)$，计算每一个子结点的代价值 $f(n_i)$，并为每一个子结点设置指向父结点的指针，然后跳转第（2）步，直到 open 表为空为止。

下面以经典的 8 数码问题为例来理解 A* 算法的应用。

8 数码问题

用 3×3 矩阵摆放 1 ～ 8 的数字，用最少的步数实现从如图 27-1 所示的初始状态

转换成目标状态。空白处用 0 表示。

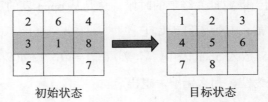

初始状态   目标状态

▲ 图 27-1　8 数码问题描述

【问题分析】

8 数码问题首先需要明晰从初始状态是否可以转换为目标状态，可以通过求序列的逆序对的奇偶性是否相同来判断。

序列的逆序对是指：有 n 个元素，且各个元素有一个标准顺序，在这 n 个元素的任一排列中，当有某两个元素的先后顺序与标准顺序不同时，称为 1 个逆序对。逆序对的总数称为逆序数，逆序数可以分为奇数和偶数两种。

在 8 数码问题中，首先求出初始状态到目标状态逆序对奇偶性是否相同，以此判断该问题是否有解。

其中奇数与偶数的简单高效算法是和 1 做与计算，奇数和 1 做与计算得到的结果是 1，偶数和 1 做与计算得到的结果为 0。

有了上述知识储备，下面就可以进行 8 数码问题的求解。

（1）首先判断这个 8 数码问题是否有解，如果有解则进行下一步，否则输出无解并退出程序。

（2）将初始结点放入变量为 open 的优先队列中，这样就可以使最小代价值的结点放在第一个位置。

（3）从 open 中取出代价最小的结点 t 放入 path 路径中，此时需要判断是否是目标结点，如果是则打印，否则将该状态放入 closed 表中，并生成扩展结点集（通过向右、向左、向上、向下四个方向来确定）。

（4）对于扩展出的每个子结点计算其代价值及父结点，如果该扩展子结点不在 closed 表中，就把它放入 open 表中。

（5）跳转步骤（2）直到 open 表为空为止。

【输出】

输出共移动多少步，并将每一步骤移动情况输出。

C++ 示例程序如下。

```cpp
1.  #include<iostream>
2.  #include<queue>
3.  #include<vector>
4.  #include<map>
5.  using namespace std;
6.  // 定义结构体 node，表示每个结点状态
7.  struct node{
8.      // 存储每个状态下 8 数码棋盘的状态
9.      int grid[3][3];
10.     // 父结点
11.     int parent;
12.     // 代价值 f=g+h
13.     int f,g,h;
14.     // 构造函数
15.     node(int grid[][3],int parent,int g,int h){
16.         this->parent=parent;
17.         this->g=g;
18.         this->h=h;
19.         this->f=g+h;
20.         for(int i=0;i<3;i++)
21.             for(int j=0;j<3;j++)
22.                 this->grid[i][j]=grid[i][j];
23.     }
24.     // 定义 < 号运算符，用于 priority_queue 比较运算
25.     bool operator < (const node t) const{
26.         return f>t.f;
27.     }
```

28.	// 定义比较 8 数码每个结点是否相同，符号用 == 表示
29.	**bool** operator == (**const** node t) **const**{
30.	**for**(**int** i=0;i<3;i++)
31.	**for**(**int** j=0;j<3;j++)
32.	**if**(grid[i][j]!=t.grid[i][j])
33.	**return false;**
34.	**return true;**
35.	}
36.	};
37.	// 定义 open 表和 closed 表
38.	//open 表用具有排序功能的优先队列 priority_queue 来存储
39.	priority_queue<node> open;
40.	// 用 map 存储已经访问过 closed 表
41.	map<**int,bool**> closed;
42.	// 用 vector 保存路径 path
43.	vector<node> path;
44.	// 存储移动在 x 和 y 方向的四个方向
45.	// 向右：(0,1)，向左：(0,-1)，向上：(-1,0)，向下：(1,0)
46.	//x 方向的移动
47.	**int** dx[]={0,0,-1,1};
48.	//y 方向的移动
49.	**int** dy[]={1,-1,0,0};
50.	// 计算当前状态与目标状态不同状态数量
51.	**int** diff(**const int** g1[][3],**const int** g2[][3]){
52.	// 不同状态数量
53.	**int** cnt=0;
54.	**for**(**int** i=0;i<3;i++)
55.	**for**(**int** j=0;j<3;j++)
56.	**if**(g1[i][j]!=g2[i][j])
57.	cnt++;
58.	**return** cnt;

```
59.  }
60.  // 判断初始状态和目标状态奇偶性是否相同，相同表示有解，不相同表示无解
61.  //g1 表示初始状态，g2 表示目标状态
62.  bool judge(const int g1[][3],const int g2[][3]){
63.     //s1 记录 g1 逆序对数
64.     int s1=0;
65.     //s2 记录 g2 逆序对数
66.     int s2=0;
67.     for(int i=0;i<9;i++)
68.        for(int j=0;j<i;j++){
69.           // 不管顺序是什么，两个矩阵逆序对判断的标准是一样的
70.           if(g1[j/3][j%3]!=0 && g1[j/3][j%3]<g1[i/3][i%3])
71.              s1++;
72.           if(g2[j/3][j%3]!=0 && g2[j/3][j%3]<g2[i/3][i%3])
73.              s2++;
74.        }
75.     // 返回两个奇偶性是否相同
76.     return (s1 & 1) == (s2 & 1);
77.  }
78.  // 设置每一种状态为唯一值，采用哈希值的思想
79.  int getIndex(const int g[][3]){
80.     int index=0;
81.     for(int i=0;i<3;i++)
82.        for(int j=0;j<3;j++)
83.           index=index*10+g[i][j];
84.     return index;
85.  }
86.  // 打印路径
87.  void printPath(const node t){
88.     // 如果是目标状态，其父结点是 -1
89.     if(t.parent==-1){
```

```
90.        for(int i=0;i<3;i++){
91.          for(int j=0;j<3;j++)
92.            cout<<" "<<t.grid[i][j]<<" ";
93.          cout<<endl;
94.        }
95.        cout<<endl;
96.        return;
97.    }
98.    // 递归调用 printPath
99.    printPath(path[t.parent]);
100.   //g 即为走过的步数
101.   cout<<" 第 "<<t.g<<" 步："<<endl;
102.   for(int i=0;i<3;i++){
103.       for(int j=0;j<3;j++)
104.         cout<<" "<<t.grid[i][j]<<" ";
105.       cout<<endl;
106.   }
107.   cout<<endl;
108.   return;
109. }
110. // 初始结点 n, 目标状态 g
111. void Astar(node n, int g[][3]){
112.   // 当前位置 (x,y)，上下左右移动后位置 (mx,my)
113.   int x,y,mx,my;
114.   // 将初始结点加入 open 表
115.   open.push(n);
116.   // 初始化清空 path 路径
117.   path.clear();
118.   while(!open.empty()){
119.       // 从 open 表中取出第一个元素
120.       node nd=open.top();
```

121.	open.pop();
122.	// 将 nd 加入 path 路径
123.	path.push_back(nd);
124.	// 获得此时状态的 index 唯一值
125.	**int** index= getIndex(nd.grid);
126.	// 标记该状态已经被访问过
127.	closed[index]=1;
128.	// 判断是否为终止状态，如果 nd 是终止状态则打印
129.	**if**(diff(nd.grid,g)==0){
130.	cout<<" 共需要 "<<nd.g<<" 步 "<<endl;
131.	printPath(nd);
132.	**return**;
133.	}
134.	// 找到 0 所在位置
135.	**for**(**int** i=0;i<3;i++)
136.	**for**(**int** j=0;j<3;j++)
137.	**if**(nd.grid[i][j]==0){
138.	x=i;
139.	y=j;
140.	}
141.	// 找到当前 nd 结点在 path 位置，作为父结点
142.	**int** pa=path.end()-path.begin()-1;
143.	// 向右、左、上、下四个方向扩展
144.	**for**(**int** i=0;i<4;i++){
145.	mx=x+dx[i];
146.	my=y+dy[i];
147.	// 判断是否超过边界，超过则跳出本次循环
148.	**if**(mx>2 || mx<0 || my>2 || my<0)
149.	**continue**;
150.	// 不超过，首先交换当前位置与移动后的位置
151.	**int** temp=nd.grid[mx][my];

```
152.          nd.grid[mx][my]=nd.grid[x][y];
153.          nd.grid[x][y]=temp;
154.          // 置换完成后，构造新的状态
155.          node newState(nd.grid,pa,nd.g+1,diff(nd.grid,g));
156.          // 置换后，再重新交换回来
157.          int temp2=nd.grid[mx][my];
158.          nd.grid[mx][my]=nd.grid[x][y];
159.          nd.grid[x][y]=temp2;
160.          // 获取新状态的 index 值
161.          int index_new=getIndex(newState.grid);
162.          // 如果路径中不包含该 index，那么就扩展到 open 表中
163.          if(closed.count(index_new)==0)
164.              open.push(newState);
165.        }
166.      }
167.   return;
168. }
169. int main(){
170.   // 创建初始状态和终止状态
171.   int s[][3]={2,6,4,3,1,8,5,0,7};
172.   int e[][3]={1,2,3,4,5,6,7,8,0};
173.   // 构造初始状态
174.   node beginState(s,-1,0,diff(s,e));
175.   // 判断是否有解
176.   if(judge(s,e))
177.      Astar(beginState,e);
178.   else
179.      cout<<" 无解 "<<endl;
180.   return 0;
181. }
```

27.2 回溯算法

回溯算法是搜索算法中常见的一种算法。在搜索过程中（尤其是深度优先搜索算法），当查找的结点不满足条件时，选择后退一步，搜索其他路径结点是否满足条件，其实这一后退过程就是回溯。

在深入了解回溯算法前，需要做一些知识准备，例如解空间树是什么，它又包含哪些形式等。

◆ 27.2.1 解空间树

解空间树是指问题所有解的一种形式，它往往是以树的形式呈现。一般解空间树包含两种形式：一种是子集树，另一种是排列树。

1. 子集树

所谓的子集树：是指从所给的 n 个元素的集合中找出符合条件的子集时，这种解就称为子集树。常见案例是 0-1 背包问题，其描述是：有 n 件物品，每件物品质量为 $w[i]$，价值是 $v[i]$，如果有一个最大能够装 M 质量的背包，怎么选择物品才能使背包中所有物品总价值最大，在选择过程中每件物品只有一件。

0-1 背包问题在解决过程中往往考虑建立一个二叉树，根结点下面的 n 层表示物品数量 n，除了叶子结点外，所有结点只有两个孩子结点，其中左孩子表示装当前物品，右孩子表示不装当前物品，且每个结点有剩余最大容量和当前价值两个属性，当前剩余最大容量无法装下物品时就需要考虑回溯，也就是返回一步。

0-1 背包问题

假设有 5 件物品，它们的质量分别是 4 kg、9 kg、5 kg、6 kg、8 kg，每件物品所代表的价值分别是 12、6、7、5、8，如果有一个背包的最大容量是 20 kg，装哪些物品才能使背包所装物品价值最高？

📖 问题分析

按照案例之前所讲解的，先将该问题构建一棵二叉树，根结点下面每一层结点代表一种物品，以质量标注结点，如图 27-2 所示。

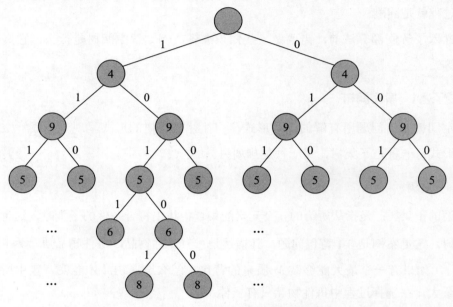

▲ 27-2　0-1 背包问题子集树示意图

图 27-2 中，除根结点以外，每一层结点都代表一种物品质量，左孩子用 1 表示，右孩子用 0 表示，最后在选择挑选物品子集时，筛选标注左孩子结点质量。

C++ 示例代码如下。

```
1.  #include<iostream>
2.  using namespace std;
3.  const int Max=100;
4.  // 存放物品质量
5.  int w[Max];
6.  // 存放物品价值
7.  int v[Max];
8.  // 背包总质量
9.  int c=20;
```

```
10.   // 最优总价值
11.   int best_value=0;
12.   // 最后选择物品的子集
13.   int best_w[Max],x[Max];
14.   // 当前物品质量 cw 与价值 cv
15.   int cw=0,cv=0;
16.   // 选择当前物品后剩下物品总价值
17.   int r=0;
18.   // 深度优先搜索
19.   void search(int i,int n){
20.     // 当 i 等于 w 长度时
21.     if(i==n){
22.       // 当前价值大于最优价值时，更新最优价值
23.       if(cv>best_value){
24.         best_value=cv;
25.         // 更新最优价值选择物品子集
26.         for(int j=0;j<n;j++)
27.           best_w[j]=x[j];
28.       }
29.     }else{
30.       // 更新选择当前物品后，剩余物品总价值
31.       r-=v[i];
32.       // 当前物品质量加上该物品质量如果小于等于背包总质量
33.       if(cw+w[i]<=c){
34.         // 更新当前总质量和总价值
35.         cw+=w[i];
36.         cv+=v[i];
37.         // 该物品表示已被选择，用 1 表示左孩子
38.         x[i]=1;
39.         // 那么遍历该结点的左孩子
40.         search(i+1,n);
41.         // 当孩子结点不满足条件时，回溯一步
42.         // 对应的当前质量与价值需要扣除
```

43.	cw-=w[i];
44.	cv-=v[i];
45.	}
46.	// 看完质量，再检查价值
47.	// 当前选择物品的总价值如果大于最优价值时，说明该物品没有被选择
48.	// 需要从当前结点开始向右孩子遍历
49.	**if**(cv+r>best_value){
50.	// 此时 v 不包含当前物品 i 的价值，0 表示右孩子
51.	x[i]=0;
52.	// 遍历右孩子
53.	search(i+1,n);
54.	}
55.	// 回溯后将原来减掉的当前物品 i 的价值加回来
56.	r+=v[i];
57.	}
58.	
59.	**return**;
60.	}
61.	**int** main(){
62.	// 物品总数
63.	**int** n;
64.	cin>>n;
65.	**for**(**int** i=0;i<n;i++){
66.	// 输入物品的质量与价值
67.	cin>>w[i]>>v[i];
68.	// 计算总价值
69.	r+=v[i];
70.	}
71.	// 从根结点开始搜索
72.	search(0,n);
73.	cout<<" 当前背包装满后最大价值有："<<best_value<<endl;
74.	cout<<" 装满背包选择的物品质量有：";
75.	**for**(**int** i=0;i<n;i++){

```
76.        if(best_w[i]==1)
77.            cout<<w[i]<<" ";
78.    }
79.    return 0;
80. }
```

【输入】

5

4 12

9 6

5 7

6 5

8 8

【输出】

当前背包装满后最大价值有：27

装满背包选择的物品质量有：4 5 8

通过上述 0-1 背包问题可知，这类问题子集树的叶子结点有 2^n 个，结点总数为 $2^{n+1}+1$ 个，那么遍历子集树算法的时间复杂度为 $O(2^n)$。

2．排列树

确定 n 个元素满足某种性质的排列时，相应的解称为排列树。排列树最典型的问题就是"旅行售货员的问题"，其描述是：有一个售货员需要到若干个城市推销产品，且最后要回到起点城市，已知相邻两个城市之间的旅费，求走遍所有城市旅费最低的路线是什么。

由于旅行售货员的问题是空间解为排列树的问题，排列树的回溯搜索方法是从起点开始，递归查找每一个结点与后面所有结点排列的总费用，也就是说对该结点及后面所有结点进行全排列，然后搜索加入该结点后是否满足限制条件（界限函数），把不满足最优解的子树去掉（剪枝），最后得到最优解。

 问题描述

旅行售货员问题

假设有四个城市（见图 27-3），售货员要从 A 市经历其他三个城市后返回 A 市，两个城市连线数值表示费用，该售货员花费最少费用是多少？

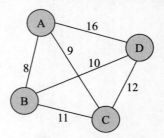

▲ 图 27-3 售货员问题地图

 问题分析

根据图 27-3 可以构建其排列树，如图 27-4 所示。

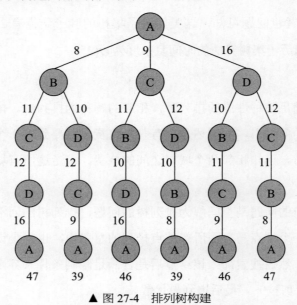

▲ 图 27-4 排列树构建

构建好排列树后，就需要从根结点开始，利用深度优先思想开始遍历。其时间复杂度为 $O(n!)$。

C++ 示例程序如下。

```cpp
1.  #include<iostream>
2.  #include<cstring>
3.  using namespace std;
4.  // 定义一个超大值
5.  const int INF=1e6;
6.  // 定义最优路径费用为最大值
7.  int best_value=INF;
8.  // 存储图的邻接矩阵
9.  int map[100][100];
10. // 存储结点的一维数组
11. int x[100];
12. // 最优解路径
13. int bestx[100];
14. // 记录当前费用总和
15. int cv=0;
16. // 初始化
17. void init(int n){
18.     memset(x,0,sizeof(x));
19.     for(int i=0;i<=n;i++)
20.         for(int j=0;j<=n;j++)
21.             map[i][j]=INF;
22. }
23. // 交换
24. void swap(int *a,int *b){
25.     int temp=*a;
26.     *a=*b;
27.     *b=temp;
28. }
29. // 回溯算法
```

```
30.  void backtrack(int i,int n){
31.    // 搜索到叶子结点
32.    if(i>n){
33.      // 回到结点 1
34.      if(cv+map[x[n]][1]<best_value){
35.        // 赋值最优路径
36.        for(int j=1;j<=n;j++)
37.          bestx[j]=x[j];
38.        best_value=cv+map[bestx[n]][1];
39.      }
40.    }else{
41.      for(int j=i;j<=n;j++){
42.        if(cv+map[x[i-1]][x[j]]<best_value){
43.          // 先增加再交换
44.          cv+=map[x[i-1]][x[j]];
45.          swap(&x[i],&x[j]);
46.          backtrack(i+1,n);
47.          // 回溯与上面步骤反过来
48.          swap(&x[i],&x[j]);
49.          cv-=map[x[i-1]][x[j]];
50.
51.        }
52.      }
53.    }
54.    return;
55.  }
56.  int main(){
57.    freopen("in27-3.in","r",stdin);
58.    freopen("out27-3.out","w",stdout);
59.    // 结点数量
60.    int n;
61.    cin>>n;
62.    // 初始化结点数组和邻接矩阵
```

```
63.     init(n);
64.     // 输入结点
65.     for(int i=1;i<=n;i++)
66.         cin>>x[i];
67.     // 边数
68.     int m;
69.     cin>>m;
70.     // 输入图
71.     for(int i=0;i<m;i++){
72.         int a,b,c;
73.         cin>>a>>b>>c;
74.         map[a][b]=c;
75.         map[b][a]=c;
76.     }
77.     // 从第二个结点开始
78.     backtrack(2,n);
79.     // 输出路径和最优解
80.     cout<<" 最优路径是：";
81.     for(int i=1;i<=n;i++)
82.         cout<<bestx[i]<<" ";
83.     cout<<"1"<<endl;
84.     cout<<" 最优费用是："<<best_value;
85.     fclose(stdin);
86.     fclose(stdout);
87.     return 0;
88. }
```

【输入】

4

1 2 3 4

6

1 2 8

1 3 9

　　1 4 16

　　2 3 11

　　2 4 10

　　3 4 12

【输出】

最优路径是：1 2 4 3 1

最优费用是：39

▽ 27.2.2　回溯算法框架

通过解空间树可以了解回溯算法的两种基本类型，它们有着如下相同的解题步骤。

（1）针对所给问题确定解空间树。

（2）利用深度优先算法开始搜索解空间树，期间利用约束函数/界限函数（剪枝思想）剪去得不到最优解的子树，剪去得不到最优解的过程实质上就是回溯的过程，这样便避免了无效搜索。

回溯算法是在运行过程中，动态产生从根结点到扩展结点的路径。其基本思想是：从根结点开始，用深度优先算法思想开始遍历解空间树，开始结点称为活结点，同时也成为当前的扩展结点，在当前的扩展结点处，沿着深度方向下移一个新的结点，此时，这个新的结点便成为活结点，同时也成为当前扩展结点；如果在当前结点不满足继续沿着深度方向扩展，那么当前结点就变为死结点，此时，应向最近的活结点回溯一步，并使当前结点作为扩展结点，直到找到解为止。

通过解空间树的不同，可将回溯算法分为两种框架，分别是子集树框架和排列树框架。

子集树框架如下。

```
1.  // 搜索到第 i 层
2.  void 子集树回溯 (int i){
3.     // 到叶子结点时
4.     if(i>n)
5.        输出最优解
6.     else
```

7.	**for**(**int** j=0;j<=n;j++){
8.	x[i]=j;
9.	**if**(满足约束条件){
10.	保存结果
11.	子集树回溯 (i+1);
12.	恢复保存结果前一步（反向操作）
13.	}
14.	}
15.	}

排列树框架如下。

1.	// 搜索到第 i 个结点
2.	**void** 排列树回溯 (**int** i){
3.	// 到叶子结点时
4.	**if**(i>n)
5.	输出最优解
6.	**else**
7.	**for**(**int** j=i;j<=n;j++){
8.	**if**(满足限制函数){
9.	保存结果
10.	swap(x[i],x[j])
11.	排列树回溯 (i+1)
12.	swap(x[i],x[j])
13.	恢复保存结果前一步（反向操作）
14.	}
15.	}
16.	}

　　根据递归方式的不同，回溯算法又分为一般的递归回溯和迭代回溯。递归回溯是指从所需结果出发不断回溯前一运算，直到回到初值再递推到所要的结果；迭代回溯则是不断对前一旧值运算得到新值，最后得到最优解。

　　递归回溯算法框架如下。

1.	**void** 递归回溯 (**int** i){
2.	**if**(i>n)
3.	输出最优解

4.	else{
5.	//a 和 b 当前结点未搜索过的子树的起止结点
6.	for(int j=a;j<=b;j++){
7.	保存结果
8.	if(满足条件)
9.	递归回溯 (i+1);
10.	恢复保存前一步（反向操作）
11.	}
12.	}
13.	}

迭代回溯算法框架如下。

1.	void 迭代回溯 (){
2.	int t=1;
3.	while(t>0){
4.	//f(n,t) 是未遍历的起始结点，g(n,t) 是未遍历的终止结点
5.	if(f(n,t)<=g(n,t)){
6.	for(int i=f(n,t);i<=g(n,t);i++){
7.	保存结果
8.	if(满足条件){
9.	if(解决问题)
10.	输出最优解
11.	else
12.	t++;
13.	}else{
14.	// 回溯
15.	t--;
16.	}
17.	}
18.	}
19.	}
20.	}

★注意：上述所有框架中的 for 循环表示遍历各个值，并不是在程序中实际写成 for 循环，要根据具体情况具体对待。

第28章

贪心算法

贪心算法是在问题解决过程中，只考虑局部最优，而不考虑全局最优的一种算法。这种算法能够在较短时间内找到较好的解决方案，因此在问题解决过程中，往往是将一个大问题分解成若干个小问题，然后对每个小问题求小问题范围内的最优解（局部最优解），最后将求小问题所得的最优解合起来就是整个问题的解。

由于贪心算法的特性，因此在问题解决过程中，贪心算法更适合求解最值问题以及确定某些问题的可行性范围等问题。

从上述描述可以看出，贪心算法思想在前面章节中也有应用，例如建立哈夫曼树、最小生成树等算法。除了之前介绍的算法，本章将针对一些典型问题进行梳理。

28.1 区间问题

区间问题是贪心算法的典型应用，主要包含三种类型：一是最多不相交区间问题；二是选点问题；三是区间覆盖问题。

28.1.1 最多不相交区间问题

最多不相交区间问题是指在某个区间内有 n 个开区间 $(a_i, b_i)(i = 1, 2, \cdots, n)$，选择尽量多的区间，使得区间之间没有公共点。

这种问题的解决思路是：首先将 n 个开区间 (a_i, b_i) 的右端点 b_i 按照升序进行排列，选择右端点最小的那个区间，此时如果有多个区间右端点 b_i 重合，那么选择左端点 a_i 最大的那个区间；然后从左至右，选择第一个不与该区间相交的区间，按照上述步骤直到将所有区间扫描一遍为止。其时间复杂度为 $O(n \log n)$。

问题描述

一所高校为提高会议室使用效率——在一天内容纳更多的会议，根据申报时间段设计算法实现提升会议室使用效率。

【输入格式】

一行一个整数 n，表示要输入 n 个时间段。输入 n 行时间段，包含开始时间和结束时间，用整数表示。

【输出格式】

输出安排会议的时间段。

C++ 示例程序如下。

```
1.  #include<iostream>
2.  #include<cstring>
3.  #include<algorithm>
4.  using namespace std;
5.  const int Max=100;
6.  struct region{
7.      // 开始时间和结束时间
8.      int start,end;
9.      // 是否被选中作为使用时间段
10.     bool flag;
11. }r[Max];
12. // 用于 sort 比较的方法，升序排序
13. bool cmp(region a,region b){
14.     return a.end<=b.end;
15. }
16. void select(int n){
17.     // 第一时间段已经选中，所以前一时间段是 1
18.     int pre=1;
19.     r[1].flag=true;
```

```
20.     for(int i=2;i<=n;i++){
21.       if(r[i].start>=r[pre].end){
22.         r[i].flag=true;
23.         pre=i;
24.       }
25.     }
26.   }
27.   int main(){
28.     int n;
29.     cin>>n;
30.     // 输入时间段及初始化所有时间段并未选中
31.     for(int i=1;i<=n;i++){
32.       cin>>r[i].start>>r[i].end;
33.       r[i].flag=false;
34.     }
35.     // 升序排序
36.     sort(r,r+n+1,cmp);
37.     select(n);
38.     // 输出
39.     cout<<" 安排会议时间段："<<endl;
40.     for(int i=1;i<=n;i++){
41.       if(r[i].flag)
42.         cout<<"("<<r[i].start<<","<<r[i].end<<")";
43.     }
44.   }
```

【输入】

8

8 10

9 10

10 11

13 14

13 15

14 16

15 16

16 17

【输出】

安排会议时间段:

(9,10)(10,11)(13,14)(15,16)(16,17)

28.1.2 选点问题

选点问题是指在给定 n 个闭区间 $[a_i, b_i]$,取尽量少的点,使得每个区间至少有一个点,其中不同区间内含的点可以是同一个。

这种问题的解题思路是:把所有区间按照 b_i 从小到大排序,当 b_i 相同时,a_i 从大到小排序,然后取第一个区间的最后一个点,如图 28-1 所示。

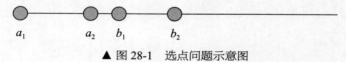

a_1 a_2 b_1 b_2

▲ 图 28-1 选点问题示意图

案例
28-2

📖 问题描述

假设给定 n 个闭区间 $[a_i, b_i]$,在每个闭区间内插一面小旗子,最少可以插多少面小旗子?

【输入格式】

第一行一个整数 n,表示 n 个闭区间;输入 n 行闭区间范围,包含区间起始值和终止值。

【输出格式】

输出最少插多少面旗子。

C++ 示例程序如下。

```cpp
1.  #include<iostream>
2.  #include<algorithm>
3.  using namespace std;
4.  struct point{
5.      // 左端点 left，右端点 right
6.      int left,right;
7.  }p[100];
8.  // 比较函数
9.  bool cmp(point p1, point p2){
10.     // 右端点从小到大排序
11.     if(p1.right<p2.right)
12.         return true;
13.     else{
14.         // 当两个区间右端点相同，左端点从大到小排序
15.         if(p1.right==p2.right)
16.             return p1.left>p2.left;
17.         else
18.             return false;
19.     }
20. }
21. int main(){
22.     int n;
23.     cin>>n;
24.     // 输入区间
25.     for(int i=1;i<=n;i++)
26.         cin>>p[i].left>>p[i].right;
27.     // 排序
28.     sort(p,p+n+1,cmp);
29.     // 初始状态，旗子有一面在第一区间
30.     int flag=1;
31.     point cur=p[1];
32.     // 从第 2 个区间与前一个区间比较
```

```
33.     for(int i=2;i<=n;i++){
34.         // 当前一个的右端点小于后一个左端点
35.         // 说明当前区间在下一个区间左边
36.         if(cur.right<p[i].left){
37.             flag++;
38.             // 向后移动一个区间作为当前区间
39.             cur=p[i];
40.         }
41.     }
42.     cout<<" 共插 "<<flag<<" 面小旗子 ";
43.     return 0;
44. }
```

【输入】

5

1 4

2 5

2 4

3 6

7 8

【输出】

共插 2 面小旗子

▼ 28.1.3 区间覆盖问题

这里的区间覆盖问题实质上指的是最小区间覆盖问题，当有 n 个闭区间 $[a_i,b_i]$ 和一个给定区间 $[a,b]$，如何选择尽量少的区间，使得这些区间能够把 $[a,b]$ 完全覆盖。

区间覆盖问题的解题思路是：首先删除不包含区间 $[a,b]$ 的区间；然后，将起点 a_i 按照从小到大的顺序排序，当两个区间起点 a_i 相同时，则将右端点从小到大排序。在选择区间过程中，从第一个区间开始找右端点尽量大的区间。如果第一个区间能够完全覆盖 $[a,b]$ 区间，那么就不需要再寻找其他的区间，第一个区间就是所要找的解；如果不能完

全覆盖 $[a,b]$ 区间，那么就找小于 b 的最大右端点，此时将该右端点作为新的覆盖区域的起点 b'，那么下面寻找的就是能够覆盖 $[b',b]$ 的区间，重复上面步骤，如果下一个区间不能覆盖 b' 点，那么说明区间不连续，也就证明不能找到完全覆盖 $[a,b]$ 区域的区间，如图 28-2 所示。

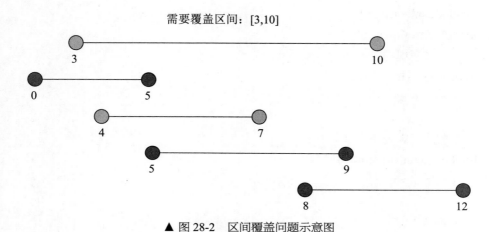

▲ 图 28-2   区间覆盖问题示意图

📖 问题描述

在一条直线上有 n 个点，用 k 条线段的绳子需要覆盖这 n 个点，设计一个程序，使得线段长度总和最小。

📖 思路解析

为使整条线段和最小，可以先建立一条线段覆盖最小点和最大点，此时线段长度最长，然后按照从小到大的顺序排列这 n 个点，然后求出两两相邻点的距离。为了使覆盖所有点的线段长度最短，则需要利用贪心算法把两两相邻点的距离按降序排列，不断去除距离中最长的线段，直到线段数量增至题目要求数量为止。

【输入格式】

一行两个正整数 n（）和 k，中间用空格间隔；第二行输入 n 个整数。

【输出格式】

输出最少区间数。

C++ 示例程序如下。

```cpp
1.  #include<iostream>
2.  #include<algorithm>
3.  using namespace std;
4.  // 升序排序规则
5.  bool ascend(int a,int b){
6.      return a<b;
7.  }
8.  // 降序排序规则
9.  bool descend(int a,int b){
10.     return a>b;
11. }
12. int main(){
13.     // 定义存储点的数组 point，存储距离的数组 distance
14.     int point[100],distance[100];
15.     // 定义线段总和
16.     int len;
17.     // 定义点的数量 n 和线段数量 k
18.     int n,k;
19.     cin>>n>>k;
20.     for(int i=0;i<n;i++)
21.         cin>>point[i];
22.     // 升序排序
23.     sort(point,point+n,ascend);
24.     // 最长距离
25.     len=point[n-1]-point[0];
26.     // 相邻两点求距离
27.     for(int i=0;i<n-1;i++)
28.         distance[i]=point[i+1]-point[i];
29.     // 距离降序排列
30.     sort(distance,distance+n-1,descend);
```

```
31.    for(int i=0;i<n-k-1;i++)
32.       len-=distance[i];
33.    cout<<" 最短距离 ="<<len;
34.    return 0;
35. }
```

【输入】

5 3

3 8 5 1 11

【输出】

最短距离 =7

28.2 部分背包问题

部分背包问题与 0-1 背包问题的最大区别在于，在选择物品的时候，0-1 背包问题要么把物品选中带走，要么不选，而部分背包问题则是可以选择某个物品的一部分带走，例如 n 堆沙子，可以选择某一堆沙子中的一部分。

在部分背包问题中，会给定某些物品的质量及价值，给出背包所能容纳的总质量，求如何选取背包的价值最大。这种问题的解决思路是：求出每一物品的单位质量的价格，按照单价从高到低对所有物品进行排序，选择的过程尽可能选单位价值最高的，当单位价值最高的全部选完了，再选剩下的单价最高的。

案例 28-4

📖 问题描述

现有 n 堆不同纯度的金沙，根据含金量不同，金沙的价格也不同，现有能够装 3 吨金沙的容器，根据输入的 n 堆金沙的质量和价格保证容器中装的金沙价值最高。

【输入格式】

第一行一个正整数 n，表示 n 堆金沙；输入 n 行，每行两个正整数，分别表示质

量和总价值。

【输出格式】

容器所盛金沙的总价值。

C++ 实例程序如下。

```
1.  #include<iostream>
2.  #include<algorithm>
3.  using namespace std;
4.  struct bag{
5.      // 金沙质量 weight，价值 value
6.      int weight,value;
7.      // 金沙单价
8.      float price;
9.  }b[100];
10. // 降序排列
11. bool descend(bag a,bag b){
12.     return a.price>b.price;
13. }
14. int main(){
15.     int n;
16.     cin>>n;
17.     for(int i=0;i<n;i++){
18.         cin>>b[i].weight>>b[i].value;
19.         b[i].price=b[i].value*1.0/b[i].weight;
20.     }
21.     // 对单价进行降序排序
22.     sort(b,b+n,descend);
23.     // 容器容纳质量
24.     float total=3000.0;
25.     // 总价值
26.     float sum=0.0;
```

```
27.        for(int i=0;i<n;i++){
28.            if(total<=b[i].weight){
29.                sum+=b[i].price*total;
30.                total=0;
31.                break;
32.            }else{
33.                total-=b[i].weight;
34.                sum+=b[i].value;
35.            }
36.        }
37.        cout<<" 该容器总价值 ="<<sum;
38.        return 0;
39. }
```

【输入】

5

1800   1100

1900   1500

500   1200

800   1000

700   1000

【输出】

该容器总价值 =3989.47

28.3　种树问题

种树问题类似于区间问题，在 n 个区间内种树，每个区间最多种一棵树，居民给出某个 $[a,b]$ 区域内必须种 c 棵树，当这种需求有 m 个时，怎么种树才能使栽种的数量最少？

这种问题的解题思路是：尽可能地将树种在不重复的区间内，这样每个居民的需求

都能够满足。具体的操作是：对居民的 m 个需求区间进行排序，按照右端点升序排序，当右端点相同时，左端点升序排序。种树时需要从最右端向左遍历路段，也就是从最右端开始种树，这样便可以实现题目要求。

📖 问题描述

有 n 个区间需要种树，每个区间最多可以种一棵树，此时有 m 个居民对种树方案提出的需求，要求在 $[a,b]$ 区间内种 c 棵树，为了满足所有居民的 m 个需求全部采纳，怎样种树才能使种树数量最少？

【输入格式】

第一行两个正整数，n 表示有 n 个区间，m 表示有 m 个需求；输入 m 行需求，每行包含区间的起始和终止点 a 和 b，以及区间内种树数量 c。

【输出格式】

第一行输出种树的区间位置；第二行输出一共种几棵树。

【输入】

8 3

1 3 2

2 5 2

4 7 2

【输出】

种树的位置：3 2 7 6

总共种树数量 =4

📖 问题分析

以上述样例为例，从第一个需求开始，从高到低种树，同时检查是否已经种满，然后将种树位置进行标记，在进行下一个需求前，首先检查该区间是否已经种满树，如果种满就调到下一个需求开始遍历。该案例示意图如图 28-3 所示。

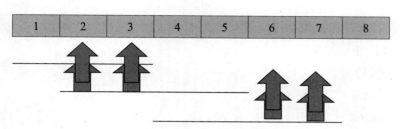

▲ 图 28-3　种树问题案例图示

C++ 实例程序如下。

```cpp
1.  #include<iostream>
2.  #include<algorithm>
3.  #include<cstring>
4.  using namespace std;
5.  struct tree{
6.      // 左端点 left，右端点 right，种树数量 num
7.      int left,right,num;
8.  }t[100];
9.  // 升序排序
10.     bool ascend(tree a,tree b){
11.         if(a.right==b.right)
12.             return a.left<b.left;
13.         return a.right<b.right;
14.     }
15.     int main(){
16.         int n,m;
17.         cin>>n>>m;
18.         // 输入居民需求方案
19.         for(int i=0;i<m;i++){
20.             cin>>t[i].left>>t[i].right>>t[i].num;
21.         }
22.         // 对居民需求方案的右端点进行排序
23.         sort(t,t+m,ascend);
```

```
24.    // 记录整个路段每个区间是否种树
25.    bool is_plant[100];
26.    // 种树总数量
27.    int sum=0;
28.    memset(is_plant,false,sizeof(is_plant));
29.    cout<<" 种树的位置： ";
30.    // 遍历每个居民建议
31.    for(int i=0;i<m;i++){
32.        // 先检查该需求区间中是否已经有树
33.        // 从右端开始遍历，判断是否有树
34.        for(int j=t[i].right;j>=t[i].left;j--){
35.            // 已经有树，将 num 减一
36.            if(is_plant[j])
37.                // 让 num 减一
38.                t[i].num--;
39.        }
40.        // 种树
41.        for(int j=t[i].right;j>=t[i].left;j--){
42.            // 已经种满就跳出循环
43.            if(t[i].num==0)
44.                break;
45.            else{
46.                // 种树
47.                is_plant[j]=true;
48.                // 输出种树位置
49.                cout<<j<<" ";
50.                t[i].num--;
51.                sum++;
52.            }
53.        }
```

```
54.        }
55.        cout<<endl;
56.        cout<<" 总共种树数量 ="<<sum<<endl;
57.        return 0;
58.    }
```

从上述几个典型的贪心算法案例可以看出，贪心算法在把问题分解后，总是寻找子问题的最优解法，因此在程序上不会使用回溯的思想，也就不能以全局最优的思想进行解题，在对问题求解时，总是做出在当前看来是最好的选择，所以该算法是有一定局限的。在奥赛中遇到相关问题时，需要体现先验证通过局部最优能够找到全局最优解再来使用贪心算法。

第29章

分治算法

分治算法与贪心算法相似，都是将大问题分解成小问题，当小问题解决后，大问题也就解决了。例如前面所学的"归并排序算法""快速幂算法"就是典型的分治算法。

分治算法在运用的时候是有前提条件的，具体如下。

（1）当前问题不容易解出答案的时候，分解成小问题可以解决。

（2）所分解的小问题结构与大问题结构具有相同模式。

（3）分解的小问题之间是互相独立的，小问题之间并不交叉。

（4）各个小问题的解合起来能够形成大问题的解。

下面就以一些典型案例深入介绍分治算法。

29.1 汉诺塔问题

问题描述

汉诺塔问题是计算机学习中的一道经典例题。它源于印度的一个古老传说，传说大梵天做了三根金刚石柱子，并在一根柱子上按照从大到小的顺序放了 64 个黄金圆盘，需要把这 64 个黄金圆盘移动到另一根柱子上，且每次只允许移动一个圆盘，小圆盘之上不能放大圆盘，在移动过程中可以借助第三根柱子，问：需要移动多少次？每次移动的方向是怎样的？

问题分析

　　从题意可以看出，只能一个圆盘一个圆盘地移动，且需要保证小圆盘在大圆盘之上，而柱子只有三根。如果按照有 64 个圆盘来思考这个问题很难整理出思路，我们可以先把这个大问题分解成 n 个小问题，第一步将圆盘从顶到底进行编号，编号顺序是 1、2、3、$\cdots$、n，然后将这 n 个盘子划分成两部分，一部分是最下面第 n 个，一部分是上面的 $n-1$ 个，这两部分是相互独立的；第二步将上面的 $n-1$ 个从第一根柱子移动到第二根柱子；第三步将第 n 个从第一根柱子移动到第三根柱子，最后想办法将上面的 $n-1$ 个从第二根柱子移动到第三根柱子，这样不断地将问题划分成最底层一个为一部分，上面的所有盘子为一部分，重复上面的步骤便可以完成移动，如图 29-1 所示。

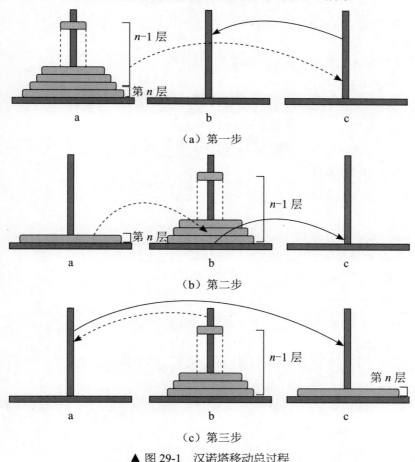

（a）第一步

（b）第二步

（c）第三步

▲ 图 29-1　汉诺塔移动总过程

（虚线表示经过那根柱子，实线表示实际需要到达的柱子）

C++ 示例程序如下。

```cpp
1.  #include<iostream>
2.  using namespace std;
3.  // 移动总次数
4.  long long sum=0;
5.  //x、y、z 顺序表示从 x 到 z，途经 y
6.  void hanoi(int n,char x,char y,char z){
7.      sum++;
8.      if(n==1){
9.      // 当只有一个圆盘时，直接从 x 柱移到 z 柱
10.         cout<<" 从 "<<x<<" 移动到 "<<z<<endl;
11.     }else{
12.     // 将前 n-1 个从 x 到 y，途经 z
13.         hanoi(n-1,x,z,y);
14.     // 将第 n 个从 x 到 z
15.         cout<<" 从 "<<x<<" 移动到 "<<z<<endl;
16.     // 将前 n-1 个从 y 移动到 z，途经 x
17.         hanoi(n-1,y,x,z);
18.     }
19. }
20. int main(){
21.     // 共有 n 个盘子
22.     int n;
23.     cin>>n;
24.     char x='a',y='b',z='c';
25.     hanoi(n,x,y,z);
26.     cout<<" 移动次数为：" <<sum<<" 次 "<<endl;
27.     return 0;
28. }
```

【输入】

3

【输出】

从 a 移动到 c

从 a 移动到 b

从 c 移动到 b

从 a 移动到 c

从 b 移动到 a

从 b 移动到 c

从 a 移动到 c

移动次数为：7 次

29.2 二分查找算法

二分查找算法又称为折半查找算法，这种算法有两个前提条件：一是所查找的序列本身是有顺序的（升序或降序排列）；二是序列的存储也是有顺序的（一般使用一维数组的形式存储）。

假设一个序列按照升序排序，二分查找算法的思路是：首先获得序列中间位置元素 a，然后与需要查找的数字 i 进行对比，如果相等，那么第一次就可以找到；如果序列中间位置元素小于需要查找的数字，那么说明应该在更大一个区间内查找，下次查找的区间将是在当前元素 a 的右边（由于是升序关系），反之，则应该在元素 a 的左边查找。在下一区域中查找时步骤与上面相同，直到找到相同元素为止。

这种查找方式就是将一个大的序列通过对半分区域的方式分解成 n 个小的区间，通过不同区间所具备的特殊性质（升序或降序）快速找到对应元素。

案例
29-2

📖 问题描述

给定一个按照升序排列的数组和一个待查找数据，利用二分查找算法在数组中找

到该数据所在位置，并输出查找次数。

【输入格式】

第一行输入一个正整数n，表示输入n个有序序列数；第二行输入n个有序序列数，各数之间用空格间隔；第三行输入一个正整数，表示待查找的数。

【输出格式】

如果找到，输出待查找数在数组中位置，并输出查找次数；如果没有找到，输出未找到相应数字，并输出查找次数。

C++ 示例程序如下。

```cpp
1.  #include<iostream>
2.  using namespace std;
3.  // 存储序列数组
4.  int a[100];
5.  // 查询次数
6.  int sum=0;
7.  // 非递归形式
8.  int search(int t,int left, int right){
9.      while(left<=right){
10.         sum++;
11.         // 取中间值的下标
12.         int mid=(left+right)/2;
13.         if(t==a[mid]){
14.             return mid;
15.         }else if(t<a[mid]){
16.             right=mid-1;
17.         }else{
18.             left=mid+1;
19.         }
20.     }
21.     return -1;
22. }
23. int main(){
```

```
24.    int n;
25.    cin>>n;
26.    for(int i=0;i<n;i++)
27.        cin>>a[i];
28.    // 待查找的数字
29.    int s;
30.    cin>>s;
31.    int num=search(s,0,n-1);
32.    if(num==-1)
33.        cout<<" 未找到相应数字，查找次数 ="<<sum;
34.    else
35.        cout<<" 查找到的下标 ="<<num<<"，查找次数 ="<<sum;
36.    return 0;
37. }
```

【输入】

8

1 5 9 10 11 13 15 17

0

【输出】

未找到相应数字，查找次数 =3

29.3　主定理

主定理有一个假设——有一个规模为 n 的大问题，且时间复杂度为 $T(n)$。

为了求解这个大问题，我们采用分治思想，将这个大问题分成 k 个规模为 $\dfrac{n}{m}$ 的小问题，每个小问题的时间复杂度就是 $T\left(\dfrac{n}{m}\right)$，那么这 k 个问题的时间复杂度为 $k*T\left(\dfrac{n}{m}\right)$。最后还需要将子问题合并起来，假设合并起来的时间复杂度为 $f(n)$，那么 $T(n)$ 的公式可以写成下面的形式：

$$T(n) = \begin{cases} O(1) & n = 1 \\ k * T\left(\dfrac{n}{m}\right) + f(n) & n > 1 \end{cases}$$

为了更加清晰地了解主定理时间复杂度的计算，下面以递归树形式来讲解。所谓的递归树实质上是一种迭代的过程，利用递归的方式来求解，利用树的形式来呈现。

假设 $f(n) = n^d$，当 $n > 1$ 时，$T(n) = k * T\left(\dfrac{n}{m}\right) + n^d$，那么其递归树如图 29-2 所示。

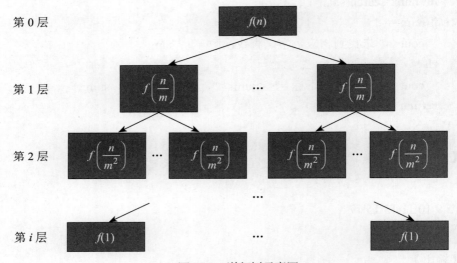

▲ 图 29-2　递归树示意图

由图 29-2 可知，合并到第 0 层需要的时间为 n^d，合并到第 1 层需要的时间为 $k * \left(\dfrac{n}{m}\right)^d$，合并到第 2 层需要的时间为 $k^2 * \left(\dfrac{n}{m^2}\right)^d$，那么可以递推到最后第 i 层需要的时间为 $k^i * \left(\dfrac{n}{m^i}\right)^d$。

那么最终整个问题的所需时间为每一层所需时间之和：

$$T(n) = n^d + k * \left(\dfrac{n}{m}\right)^d + k^2 * \left(\dfrac{n}{m^2}\right)^d + \cdots + k^i * \left(\dfrac{n}{m^i}\right)^d =$$

$$n^d \left[\left(\dfrac{k}{m^d}\right)^0 + \left(\dfrac{k}{m^d}\right)^1 + \left(\dfrac{k}{m^d}\right)^2 + \cdots + \left(\dfrac{k}{m^d}\right)^i \right]$$

令 $\dfrac{k}{m^d} = q$ ，那么：

$$T(n) = n^d(q^0 + q^1 + q^2 + \cdots + q^i)$$

下面就需要确定此时 i 是多少。

由于第 i 层每个问题的规模为 1，从下往上倒推，第 $i-1$ 层每个问题的规模为 m，第 $i-2$ 层每个问题的规模为 m^2，那么最顶层的问题规模为 m^i。又因为最顶层问题规模为 n，那么 $n = m^i$，所以 $i = \log_m n$。

下面需要针对 q 进行分情况讨论。

当 $q = 1$ 时，即 $k = m^d$，则 $T(n) = n^d(i+1) = n^d(\log_m n + 1)$，根据时间复杂度的渐进性原则，可以忽略其常数项，表示为 $O(n^d * \log_m n)$。

当 $q \neq 1$ 时，则可以利用等比数列的求和公式：

$$S_n = \frac{a_1(1-q^n)}{1-q} = \frac{1-q^{i+1}}{1-q}$$

那么：

$$T(n) = n^d \left(\frac{1-q^{i+1}}{1-q} \right)$$

当 $q < 1$ 时，即 $k < m^d$，当 $i+1$ 极大时，q^{i+1} 则趋于 0，那么 $T(n) \approx \dfrac{n^d}{1-q}$，由于 $1-q$ 为常数，所以其时间复杂度可以表示为 $O(n^d)$。

当 $q > 1$ 时，即 $k > m^d$，当 $i+1$ 极大时，q^{i+1} 则趋于 $+\infty$，那么 $1-q^{i+1}$ 则趋于 $-\infty$，由于 $1-q$ 也是负数，所以 $T(n) = n^d(-1+q^{i+1})$。由于 n^d 和 q 相对于 $+\infty$ 来说可以近似认为是一个常数，因此其时间复杂度可以表示为 $O(n^d * q^i)$。

由于 $i = \log_m n$，$\dfrac{k}{m^d} = q$，代入可得：

$$n^d * q^i = n^d * \left(\frac{k}{m^d} \right)^{\log_m n} = n^d * \frac{k^{\log_m n}}{\left(m^{\log_m n} \right)^d} = n^d * \frac{k^{\log_m n}}{n^d} = k^{\log_m n}$$

又因为：

$$k^{\log_m n} = k^{\frac{\log_k n}{\log_k m}} = (k^{\log_k n})^{\frac{1}{\log_k m}} = (n)^{\frac{1}{\log_k m}} = n^{\log_m k}$$

所以整个问题的时间复杂度为：

$$T(n) = \begin{cases} O(n^d) & k < m^d \\ O(n^d * \log_m n) & k = m^d \\ O(n^{\log_m k}) & k > m^d \end{cases}$$

上述公式就是主定理的公式，考试时可以直接使用。

案例 29-3

【2018 年 NOIP 提高组初赛】设某算法的时间复杂度函数的递推方程是 $T(n) = T(n-1) + n$（n 为正整数）及 $T(0) = 1$，则该算法的时间复杂度为（　　）。

A．$O(\log n)$　　　　　　　B．$O(n \log n)$

C．$O(n)$　　　　　　　　D．$O(n^2)$

【参考答案】D

【解析】虽然本题在形式上与主定理相似，但仔细观察，它并不满足主定理任何一种情况的等式，即：

$$T(n) = \begin{cases} O(1) & n = 1 \\ k * T\left(\dfrac{n}{m}\right) + n^d & n > 1 \end{cases}$$

所以，把这道 NOIP 真题放在此处的目的是提醒读者，注意区分主定理应用条件。本题需要采用递推的方式来解决：

由于 $T(n) = T(n-1) + n$，那么 $T(n) - T(n-1) = n$。

当 $n = 1$ 时：$T(1) - T(0) = 1$；

当 $n = 2$ 时：$T(2) - T(1) = 2$；

当 $n = 3$ 时：$T(3) - T(2) = 3$；

……

那么 $\sum_{i=1}^{n}\left[T(i)-T(i-1)\right]=1+2+3+\cdots+n=\dfrac{n(n+1)}{2}$，时间复杂度去除常数项，

得到的渐进值是 $O(n^2)$。

案例
29-4

【2017 年 NOIP 提高组初赛】若某算法的计算时间表示为递推关系式：

$$T(N)=2T\left(\dfrac{N}{2}\right)+N\log N$$

$T(1)=1$，则该算法的时间复杂度为（　　　）。

A. $O(N)$　　　　　　　　　　B. $O(N\log N)$

C. $O(N\log^2 N)$　　　　　　D. $O(N^2)$

【参考答案】C

【解析】

由主定理公式可知，$k=2$，$m=2$，$f(N)=N\log N$，由于主定理中写作 N^d 的

形式，那么假设 d 为 1，后再乘以 $\log N$，根据 k、m、d 可知 $k=m^d$，所以时间复杂

度为 $O(N\log N)$，此时再乘以 $\log N$，得到时间复杂度为 $O(N\log^2 N)$。

29.4　Strassen 算法

在数学基础的线性代数章节中，我们已经学习了关于矩阵的相关知识，如果：

$$\boldsymbol{A}=\begin{bmatrix} a_{11} & a_{12} \\ a_{21} & a_{22} \end{bmatrix},\boldsymbol{B}=\begin{bmatrix} b_{11} & b_{12} \\ b_{21} & b_{22} \end{bmatrix}$$

那么：

$$\boldsymbol{A}\cdot\boldsymbol{B}=\boldsymbol{C}=\begin{bmatrix} c_{11} & c_{12} \\ c_{21} & c_{22} \end{bmatrix}=\begin{bmatrix} a_{11}b_{11}+a_{12}b_{21} & a_{11}b_{12}+a_{12}b_{22} \\ a_{21}b_{11}+a_{22}b_{21} & a_{21}b_{12}+a_{22}b_{22} \end{bmatrix}$$

那么：

$$c_{11} = a_{11}b_{11} + a_{12}b_{21}$$

$$c_{12} = a_{11}b_{12} + a_{12}b_{22}$$

$$c_{21} = a_{21}b_{11} + a_{22}b_{21}$$

$$c_{22} = a_{21}b_{12} + a_{22}b_{22}$$

案例
29-5

📖 问题描述

按照矩阵乘法的一般思想计算 $2×2$ 矩阵 A 和 B 的乘积。

C++ 示例程序如下。

```cpp
1.  #include<iostream>
2.  #include<cstring>
3.  using namespace std;
4.  int a[2][2]={{1,2},
5.         {3,4}};
6.  int b[2][3]={{5,6},
7.         {7,8}};
8.  int c[2][2];
9.  int main(){
10.   memset(c,0,sizeof(c));
11.   for(int i=0;i<2;i++)
12.     for(int j=0;j<2;j++)
13.       for(int k=0;k<2;k++)
14.         c[i][j]+=a[i][k]*b[k][j];
15.   for(int i=0;i<2;i++){
16.     for(int j=0;j<2;j++)
17.       cout<<c[i][j]<<" ";
18.     cout<<endl;
19.   }
```

```
20.     return 0;
21. }
```

【输出】

19 22

43 50

由案例 29-5 可以看出，常规矩阵算法的时间复杂度是 $O(n^3)$，那么如何能够将矩阵乘法的时间复杂度降下来呢？1969 年 Volker Strassen 提出了 Strassen 算法，使得时间复杂度从 $O(n^3)$ 降到了 $O(n^{\log_2 7})$，近似于 $O(n^{2.807})$，对于维数特别大的矩阵，效率提升明显。Strassen 算法实质上使用的是分治算法的思想。

如果将 2×2 矩阵扩展成 $n \times n$ 的方阵（其中 $n = 2^t$），那么 $\boldsymbol{C} = \boldsymbol{A} \cdot \boldsymbol{B}$ 可以写成如下形式：

$$\left[\begin{array}{c|c} c_{11} & c_{12} \\ \hline c_{21} & c_{22} \end{array}\right] = \left[\begin{array}{c|c} a_{11} & a_{12} \\ \hline a_{21} & a_{22} \end{array}\right] \cdot \left[\begin{array}{c|c} b_{11} & b_{12} \\ \hline b_{21} & b_{22} \end{array}\right]$$

其中被横纵直线分隔的区域分别代表一个矩阵，这样就将大矩阵转换成大小相等的方阵（分治思想），即形成 2 个 $\frac{n}{2} \times \frac{n}{2}$ 的方阵。通过计算公式可知 2×2 的方阵乘法需要经过 8 次乘法运算、4 次加法运算，以此类推，其时间复杂度可以写成 $T(n) = 8 * T\left(\frac{n}{2}\right) + n^2$ 的形式，其中 8 表示 8 次乘法，$\frac{n}{2}$ 表示 n 阶矩阵被分，n2 表示最后求和的时间。由主定理可知 $k = 8$，$m = 2$，$d = 2$，$k > m^d$，所以时间复杂度为 $O(n^{\log_m k}) = O(n^3)$。那么从公式可知，这里决定性因素是乘法次数，如果将 k 减少 1 次，那么时间复杂度就变为 $O(n^{\log_2 7})$，因此 Strassen 算法的目的就是将 8 次乘法运算降为 7 次运算。

为了将 8 次乘法运算降低到 7 次，我们用 p_i 表示：

$$p_1 = a_{11} * (b_{12} - b_{22})$$

$$p_2 = b_{22} * (a_{11} + a_{12})$$

$$p_3 = b_{11} * (a_{21} + a_{22})$$

$$p_4 = a_{22} * (b_{21} - b_{11})$$

$$p_5 = (a_{11} + a_{22}) * (b_{11} + b_{22})$$

$$p_6 = (a_{12} - a_{22}) * (b_{21} + b_{22})$$

$$p_7 = (a_{11} - a_{21}) * (b_{11} + b_{12})$$

那么最后得到矩阵 **C** 的结果如下。

$$C_{11} = p_4 + p_5 + p_6 - p_2$$

$$C_{12} = p_1 + p_2$$

$$C_{21} = p_3 + p_4$$

$$C_{22} = p_1 + p_5 + p_7 - p_3$$

29.5 循环赛日程表问题

 问题描述

假设有 n 个选手参加循环赛，要求根据下面条件编制比赛日程表。

（1）每个选手与其他 n-1 个选手比赛一场。

（2）每个选手一天只比赛一场。

（3）循环赛一共比赛 n-1 天。

比赛日程表是一个 $n \times (n-1)$ 的二维表，行表示选手，列表示天数。

问题分析

整体考虑解决循环赛日程的问题非常复杂，为了解决这个问题，我们采用分治的算法思想来思考。从问题上看，根源在于比赛人数众多，如果只有 2 人比赛，日程设置最简单，即 2 人第一天比一场就结束了，因此分治的目的在于将人数规模降下来。

假设 $n = 2^t$，可以借鉴 Strassen 算法中对矩阵的分治方法，每次分的过程选取人数的一半来排，若选取一半的时候人数规模还大，就再选取其一半人数，直到只有 2 人为止。

下面我们从只有 2 人比赛开始，再倍数增加人数，来观察其日程表如何安排。

当只有 2 人比赛时，只需要一天的时间，为了与后面人数众多情况下形式相同，将表格主体划分为对称的方阵，共有 4 个部分，分别是：左上角、左下角、右上角、右下角，其中左上角和右下角是关于中心对称的，右上角和左下角也是关于中心对称的，如图 29-3 所示。

选　手	日　期	
	1	
1	2	
2	1	

▲ 图 29-3　2 人比赛日程表

将 2 人扩大一倍到 4 人比赛时，需要 3 天时间，与图 29-3 相似，也将日程表的主体划分为 4 个部分，如图 29-4 所示。

选　手	日　期		
	1	2	3
1	2	3	4
2	1	4	3
3	4	1	2
4	3	2	1

▲ 图 29-4　4 人比赛日程表

以此类推，最后形成 n 个人循环比赛的日程表。当然这里有个前提条件，即 $n=2^t$，当 n 是 2 的倍数的时候，可以将 n 扩展到 n 的倍数，扩展的数则作为轮空日处理，这样就能完成任意 n 人的循环比赛日程表。

C++ 示例程序如下。

```
1.  #include<iostream>
2.  using namespace std;
3.  // 存放循环赛日程表
4.  int map[100][100];
5.  // 不采用递归从 2 人向 n 人扩展
6.  //n 为将 max 扩展到 2 的倍数，max 是最多参赛选手数
7.  void schedule(int n,int max){
8.      // 初始状态是只有 2 人比赛
9.      int t=2;
10.     // 初始状态在后面作为划分区域的左上角
11.     map[0][0]=1;
```

```
12.    map[0][1]=2;
13.    map[1][0]=2;
14.    map[1][1]=1;
15.    // 循环直到 t 为 n 为止
16.    while(t!=n){
17.      // 根据对称原则设置左下角、右下角、右上角
18.      // 左下角
19.      for(int i=t;i<2*t;i++)
20.        for(int j=0;j<t;j++){
21.          // 如果超过 max，则设置为 0，表示轮空日
22.          if(map[i-t][j]+t>max){
23.            map[i][j]=0;
24.          } else{
25.            map[i][j]=map[i-t][j]+t;
26.          }
27.        }
28.      // 右下角
29.      for(int i=t;i<2*t;i++)
30.        for(int j=t;j<2*t;j++){
31.          // 如果超过 max，则设置为 0，表示轮空日
32.          if(map[i-t][j-t]>max){
33.            map[i][j]=0;
34.          } else{
35.            map[i][j]=map[i-t][j-t];
36.          }
37.        }
38.      // 右上角
39.      for(int i=0;i<t;i++)
40.        for(int j=t;j<2*t;j++){
41.          // 如果超过 max，则设置为 0，表示轮空日
42.          if(map[i+t][j-t]>max){
43.            map[i][j]=0;
44.          } else{
45.            map[i][j]=map[i+t][j-t];
46.          }
47.        }
```

```
48.      //t 翻倍
49.      t*=2;
50.    }
51.  }
52.  int main(){
53.    // 选手人数
54.    int max;
55.    cin>>max;
56.    // 将 max 扩展到 2 的 t 次方
57.    int n=1;
58.    while(n<max){
59.      n*=2;
60.    }
61.    // 循环赛程表设置
62.    schedule(n,max);
63.    // 输出赛程表
64.    for(int i=0;i<max;i++){
65.      for(int j=0;j<n;j++)
66.        cout<<map[i][j]<<" ";
67.      cout<<endl;
68.    }
69.    return 0;
70.  }
```

【输入】

6

【输出】

1 2 3 4 5 6 0 0

2 1 4 3 6 5 0 0

3 4 1 2 0 0 5 6

4 3 2 1 0 0 6 5

5 6 0 0 1 2 3 4

6 5 0 0 2 1 4 3

第30章

动态规划算法

前面章节中多次提到动态规划算法，如最短路径问题、背包问题等，但没有详细讲解，本章将详细讲解动态规划算法的相关知识及应用。

动态规划（dynamic programming，DP）算法的基本思想同样是将大问题分解成小问题来求解，与前面不同的是，通过动态规划算法得到的解是全局最优解，这与贪心算法形成鲜明对比。如果说贪心算法是"鼠目寸光"，那么动态规划算法就是"总览全局"。

动态规划算法是解决多阶段最优决策的方法，最初是由美国数学家贝尔曼（R.Bellman）于 1951 年提出的，1957 年他首次将动态规划作为系统的理论写于其专著中，这标志着运筹学的新分支的诞生。

动态规划算法有两种实现途径：一种是之前介绍的递归算法，通过递归可以实现由子问题的最优解推导而得原问题的最优解；另一种则是当子问题有较多的重复出现时，可以通过自下而上的方法求解原问题。

一般动态规划算法分为以下六个步骤。

（1）划分阶段或找到子问题：该步骤是指将原问题分成若干个相互联系的子问题，每个子问题可以称为是一个阶段，一般用下标 k 表示。

（2）正确选择状态变量：状态是指每个阶段都有其初始条件或情形，每个阶段的状态选择必须满足无后效性——又称马尔科夫性，是指系统从某个阶段往后的发展，仅由本阶段所处的状态及其往后的决策所决定，与系统以前经历的状态和决策无关，即前面的状态和决策不能影响后面的状态和决策。每一阶段的状态特征一般用状态变量 s_k 表示，所有阶段的状态特征的集合用 S_k 表示（$s_k \in S_k$）。

（3）确定决策变量 x_k 以及允许决策的集合 X_k。

（4）写出状态转移方程：状态转移是指从一个状态到另一个状态的转移过程，用方程 $s_{k+1}=T(s_k,x_k)$ 来描述，称其为状态转移方程，大多数情况下，状态转移方程 $s_{k+1}=s_k+x_k$。

（5）确定决策变量的取值范围。

（6）写出过程指标函数的递推关系：指标函数是指用来衡量策略或子策略或决策效果的某种量化指标，换句话说，也就是定义在全过程或各个子过程上确定的数量函数，用 $f(s_k,x_k)$ 表示第 k 个子过程的指标函数。过程指标函数也称为目标函数，是指第 k 段状态 s_k 经过决策为 x_k 后，从状态 s_k 到终点的距离。

看完上述步骤，相信很多读者都会感到困惑，其实动态规划并没有精确的数学表达式和精确的算法描述的，需要根据具体问题的情境具体分析。

哪些题目适合动态规划算法呢？首先，整个大问题可以由小问题推出，且大问题与小问题求解思路一致；其次，每一个状态值都具有无后效性，也就是说当确定好状态值，我们并不关心它是怎么来的，只需要直接用它就可以；再次，就是能够用表达式将每个状态值表达出来；最后，利用状态转移方程将状态值进行传递和推导，最终得到最终最优解。

下面就以几个经典案例深入介绍动态规划思想。

30.1　资源分配问题

问题描述

假设一个投资公司需要投资 5 个项目，现阶段该投资公司的投资总资金为 8000 万元，假设该投资公司投资这 5 个项目不同资金的收益如表 30-1 所示，请问如何投资才能使投资总收益最大。

表 30-1　投资公司投资收益表

单位：万元

项　　目	投 入 资 金							
	1000	2000	3000	4000	5000	6000	7000	8000
A	10	17	21	34	40	52	77	96
B	32	87	100	120	129	136	142	153
C	42	65	76	87	99	117	126	148
D	19	43	68	74	89	98	110	122
E	26	44	61	87	96	170	185	203

由题意可知，通过给不同项目投资不同的资金，回报收益是不同的，那么通过表 30-1 可以看出收益是不均衡的，在投资过程中并未要求所有项目都需要投资，那么有些项目投入可以是 0，所以表 30-1 可以记成表 30-2 的形式。

表 30-2　修改后投资公司投资收益表

单位：万元

项　　目	投 入 资 金								
	0	1000	2000	3000	4000	5000	6000	7000	8000
A	0	10	17	21	34	40	52	77	96
B	0	32	87	100	120	129	136	142	153
C	0	42	65	76	87	99	117	126	148
D	0	19	43	68	74	89	98	110	122
E	0	26	44	61	87	96	170	185	203

按照动态规划的一般步骤，首先需要对该问题划分阶段或子问题，在该问题中可以将项目看作子问题，也就是说每个项目最后收益之和最大，因此 k 取值范围应该是 [1,5]，投资所有项目的总资金为 8000 万元（这是约束条件）；然后需要确定状态，由于每个项目都可以得到最大收益，但通过组合的方式可以得到前 i 个项目的最大收益，假设前 i 个项目总投入为 x，用 $f_i(x)$ 表示前 i 个项目的最大收益，用 $g_i(x)$ 表示第 i 个项目投资 x 后的收益，那么第一个项目的最大收益就是 $f_1(x_1) = g_1(x_1)$，前 i 个项目最大收益总和为一个递推公式：$f_i(x) = \max(g_i(x_i) + f_{i-1}(x - x_i))$。

详细推导如下。

当 $k=1$ 时，表示考虑第一目（项目 A），把 0 元投给 A，收益为 0，把 1000 万元投给 A，收益为 10 万元，把 2000 万元投给 A，收益为 17 万元……

当 $k=2$ 时，表示考虑投资前两个项目（项目 A 和项目 B），由于总资金 x 是 8000 万，所以总收益 $f_2(x)$ 的组合有 $\{ f_1(0)+g_2(8000)，f_1(1000)+g_2(7000)，f_1(2000)+g_2(6000)，f_1(3000)+g_2(5000)，f_1(4000)+g_2(4000)，f_1(5000)+g_2(3000)，f_1(6000)+g_2(2000)，f_1(7000)+g_2(1000)，f_1(8000)+g_2(0) \}$，相当于求：

$\max \{0+153,10+142,17+136,21+129,34+120,40+100,52+87,77+32,96+0\}=154$

以此类推，可以求出用 8000 万元投这 5 个项目的最大收益组合。

在编程过程中，关键在于前 $i-1$ 项项目投资收益最大值的存储问题，为了解决这个问题，我们定义一个二维数组 dp[i][j]，表示前 i 项项目投入 j 资金的收益。

C++ 示例程序如下。

```
1.  #include<iostream>
2.  using namespace std;
3.  // 记录前 i 个投资项目
4.  int item[6][9]={0};
5.  // 记录每个项目投资多少钱
6.  int x[6]={0};
7.  //a 为最大收益表，b 为投资收益表，c 为项目数，d 为总投资资金
8.  int profit(int a[6][9],int b[6][9],int c,int d){
9.      for(int i=1;i<=c;i++){
10.     // 资金 j 从 0 开始，到 d 结束
11.         for(int j=0;j<=d;j++){
12.         // 初始化最大收益表当前最大收益为 0
13.             a[i][j]=0;
14.         // 初始化项目为 0
15.             item[i][j]=0;
16.             for(int k=0;k<=j;k++){
17.             // 递推公式，j-k 表示总投资 j，减去第 i 个项目投的资金 k
18.                 if(a[i][j]<b[i][k]+a[i-1][j-k]){
```

```
19.              a[i][j]=b[i][k]+a[i-1][j-k];
20.              item[i][j]=k;
21.            }
22.          }
23.        }
24.    }
25.    return a[c][d];
26. }
27. int main(){
28.    // 最大收益表
29.    int dp[6][9]={0};
30.    // 投资收益表，由于在递推的过程中需要求前 i 个项目
31.    // 所以循环时项目数从 1 开始，那么第 0 行的 9 个数全部为 0
32.    int p[6][9]={0,0,0,0,0,0,0,0,0,
33.              0,10,17,21,34,40,52,77,96,
34.              0,32,87,100,120,129,136,142,153,
35.              0,42,65,76,87,99,117,126,148,
36.              0,19,43,68,74,89,98,110,122,
37.              0,26,44,61,87,96,170,185,203};
38.    // 表示总投资额 8000 万元
39.    int money=8;
40.    // 表示项目总数为 5 个
41.    int n=5;
42.    int sum=profit(dp,p,n,money);
43.    cout<<" 这五个项目最高收益为 "<<sum<<" 万元 "<<endl;
44.    cout<<" 投资的项目有： "<<endl;
45.    for(int i=n;i>=1;i--){
46.        x[i]=item[i][money];
47.        money=money-x[i];
48.        cout<<" 第 "<<i<<" 个项目投资 "<<x[i]<<"000 万元 "<<endl;
49.    }
50.    return 0;
51. }
```

【输出】

这五个项目最高收益为 257 万元

投资的项目有：

第 5 个项目投资 6000 万元

第 4 个项目投资 0000 万元

第 3 个项目投资 0000 万元

第 2 个项目投资 2000 万元

第 1 个项目投资 0000 万元

30.2　最长递增 / 递减子序列问题

最长递增 / 递减子序列问题属于线性动态规划中的一类问题，这类问题是针对一维数组而言的。例如，有一个一维数组 $a[] = \{1,8,0,2,3,5\}$，它的最长递增子序列是 $\{1,2,3,5\}$，从这个例子可以看出，最长递增 / 递减子序列问题实质上就是从原序列中找到最长的满足单调性的最长的子序列。

按照动态规划的一般步骤，首先划分子问题或阶段，假设每一个阶段是依次读取数组中的一个元素 $a[i]$，那么读取时的状态为此时以 $a[i]$ 为结尾的最长子序列长度 $f(i)$，那么此时最长子序列 $LIS = \max(f(i))$，其中 i 为下标，如表 30-3 所示。

表 30-3　最长递增子序列长度示意表

下标 i	1	2	3	4	5	6
数组 $a[i]$	1	8	0	2	3	5
最长子序列 $f(i)$	1	2	1	2	3	4
子序列	1	1,8	0	1,2	1,2,3	1,2,3,4

在编程过程中，还需要通过状态转移方程完成，通过观察上面案例，可知其状态转移方程为 $f(i) = \max(f(p)) + 1$（其中 $p < i$，$a[p] < a[i]$）。

 问题描述

导弹拦截问题

假设某国为了防御敌国导弹袭击，研发了一种导弹拦截系统，但这种导弹拦截系统有一个缺陷：虽然它的第一发炮弹能够到达任意高度，但以后每一发炮弹都不能高于前一发的高度。一天，雷达捕捉到敌国发射的导弹，由于该导弹防御系统正处于研发阶段，所以一套系统并不能拦截所有导弹，请输入雷达捕捉到的飞来导弹的高度（不大于 30000 的正整数），输出能够最多拦截导弹数量以及至少需要几套这种导弹拦截系统才能全部拦截。

问题分析

本问题中求一次最多可以拦截的导弹数量，实质上是求最长非递增子序列问题，而困难的是求至少需要几套拦截系统，按照题意该系统可以从高到低依次拦截，也就是说拦截递减的序列，当出现递增的就需要另一套，那么问题就转换为查询递增子序列最大长度。按照最长递增/递减子序列中的分析即可解决本问题。

【输入格式】

第一行一个正整数 n，表示雷达检测到的导弹数量；输入一行 n 个正整数，表示 n 个导弹高度，用空格分隔。

【输出格式】

第一行输出能够最多拦截的导弹数量。

第二行输出至少需要几套该导弹拦截系统。

C++ 示例程序如下。

```cpp
1. #include<iostream>
2. using namespace std;
3. // 以 h[i] 为结尾的最长非递增子序列长度
4. int f1[100];
5. // 以 h[i] 为结尾的最长非递减子序列长度
```

```
6.  int f2[100];
7.  // 最长非递增、非递减子序列长度计算
8.  void LS(int a[100],int n){
9.      // 将 f1 和 f2 初始化为 1，因为子串长度最少为 1
10.     for(int i=1;i<=n;i++){
11.         f1[i]=1;
12.         f2[i]=1;
13.     }
14.     for(int i=1;i<=n;i++){
15.         for(int j=1;j<i;j++)
16.             if(a[j]>=a[i])
17.                 f1[i]=max(f1[i],f1[j]+1);
18.             else
19.                 f2[i]=max(f2[i],f2[j]+1);
20.     }
21. }
22. int main(){
23.     // 检测到导弹数量
24.     int n;
25.     cin>>n;
26.     // 检测到导弹高度
27.     int h[100];
28.     for(int i=1;i<=n;i++)
29.         cin>>h[i];
30.     LS(h,n);
31.     // 定义最多拦截数量 s 和至少需要的系统数量 m
32.     int s=0,m=0;
33.     for(int i=1;i<=n;i++){
34.         s=max(s,f1[i]);
35.         m=max(m,f2[i]);
36.     }
37.     cout<<" 一次最多拦截导弹数量 ="<<s<<endl;
38.     cout<<" 至少需要拦截系统为 "<<m<<endl;
```

```
39.     return 0;
40. }
```

【输入】

8

389 207 155 300 299 170 158 65

【输出】

一次最多拦截导弹数量 =6

至少需要拦截系统为 2

30.3 项链问题

项链问题属于动态规划算法中的区间问题，这一类问题以及石子合并问题等，有兴趣的同学可以通过在线测评系统试做。

问题描述

（2006 年 NOIP 提高组）

在 Mars 星球上，每个 Mars 人都随身佩戴着一串能量项链。在项链上有 N 颗能量珠。能量珠是一颗有头标记与尾标记的珠子，这些标记对应着某个正整数。并且，对于相邻的两颗珠子，前一颗珠子的尾标记一定等于后一颗珠子的头标记。因为只有这样，通过吸盘（Mars 人吸收能量的一种器官）的作用，这两颗珠子才能聚合成一颗珠子，同时释放可以被吸盘吸收的能量。如果前一颗能量珠的头标记为 m，尾标记为 r，后一颗能量珠的头标记为 r，尾标记为 n，则聚合后释放的能量为 $m \times r \times n$（Mars 单位），新产生的珠子的头标记为 m，尾标记为 n。

需要时，Mars 人就用吸盘夹住相邻的两颗珠子，通过聚合得到能量，直到项链上只剩下一颗珠子为止。显然，不同的聚合顺序得到的总能量是不同的，设计一个聚合顺序，使一串项链释放的总能量最大。

例如，设 $N=4$，4 颗珠子的头标记与尾标记依次为 (2,3)(3,5)(5,10)(10,2)(2,3)(3,5)(5,10)(10,2)。用记号 $\oplus$ 表示两颗珠子的聚合操作，$(j \oplus k)$ 表示第 j、k 两颗珠子聚合后释放的能量，则第 4、1 两颗珠子聚合后释放的能量为：

$(4 \oplus 1) = 10 \times 2 \times 3 = 60$。

这一串项链可以得到最优值的一个聚合顺序释放的总能量为：

$((4 \oplus 1) \oplus 2) \oplus 3) = 10 \times 2 \times 3 + 10 \times 3 \times 5 + 10 \times 5 \times 10 = 710$

【输入格式】

第一行是一个正整数 N（$4 \leq N \leq 100$），表示项链上珠子的个数。第二行是 N 个用空格隔开的正整数，所有的数均不超过 1000。第 i 个数为第 i 颗珠子的头标记（$1 \leq i \leq N$），当 $i<N$ 时，第 i 颗珠子的尾标记应该等于第 $i+1$ 颗珠子的头标记。第 N 颗珠子的尾标记应该等于第 1 颗珠子的头标记。

至于珠子的顺序，可以这样确定：将项链放到桌面上，不要出现交叉，随意指定第一颗珠子，然后按顺时针方向确定其他珠子的顺序。

【输出格式】

一个正整数 E（$E \leq 2.1 \times 10^9$），为一个最优聚合顺序释放的总能量。

📖 问题分析

由题目可知，需要将相邻两颗珠子合并成一个新的珠子，最后使得 N 颗珠子合并后总能量最高，那么按照动态规划算法的一般步骤，首先需要划分阶段，如果按照每次合并后珠子的状态作为划分阶段是行不通的，所以用合并的次数作为划分阶段；然后确定状态，设 $f(i,j)$ 表示第 i 颗珠子与第 j 颗珠子合并后的最大能量；最后就是确定状态转移方程，即 $f(i,j) = \max(f(i,j), f(i,k) + f(k+1,j) + h(i) * h(k+1) * h(j))$，其中三个 $h()$ 相乘表示相邻两颗珠子聚合操作。

C++ 示例程序如下。

```
1.  #include<iostream>
2.  #include<cstring>
```

```cpp
3.  using namespace std;
4.  int main(){
5.      //n 颗珠子
6.      int n;
7.      cin>>n;
8.      int head[n<<1],tail[n<<1];
9.      // 合并后的能量状态
10.     int f[n<<1][n<<1];
11.     // 初始化 f
12.     memset(f,0,sizeof(f));
13.     // 输入每颗珠子的首部
14.     for(int i=1;i<=n;i++){
15.         cin>>head[i];
16.         // 把项链的环拆成链
17.         head[n+i]=head[i];
18.     }
19.     // 转换每颗珠子尾部
20.     for(int i=1;i<2*n;i++)
21.         tail[i]=head[i+1];
22.     // 首尾闭合
23.     tail[2*n]=head[1];
24.     // 划分阶段，并合并
25.     for(int k=1;k<n;k++){
26.         for(int i=1,j=i+k;i<=2*n-k,j<=2*n;i++,j=i+k){
27.             for(int t=i;t<j;t++)
28.                 f[i][j]=max(f[i][j],f[i][t]+f[t+1][j]+head[i]*tail[t]*tail[j]);
29.         }
30.     }
31.     // 输出最大能量
32.     int sum=0;
33.     for(int i=1;i<=n;i++)
34.         sum=max(sum,f[i][n+i-1]);
35.     cout<<sum<<endl;
```

```
36.    return 0;
37. }
```

【输入】

4

2 3 5 10

【输出】

710

 30.4　双线动态规划问题

双线一般是指在矩阵中从一个位置到另一个位置有两条不相交的路线，根据每个结点的权值不同，找到最优的两条路径。

问题描述

（2008 年 NOIP 提高组）

小渊和小轩是好朋友也是同班同学，他们在一起总有谈不完的话题。一次素质拓展活动中，班上同学安排做成一个 m 行 n 列的矩阵，而小渊和小轩被安排在矩阵对角线的两端，因此，他们就无法直接交谈了。幸运的是，他们可以通过传纸条来进行交流。纸条要经由许多同学传到对方手里，小渊坐在矩阵的左上角，坐标 $(1,1)$，小轩坐在矩阵的右下角，坐标 (m,n)。从小渊传到小轩的纸条只可以向下或者向右传递，从小轩传给小渊的纸条只可以向上或者向左传递。

在活动进行中，小渊希望给小轩传递一张纸条，同时希望小轩给他回复。班里每个同学都可以帮他们传递，但只会帮他们一次，也就是说如果此同学在小渊递给小轩纸条的时候帮忙了，那么在小轩递给小渊的时候就不能再帮忙。反之亦然。

还有一件事情需要注意，全班每个同学愿意帮忙的好感度有高有低（注意，小渊

和小轩的好心程度没有定义，输入时用 0 表示），可以用一个 0 ~ 100 的自然数来表示，数越大表示越好心。小渊和小轩希望尽可能找好心程度高的同学来帮忙传纸条，即找到来回两条传递路径，使得这两条路径上同学的好心程度之和最大。现在，请帮助小渊和小轩找到这样的两条路径。

【输入格式】

第一行有 2 个用空格隔开的整数 m 和 n，表示班里有 m 行 n 列（$1 \leqslant m, n \leqslant 50$）。接下来的 m 行是一个 $m * n$ 的矩阵，矩阵中第 i 行 j 列的整数表示坐在第 i 行 j 列的学生的好心程度。每行的 n 个整数之间用空格隔开。

【输出格式】

输出一行，包含一个整数，表示来回两条路上参与传递纸条的学生的好心程度之和的最大值。

📖 **问题分析**

这种问题乍一看很容易想到利用贪心算法来解决，当每次往权值最大的地方走的时候，往往并不能找到最优的路径，且两条路径也很容易重叠，这就不满足题意，所以需要考虑动态规划中的双线动态规划。

根据动态规划的一般步骤，首先划分阶段或子问题，在本题中我们将每一次移动纸条作为一个阶段；然后是确定状态，为了方便纸条的双向传递，必须找到好心值高的点，假设两张纸条在传递过程中分别经过 $A(x_1, y_1)$ 和 $B(x_2, y_2)$ 点，那么此时的状态方程为 $f(x_1, y_1, x_2, y_2)$，此时的 f 要保证到达 A、B 两点是好心值之和最大；最后就是确定状态转移方程，在确定状态转移方程之前先假设两个纸条都是从起点向终点传递，且只能向下或向右移动，那么到达 A、B 点状态方程 $f(x_1, y_1, x_2, y_2)$ 如下式：

$$f(x_1, y_1, x_2, y_2) = \max \begin{cases} f(x_1-1, y_1, x_2, y_2) + \text{map}[x_1][y_1] & A经过向下移动 \\ f(x_1, y_1-1, x_2, y_2) + \text{map}[x_1][y_1] & A经过向右移动 \\ f(x_1, y_1, x_2-1, y_2) + \text{map}[x_2][y_2] & B经过向下移动 \\ f(x_1, y_1, x_2, y_2-1) + \text{map}[x_2][y_2] & B经过向右移动 \end{cases}$$

由于每个状态只移动一步，所以 $x_1 + y_1 = x_2 + y_2$，如果令 $k = x_1 + y_1$，那么状态

方程 $f(x_1,y_1,x_2,y_2)$ 可以由 4 个参数转换为 3 个参数，同时循环条件也减少一层，大大降低时间复杂度。那么 f 的状态转移方程如下：

$$f(k,x_1,x_2)=\max\begin{cases}f(k-1,x_1,x_2)\\f(k-1,x_1-1,x_2)\\f(k-1,x_1,x_2-1)\\f(k-1,x_1-1,x_2-1)\end{cases}+\mathrm{map}[x_1][y_1]+\mathrm{map}[x_2][y_2]$$

那么 $n\times m$ 的矩阵返回的值是 $f(m+n-1,n,n-1)$。

C++ 示例程序如下。

```
1.  #include<iostream>
2.  #include<cstring>
3.  using namespace std;
4.  // 返回 4 个数中最大值
5.  int max(int a,int b,int c,int d){
6.      int x=a>b?a:b;
7.      int y=c>d?c:d;
8.      return x>y?x:y;
9.  }
10. // 每一步状态矩阵
11. int f[200][200][200];
12. int dp(int a[100][100],int n,int m){
13.     // 因为 k=x1+y1，所以 k 从 2 开始
14.     for(int k=2;k<=n+m;++k){
15.         for(int x1=1;x1<=n;++x1){
16.             for(int x2=1;x2<=n;++x2){
17.                 int y1=k-x1;
18.                 int y2=k-x2;
19.                 // 条件约束，当越界跳出本次循环
20.                 if(y1<0 || y2<0 ||y1>m ||y2>m)
21.                     continue;
22.                 // 当两条线相交也不符合条件，跳出本次循环
23.                 if(y1==y2)
24.                     continue;
```

```
25.          f[k][x1][x2]=max(f[k-1][x1][x2],f[k-1][x1-1][x2],
26.                f[k-1][x1][x2-1],f[k-1][x1-1][x2-1])
27.                +a[x1][y1]+a[x2][y2];
28.       }
29.     }
30.   }
31.   return f[n+m-1][n][n-1];
32. }
33. int main(){
34.   //n*m 矩阵
35.   int n,m;
36.   cin>>n>>m;
37.   // 存储 n*m 矩阵的二维数组 map
38.   int map[100][100];
39.   // 初始化 map
40.   memset(map,0,sizeof(map));
41.   // 输入矩阵 map
42.   for(int i=1;i<=n;++i)
43.     for(int j=1;j<=m;++j)
44.       cin>>map[i][j];
45.   int t=dp(map,n,m);
46.   cout<<t<<endl;
47.   return 0;
48. }
```

【输入】

3 3

0 3 9

2 8 5

5 7 0

【输出】

34

第七部分

2019—2022 年 CSP-JS 真题及参考答案

2019 CCF 非专业级别软件能力认证
第一轮（CSP-J）

一、单项选择题（共 **15** 题，每题 **2** 分，共 **30** 分；每题有且仅有一个正确选项）

1. 中国的国家顶级域名是（　　）。

   A．.cn　　　　　　　　B．.ch　　　　　　　　C．.chn　　　　　　　　D．.china

2. 二进制数 11 1011 1001 0111 和 01 0110 1110 1011 进行逻辑与运算的结果是（　　）。

   A．01 0010 1000 1011　　　　　　　　B．01 0010 1001 0011

   C．01 0010 1000 0001　　　　　　　　D．01 0010 1000 0011

3. 一个 32 位整型变量占用（　　）个字节。

   A．32　　　　　　　　B．128　　　　　　　　C．4　　　　　　　　D．8

4. 若有如下程序段，其中 s、a、b、c 均已定义为整型变量，且 a、c 均已赋值（c 大于 0）。

   s=a;

   for(b=1;b<=c;b++) s=s-1;

   则与上述程序段功能等价的赋值语句是（　　）。

   A．s=a-c　　　　　　　　B．s=a-b　　　　　　　　C．s=s-c　　　　　　　　D．s=b-c

5. 设有 100 个已排好序的数据元素，采用折半查找时，最大比较次数为（　　）。

   A．7　　　　　　　　B．10　　　　　　　　C．6　　　　　　　　D．8

6. 链表不具有的特点是（　　）。

   A．插入删除不需要移动元素　　　　　　　　B．不必事先估计存储空间

   C．所需空间与线性表长度成正比　　　　　　D．可随机访问任一元素

7. 把 8 个同样的球放在 5 个同样的袋子里，允许有的袋子空着不放，共有多少种不同的分法？（　　）（提示：如果 8 个球都放在一个袋子里，无论是哪个袋子，都只算同一种分法）

   A．22　　　　　　　　B．24　　　　　　　　C．18　　　　　　　　D．20

8. 一棵二叉树如右图所示，若采用顺序存储结构，即用一维数组元素存储该二叉树中的结点（根结点的下标为 1，若某结点的下标为 i，则其左孩子位于下标 $2i$ 处、右孩子位于下标 $2i+1$ 处），则该数组的最大下标至少为（ ）。

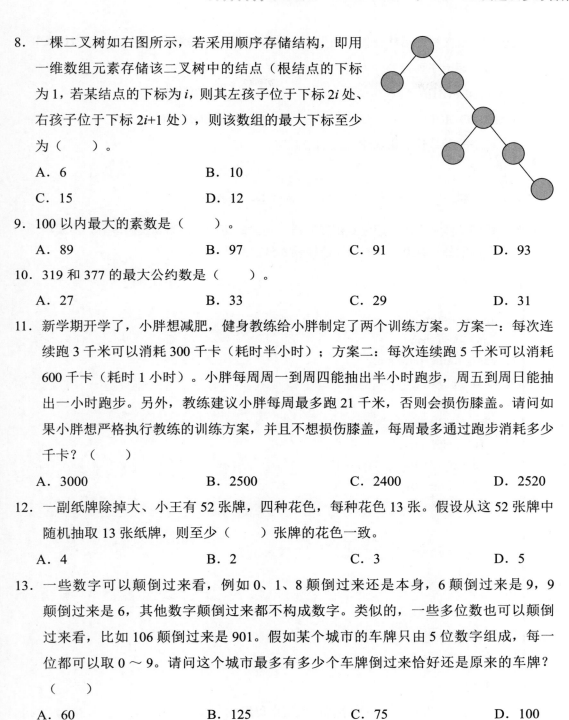

A. 6 B. 10

C. 15 D. 12

9. 100 以内最大的素数是（ ）。

A. 89 B. 97 C. 91 D. 93

10. 319 和 377 的最大公约数是（ ）。

A. 27 B. 33 C. 29 D. 31

11. 新学期开学了，小胖想减肥，健身教练给小胖制定了两个训练方案。方案一：每次连续跑 3 千米可以消耗 300 千卡（耗时半小时）；方案二：每次连续跑 5 千米可以消耗 600 千卡（耗时 1 小时）。小胖每周周一到周四能抽出半小时跑步，周五到周日能抽出一小时跑步。另外，教练建议小胖每周最多跑 21 千米，否则会损伤膝盖。请问如果小胖想严格执行教练的训练方案，并且不想损伤膝盖，每周最多通过跑步消耗多少千卡？（ ）

A. 3000 B. 2500 C. 2400 D. 2520

12. 一副纸牌除掉大、小王有 52 张牌，四种花色，每种花色 13 张。假设从这 52 张牌中随机抽取 13 张纸牌，则至少（ ）张牌的花色一致。

A. 4 B. 2 C. 3 D. 5

13. 一些数字可以颠倒过来看，例如 0、1、8 颠倒过来还是本身，6 颠倒过来是 9，9 颠倒过来是 6，其他数字颠倒过来都不构成数字。类似的，一些多位数也可以颠倒过来看，比如 106 颠倒过来是 901。假如某个城市的车牌只由 5 位数字组成，每一位都可以取 0～9。请问这个城市最多有多少个车牌倒过来恰好还是原来的车牌？（ ）

A. 60 B. 125 C. 75 D. 100

14. 假设一棵二叉树的后序遍历序列为 DGJHEBIFCA，中序遍历序列为 DBGEHJACIF，则其前序遍历序列为（　　）。

    A．ABCDEFGHIJ   B．ABDEGHJCFI

    C．ABDEGJHCFI   D．ABDEGHJFIC

15. 以下哪个奖项是计算机科学领域的最高奖？（　　）

    A．图灵奖   B．鲁班奖

    C．诺贝尔奖   D．普利策奖

二、阅读程序（程序输入不超过数组或字符串定义的范围；判断题正确填 √，错误填 ×；除特殊说明外，判断题 1.5 分，选择题 3 分，共计 40 分）

    1.

```
1.  #include<cstdio>
2.  #include<cstring>
3.  using namespace std;
4.  char st[100];
5.  int main(){
6.      scanf("%s", st);
7.      int n=strlen(st);
8.      for(int i=1;i<=n;++i){
9.          if(n%i==0){
10.             char c=st[i-1];
11.             if(c>='a')
12.                 st[i-1]=c-'a'+'A';
13.         }
14.     }
15.     printf("%s",st);
16.     return 0;
17. }
```

- 判断题

1）输入的字符串只能由小写字母或大写字母组成。（　　）

2）若将第 8 行的"i＝1"改为"i＝0"，程序运行时发生错误。（　　）

3）若将第 8 行的"i <= n"改为"i*i <= n"，程序运行结果不会改变。（　　）

4）若输入的字符串全部由大写字母组成，那么输出的字符串就跟输入的字符串一样。
　（　　）

- **单选题**

5）若输入的字符串长度为18，那么输入的字符串跟输出的字符串相比，至多有（　　）
　个字符不同。

　A．18　　　　　　　B．6　　　　　　　C．10　　　　　　　D．1

6）若输入的字符串长度为（　　），那么输入的字符串跟输出的字符串相比，至多
　有 36 个字符不同。

　A．36　　　　　　B．100000　　　　　C．1　　　　　　　D．128

2.

```
1.  #include<cstdio>
2.  using namespace std;
3.  int n,m;
4.  int a[100],b[100];
5.
6.  int main(){
7.      scanf("%d%d",&n,&m);
8.      for(int i=1;i<=n;++i)
9.          a[i]=b[i]=0;
10.     for(int i=1;i<=m;++i){
11.         int x,y;
12.         scanf("%d%d",&x,&y);
13.         if(a[x]<y && b[y]<x){
14.             if(a[x]>0)
15.                 b[a[x]]=0;
16.             if(b[y]>0)
17.                 a[b[y]]=0;
18.             a[x]=y;
19.             b[y]=x;
20.         }
```

```
21.    }
22.    int ans=0;
23.    for(int i=1;i<=n;++i){
24.      if(a[i]==0)
25.        ++ans;
26.      if(b[i]==0)
27.        ++ans;
28.    }
29.    printf("%d\n",ans);
30.    return 0;
31. }
```

假设输入的 n 和 m 都是正整数，x 和 y 都是在 [1,n] 的范围内的整数，完成下面的判断题和单选题。

- **判断题**

1）当 m>0 时，输出的值一定小于 2n。（   ）

2）执行完第 27 行的"＋＋ans"时，ans 一定是偶数。（   ）

3）a[i] 和 b[i] 不可能同时大于 0。（   ）

4）若程序执行到第 13 行时，x 总是小于 y，那么第 15 行不会被执行。（   ）

- **单选题**

5）若 m 个 x 两两不同，且 m 个 y 两两不同，则输出的值为（   ）。

　　A．2n－2m　　　　　B．2n＋2　　　　　C．2n－2　　　　　D．2n

6）若 m 个 x 两两不同，且 m 个 y 都相等，则输出的值为（   ）。

　　A．2n－2　　　　　　B．2n　　　　　　C．2m　　　　　　D．2n－2m

3.

```
1. #include<iostream>
2. using namespace std;
3. const int maxn=10000;
4. int n;
5. int a[maxn];
```

```
6.  int b[maxn];
7.  int f(int l,int r,int depth){
8.    if(l>r)
9.      return 0;
10.   int min=maxn,mink;
11.   for(int i=l;i<=r;++i){
12.     if(min>a[i]){
13.       min=a[i];
14.       mink=i;
15.     }
16.   }
17.   int lres=f(l,mink-1,depth+1);
18.   int rres=f(mink+1,r,depth+1);
19.   return lres+rres+depth*b[mink];
20. }
21. int main(){
22.   cin>>n;
23.   for(int i=0;i<n;++i)
24.     cin>>a[i];
25.   for(int i=0;i<n;++i)
26.     cin>>b[i];
27.   cout<<f(0,n-1,1)<<endl;
28.   return 0;
29. }
```

· **判断题**

1）如果 a 数组有重复的数字，则程序运行时会发生错误。（   ）

2）如果 b 数组全为 0，则输出为 0。（   ）

· **单选题**

3）当 n=100 时，最坏情况下，与第 12 行的比较运算执行的次数最接近的是（   ）。

　　A．5000　　　　B．600　　　　C．6　　　　D．100

4）当 n=100 时，最好情况下，与第 12 行的比较运算执行的次数最接近的是（   ）。

　　A．100　　　　B．6　　　　C．5000　　　　D．600

5）当 n = 10 时，若 b 数组满足，对任意 0≤i<*n*，都有 b[i]=i+1，那么输出最大为（　　　）。

    A．386　　　　　　B．383　　　　　　C．384　　　　　　D．385

6）（4 分）当 n=100 时，若 b 数组满足对任意 0≤i<*n*，都有 b[i]=1，那么输出最小为（　　　）。

    A．582　　　　　　B．580　　　　　　C．579　　　　　　D．581

三、完善程序（单选题，每小题 3 分，共计 30 分）

1．（矩阵变幻）有一个奇幻的矩阵，在不停地变幻，其变幻方式为：数字 0 变成矩阵 $\begin{bmatrix} 0 & 0 \\ 0 & 1 \end{bmatrix}$，数字 1 变成矩阵 $\begin{bmatrix} 1 & 1 \\ 1 & 0 \end{bmatrix}$。最初该矩阵只有一个元素 0，变幻 n 次后，矩阵会变成什么样？

例如，矩阵最初为[0]；矩阵变幻 1 次后：$\begin{bmatrix} 0 & 0 \\ 0 & 1 \end{bmatrix}$；矩阵变幻 2 次后：

$$\begin{bmatrix} 0 & 0 & 0 & 0 \\ 0 & 1 & 0 & 1 \\ 0 & 0 & 1 & 1 \\ 0 & 1 & 1 & 0 \end{bmatrix}$$

输入一行一个不超过 10 的正整数 n。输出变幻 n 次后的矩阵。

试补全程序。

提示：

"<<" 表示二进制左移运算符，例如 $(11)_2 << 2 = (1100)_2$；

而 "∧" 表示二进制异或运算符，它将两个参与运算的数中的每个对应的二进制位一一进行比较，若两个二进制位相同，则运算结果的对应二进制位为 0，反之为 1。

```
1.  #include<cstdio>
2.  using namespace std;
3.  int n;
4.  const int max_size = 1 << 10;
5.  int res[max_size][max_size];
6.  void recursive(int x, int y, int n, int t){
```

```
7.    if(n==0){
8.        res[x][y] = ①  ;
9.        return;
10.   }
11.   int step = 1 << (n−1);
12.   recursive( ② ,n−1,t);
13.   recursive(x,y+step,n−1,t);
14.   recursive(x+step,y,n−1,t);
15.   recursive( ③ ,n−1,!t);
16. }
17. int main(){
18.   scanf("%d",&n);
19.   recursive(0,0, ④ );
20.   int size= ⑤ ;
21.   for(int i=0;i<size;++i){
22.     for(int j=0;j<size;++j)
23.       printf("%d", res[i][j]);
24.     puts("");
25.   }
26.   return 0;
27. }
```

1）①处应填（　　）。

　A．n%2　　　　　　B．0　　　　C．t　　　　　　D．1

2）②处应填（　　）。

　A．x-step，y-step　　　　　B．x，y-step

　C．x-step，y　　　　　　　D．x，y

3）③处应填（　　）。

　A．x-step，y-step　　　　　B．x+step，y+step

　C．x-step，y　　　　　　　D．x，y-step

4）④处应填（　　）。

　A．n−1，n%2　　　　　　B．n，0

　C．n，n%2　　　　　　　D．n−1，0

5）⑤处应填（　　）。

    A．1<<(n+1)   B．1<<n

    C．n+1   D．1<<(n-1)

2．（计数排序）计数排序是一个广泛使用的排序方法。下面的程序使用双关键字计数排序，将 n 对 10000 以内的整数，从小到大排序。

例如有三对整数 (3,4)、(2,4)、(3,3)，那么排序之后应该是 (2,4)、(3,3)、(3,4)。

输入第一行为 n，接下来 n 行，第 i 行有两个数 a[i] 和 b[i]，分别表示第 i 对整数的第一关键字和第二关键字。

从小到大排序后输出。

数据范围 $1 \leq n \leq 10^7$，$1 \leq a[i]$，$b[i] \leq 10^4$。

提示：应先对第二关键字排序，再对第一关键字排序。数组 ord[] 存储第二关键字排序的结果，数组 res[] 存储双关键字排序的结果。

试补全程序。

```
1.  #include<cstdio>
2.  #include<cstring>
3.  using namespace std;
4.  const int maxn=10000000;
5.  const int maxs=10000;
6.
7.  int n;
8.  unsigned a[maxn],b[maxn],res[maxn],ord[maxn];
9.  unsigned cnt[maxs+1];
10.
11. int main(){
12.     scanf("%d",&n);
13.     for(int i=0;i<n;++i)
14.         scanf("%d%d",&a[i],&b[i]);
15.     memset(cnt,0,sizeof(cnt));
16.     for(int i=0;i<n;++i)
17.         ___①___; // 利用 cnt 数组统计数量
18.     for(int i=0;i<maxs;++i)
```

```
19.        cnt[i+1]+=cnt[i];
20.    for(int i=0;i<n;++i)
21.        ② ; // 记录初步排序结果
22.    memset(cnt,0,sizeof(cnt));
23.    for(int i=0;i<n;++i)
24.        ③ ; // 利用 cnt 数组统计数量
25.    for(int i=0;i<maxs;++i)
26.        cnt[i+1]+=cnt[i];
27.    for(int i=n-1;i>=0;--i)
28.        ④ ; // 记录最终排序结果
29.    for(int i=0;i<n;++i)
30.        printf("%d %d\n", ⑤ );
31.    return 0;
32. }
```

1）①处应填（　　）。

    A．++cnt[i]　　　　　　　　　　B．++cnt[b[i]]

    C．++cnt[a[i]*maxs+b[i]]　　　　D．++cnt[a[i]]

2）②处应填（　　）。

    A．ord[--cnt[a[i]]]=i　　　　　　B．ord[--cnt[b[i]]]=a[i]

    C．ord[--cnt[a[i]]]=b[i]　　　　　D．ord[--cnt[b[i]]]=i

3）③处应填（　　）。

    A．++cnt[b[i]]　　　　　　　　B．++cnt[a[i]*maxs+b[i]]

    C．++cnt[a[i]]　　　　　　　　D．++cnt[i]

4）④处应填（　　）。

    A．res[--cnt[a[ord[i]]]]=ord[i]　　B．res[--cnt[b[ord[i]]]]=ord[i]

    C．res[--cnt[b[i]]]=ord[i]　　　　D．res[--cnt[a[i]]]=ord[i]

5）⑤处应填（　　）。

    A．a[i]，b[i]　　　　　　　　　B．a[res[i]]，b[res[i]]

    C．a[ord[res[i]]]，b[ord[res[i]]]　　D．a[res[ord[i]]]，b[res[ord[i]]]

2019 CCF 非专业级别软件能力认证
第一轮（CSP-J）参考答案

一、单项选择题（共 15 题，每题 2 分，共计 30 分）

1	2	3	4	5	6	7	8	9	10
A	D	C	A	A	D	C	C	B	C
11	12	13	14	15					
C	A	C	B	A					

二、阅读程序（除特殊说明外，判断题 1.5 分，单选题 3 分，共计 40 分）

	判断题（填√或×）				单 选 题	
1	1)	2)	3)	4)	5)	6)
	×	√	×	√	B	B
	判断题（填√或×）				单 选 题	
2	1)	2)	3)	4)	5)	6)
	√	×	×	×	A	A
	判断题（填√或×）		单 选 题			
3	1)	2)	3)	4)	5)	6)（4分）
	×	√	A	D	D	B

三、完善程序（单选题，每小题 3 分，共计 30 分）

1					2				
1)	2)	3)	4)	5)	1)	2)	3)	4)	5)
C	D	B	B	B	B	D	C	A	B

2019 CCF 非专业级别软件能力认证 第一轮（CSP-S）

一、单项选择题（共 15 题，每题 2 分，共计 30 分；每题有且仅有一个正确选项）

1. 若有定义：int a=7；float x=2.5；y=4.7；则表达式 x+a%3*(int)(x+y)%2 的值是（   ）。

   A．0.000000   B．2.750000   C．2.500000   D．3.500000

2. 下列属于图像文件格式的有（   ）。

   A．WMV   B．MPEG   C．JPEG   D．AVI

3. 二进制数 11 1011 1001 0111 和 01 0110 1110 1011 进行逻辑或运算的结果是（   ）。

   A．11 1111 1101 1111   B．11 1111 1111 1101

   C．10 1111 1111 1111   D．11 1111 1111 1111

4. 编译器的功能是（   ）。

   A．将源程序重新组合

   B．将一种语言（通常是高级语言）翻译成另一种语言（通常是低级语言）

   C．将低级语言翻译成高级语言

   D．将一种编程语言翻译成自然语言

5. 设变量 x 为 float 型且已赋值，则以下语句中能将 x 中的数值保留到小数点后两位，并将第三位四舍五入的是（   ）。

   A．x=(x*100+0.5)/100.0;   B．x=(int)(x*100+0.5)/100.0;

   C．x=(x/100+0.5)*100.0;   D．x=x*100+0.5/100.0;

6. 由数字 1，1，2，4，8，8 所组成的不同的 4 位数的个数是（   ）

   A．104   B．102   C．98   D．100

7. 排序的算法很多，若按排序的稳定性和不稳定性分类，则（   ）是不稳定排序。

   A．冒泡排序   B．直接插入排序

   C．快速排序   D．归并排序

8. G 是一个非连通无向图（没有重边和自环），共有 28 条边，则该图至少有（　　）个顶点。

    A．10   B．9   C．11   D．8

9. 一些数字可以颠倒过来看，例如 0、1、8 颠倒过来看还是本身，6 颠倒过来是 9，9 颠倒过来是 6，其他数字颠倒过来都不构成数字。类似的，一些多位数也可以颠倒过来看，比如 106 颠倒过来是 901。假设某个城市的车牌只有 5 位数字，每一位都可以取 0 ~ 9。请问这个城市有多少个车牌倒过来恰好还是原来的车牌，并且车牌上的 5 位数能被 3 整除？（　　）

    A．40   B．25   C．30   D．20

10. 一次期末考试，某班有 15 人数学得满分，有 12 人语文得满分，并且有 4 人语、数都是满分，那么这个班至少有一门得满分的同学有多少人？（　　）

    A．23   B．21   C．20   D．22

11. 设 A 和 B 是两个长为 n 的有序数组，现在需要将 A 和 B 合并成一个排好序的数组，请问任何以元素比较作为基本运算的归并算法，在最坏情况下至少要做多少次比较？（　　）

    A．n^2 B．$n\log n$ C．$2n$ D．$2n-1$

12. 以下哪个结构可以用来存储图？（　　）

    A．栈   B．二叉树   C．队列   D．邻接矩阵

13. 以下哪些算法不属于贪心算法？（　　）

    A．Dijkstra 算法   B．Floyd 算法

    C．Prim 算法   D．Kruskal 算法

14. 有一个等比数列，共有奇数项，其中第一项和最后一项分别是 2 和 118098，中间一项是 486，请问以下哪个数是可能的公比？（　　）

    A．5   B．3   C．4   D．2

15. 有正实数构成的数字三角形排列形式如图所示。第一行的数为 $a_{1,1}$，第二行的数从左到右一次为 $a_{2,1}$，$a_{2,2}$，第 n 行的数为 $a_{n,1}$，$a_{n,2}$，$\cdots$，$a_{n,n}$；从 $a_{1,1}$ 开始，每一行的数 $a_{i,j}$ 只有两条边可以分别通向下一行的两个数 $a_{i+1,j}$ 和 $a_{i+1,j+1}$。用动态规划算法找出

一条从 $a_{1,1}$ 向下通到 $a_{n,1}$，$a_{n,2}$，$\cdots$，$a_{n,n}$ 中某个数的路径，使得该路径上的数之和最大。

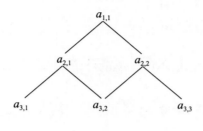

令 $C[i][j]$ 是从 $a_{1,1}$ 到 $a_{i,j}$ 的路径上的数的最大和，并且 $C[i][0] = C[0][j] = 0$，则 $C[i][j] = ($　　$)$。

A．$\max\{C[i-1][j-1], C[i-1][j]\} + a_{i,j}$

B．$C[i-1][j-1] + C[i-1][j]$

C．$\max\{C[i-1][j-1], c[i-1][j]\} + 1$

D．$\max\{C[i][j-1], C[i-1][j]\} + a_{i,j}$

二、阅读程序（程序输入不超过数组或字符串定义的范围；判断题正确填 √，错误填 ×；除特殊说明外，判断题 1.5 分，选择题 4 分，共计 40 分）

1.

```
1.  #include <cstdio>
2.  using namespace std;
3.  int n;
4.  int a[100];
5.
6.  int main( ) {
7.      scanf( "%d", &n);
8.      for(int i = 1; i <= n; ++i)
9.          scanf( "%d", &a[i]);
```

```
10.     int ans = 1;
11.     for (int i = 1; i <= n; ++i) {
12.         if ( i > 1 && a[i] < a[i-1])
13.             ans = i ;
14.         while  (ans < n && a[i] >= a[ans+1])
15.             ++ans;
16.         printf( "%d/n" , ans);
17.     }
18.     return 0;
19. }
```

- **判断题**

1)（1分）第 16 行输出 ans 时，ans 的值一定大于 i。（   ）

2)（1分）程序输出的 ans 小于等于 n。（   ）

3）若将第 12 行的 "<" 改为 "!="，程序输出的结果不会改变。（   ）

4）当程序执行到第 16 行时，若 ans-i>2，则 a[i+1]≤a[i]。（   ）

- **单选题**

5）（3分）若输入的 a 数组是一个严格单调递增的数列，此程序的时间复杂度是
（   ）。

    A．$O(\log n)$ B．$O(n^2)$

    C．$O(n\log n)$ D．$O(n)$

6）最坏情况下，此程序的时间复杂度是（   ）。

    A．$O(n^2)$ B．$O(\log n)$

    C．$O(n)$ D．$O(n\log n)$

2.

```
1. #include<iostream>
2. using namepace std ;
3. const int maxn =1000;
4. int n;
5. int fa[maxn],cnt [maxn];
```

```
6.   int getRoot(int v ) {
7.       if (fa[v] == v)  return v;
8.       return getRoot(fa[v]);
9.   }
10.  int main ( ) {
11.      cin >> n;
12.      for (int i =0;i<n;++i){
13.          fa[i]=i;
14.          cnt[i]=1;
15.      }
16.      int ans = 0 ;
17.      for (int i=0; i<n - 1; ++i){
18.          int a,b,x,y,;
19.          cin >>a>>b
20.          x=getRoot(a);
21.          y=getRoot(b);
22.          ans +=cnt[x]*cnt[y];
23.          fa[x]=y;
24.          cnt[y] +=cnt[x];
25.      }
26.      cout<<ans<<endl;
27.      return 0;
28.  }
```

- **判断题**

1）（1 分）输入的 a 和 b 值应在 [0,n-1] 的范围内。（　　　）

2）（1 分）第 13 行改成 "fa[i]=0;"，不影响程序运行结果。（　　　）

3）若输入的 a 和 b 值均在 [0,n-1] 的范围内，则对于任意 $0 \leqslant i < n$，都有 $0 \leqslant fa[i] < n$。
　　（　　　）

4）若输入的 a 和 b 值均在 [0,n-1] 的范围内，则对于任意 $0 \leqslant i < n$，都有 $1 \leqslant cnt[i] \leqslant n$。
　　（　　　）

- **单选题**

5）当 n 等于 50 时，若 a、b 的值都在 [0,49] 的范围内，且在第 25 行时 x 总是不等于 y，

那么输出为（   ）。

    A．1276   B．1176   C．1225   D．1250

6）此程序的时间复杂度是（   ）。

    A．$O(n)$ B．$O(\log n)$ C．$O(n^2)$ D．$O(n\log n)$

3.

本题 t 是 s 的子序列的意思是：从 s 中删去若干个字符，可以得到 t；特别的，如果 s=t，那么 t 也是 s 的子序列；空串是任何串的子序列。例如"acd"是"abcde"的子序列，"acd"是"acd"的子序列，但"acd"不是"abcde"的子序列。

s[x..y] 表示 s[x]…s[y] 共 y-x+1 个字符构成的字符串，若 x＞y 则 s[x..y] 是空串。t[x..y] 同理。

```
1.  #include <iostream>
2.  #include <string>
3.  using namespace std;
4.  const int max1 = 202;
5.  string s, t ;
6.  int  pre[max1], suf[max1]
7.  int main() {
8.      cin>>s>>t;
9.      int slen =s. length(), tlen= t. length();
10.
11.     for (int i = 0 ,j = 0 ; i<slen; ++i) {
12.         if (j<tlen&&s[i]==t[j]) ++j;
13.         pre[i] = j;// t[0..j-1] 是 s[0..i] 的子序列
14.     }
15.
16.     for (int i= slen-1 ,j= tlen -1; i>=0;  --i) {
17.         if(j > =0&& s[i] == t [j]) –j;
18.         suf[i]= j; //t[j+1..tlen-1] 是 s[i..slen-1] 的子序列
19.     }
20.     suf[slen] = tlen -1;
21.     int ans = 0;
```

```
22.        for (int i=0, j=0,tmp=0;i<=slen;++i) {
23.            while(j<=slen && tmp >=suf[j] + 1) ++j;
24.            ans =max(ans, j–i–1);
25.            tmp = pre[i];
26.        }
27.        cout <<ans<< end1;
28.        return 0;
29.    }
```

提示：

t[0..pre[i]-1] 是 s[0..i] 的子序列；

t[suf[i]+1..tlen-1] 是 s[i..slen-1] 的子序列 。

- **判断题**

1）（1 分）程序输出时，suf 数组满足：对任意 $0 \leqslant i < $ slen，suf[i] $\leqslant$ suf[i+1]。（　　　）

2）（2 分）当 t 是 s 的子序列时，输出一定不为 0。（　　　）

3）（2 分）程序运行到第 23 行时，"j–i–1" 一定不小于 0。（　　　）

4）（2 分）当 t 是 s 的子序列时，pre 数组和 suf 数组满足：对任意 $0 \leqslant i < $ slen，pre[i] $>$ suf[i+1]。（　　　）

- **单选题**

5）若 tlen=10，输出为 0，则 slen 最小为（　　　）。

　　A. 10　　　　B. 12　　　　C. 0　　　　　D. 1

6）若 tlen=10，输出为 2，则 slen 最小为（　　　）。

　　A. 0　　　　B. 10　　　　C. 12　　　　D. 1

三、完善程序（单选题，每题 3 分，共计 30 分）

1.（匠人的自我修养）一个匠人决定要学习 n 个新技术，要想成功学习一个新技术，他不仅要拥有一定的经验值，而且还必须要先学会若干个相关的技术。学会一个新技术之后,他的经验值会增加一个对应的值。给定每个技术的学习条件和习得后获得的经验值，给定他已有的经验值，请问他最多能学会多少个新技术？

输入第一行有两个数，分别为新技术个数 n（$1 \leq n \leq 10^3$），以及已有经验值（$\leq 10^7$）。

接下来 n 行。第 i 行的两个整数，分别表示学习第 i 个技术所需的最低经验值（$\leq 10^7$），以及学会第 i 个技术后可获得的经验值（$\leq 10^4$）。

接下来 n 行。第 i 行的第一个数 m_i（$0 \leq m_i < n$），表示第 i 个技术的相关技术数量。

紧跟着 m 个两两不同的数，表示第 i 个技术的相关技术编号，输出最多能学会的新技术个数。

下面的程序以 $O(n^2)$ 的时间复杂度完成这个问题，试补全程序。

```
1.  #inclde<cstdio>
2.  using namespace std;
3.  const int maxn = 1001;
4.
5.  int n;
6.  int cnt [maxn];
7.  int child [maxn] [maxn];
8.  int unlock[maxn];
9.  int points;
10. int threshold [maxn],bonus[maxn];
11. bool find(){
12.     int target=-1;
13.     for (int i = 1;i < =n;++i)
14.         if( ① && ② ){
15.             target = i;
16.             break;
17.         }
18.     if(target==-1)
19.         return false;
20.     unlock[target]=-1;
21.     ③ ;
22.     for (int i=0;i<cut[target];++i)
23.         ④ ;
24.     return true;
25. }
26.
27. int main(){
```

```
28.      scanf("%d%d",&n, &points);
29.      for (int i=1; i<=n；++i){
30.          cnt [i]=0;
31.          scanf("%d%d",&threshold[i],&bonus[i]);
32.      }
33.      for (int i=1;i<=n;++i){
34.          int m;
35.          scanf("%d",&m);
36.          ⑤ ;
37.          for (int j=0; j<m ;++j){
38.              int fa;
39.              scanf("%d", &fa);
40.              child [fa][cnt[fa]]=i;
41.              ++cnt[fa];
42.          }
43.      }
44.      int ans = 0;
45.      while(find())
46.          ++ans;
47.      printf("%d\n", ans);
48.      return 0;
49. }
```

1）①处应填（   ）。

    A．unlock[i] ＜ =0   B．unlock[i] ＞ =0

    C．unlock[i]==0   D．unlock[i]==-1

2）②处应填（   ）。

    A．threshold[i] ＞ points   B．threshold[i] ＞ =points

    C．points ＞ threshold[i]   D．points ＞ =threshold[i]

3）③处应填（   ）。

    A．target = -1   B．- -cnt[target]

    C．bonus[target]=0   D．points += bonus[target]

4）④处应填（　　　）。

    A．cnt [child[target][i]] -=1　　　　　B．cnt [child[target][i]] =0

    C．unlock[child[target][i]] -= 1　　　　D．unlock[child[target][i]] =0

5）⑤处应填（　　　）。

    A．unlock[i] = cnt[i]　　　　　　　　B．unlock[i] =m

    C．unlock[i] = 0　　　　　　　　　　　D．unlock[i] =−1

2．（取石子）Alice 和 Bob 两个人在玩取石子游戏，他们制定了 n 条取石子的规则，第 i 条规则为：如果剩余的石子个数大于等于 $a[i]$ 且大于等于 $b[i]$，那么他们可以取走 $b[i]$ 个石子。他们轮流取石子。如果轮到某个人取石子，而他无法按照任何规则取走石子，那么他就输了。一开始石子有 m 个。请问先取石子的人是否有必胜的方法？

输入第一行有两个正整数，分别为规则个数 n（$1 \leqslant n \leqslant 64$），以及石子个数 m（$\leqslant 10^7$）。接下来 n 行，第 i 行有两个正整数 $a[i]$ 和 $b[i]$（$1 \leqslant a[i] \leqslant 10^7$，$1 \leqslant b[i] \leqslant 64$）。如果先取石子的人必胜，那么输出"Win"，否则输出"Loss"。

提示：

可以使用动态规划解决这个问题。由于 $b[i]$ 不超过 64，所以可以使用 64 位无符号整数去压缩必要的状态。

status 是胜负状态的二进制压缩，trans 是状态转移的二进制压缩。试补全程序。

代码说明：

"~"表示二进制补码运算符，它将每个二进制位的 0 变为 1、1 变为 0；而"∧"表示二进制异或运算符，它将两个参与运算的数中的每个对应的二进制位一一进行比较，若两个二进制位相同，则运算结果的对应二进制位为 0，反之为 1。

ull 标识符表示它前面的数字是 unsigned long long 类型。

```
1. #include <cstdio>
2. #include<algorithm>
3. using namespace std ;
4. const int maxn=64;
5. int n,m;
```

```
6.   int a[maxn],b[maxn];
7.   unsigned long long status ,trans ;
8.   bool win；
9.   int main(){
10.     scanf("%d%d", & n, & m);
11.     for (int i = 0; i<n;++i)
12.        scanf("%d%d", & a[i], & b[i]);
13.        for(int i =0;i<n;++i)
14.          for(int j =i+1;j<n;++j)
15.            if(a[i]>a[j]){
16.               swap(a[i],a[j]);
17.               swap(b[i],b[j]);
18.            }
19.     status = ① ;
20.     trans =0;
21.     for(int i =1,j=0;i<=m;++i){
22.        while (j<n && ② ){
23.          ③ ;
24.          ++j;
25.        }
26.        win= ④ ;
27.        ⑤ ;
28.     }
29.     puts(win ? "Win" : "Loss" );
30.     return 0;
31. }
```

1）①处应填（   ）。

   A．0   B．~0ull   C．~0ull^1   D．1

2）②处应填（   ）。

    A．a[j]< i

    B．a[j]==i

    C．a[j]!=i

    D．a[j] >i

3）③处应填（   ）。

    A．trans |= 1ull <<(b[j] − 1)

    B．status |=1ull << (b[j] − 1)

    C．status +=1ull << (b[j] − 1)

    D．trans +=1ull<< (b[j] − 1)

4）④处应填（   ）。

    A．~status | trans

    B．status & trans

    C．status | trans

    D．~status & trans

5）⑤处应填（   ）。

    A．trans = status | trans ∧ win

    B．status = trans >> 1 ∧ win

    C．trans = status ∧ trans |win

    D．status =status <<1 ∧ win

2019 CCF 非专业级别软件能力认证
第一轮（CSP-S）参考答案

一、单项选择题（共 15 题，每题 2 分，共计 30 分）

1	2	3	4	5	6	7	8	9	10
D	C	D	B	B	B	C	B	B	A
11	12	13	14	15					
D	D	B	B	A					

二、阅读程序（除特殊说明外，判断题 1.5 分，单选题 3 分，共计 40 分）

	判断题（填√或×）				单 选 题	
1	1）（1分）	2）（1分）	3）	4）	5）（3分）	6）
	×	√	√	√	D	A
	判断题（填√或×）				单 选 题	
2	1）（1分）	2）（1分）	3）	4）	5）	6）
	√	×	√	×	C	C
	判断题（填√或×）				单 选 题	
3	1）（1分）	2）（2分）	3）（2分）	4）（2分）	5）	6）
	√	×	×	×	D	C

三、完善程序（单选题，每小题 3 分，共计 30 分）

	1					2				
1）	2）	3）	4）	5）	1）	2）	3）	4）	5）
C	D	D	C	B	C	B	A	D	D

2020 CCF 非专业级别软件能力认证
第一轮（CSP-J）

一、单项选择题（共 **15** 题，每题 **2** 分，共计 **30** 分；每题有且仅有一个正确选项）

1. 在内存储器中每个存储单元都被赋予一个唯一的序号，称为（　　）。

    A．下标　　　　　　　B．地址　　　　　　　C．序号　　　　　　　D．编号

2. 编译器的主要功能是（　　）。

    A．将源程序翻译成机器指令代码

    B．将一种高级语言翻译成另一种高级语言

    C．将源程序重新组合

    D．将低级语言翻译成高级语言

3. 设 x=true，y=true，z=false，以下逻辑运算表达式值为真的是（　　）。

    A．(x ∧ y) ∧ z　　　　　　　　　　　B．x ∧ (z ∨ y) ∧ z

    C．(x ∧ y) ∨ (z ∨ x)　　　　　　　　D．(y ∨ z) ∧ x ∧ z

4. 现有一张分辨率为 2048×1024 像素的 32 位真彩色图像。请问要存储这张图像，需要多大的存储空间？（　　）

    A．4 MB　　　　　　B．8 MB　　　　　　C．32 MB　　　　　　D．16 MB

5. 冒泡排序算法的伪代码如下：

输入：数组 L，n ≥ 1。输出：按非递减顺序排序的 L。

算法 BubbleSort：

1. FLAG ← n // 标记被交换的最后元素位置
2. while FLAG>1 **do**
3.　　k ← FLAG−1
4.　　FLAG ← 1

```
5.      for j=1 to k do
6.          if L(j)>L(j+1)  then do
7.              L(j) ←→ L(j+1)
8.              FLAG ← j
```

对 n 个数用以上冒泡排序算法进行排序，最少需要比较多少次？（　　　）

A．n 　　　　　　B．n-2 　　　　　　C．n^2 　　　　　　D．n-1

6. 设 A 是 n 个实数的数组，考虑下面的递归算法：

XYZ(A[1..n])

```
1.  if n=1 then return A[1]
2.     else temp ← XYZ(A[1..n−1])
3.        if temp <A[n]
4.        then return temp
5.        else return A[n]
```

请问算法 XYZ 的输出是什么？（　　　）

A．A 数组的平均 　　　　　　　　B．A 数组的最小值

C．A 数组的最大值 　　　　　　　D．A 数组的中值

7. 链表不具有的特点是（　　　）。

A．插入删除不需要移动元素 　　　　B．可随机访问任一元素

C．不必事先估计存储空间 　　　　　D．所需空间与线性表长度成正比

8. 有 10 个顶点的无向图至少应该有（　　　）条边才能确保是一个连通图。

A．10 　　　　　　B．12 　　　　　　C．9 　　　　　　D．11

9. 二进制数 1011 转换成十进制数是（　　　）。

A．10 　　　　　　B．13 　　　　　　C．11 　　　　　　D．12

10. 五个小朋友并排站成一列，其中有两个小朋友是双胞胎，如果要求这两个双胞胎必须相邻，则有（　　　）种不同排列方法。

A．24 　　　　　　B．36 　　　　　　C．72 　　　　　　D．48

11. 下图中所使用的数据结构是（　　　）。

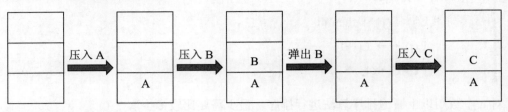

    A．哈希表　　　　B．二叉树　　　　　C．栈　　　　　　D．队列

12. 独根树的高度为 1。具有 61 个结点的完全二叉树的高度为（　　　）。

    A．7　　　　　　B．5　　　　　　　C．8　　　　　　D．6

13. 干支纪年法是中国传统的纪年方法，由 10 个天干和 12 个地支组合成 60 个天干地支。由公历年份可以根据以下公式和表格换算出对应的天干地支。

    天干＝（公历年份）除以 10 所得余数

    地支＝（公历年份）除以 12 所得余数

天干	甲	乙	丙	丁	戊	己	庚	辛	壬	癸		
	4	5	6	7	8	9	0	1	2	3		
地支	子	丑	寅	卯	辰	巳	午	未	申	酉	戌	亥
	4	5	6	7	8	9	10	11	0	1	2	3

    例如，今年是 2020 年，2020 除以 10 余数为 0，查表为"庚"；2020 除以 12 余数为 4，查表为"子"，所以今年是庚子年。

    请问 1949 年的天干地支是（　　　）。

    A．己亥　　　　　B．己丑　　　　　　C．己卯　　　　　D．己酉

14. 10 个三好学生名额分配到 7 个班级，每个班级至少有一个名额，一共有（　　　）种不同的分配方案。

    A．56　　　　　　B．84　　　　　　　C．72　　　　　　D．504

15. 有 5 副不同颜色的手套（共 10 只手套，每副手套左右手各 1 只），一次性从中取 6 只手套，请问恰好能配成 2 副手套的不同取法有（　　　）种。

    A．30　　　　　　B．150　　　　　　C．180　　　　　D．120

二、阅读程序（程序输入不超过数组或字符串定义的范围；判断题正确填 √，错误填 ×；除特殊说明外，判断题 1.5 分，选择题 3 分，共计 40 分）

1.

```
1.  #include <cstdlib>
2.  #include <iostream>
3.  using namespace std;
4.
5.  char encoder[26]={'C','S','P',0};
6.  char decoder[26];
7.
8.  string st;
9.
10. int main(){
11.     int k =0;
12.     for(int i=0;i<26;++i)
13.         if(encoder[i]!=0) ++k;
14.     for(char x='A';x<='Z';++x){
15.         bool flag = true;
16.         for(int i=0;i<26;++i)
17.             if(encoder[i] ==x){
18.                 flag = false;
19.                 break;
20.             }
21.             if(flag){
22.                 encoder[k]=x;
23.                 ++k;
24.             }
25.     }
26.     for(int i=0;i<26;++i)
27.         decoder[encoder[i]-'A']=i+'A';
28.     cin >> st;
29.     for(int i=0;i<st.length();++i)
30.         st[i]=decoder[st[i]-'A'];
```

```
31.    cout <<st;
32.    return 0;
33. }
```

- **判断题**

1）输入的字符串应当只由大写字母组成，否则在访问数组时可能越界。（   ）

2）若输入的字符串不是空串，则输入的字符串与输出的字符串一定不一样。（   ）

3）将第 12 行的"i<26"改为"i<16"，程序运行结果不会改变。（   ）

4）将第 26 行的"i<26"改为"i<16"，程序运行结果不会改变。（   ）

- **单选题**

5）若输出的字符串为"ABCABCABCA"，则下列说法正确的是（   ）。

　　A．输入的字符串中既有 A 又有 P

　　B．输入的字符串中既有 S 又有 B

　　C．输入的字符串中既有 S 又有 P

　　D．输入的字符串中既有 A 又有 B

6）若输出的字符串为"CSPCSPCSPCSP"，则下列说法正确的是（   ）。

　　A．输入的字符串中既有 J 又有 R

　　B．输入的字符串中既有 P 又有 K

　　C．输入的字符串中既有 J 又有 K

　　D．输入的字符串中既有 P 又有 R

2.

```
1. #include <iostream>
2. using namespace std;
3.
4. long long n,ans;
5. int k, len;
6. long long d[1000000];
7.
8. int main(){
9.    cin >>n>> k;
```

```
10.      d[0]=0;
11.      len=1;
12.      ans=0;
13.      for(long long i=0;i<n;++i){
14.        ++d[0];
15.        for(int j=0;j+1<len;++j){
16.          if(d[j] == k){
17.            d[j] =0;
18.            d[j+1]+=1;
19.            ++ans;
20.          }
21.        }
22.        if(d[len-1]=k){
23.          d[len-1]==0;
24.          d[len]=1;
25.          ++len;
26.          ++ans;
27.        }
28.      }
29.      cout<<ans <<endl;
30.      return 0;
31. }
```

假设输入的 n 是不超过 2^{62} 的正整数，k 是不超过 10000 的正整数，完成下面的判断题和单选题。

- **判断题**

1）若 k=1，则输出 ans 时，len=n。（　　　）

2）若 k>1，则输出 ans 时，len 一定小于 n。（　　　）

3）若 k>1，则输出 ans 时，k^{len} 一定大于 n。（　　　）

- **单选题**

4）若输入的 n 等于 10^{15}，输入的 k 为 1，则输出等于（　　　）。

    A. $(10^{30}-10^{15})/2$ B. $(10^{30}+10^{15})/2$

    C. 1   D. 10^{15}

5）若输入的 n 等于 205,891,132,094,649（即 3^{30}），输入的 k 为 3，则输出等于（　　）。

    A．$(3^{30}-1)/2$ B．3^{30} C．$3^{30}-1$ D．$(3^{30}+1)/2$

6）若输入的 n 等于 100,010,002,000,090，输入的 k 为 10，则输出等于（　　）。

    A．11,112,222,444,543   B．11,122,222,444,453

    C．11,122,222,444,543   D．11,112,222,444,453

3.

```
1.  #include <algorithm>
2.  #include <iostream>
3.  using namespace std;
4.
5.  int n;
6.  int d[50][2];
7.  int ans;
8.
9.  void dfs(int n,int sum){
10.     if(n==1){
11.         ans=max(sum，ans);
12.         return;
13.     }
14.     for(int i=1;i<n;++i){
15.         int a=d[i-1][0],b=d[i-1][1];
16.         int x=d[1][0]， y=d[i][1];
17.         d[i-1][0]=a+x;
18.         d[i-1][1]=b+y;
19.         for(int j=1;i<n-1;++j)
20.             d[j][0]=d[j+1][0],d[j][1]=d[j+1][1];
21.         int s=a+x+abs(b-y);
22.         dfs(n-1,sum +s);
23.         for(int j=n-1;j>i;--j)
24.             d[j][0]=d[j-1][0],d[j][1]=d[j-1][1];
25.         d[i-1][0]=a,d[i-1][1]=b;
26.         d[i][0]=x,d[i][1]=y;
```

```
27.      }
28.    }
29.
30.  int main(){
31.      cin >> n;
32.      for(int i=0;i<n;++i)
33.          cin >>d[i][0];
34.      for(int i=0;i<n;++i)
35.          cin >>d[i][1];
36.      ans=0;
37.      dfs(n,0);
38.      cout << ans << endl;
39.      return 0;
40.  }
```

假设输入的 n 是不超过 50 的正整数，d[i][0]、d[i][1] 都是不超过 10000 的正整数，完成下面的判断题和单选题。

- **判断题**

1）若输入 n 为 0，此程序可能会死循环或发生运行错误。（　　　）

2）若输入 n 为 20，接下来的输入全为 0，则输出为 0。（　　　）

3）输出的数一定不小于输入的 d[i][0] 和 d[i][1] 的任意一个。（　　　）

- **单选题**

4）若输入的 n 为 20，接下来的输入是 20 个 9 和 20 个 0，则输出为（　　　）。

    A．1917　　　　　　B．1908　　　　　　C．1881　　　　　　D．1890

5）若输入的 n 为 30，接下来的输入是 30 个 0 和 30 个 5，则输出为（　　　）。

    A．2020　　　　　　B．2030　　　　　　C．2010　　　　　　D．2000

6）（4 分）若输入的 n 为 15，接下来的输入是 15～1，则输出为（　　　）。

    A．2420　　　　　　B．2220　　　　　　C．2440　　　　　　D．2240

三、完善程序（单选题，每小题 3 分，共计 30 分）

1．（质因数分解）给出正整数 n，请输出将 n 质因数分解的结果，结果从小到大输出。

例如：输入 n=120，程序应该输出 2 2 2 3 5，表示 120 = 2×2×2×3×5。输入保证 $2 \leq n \leq 10^9$。提示：先从小到大枚举变量 i，然后用 i 不停地试除 n 来寻找所有的质因子。试补全程序。

```
1.  #include <cstdio>
2.  using namespace std;
3.
4.  int n,i;
5.
6.  int main(){
7.      scanf("%d", &n);
8.      for(i= ① ; ② <=n;i++){
9.           ③ {
10.             printf("%d",i);
11.             n=n/i;
12.         }
13.     }
14.     if( ④ )
15.         printf("%d", ⑤ );
16.     return 0;
17. }
```

1）①处应填（   ）。

    A．n–1   B．0   C．1   D．2

2）②处应填（   ）。

    A．n/ i   B．n/(i*i)   C．i*i*i   D．i*i

3）③处应填（   ）。

    A．if(i*i<=n)   B．if(n%i==0)   C．while(i*i<=n)   D．while(n%i==0)

4）④处应填（   ）。

    A．n >1   B．n<=1   C．i+i<=n   D．i<n/i

5）⑤处应填（   ）。

    A．2   B．i   C．n/i   D．n

2．（最小区间覆盖）给出 n 个区间，第 i 个区间的左右端点是 $[a_i,b_i]$。现在要在这些区间中选出若干个，使得区间 [0,m] 被所选区间的并覆盖（即每一个 0≤i≤m 都在某个所选的区间中）。保证答案存在，求所选区间个数的最小值。

输入第一行包含两个整数 n 和 m（1≤n≤5000，1≤m≤10^9）。

接下来 n 行，每行两个整数 a_i，b_i（0≤a_i，b_i≤m）。

提示：使用贪心法解决这个问题。先用 $O(n^2)$ 的时间复杂度排序，然后贪心选择这些区间。

试补全程序。

```cpp
1.  #include <iostream>
2.
3.  using namespace std;
4.
5.  const int MAXN=5000;
6.  int n,m;
7.  struct segment{int a,b;}; A[MAXN];
8.
9.  void sort() // 排序
10. {
11.     for(int i=0;i<n;i++)
12.         for(int j=1;j<n;j++)
13.             if( ① )
14.             {
15.                 segment t=A[j];
16.                 ②
17.             }
18. }
19.
20. int main()
21. {
22.     cin >>n>>m;
23.     for(int i=0;i<n;i++)
24.         cin >> A[i].a >> A[i].b;
25.     sort();
26.     int p =1;
```

```
27.    for(int i=1;i<n;i++)
28.      if( ③ )
29.        A[p++]=A[i];
30.    n=p;
31.    int ans=0,r=0;
32.    int q=0;
33.    while(r<m)
34.    {
35.      while( ④ )
36.        q++;
37.      ⑤ ;
38.      ans++;
39.    }
40.    cout << ans << endl;
41.    return 0;
42. }
```

1）①处应填（   ）。

　A．A[j].b<A[j-1].b

　C．A[j].a<A[j-1].a

　B．A[j].b>A[j-1].b

　D．A[j].a<A[j-1].a

2）②处应填（   ）。

　A．A[j-1]=A[j]; A[j]=t;

　C．A[j]=A[j-1]; A[j-1]=t;

　B．A[j+1]=A[j]; A[j]=t;

　D．A[j]=A[j+1]; A[j+1]=t;

3）③处应填（   ）。

　A．A[i].b<A[p-1].b

　C．A[i].b>A[p-1].b

　B．A[i].b>A[i-1].b

　D．A[i].b<A[i-1].b

4）④处应填（   ）。

　A．q+1<n && A[q+1].b<=r

　C．q<n && A[q].a<=r

　B．q+1<n && A[q+1].a<=r

　D．q<n && A[q].b<=r

5）⑤处应填（   ）。

　A．r=max(r,A[q+1].a)

　C．r=max(r,A[q+1].b)

　B．r=max(r,A[q].b)

　D．q++

2020 CCF 非专业级别软件能力认证
第一轮（CSP-J）参考答案

一、单项选择题（共 15 题，每题 2 分，共计 30 分）

1	2	3	4	5	6	7	8	9	10
B	A	C	B	D	B	B	C	C	D

11	12	13	14	15
C	D	B	B	D

二、阅读程序（除特殊说明外，判断题 1.5 分，单选题 3 分，共计 40 分）

	判断题（填√或×）				单 选 题	
1	1)	2)	3)	4)	5)	6)
	√	×	√	×	C	D
	判断题（填√或×）				单 选 题	
2	1)	2)	3)	4)	5)	6)
	×	×	√	D	A	D
	判断题（填√或×）				单 选 题	
3	1)	2)	3)	4)	5)	6)（4分）
	×	√	×	C	B	D

三、完善程序（单选题，每小题 3 分，共计 30 分）

	1					2			
1)	2)	3)	4)	5)	1)	2)	3)	4)	5)
D	D	D	A	D	C	C	C	B	B

2020 CCF 非专业级别软件能力认证
第一轮（CSP-S）

一、单项选择题（共 15 题，每题 2 分，共计 30 分；每题有且仅有一个正确选项）

1．请选出以下最大的数（   ）。

　　A．$(550)_{10}$　　　　　　B．$(777)_8$　　　　　　C．2^{10}　　　　　　D．$(22F)_{16}$

2．操作系统的功能是（   ）。

　　A．负责外设与主机之间的信息交换

　　B．控制和管理计算机系统的各种硬件和软件资源的使用

　　C．负责诊断机器的故障

　　D．将源程序编译成目标程序

3．现有一段 8 分钟的视频文件，它的播放速度是每秒 24 帧图像，每帧图像是一幅分辨率为 2048×1024 像素的 32 位真彩色图像。请问要存储这段原始无压缩视频，需要多大的存储空间？（   ）

　　A．30G　　　　　　B．90G　　　　　　C．150G　　　　　　D．450G

4．今有一空栈 S，对下列待进栈的数据元素序列 a，b，c，d，e，f 依次进行进栈、进栈、出栈、进栈、进栈、出栈的操作，则此操作完成后，栈底元素为（   ）。

　　A．b　　　　　　B．a　　　　　　C．d　　　　　　D．c

5．将 (2,7,10,18) 分别存储到某个地址区间为 0 ～ 10 的哈希表中，如果哈希函数 h(x)=（   ），将不会产生冲突，其中 a mod b 表示 a 除以 b 的余数。

　　A．$x^2 \bmod 11$

　　B．$2x \bmod 11$

　　C．$x \bmod 11$

　　D．$[x / 2] \bmod 11$，其中 $[x / 2]$ 表示 $x / 2$ 下取整

6. 下列哪些问题不能用贪心法精确求解？（　　　）

　　A．霍夫曼编码问题　　　　　B．0-1 包问题

　　C．最小生成树问题　　　　　D．单源最短路径问题

7. 具有 n 个顶点、e 条边的图采用邻接表存储结构，进行深度优先遍历运算的时间复杂度为（　　　）。

　　A．$O(n+e)$　　　　B．$O(n^2)$　　　　C．$O(e^2)$　　　　D．$O(n)$

8. 二分图是指能将顶点划分成两个部分，每一部分内的顶点间没有边相连的简单无向图。那么，24 个顶点的二分图至多有（　　　）条边。

　　A．144　　　　B．100　　　　C．48　　　　D．122

9. 广度优先搜索时，一定需要用到的数据结构是（　　　）。

　　A．栈　　　　B．二叉树　　　　C．队列　　　　D．哈希表

10. 一个班学生分组做游戏，如果每组三人就多两人，每组五人就多三人，每组七人就多四人，问这个班的学生人数 n 在以下哪个区间？已知 n ＜ 60。（　　　）

　　A．30 ＜ n ＜ 40　　　　　　　B．40 ＜ n ＜ 50

　　C．50 ＜ n ＜ 60　　　　　　　D．20 ＜ n ＜ 30

11. 小明想通过走楼梯来锻炼身体，假设从第 1 层走到第 2 层消耗 10 卡热量，接着从第 2 层走到第 3 层消耗 20 卡热量，再从第 3 层走到第 4 层消耗 30 卡热量，依此类推，从第 k 层走到第 k + 1 层消耗 10 k 卡热量（k ＞ 1）。如果小明想从 1 层开始，通过连续向上爬楼梯消耗 1000 卡热量，至少要爬到第几层楼？（　　　）

　　A．14　　　　B．16　　　　C．15　　　　D．13

12. 表达式 a*(b+c)－d 的后缀表达形式为（　　　）。

　　A．abc*+ d －　　　　　　　　B．－ + * abcd

　　C．abcd*+ －　　　　　　　　D．abc + *d －

13. 从一个 4×4 的棋盘中选取不在同一行也不在同一列上的两个方格，共有（　　　）种方法。

　　A．60　　　　B．72　　　　C．86　　　　D．64

14. 对一个 n 个顶点、m 条边的带权有向简单图用 Dijkstra 算法计算单源最短路时，如

果不使用堆或其他优先队列进行优化，则其时间复杂度为（　　）。

A．$O((m+n^2)\log n)$　　　　　　B．$O(mn+n^3)$

C．$O((m+n)\log n)$　　　　　　D．$O(n^2)$

15．1948 年，（　　）将热力学中的熵引入信息通信领域，标志着信息论研究的开端。

A．欧拉 (Leonhard Euler)　　　　　B．冯·诺伊曼 (John von Neumann)

C．克劳德·香农 (Claude Shannon)　　D．图灵 (Alan Turing)

二、阅读程序（程序输入不超过数组或字符串定义的范围；判断题正确填 √，错误填 ×；除特殊说明外，判断题 1.5 分，选择题 3 分，共计 40 分）

1.

```cpp
1.  #include <iostream>
2.  using namespace std;
3.
4.  int n
5.  int d[1000];
6.
7.  int main(){
8.      cin >> n;
9.      for(int i=0;i<n;++i)
10.         cin >> d[i];
11.     int ans =-1;
12.     for(int i=0;i<n;++i)
13.         for(int j=0;j<n;++j)
14.             if(d[i]<d[j])
15.                 ans=max(ans,d[i]+d[j]−(d[i] &d[j]));
16.     cout << ans;
17.     return 0;
18. }
```

假设输入的 n 和 d[i] 都是不超过 10000 的正整数，完成下面的判断题和单选题。

• **判断题**

1）n 必须小于 1000，否则程序可能会发生运行错误。（　　）

2）输出一定大于等于 0。（　　　）

3）若将第 13 行的"j=0"改为"j=i+1"，程序输出可能会改变。（　　　）

4）将第 14 行的"d[i]<d[j]"改为"d[i]!=d[j]"，程序输出不会改变。（　　　）

- **单选题**

5）若输入 n 为 100，且输出为 127，则输入的 d[i] 中不可能有（　　　）。

    A．127　　　　B．126　　　　C．128　　　　D．125

6）若输出的数大于 0，则下面说法正确的是（　　　）。

    A．若输出为偶数，则输入的 d[i] 中最多有两个偶数

    B．若输出为奇数，则输入的 d[i] 中至少有两个奇数

    C．若输出为偶数，则输入的 d[i] 中至少有两个偶数

    D．若输出为奇数，则输入的 d[i] 中最多有两个奇数

2.

```
1.  #include <iostream>
2.  #include <cstdlib>
3.  using namespace std;
4.
5.  int n;
6.  int d[10000];
7.
8.  int find(int L, int R, int k){
9.      int x=rand()%(R-L+1)+L;
10.     swap(d[L], d[x]);
11.     int a=L+1,b=R;
12.     while(a<b){
13.         while(a<b && d[a]<d[L])
14.             ++a;
15.         while(a<b && d[b]>=d[L])
16.             --b;
17.         swap(d[a],d[b]);
18.     }
19.     if(d[a]<d[L])
```

20.	++a;
21.	**if**(a-L==k)
22.	**return** d[L];
23.	**if**(a-L<k)
24.	**return** find(a,R，k-(a-L));
25.	**return** find(L+1,a-1,k);
26.	}
27.	
28.	**int** main(){
29.	**int** k;
30.	cin >>n;
31.	cin >> k;
32.	**for**(**int** i=0;i<n;++i)
33.	cin >> d[i];
34.	cout<<find(0,n−1,k);
35.	**return** 0;
36.	}

假设输入的 n，k 和 d[i] 都是不超过 10000 的正整数，且 k 不超过 n，并假设 rand() 函数产生的是均匀的随机数，完成下面的判断题和单选题。

- **判断题**

1）第 9 行的 "x" 的数值范围是 L+1 ~ R，即 [L+1，R]。（　　　）

2）将第 19 行的 "d[a]" 改为 "d[b]"，程序不会发生运行错误。（　　　）

- **单选题**

3）（2.5 分）当输入的 d[i] 是严格单调递增序列时，第 17 行的 "swap" 平均执行次数是（　　　）。

  A．$O(n\log n)$ B．$O(n)$ C．$O(\log n)$ D．$O(n^2)$

4）（2.5 分）当输入的 d[i] 是严格单调递减序列时，第 17 行的 "swap" 平均执行次数是（　　　）。

  A．$O(n^2)$ B．$O(n)$ C．$O(n\log n)$ D．$O(\log n)$

5）（2.5 分）若输入的 d[i] 为 i，此程序①平均的时间复杂度和②最坏情况下的时间复杂度分别是（　　）。

A. $O(n)$，$O(n^2)$ B. $O(n)$，$O(n \log n)$

C. $O(n \log n)$，$O(n^2)$ D. $O(n \log n)$，$O(n \log n)$

6）（2.5 分）若输入的 d[i] 都为同一个数，此程序平均的时间复杂度是（　　）。

A. $O(n)$ B. $O(\log n)$ C. $O(n \log n)$ D. $O(n^2)$

3.

```cpp
1.  #include <iostream>
2.  #include <queue>
3.  using namespace std;
4.
5.  const int max1=2000000000;
6.
7.  class Map{
8.      struct item {
9.      string key; int value;
10.     }d[max1];
11.     int cnt;
12.  public:
13.     int find(string x){
14.         for(int i=0;i<cnt;++i)
15.             if(d[i].key == x)
16.                 return d[i].value;
17.         return -1;
18.     }
19.     static int end(){ return -1;}
20.     void insert(string k,int v){
21.         d[cnt].key=k;d[cnt++].value=v;
22.     }
23.  } s[2];
24.
25.  class Queue{
```

```
26.      string q[max1]
27.      int head,tail;
28.  public:
29.      void pop(){++head;}
30.      string front(){ return q[head+1];}
31.      bool empty(){ return head == tail;}
32.      void push(string x){q[++tail]=x;}
33.  } q[2];
34.
35.  string st0,st1;
36.  int m;
37.
38.  string LtoR(string s,int L,int R){
39.      string t=s;
40.      char tmp=t[L];
41.      for(int i=L;i<R;++i)
42.          t[i]=t[i+1];
43.      t[R]=tmp;
44.      return t;
45.  }
46.
47.  string RtoL(string s,int L,int R){
48.      string t=s;
49.      char tmp=t[R];
50.      for(int i=R;i>L;--i)
51.          t[i]=t[i-1];
52.      t[L]=tmp;
53.      return t;
54.  }
55.
56.  bool check(string st,int p,int step){
57.      if(s[p].find(st)!=s[p].end())
58.          return false;
59.      ++step;
```

```
60.     if(s[p^1].find(st)==s[p].end()){
61.       s[p].insert(st, step);
62.       q[p].push(st);
63.       return false;
64.     }
65.     cout<<s[p^1].find(st)+step<<endl;
66.     return true;
67.  }
68.
69.  int main(){
70.     cin >> st0 >>st1;
71.     int len= st0.length();
72.     if(len !=st1.length()){
73.       cout<<-1 << endl;
74.       return 0;
75.     }
76.     if(st0==st1){
77.       cout<<0<<endl;
78.       return 0;
79.     }
80.     cin >>m;
81.     s[0].insert(st0,0);s[1].insert(st1,0);
82.     q[0].push(st0);q[1].push(st1);
83.     for(intp=0;
84.       !(q[0].empty() && q[1].empty());
85.       p^=1){
86.       string st=q[p].front();q[p].pop();
87.       int step =s[p].find(st);
88.       if((p==0 &&
89.         (check(LtoR(st,m,len−1),p,step) ||
90.         check(RtoL(st,0,m),p,step)))
91.         ||
92.         (p==1 &&
93.           (check(LtoR(st,0,m),p,step) ||
```

94.	check(RtoL(st,m,len−1),p,step))))
95.	**return** 0;
96.	}
97.	cout<<−1<<endl;
98.	**return** 0;
99.	}

- **判断题**

1）输出可能为 0。（　　　）

2）若输入的两个字符串长度均为 101，则 m=0 时的输出与 m=100 时的输出是一样的。
（　　　）

3）若两个字符串的长度均为 n，则最坏情况下，此程序的时间复杂度为 $O(n!)$。（　　　）

- **单选题**

4）（2.5 分）若输入的第一个字符串长度由 100 个不同的字符构成，第二个字符串是第一个字符串的倒序，输入的 m 为 0，则输出为（　　　）。

    A．49　　　　B．50　　　　C．100　　　　D．−1

5）（4 分）已知当输入为"0123\n3210\n1"时输出为 4，当输入为"012345\n543210\n1"时输出为 14，当输入为"01234567\n76543210\n1"时输出为 28，则当输入为"0123456789ab\nba9876543210\n1"时输出为（　　　）。其中"\n"为换行符。

    A．56　　　　B．84　　　　C．102　　　　D．68

6）（4 分）若两个字符串的长度均为 n，且 0<m<n−1，且两个字符串的构成相同（即任何一个字符在两个字符串中出现的次数均相同），则下列说法正确的是（　　　）。

    提示：考虑输入与输出有多少对字符前后顺序不一样。

    A．若 n、m 均为奇数，则输出可能小于 0

    B．若 n、m 均为偶数，则输出可能小于 0

    C．若 n 为奇数、m 为偶数，则输出可能小于 0

    D．若 n 为偶数、m 为奇数，则输出可能小于 0

三、完善程序（单选题，每小题 3 分，共计 30 分）

1．（分数背包）小 S 有 n 块蛋糕，编号为 $1 \sim n$。第 i 块蛋糕的价值是 w_i，体积是

v_i。他有一个大小为 B 的盒子来装这些蛋糕，也就是说装入盒子的蛋糕的体积总和不能超过 B。

他打算选择一些蛋糕装入盒子，他希望盒子里装的蛋糕的价值之和尽量大。

为了使盒子里的蛋糕价值之和更大，他可以任意切割蛋糕。具体来说，他可以选择一个 a（$0 < a < 1$），并将一块价值是 w、体积为 v 的蛋糕切割成两块，其中一块的价值是 $a \cdot w$，体积是 $a \cdot v$，另一块的价值是 $(1-a) \cdot w$，体积是 $(1-a) \cdot v$。他可以重复无限次切割操作。

现要求编程输出最大可能的价值，以分数的形式输出。

比如 $n=3$，$B=8$，三块蛋糕的价值分别是 4、4、2，体积分别是 5、3、2，那么最优的方案就是将体积为 5 的蛋糕切成两份，一份体积是 3，价值是 2.4，另一份体积是 2，价值是 1.6，然后把体积是 3 的那部分和后两块蛋糕打包进盒子。最优的价值之和是 8.4。故程序输出 42/5。

输入的数据范围为：$1 \leqslant n \leqslant 1000$，$1 \leqslant B \leqslant 10^5$；$1 \leqslant w_i, v_i \leqslant 100$。提示：将所有的蛋糕按照件价比 w_i / v_i，从大到小排序后进行贪心选择。试补全程序。

```cpp
1.  #include <cstdio>
2.  using namespace std;
3.
4.  const int maxn 1005;
5.
6.  int n,B,w[maxn],v[maxn];
7.
8.  int gcd(int u, int v){
9.      if(v==0)
10.         return u;
11.     return gcd(v,u%v);
12. }
13.
14. void print(int w,int v){
15.     int d=gcd(w,v);
16.     w=w/d;
17.     v=v/d;
18.     if(v ==1)
```

```
19.        printf("%d\n",w);
20.     else
21.        printf("%d/%d\n",w,v);
22.  }
23.
24.  void swap(int &x, int &y){
25.     int t=x;x=y;y=t;
26.  }
27.
28.  int main(){
29.     scanf("%d %d",  &n,&B);
30.     for(int i=1;i<=n;i++){
31.        scanf("%d%d",&w[i],&v[i]);
32.     }
33.     for(int i=1;i<n;i++)
34.        for(int j=1;j<n;j++)
35.           if( ① ){
36.              swap(w[j],w[j+1]);
37.              swap(v[j],v[j+1]);
38.           }
39.     int curV,curW;
40.     if( ② ){
41.        ③
42.     }else{
43.        print(B*w[1],v[1]);
44.        return 0;
45.     }
46.
47.     for(int i=2;i<=n;i++)
48.        if(curV + v[i]<=B){
49.           curV += v[i];
50.           curW +=w[i];
51.        }else{
52.           print( ④ );
```

```
53.          return 0;
54.      }
55.      print( ⑤ );
56.      return 0;
57.  }
```

1）①处应填（   ）。

A．w[j]/v[i]<w[j+1]/v[j+1]

B．w[j]/v[i]>w[j+1]/v[j+1]

C．v[j]*w[j+1]<v[j+1]*w[j]

D．w[j]*v[j+1]<w[i+1]*v[j]

2）②处应填（   ）。

A．w[1]<=B   B．v[1]<=B   C．w[1]>=B   D．v[1] >=B

3）③处应填（   ）。

A．print(v[1],w[1]); return 0;

B．curV=0; curW=0;

C．print(w[1],v[1]); return 0;

D．curV=v[1]; curW=w[1];

4）④处应填（   ）。

A．curW*v[i]+curV*w[i],v[i]

B．(curW-w[i])*v[i]+(B-curV)*w[i]，v[i]

C．curW + v[i], w[i]

D．curW*v[i]+(B-curV)*w[i], v[i]

5）⑤处应填（   ）。

A．curW，curV

B．curW，1

C．curV，curW

D．curV，1

2．（最优子序列）取 $m=16$，给出长度为 n 的整数序列 $a_1,a_2,\cdots,a_n$（$0\leq a_i\leq 2^m$）。对于一个二进制数 x，定义其分值 $w(x)$ 为 $x+\text{popcnt}(x)$，其中 $\text{popcnt}(x)$ 表示 x 二进制表示中 1 的个数。对于一个子序列 $b_1,b_2,\cdots,b_k$，定义其子序列分值 S 为 $w(b_1\oplus b_2)+w(b_2\oplus b_3)+w(b_3\oplus b_4)+\cdots+w(b_{k-1}\oplus b_k)$。其中 $\oplus$ 表示按位异或。对于空子序列，规定其子序列分值为 0。求一个子序列使得其子序列分值最大，输出这个最大值。

输入第一行包含一个整数 n（$1\leq n\leq 40000$）。接下来一行包含 n 个整数 $a_1,a_2,\cdots,a_n$。

提示：考虑优化朴素的动态规划算法，将前 $\dfrac{m}{2}$ 位和后 $\dfrac{m}{2}$ 位分开计算。

$\text{Max}[x][y]$ 表示当前的子序列下一个位置的高 8 位是 x 最后一个位置的低 8 位是 y 时

的最大价值。

试补全程序。

```
1.  #include <iostream>
2.
3.  using namespace std;
4.
5.  typedef long long LL;
6.
7.  const int MAXN=40000,M=16,B=M>>1,MS=(1<<B)-1;
8.  const LL INF=10000000000000LL;
9.  LL Max[MS+4][MS + 4];
10.
11.  int w(int x)
12.  {
13.      int s=x;
14.      while(x)
15.      {
16.          ① ;
17.          s++;
18.      }
19.      return s;
20.  }
21.
22.  void to_max(LL &x, LL y)
23.  {
24.      if(x<y)
25.          x=y;
26.  }
27.
28.  int main()
29.  {
30.      int n;
31.      LL ans =0;
32.      cin >>n;
33.      for(int x=0;x<=MS;x++)
34.          for(int y=0;y<=MS;y++)
```

```
35.        Max[x][y]=-INF;
36.     for(int i=1;i<=n;i++)
37.     {
38.       LL a;
39.       cin >> a;
40.       int x=②,y=a&MS;
41.       LL v=③;
42.       for(int z=0;z<=MS;z++)
43.         to_max(v,④);
44.       for(int z=0;z<=MS;z++);
45.         ⑤;
46.       to_max(ans,v);
47.     }
48.     cout<< ans << endl;
49.     return 0;
50. }
```

1）①处应填（　　）。

　　A. x >>= 1

　　B. x^=x & (x^(x+1))

　　C. x-=x | -x

　　D. x^=x & (x^(x-1))

2）②处应填（　　）。

　　A. (a & MS) << B

　　B. a>>B

　　C. a & (1<< B)

　　D. a & (MS << B)

3）③处应填（　　）。

　　A. -INF

　　B. Max[y][x]

　　C. 0

　　D. Max[x][y]

4）④处应填（　　）。

　　A. Max[x][z]+w(y ∧ z)

　　B. Max[x][z]+w(a ∧ z)

　　C. Max[x][z]+w(x ∧ (z<<B))

　　D. Max[x][z]+w(x ∧ z)

5）⑤处应填（　　）。

　　A. to_max(Max[y][z], v+w(a ∧ (z<<B)))

　　B. to_max(Max[z][y], v+w((x ∧ z)<<B))

　　C. to_max(Max[z][y], v+w(a ∧ (z<<B)))

　　D. to_max(Max[x][z], v+w(y ∧ z))

2020 CCF 非专业级别软件能力认证
第一轮（CSP-S）参考答案

一、单项选择题（共 15 题，每题 2 分，共计 30 分）

1	2	3	4	5	6	7	8	9	10
C	B	B	B	D	B	A	A	C	C

11	12	13	14	15
C	D	B	D	C

二、阅读程序（除特殊说明外，判断题 1.5 分，单选题 3 分，共计 40 分）

	判断题（填√或 ×）				单 选 题	
1	1)	2)	3)	4)	5)	6)
	×	×	√	√	C	C

	判断题（填√或 ×）		单 选 题			
2	1)	2)	3)（2.5 分）	4)（2.5 分）	5)（2.5 分）	6)（2.5 分）
	×	√	C	B	A	D

	判断题（填√或 ×）			单 选 题		
3	1)	2)	3)	4)（2.5 分）	5)（4 分）	6)（4 分）
	√	×	×	D	D	C

三、完善程序（单选题，每小题 3 分，共计 30 分）

1					2				
1)	2)	3)	4)	5)	1)	2)	3)	4)	5)
D	B	D	D	B	D	B	C	A	B

2021 CCF 非专业级别软件能力认证 第一轮（CSP-J）

一、单项选择题（共 15 题，每题 2 分，共计 30 分；每题有且仅有一个正确选项）

1. 以下不属于面向对象程序设计语言的是（　　）。

　　A．C++ 　　　　　　B．Python 　　　　C．Java 　　　　D．C

2. 以下奖项与计算机领域最相关的是（　　）。

　　A．奥斯卡奖 　　　　B．图灵奖 　　　　C．诺贝尔奖 　　D．普利策奖

3. 目前主流的计算机储存数据最终都是转换成（　　）数据进行储存。

　　A．二进制 　　　　　B．十进制 　　　　C．八进制 　　　D．十六进制

4. 以比较作为基本运算，在 N 个数中找出最大数，最坏情况下所需要的最少的比较次数为（　　）。

　　A．N^2 　　　　　　B．N 　　　　　　C．N－1 　　　　D．N＋1

5. 对于入栈顺序为 a，b，c，d，e 的序列，下列（　　）不是合法的出栈序列。

　　A．a，b，c，d，e 　　　　　　　　B．e，d，c，b，a

　　C．b，a，c，d，e 　　　　　　　　D．c，d，a，e，b

6. 对于有 n 个顶点、m 条边的无向连通图（m>n），需要删掉（　　）条边才能使其成为一棵树。

　　A．n－1 　　　　　　B．m－n 　　　　C．m－n－1 　　D．m－n+1

7. 二进制数 101.11 对应的十进制数是（　　）。

　　A．6.5 　　　　　　 B．5.5 　　　　　　C．5.75 　　　　D．5.25

8. 如果一棵二叉树只有根结点,那么这棵二叉树高度为1。高度为5的完全二叉树有（　　）种不同的形态。

　　A．16 　　　　　　　B．15 　　　　　　C．17 　　　　　D．32

9. 表达式 a*(b+c)*d 的后缀表达式为（　　），其中"*"和"+"是运算符。

  A．**a+bcd   B．abc+*d*   C．abc+d**   D．*a*+bcd

10. 6个人，2个人组一队，总共组成三队，不区分队伍的编号。不同的组队情况有（　　）种。

  A．10   B．15   C．30   D．20

11. 在数据压缩编码中的哈夫曼编码方法，在本质上是一种（　　）的策略。

  A．枚举 B．贪心   C．递归   D．动态规划

12. 由 1,1,2,2,3 这五个数字组成不同的三位数有（　　）种。

  A．18   B．15   C．12   D．24

13. 考虑如下递归算法：

  solve(n)

    if n<=1 return 1

    else if n>=5 return n*solve(n-2)

    else return n*solve(n-1)

则调用 solve(7) 得到的返回结果为（　　）。

  A．105   B．840   C．210   D．420

14. 以 a 为起点，对右边的无向图进行深度优先遍历，则 b、c、d、e 四个点中有可能作为最后一个遍历到的点的个数为（　　）。

  A．1

  B．2

  C．3

  D．4

15. 有四个人要从 A 点坐一条船过河到 B 点，船一开始在 A 点。该船一次最多可坐两个人。已知这四个人中每个人独自坐船的过河时间分别为 1, 2, 4, 8，且两个人坐船的过河时间为两人独自过河时间的较大者，则最短（　　）时间可以让四个人都过河到 B 点（包括从 B 点把船开回 A 点的时间）。

  A．14   B．15   C．16   D．17

二、阅读程序（程序输入不超过数组或字符串定义的范围；判断题正确填 √，错误填 ×；除特殊说明外，判断题 1.5 分，选择题 3 分，共计 40 分）

1.

```
1.  #include <iostream>
2.  using namespace std;
3.
4.  int n;
5.  int a[1000];
6.
7.  int f(int x)
8.  {
9.    int ret =0;
10.   for(;x;x&=x-1) ret++;
11.   return ret;
12.  }
13.
14.  int g(int x)
15.  {
16.    return x & -x;
17.  }
18.
19.  int main()
20.  {
21.   cin >>n;
22.   for(int i=0;i<n;i++) cin >>a[i];
23.   for(int i=0;i<n;i++)
24.     cout <<f(a[i])+g(a[i])<<' ';
25.   cout << endl;
26.   return 0;
27.  }
```

- **判断题**

1）输入的 n 等于 1001 时，程序不会发生下标越界。（　　　）

2）输入的 a[i] 必须全为正整数，否则程序将陷入死循环。（　　　）

3）当输入为"5 2 11 9 16 10"时，输出为"3 4 3 17 5"。（　　　）

4）当输入为"1 511998"时，输出为"18"。（　　　）

5）将源代码中 g 函数的定义（14 ～ 17 行）移到 main 函数的后面，程序可以正常编译运行。（　　）

- **单选题**

6）当输入为"2 -65536 2147483647"时，输出为（　　　）。

    A．"65532 33"   B．"65552 32"

    C．"65535 34"   D．"65554 33"

2.

```
1.  #include <iostream>
2.  #include <string>
3.  using namespace std;
4.
5.  char base[64];
6.  char table[256];
7.
8.  void init()
9.  {
10.     for (int i = 0; i < 26; i++) base[i] = 'A' + i;
11.     for (int i = 0; i < 26; i++) base[26 + i] = 'a' + i;
12.     for (int i = 0; i < 10; i++) base[52 + i] = '0' + i;
13.     base[62] = '+', base[63] = '/';
14.
15.     for (int i = 0; i < 256; i++) table[i] = 0xff;
16.     for (int i = 0; i < 64; i++) table[base[i]] = i;
17.     table['='] = 0;
18.  }
19.
20.  string decode(string str)
21.  {
```

```
22.      string ret;
23.      int i;
24.      for (i = 0; i < str.size(); i += 4) {
25.          ret += table[str[i]] << 2 | table[str[i + 1]] >> 4;
26.          if (str[i + 2] != '=')
27.              ret += (table[str[i + 1]] & 0x0f) << 4 | table[str[i +2]] >> 2;
28.              if (str[i + 3] != '=')
29.                  ret += table[str[i + 2]] << 6 | table[str[i + 3]];
30.      }
31.  return ret;
32.  }
33.
34.  int main()
35.  {
36.      init();
37.      cout << int(table[0]) << endl;
38.
39.      string str;
40.      cin >> str;
41.      cout << decode(str) << endl;
42.      return 0;
43.  }
```

- **判断题**

1）输出的第二行一定是由小写字母、大写字母、数字和"+""/""="构成的字符串。

　（　　　）

2）可能存在输入不同，但输出的第二行相同的情形。（　　　）

3）输出的第一行为"-1"。（　　　）

- **单选题**

4）设输入字符串长度为 n，decode 函数的时间复杂度为（　　　）。

A．$O(\sqrt{n})$　　　　　　B．$O(n)$　　　　　　C．$O(n \log n)$　　　　　　D．$O(n^2)$

5）当输入为"Y3Nx"时，输出的第二行为（   ）。

    A．"csp"   B．"csq"   C．"CSP"   D．"Csp"

6）（3.5 分）当输入为"Y2NmIDIwMjE="时，输出的第二行为（   ）。

    A．"ccf2021"   B．"ccf2022"

    C．"ccf 2021"   D．"ccf 2022"

3.

```
1.  #include <iostream>
2.  using namespace std;
3.
4.  const int n = 100000;
5.  const int N = n + 1;
6.
7.  int m;
8.  int a[N], b[N], c[N], d[N];
9.  int f[N], g[N];
10.
11. void init()
12. {
13.     f[1] = g[1] = 1;
14.     for (int i = 2; i <= n; i++) {
15.         if (!a[i]) {
16.             b[m++] = i;
17.             c[i] = 1, f[i] = 2;
18.             d[i] = 1, g[i] = i + 1;
19.         }
20.         for (int j = 0; j < m && b[j] * i <= n; j++) {
21.             int k = b[j];
22.             a[i * k] = 1;
23.             if (i % k == 0) {
24.                 c[i * k] = c[i] + 1;
25.                 f[i * k] = f[i] / c[i * k] * (c[i * k] + 1);
26.                 d[i * k] = d[i];
```

```
27.          g[i * k] = g[i] * k + d[i];
28.          break;
29.        }
30.        else {
31.          c[i * k] = 1;
32.          f[i * k] = 2 * f[i];
33.          d[i * k] = g[i];
34.          g[i * k] = g[i] * (k + 1);
35.        }
36.      }
37.    }
38.  }
39.
40.  int main()
41.  {
42.    init();
43.
44.    int x;
45.    cin >> x;
46.    cout << f[x] << ' ' << g[x] << endl;
47.    return 0;
48.  }
```

假设输入的 x 是不超过 1000 的自然数，完成下面的判断题和单选题。

- **判断题**

1）若输入不为"1"，把第 13 行删去不会影响输出的结果。（　　　）

2）（2 分）第 25 行的"f[i]/c[i*k]"可能存在无法整除而向下取整的情况。（　　　）

3）（2 分）在执行完 init() 后，f 数组不是单调递增的，但 g 数组是单调递增的。（　　　）

- **单选题**

4）init 函数的时间复杂度为（　　　）。

　　A. $O(n)$　　　　　　B. $O(n\log n)$　　　　　　C. $O(n\sqrt{n})$　　　　　　D. $O(n^2)$

5）在执行完 init() 后，f[1], f[2], f[3] …, f[100] 中有（　　　）个等于 2。

　　A. 23　　　　　　　B. 24　　　　　　　　C. 25　　　　　　　D. 26

6）（4 分）当输入为"1000"时，输出为（　　）。

　　A．"15 1340"　　　　　　　B．"15 2340"

　　C．"16 2340"　　　　　　　D．"16 1340"

三、完善程序（单选题，每小题 3 分，共计 30 分）

1．（Josephus 问题）有 n 个人围成一个圈，依次标号 0 ～ n–1。从 0 号开始，依次 0，1，0，1，…交替报数，报到 1 的人会离开，直至圈中只剩下一个人。求最后剩下人的编号。试补全模拟程序。

```cpp
1.  #include <iostream>
2.
3.  using namespace std;
4.
5.  const int MAXN = 1000000;
6.  int F[MAXN];
7.
8.  int main() {
9.      int n;
10.     cin >> n;
11.     int i = 0, p = 0, c = 0;
12.     while ( ① ) {
13.         if (F[i] == 0) {
14.             if ( ② ) {
15.                 F[i] = 1;
16.                 ③ ;
17.             }
18.             ④ ;
19.         }
20.         ⑤ ;
21.     }
22.     int ans = -1;
23.     for (i = 0; i < n; i++)
24.         if (F[i] == 0)
25.             ans = i;
```

```
26.        cout << ans << endl;
27.        return 0;
28. }
```

1）①处应填（　　）。

　　A. i < n

　　C. i < n – 1

　　B. c < n

　　D. c < n - 1

2）②处应填（　　）。

　　A. i % 2 == 0

　　C. p

　　B. i % 2 == 1

　　D. !p

3）③处应填（　　）。

　　A. i++

　　C. c++

　　B. i = (i + 1) % n

　　D. p ^= 1

4）④处应填（　　）。

　　A. i++

　　C. c++

　　B. i = (i + 1) % n

　　D. p ^= 1

5）⑤处应填（　　）。

　　A. i++

　　C. c++

　　B. i = (i + 1) % n

　　D. p ^= 1

2．（矩形计数）平面上有 n 个关键点，求有多少个四条边都和 x 轴或者 y 轴平行的矩形，满足四个顶点都是关键点。给出的关键点可能有重复，但完全重合的矩形只计一次。试补全枚举算法。

```
1. #include <iostream>
2.
3. using namespace std;
4.
5. struct point {
6.     int x, y, id;
7. };
8.
```

```
9.    bool equals(point a, point b) {
10.        return a.x == b.x && a.y == b.y;
11.   }
12.
13.   bool cmp(point a, point b) {
14.        return ① ;
15.   }
16.
17.   void sort(point A[], int n) {
18.        for (int i = 0; i < n; i++)
19.            for (int j = 1; j < n; j++)
20.                if (cmp(A[j], A[j - 1])) {
21.                    point t = A[j];
22.                    A[j] = A[j - 1];
23.                    A[j - 1] = t;
24.                }
25.   }
26.
27.   int unique(point A[], int n) {
28.        int t = 0;
29.        for (int i = 0; i < n; i++)
30.            if ( ② )
31.        A[t++] = A[i];
32.        return t;
33.   }
34.
35.   bool binary_search(point A[], int n, int x, int y) {
36.        point p;
37.        p.x = x;
38.        p.y = y;
39.        p.id = n;
40.        int a = 0, b = n - 1;
41.        while (a < b) {
42.            int mid = ③ ;
```

```
43.            if ( ④ )
44.                a = mid + 1;
45.            else
46.                b = mid;
47.        }
48.        return equals(A[a], p);
49.  }
50.
51.  const int MAXN = 1000;
52.  point A[MAXN];
53.
54.  int main() {
55.      int n;
56.      cin >> n;
57.      for (int i = 0; i < n; i++) {
58.          cin >> A[i].x >> A[i].y;
59.          A[i].id = i;
60.      }
61.      sort(A, n);
62.      n = unique(A, n);
63.      int ans = 0;
64.      for (int i = 0; i < n; i++)
65.          for (int j = 0; j < n; j++)
66.              if ( ⑤ && binary_search(A, n, A[i].x, A[j].y) && binary_
search(A, n, A[j].x,A[i].y)) {
67.                  ans++;
68.              }
69.      cout << ans << endl;
70.      return 0;
71.  }
```

1) ①处应填（　　　）。

A．a.x != b.x ? a.x < b.x : a.id < b.id

B．a.x != b.x ? a.x < b.x : a.y < b.y

C. equals(a, b) ? a.id < b.id : a.x < b.x

D. equals(a, b) ? a.id < b.id : (a.x != b.x ? a.x < b.x : a.y < b.y)

2）②处应填（   ）。

    A. i == 0 || cmp(A[i], A[i − 1])

    B. t == 0 || equals(A[i], A[t − 1])

    C. i == 0 || !cmp(A[i], A[i − 1])

    D. t == 0 || !equals(A[i], A[t − 1])

3）③处应填（   ）。

    A. b − (b − a) / 2 + 1   B. (a + b + 1) >> 1

    C. (a + b) >> 1   D. a + (b − a + 1) / 2

4）④处应填（   ）。

    A. !cmp(A[mid], p)   B. cmp(A[mid], p)

    C. cmp(p, A[mid])   D. !cmp(p, A[mid])

5）⑤处应填（   ）。

    A. A[i].x == A[j].x

    B. A[i].id < A[j].id

    C. A[i].x == A[j].x && A[i].id < A[j].id

    D. A[i].x < A[j].x && A[i].y < A[j].y

2021 CCF 非专业级别软件能力认证
第一轮（CSP-J）参考答案

一、单项选择题（共 15 题，每题 2 分，共计 30 分）

1	2	3	4	5	6	7	8	9	10
D	B	A	C	D	D	C	A	B	B

11	12	13	14	15
B	A	C	B	B

二、阅读程序（除特殊说明外，判断题 1.5 分，单选题 3 分，共计 40 分）

	判断题（填√或×）					单选题
1	1)	2)	3)	4)	5)	6)
	×	×	×	√	×	B
	判断题（填√或×）				单选题	
2	1)	2)	3)	4)	5)	6)
	×	√	√	B	B	C
	判断题（填√或×）				单选题	
3	1)	2)	3)	4)	5)	6)
	√	×	×	A	C	C

三、完善程序（单选题，每小题 3 分，共计 30 分）

1					2				
1)	2)	3)	4)	5)	1)	2)	3)	4)	5)
D	C	C	D	B	B	D	C	B	D

2021 CCF 非专业级别软件能力认证
第一轮（CSP-S）

一、单项选择题（共 15 题，每题 2 分，共计 30 分；每题有且仅有一个正确选项）

1. 在 Linux 系统终端中，用于列出当前目录下所含的文件和子目录的命令为（　　）。

   A. ls　　　　　　　　B. cd　　　　　　　　C. cp　　　　　　　　D. all

2. 二进制数 00101010_2 和 00010110_2 的和为（　　）。

   A. 00111100_2　　　B. 01000000_2　　　C. 00111100_2　　　D. 01000010_2

3. 在程序运行过程中，如果递归调用的层数过多，可能会由于（　　）引发错误。

   A. 系统分配的栈空间溢出　　　　　　　　B. 系统分配的队列空间溢出

   C. 系统分配的链表空间溢出　　　　　　　D. 系统分配的堆空间溢出

4. 以下排序方法中，（　　）是不稳定的。

   A. 插入排序　　　B. 冒泡排序　　　C. 堆排序　　　D. 归并排序

5. 以比较为基本运算，对于 2n 个数，同时找到最大值和最小值，最坏情况下需要的最小的比较次数为（　　）。

   A. 4n-2　　　　　B. 3n+1　　　　　C. 3n-2　　　　　D. 2n+1

6. 现有一个地址区间为 0 ~ 10 的哈希表，对于出现冲突情况，会往后找第一个空的地址存储（到 10 冲突了就从 0 开始往后），现在要依次存储 0,1,2,3,4,5,6,7，哈希函数为 $h(x)=x^2 \bmod 11$。请问 7 存储在哈希表哪个地址中？（　　）

   A. 5　　　　　　　B. 6　　　　　　　C. 7　　　　　　　D. 8

7. G 是一个非连通简单无向图（没有自环和重边），共有 36 条边，则该图至少有（　　）个点。

   A. 8　　　　　　　B. 9　　　　　　　C. 10　　　　　　　D. 11

8. 令根结点的高度为 1，则一棵含有 2021 个结点的二叉树的高度至少为（　　）。

    A．10　　　　　　B．11　　　　　　C．12　　　　　　D．2021

9. 前序遍历和中序遍历相同的二叉树为且仅为（　　）。

    A．只有 1 个点的二叉树

    B．根结点没有左子树的二叉树

    C．非叶子结点只有左子树的二叉树

    D．非叶子结点只有右子树的二叉树

10. 定义一种字符串操作为交换相邻两个字符。将"DACFEB"变为"ABCDEF"最少需要（　　）次上述操作。

    A．7　　　　　　B．8　　　　　　C．9　　　　　　D．6

11. 有如下递归代码：

    solve(t, n):

    　　　if t=1 return 1

    　　　else return 5*solve(t-1,n) mod n

    则 solve(23,23) 的结果为（　　）。

    A．1　　　　　　B．7　　　　　　C．12　　　　　　D．22

12. 斐波那契数列的定义为：$F_1 = 1$，$F_2 = 1$，$F_n = F_{n-1} + F_{n-2}$（$n >= 3$）。现在用如下程序来计算斐波那契数列的第 n 项，其时间复杂度为（　　）。

    F(n):

    　　　if n<=2 return 1

    　　　else return F(n-1) + F(n-2)

    A．$O(n)$　　　　B．$O(n^2)$　　　　C．$O(2^n)$　　　　D．$O(n \log n)$

13. 有 8 个苹果从左到右排成一排，你要从中挑选至少一个苹果，并且不能同时挑选相邻的两个苹果，一共有（　　）种方案。

    A．36　　　　　　B．48　　　　　　C．54　　　　　　D．64

14. 设一个三位数 $n = \overline{abc}$，a, b, c 均为 1～9 的整数，若以 a、b、c 作为三角形的三条边可以构成等腰三角形（包括等边），则这样的 n 有（　　）个。

    A．81　　　　　　B．120　　　　　　C．165　　　　　　D．216

15. 有如下的有向图, 结点为 A, B, … , J, 其中每条边的长度都标在图中, 则结点 A 到结点 J 的最短路径长度为 (　　)。

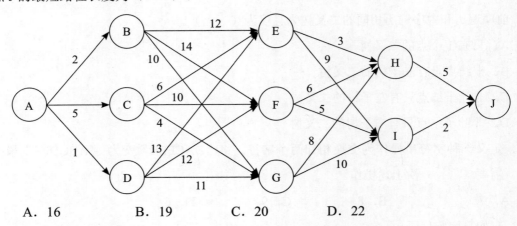

A. 16　　　　　B. 19　　　　　C. 20　　　　　D. 22

二、阅读程序(程序输入不超过数组或字符串定义的范围; 判断题正确填 √, 错误填 ×; 除特殊说明外, 判断题 1.5 分, 选择题 3 分, 共计 40 分)

1.

```cpp
1.  #include <iostream>
2.  #include <cmath>
3.  using namespace std;
4.
5.  const double r = acos(0.5);
6.
7.  int a1, b1, c1, d1;
8.  int a2, b2, c2, d2;
9.
10. inline int sq(const int x) { return x * x; }
11. inline int cu(const int x) { return x * x * x; }
12.
13. int main()
14. {
15.     cout.flags(ios::fixed);
16.     cout.precision(4);
17.
```

```
18.      cin >> a1 >> b1 >> c1 >> d1;
19.      cin >> a2 >> b2 >> c2 >> d2;
20.
21.      int t = sq(a1 − a2) + sq(b1 − b2) + sq(c1 − c2);
22.
23.      if (t <= sq(d2 − d1)) cout << cu(min(d1, d2)) * r * 4;
24.      else if (t >= sq(d2 + d1)) cout << 0;
25.      else {
26.          double x = d1 − (sq(d1) − sq(d2) + t) / sqrt(t) / 2;
27.          double y = d2 − (sq(d2) − sq(d1) + t) / sqrt(t) / 2;
28.          cout << (x * x * (3 * d1 − x) + y * y * (3 * d2 − y)) * r;
29.      }
30.      cout << endl;
31.      return 0;
32.  }
```

假设输入的所有数的绝对值都不超过 1000，完成下面的判断题和单选题。

- **判断题**

1）将第 21 行中 t 的类型声明从 int 改为 double，不会影响程序运行的结果。（   ）

2）将第 26、27 行中的"/ sqrt(t) / 2"替换为"/ 2 / sqrt(t)"，不会影响程序运行的结果。（   ）

3）将第 28 行中的"x*x"改成"sq(x)"、"y*y"改成"sq(y)"，不会影响程序运行的结果。（   ）

4）（2 分）当输入为"0 0 0 1 1 0 0 1"时，输出为"1.3090"。（   ）

- **单选题**

5）当输入为"1 1 1 1 1 1 1 2"时，输出为（   ）。

A．"3.1416"   B．"6.2832"

C．"4.7124"   D．"4.1888"

6）（2.5 分）这段代码的含义为（   ）。

A．求圆的面积并   B．求球的体积并

C．求球的体积交   D．求椭球的体积并

2.

```
1.   #include <algorithm>
2.   #include <iostream>
3.   using namespace std;
4.
5.   int n, a[1005];
6.
7.   struct Node
8.   {
9.       int h, j, m, w;
10.
11.      Node(const int _h, const int _j, const int _m, const int _w):
12.          h(_h), j(_j), m(_m), w(_w)
13.      { }
14.
15.      Node operator+(const Node &o) const
16.      {
17.          return Node(
18.              max(h, w + o.h),
19.              max(max(j, o.j), m + o.h),
20.              max(m + o.w, o.m),
21.              w + o.w);
22.      }
23.   };
24.
25.   Node solve1(int h, int m)
26.   {
27.       if (h > m)
28.           return Node(-1, -1, -1, -1);
29.       if (h == m)
30.           return Node(max(a[h], 0), max(a[h], 0), max(a[h], 0), a[h]);
31.       int j = (h + m) >> 1;
32.       return solve1(h, j) + solve1(j + 1, m);
33.   }
```

```
34.
35.  int solve2(int h, int m)
36.  {
37.      if (h > m)
38.      return −1;
39.      if (h == m)
40.          return max(a[h], 0);
41.      int j = (h + m) >> 1;
42.      int wh = 0, wm = 0;
43.      int wht = 0, wmt = 0;
44.      for (int i = j; i >= h; i--) {
45.          wht += a[i];
46.          wh = max(wh, wht);
47.      }
48.      for (int i = j + 1; i <= m; i++) {
49.          wmt += a[i];
50.          wm = max(wm, wmt);
51.      }
52.      return max(max(solve2(h, j), solve2(j + 1, m)), wh + wm);
53.  }
54.
55.  int main()
56.  {
57.      cin >> n;
58.      for (int i = 1; i <= n; i++) cin >> a[i];
59.      cout << solve1(1, n).j << endl;
60.      cout << solve2(1, n) << endl;
61.      return 0;
62.  }
```

假设输入的所有数的绝对值都不超过 1000，完成下面的判断题和单选题。

- **判断题**

1）程序总是会正常执行并输出两行两个相等的数。（   ）

2）第 28 行与第 38 行分别有可能执行两次及以上。（　　）

3）当输入为"5 -10 11 -9 5 -7"时，输出的第二行为"7"。（　　）

- **单选题**

4）solve1(1, n) 的时间复杂度为（　　）。

    A．$O(\log n)$ B．$O(n)$ C．$O(n \log n)$ D．$O(n^2)$

5）solve2(1, n) 的时间复杂度为（　　）。

    A．$O(\log n)$ B．$O(n)$ C．$O(n \log n)$ D．$O(n^2)$

6）当输入为"10 -3 2 10 0 -8 9 -4 -5 9 4"时，输出的第一行为（　　）。

    A．"13"   B．"17"   C．"24"   D．"12"

3.

```
1.   #include <iostream>
2.   #include <string>
3.   using namespace std;
4.
5.   char base[64];
6.   char table[256];
7.
8.   void init()
9.   {
10.      for (int i = 0; i < 26; i++) base[i] = 'A' + i;
11.      for (int i = 0; i < 26; i++) base[26 + i] = 'a' + i;
12.      for (int i = 0; i < 10; i++) base[52 + i] = '0' + i;
13.      base[62] = '+', base[63] = '/';
14.
15.      for (int i = 0; i < 256; i++) table[i] = 0xff;
16.      for (int i = 0; i < 64; i++) table[base[i]] = i;
17.      table['='] = 0;
18.   }
19.
20.   string encode(string str)
```

```
21.   {
22.        string ret;
23.        int i;
24.        for (i = 0; i + 3 <= str.size(); i += 3) {
25.             ret += base[str[i] >> 2];
26.             ret += base[(str[i] & 0x03) << 4 | str[i + 1] >> 4];
27.             ret += base[(str[i + 1] & 0x0f) << 2 | str[i + 2] >> 6];
28.             ret += base[str[i + 2] & 0x3f];
29.        }
30.        if (i < str.size()) {
31.             ret += base[str[i] >> 2];
32.             if (i + 1 == str.size()) {
33.                  ret += base[(str[i] & 0x03) << 4];
34.                  ret += "==";
35.             }
36.             else {
37.                  ret += base[(str[i] & 0x03) << 4 | str[i + 1] >> 4];
38.                  ret += base[(str[i + 1] & 0x0f) << 2];
39.                  ret += "=";
40.             }
41.        }
42.        return ret;
43.   }
44.
45.   string decode(string str)
46.   {
47.        string ret;
48.        int i;
49.        for (i = 0; i < str.size(); i += 4) {
50.             ret += table[str[i]] << 2 | table[str[i + 1]] >> 4;
51.             if (str[i + 2] != '=')
52.                  ret += (table[str[i + 1]] & 0x0f) << 4 | table[str[i +2]] >> 2;
53.             if (str[i + 3] != '=')
54.                  ret += table[str[i + 2]] << 6 | table[str[i + 3]];
```

```
55.        }
56.        return ret;
57.    }
58.
59.    int main()
60.    {
61.        init();
62.        cout << int(table[0]) << endl;
63.
64.        int opt;
65.        string str;
66.        cin >> opt >> str;
67.        cout << (opt ? decode(str) : encode(str)) << endl;
68.        return 0;
69.    }
```

假设输入总是合法的（一个整数和一个不含空白字符的字符串，用空格隔开），完成下面的判断题和单选题。

- **判断题**

1）程序总是先输出一行一个整数，再输出一行一个字符串。（   ）

2）对于任意不含空白字符的字符串 str1，先执行程序输入"0 str1"，得到输出的第二行记为 str2；再执行程序输入"1 str2"，输出的第二行必为 str1。（   ）

3）当输入为"1 SGVsbG93b3JsZA=="时，输出的第二行为"HelloWorld"。（   ）

- **单选题**

4）设输入字符串长度为 n，encode 函数的时间复杂度为（   ）。

    A．$O(\sqrt{n})$ B．$O(n)$ C．$O(n\log n)$ D．$O(n^2)$

5）输出的第一行为（   ）。

    A．"0xff"   B．"255"   C．"0xFF"   D．"−1"

6）（4分）当输入为"0 CSP2021csp"时，输出的第二行为（   ）。

    A．"Q1NQMjAyMWNzcAv="   B．"Q1NQMjAyMGNzcA=="

    C．"Q1NQMjAyMGNzcAv="   D．"Q1NQMjAyMWNzcA=="

三、完善程序（单选题，每小题 3 分，共计 30 分）

1.（魔法数字）小 H 的魔法数字是 4。给定 n，他希望用若干个 4 进行若干次加法、减法和整除运算得到 n。但由于小 H 计算能力有限，计算过程中只能出现不超过 M = 10000 的正整数。求至少可能用到多少个 4。

例如，当 n = 2 时，有 2 = (4 + 4)/4，用到了 3 个 4，是最优方案。

试补全程序。

```cpp
1.  #include <iostream>
2.  #include <cstdlib>
3.  #include <climits>
4.
5.  using namespace std;
6.
7.  const int M = 10000;
8.  bool Vis[M + 1];
9.  int F[M + 1];
10.
11. void update(int &x, int y) {
12.     if (y < x)
13.         x = y;
14. }
15.
16. int main() {
17.     int n;
18.     cin >> n;
19.     for (int i = 0; i <= M; i++)
20.         F[i] = INT_MAX;
21.     ① ;
22.     int r = 0;
23.     while ( ② ) {
24.         r++;
25.         int x = 0;
26.         for (int i = 1; i <= M; i++)
27.             if ( ③ )
```

```
28.          x = i;
29.       Vis[x] = 1;
30.       for (int i = 1; i <= M; i++)
31.          if ( ④ ) {
32.             int t = F[i] + F[x];
33.                if (i + x <= M)
34.                   update(F[i + x], t);
35.                if (i != x)
36.                   update(F[abs(i - x)], t);
37.                if (i % x == 0)
38.                   update(F[i / x], t);
39.                if (x % i == 0)
40.                   update(F[x / i], t);
41.          }
42.       }
43.    cout << F[n] << endl;
44.    return 0;
45. }
```

1）①处应填（   ）。

    A．F[4] = 0   B．F[1] = 4

    C．F[1] = 2   D．F[4] = 1

2）②处应填（   ）。

    A．!Vis[n]   B．r < n

    C．F[M] == INT_MAX   D．F[n] == INT_MAX

3）③处应填（   ）。

    A．F[i] == r   B．!Vis[i] && F[i] == r

    C．F[i] < F[x]   D．!Vis[i] && F[i] < F[x]

4）④处应填（   ）。

    A．F[i] < F[x]   B．F[i] <= r

    C．Vis[i]   D．i <= x

2.（RMQ 区间最值问题）给定序列 $a_0, \cdots, a_{n-1}$，和 m 次询问，每次询问给定 l, r，求 $\max \{a_l, \cdots, a_r\}$。

为了解决该问题，有一个算法叫 the Method of Four Russians，其时间复杂度为 $O(n + m)$，步骤如下：

• 建立 Cartesian（笛卡尔）树，将问题转化为树上的 LCA（最近公共祖先）问题。

• 对于 LCA 问题，可以考虑其 Euler 序（即按照 DFS 过程，经过所有点，环游回根的序列），即求 Euler 序列上两点间一个新的 RMQ 问题。

• 注意新的问题为 ±1 RMQ，即相邻两点的深度差一定为 1。

下面解决这个 ±1 RMQ 问题，"序列"指 Euler 序列：

• 设 t 为 Euler 序列长度。取 $b = \left\lceil \dfrac{\log_2 t}{2} \right\rceil$。将序列每 b 个分为一大块，使用 ST 表（倍增表）处理大块间的 RMQ 问题，复杂度 $O(\dfrac{t}{b} \log t) = O(n)$。

• （重点）对于一个块内的 RMQ 问题，也需要 $O(1)$ 的算法。由于差分数组 2^{b-1} 种，可以预处理出所有情况下的最值位置，预处理复杂度 $O(b2^b)$，不超过 $O(n)$。

• 最终，对于一个查询，可以转化为中间整的大块的 RMQ 问题，以及两端块内的 RMQ 问题。

试补全程序。

```
1.  #include <iostream>
2.  #include <cmath>
3.
4.  using namespace std;
5.
6.  const int MAXN = 100000, MAXT = MAXN << 1;
7.  const int MAXL = 18, MAXB = 9, MAXC = MAXT / MAXB;
8.
9.  struct node {
10.     int val;
11.     int dep, dfn, end;
12.     node *son[2]; // son[0], son[1] 分别表示左右儿子
13. } T[MAXN];
```

```
14.
15.    int n, t, b, c, Log2[MAXC + 1];
16.    int Pos[(1 << (MAXB − 1)) + 5], Dif[MAXC + 1];
17.    node *root, *A[MAXT], *Min[MAXL][MAXC];
18.
19.    void build() { // 建立 Cartesian 树
20.        static node *S[MAXN + 1];
21.        int top = 0;
22.        for (int i = 0; i < n; i++) {
23.            node *p = &T[i];
24.            while (top && S[top]->val < p->val)
25.                 ① ;
26.            if (top)
27.                 ② ;
28.            S[++top] = p;
29.        }
30.        root = S[1];
31.    }
32.
33.    void DFS(node *p) { // 构建 Euler 序列
34.        A[p->dfn = t++] = p;
35.        for (int i = 0; i < 2; i++)
36.            if (p->son[i]) {
37.                p->son[i]->dep = p->dep + 1;
38.                DFS(p->son[i]);
39.                A[t++] = p;
40.            }
41.        p->end = t − 1;
42.    }
43.
44.    node *min(node *x, node *y) {
45.        return ③ ? x : y;
46.    }
47.
48.    void ST_init() {
```

```
49.        b = (int)(ceil(log2(t) / 2));
50.        c = t / b;
51.        Log2[1] = 0;
52.        for (int i = 2; i <= c; i++)
53.            Log2[i] = Log2[i >> 1] + 1;
54.            for (int i = 0; i < c; i++) {
55.                Min[0][i] = A[i * b];
56.                for (int j = 1; j < b; j++)
57.                    Min[0][i] = min(Min[0][i], A[i * b + j]);
58.            }
59.        for (int i = 1, l = 2; l <= c; i++, l <<= 1)
60.        for (int j = 0; j + l <= c; j++)
61.            Min[i][j] = min(Min[i - 1][j], Min[i - 1][j + (l >>1)]);
62. }
63.
64. void small_init() { // 块内预处理
65.        for (int i = 0; i <= c; i++)
66.            for (int j = 1; j < b && i * b + j < t; j++)
67.                if ( ④ )
68.                    Dif[i] |= 1 << (j - 1);
69.        for (int S = 0; S < (1 << (b - 1)); S++) {
70.            int mx = 0, v = 0;
71.            for (int i = 1; i < b; i++) {
72.                ⑤ ;
73.                if (v < mx) {
74.                    mx = v;
75.                    Pos[S] = i;
76.                }
77.            }
78.        }
79. }
80.
81. node *ST_query(int l, int r) {
82.        int g = Log2[r - l + 1];
83.        return min(Min[g][l], Min[g][r - (1 << g) + 1]);
```

```
84.  }
85.
86.  node *small_query(int l, int r) { // 块内查询
87.      int p = l / b;
88.      int S = ⑥ ;
89.      return A[l + Pos[S]];
90.  }
91.
92.  node *query(int l, int r) {
93.      if (l > r)
94.          return query(r, l);
95.      int pl = l / b, pr = r / b;
96.      if (pl == pr) {
97.          return small_query(l, r);
98.      } else {
99.          node *s = min(small_query(l, pl * b + b - 1),small_query(pr * b, r));
100.         if (pl + 1 <= pr - 1)
101.             s = min(s, ST_query(pl + 1, pr - 1));
102.         return s;
103.     }
104. }
105.
106. int main() {
107.     int m;
108.     cin >> n >> m;
109.     for (int i = 0; i < n; i++)
110.         cin >> T[i].val;
111.     build();
112.     DFS(root);
113.     ST_init();
114.     small_init();
115.     while (m--) {
116.         int l, r;
117.         cin >> l >> r;
118.         cout << query(T[l].dfn, T[r].dfn)->val << endl;
```

```
119.    }
120.        return 0;
121. }
```

1）①处应填（   ）。

    A．p->son[0] = S[top--]

    B．p->son[1] = S[top--]

    C．S[top--]->son[0] = p

    D．S[top--]->son[1] = p

2）②处应填（   ）。

    A．p->son[0] = S[top]

    B．p->son[1] = S[top]

    C．S[top]->son[0] = p

    D．S[top]->son[1] = p

3）③处应填（   ）。

    A．x->dep < y->dep

    B．x < y

    C．x->dep > y->dep

    D．x->val < y->val

4）④处应填（   ）。

    A．A[i * b + j − 1] == A[i * b + j]->son[0]

    B．A[i * b + j]->val < A[i * b + j − 1]->val

    C．A[i * b + j] == A[i * b + j − 1]->son[1]

    D．A[i * b + j]->dep < A[i * b + j − 1]->dep

5）⑤处应填（   ）。

    A．v += (S >> i & 1) ? −1 : 1

    B．v += (S >> i & 1) ? 1 : −1

    C．v += (S >> (i − 1) & 1) ? 1 : −1

    D．v += (S >> (i − 1) & 1) ? −1 : 1

6）⑥处应填（   ）。

    A．(Dif[p] >> (r − p * b)) & ((1 << (r − l)) − 1)

    B．Dif[p]

    C．(Dif[p] >> (l − p * b)) & ((1 << (r − l)) − 1)

    D．(Dif[p] >> ((p + 1) * b − r)) & ((1 << (r − l + 1)) − 1)

2021 CCF 非专业级别软件能力认证
第一轮（CSP-S）参考答案

一、单项选择题（共 15 题，每题 2 分，共计 30 分）

1	2	3	4	5	6	7	8	9	10
A	B	A	C	C	C	C	B	D	A
11	12	13	14	15					
A	C	C	C	B					

二、阅读程序（除特殊说明外，判断题 1.5 分，单选题 3 分，共计 40 分）

1	判断题（填√或 ×）				单 选 题	
	1）	2）	3）	4）（2分）	5）	6）（2.5分）
	√	×	×	√	D	C
2	判断题（填√或 ×）				单 选 题	
	1）	2）	3）	4）	5）	6）
	√	×	×	B	C	B
3	判断题（填√或 ×）				单 选 题	
	1）	2）	3）	4）	5）	6）（4分）
	×	√	×	B	D	D

三、完善程序（单选题，每小题 3 分，共计 30 分）

1				2					
1）	2）	3）	4）	1）	2）	3）	4）	5）	6）
D	A	D	C	A	D	A	D	D	C

2022 CCF 非专业级别软件能力认证 第一轮（CSP-J）

一、单项选择题（共 15 题，每题 2 分，共计 30 分；每题有且仅有一个正确选项）

1. 以下哪种功能没有涉及 C++ 语言的面向对象特性支持：（　　）。

　　A．C++ 中调用 printf 函数

　　B．C++ 中调用用户定义的类成员函数

　　C．C++ 中构造一个 class 或 struct

　　D．C++ 中构造来源于同一基类的多个派生类

2. 有 6 个元素，按照 6、5、4、3、2、1 的顺序进入栈 S，请问下列哪个出栈序列是非法的（　　）。

　　A．5 4 3 6 1 2　　　　　　　　　　B．4 5 3 1 2 6

　　C．3 4 6 5 2 1　　　　　　　　　　D．2 3 4 1 5 6

3. 运行以下代码片段的行为是（　　）。

```
int x = 101;
int y = 201;
int *p = &x;
int *q = &y;
p = q;
```

　　A．将 x 的值赋为 201　　　　　　　B．将 y 的值赋为 101

　　C．将 q 指向 x 的地址　　　　　　　D．将 p 指向 y 的地址

4. 链表和数组的区别包括（　　）。

　　A．数组不能排序，链表可以　　　　B．链表比数组能存储更多的信息

　　C．数组大小固定，链表大小可动态调整　　D．以上均正确

5. 对假设栈 S 和队列 Q 的初始状态为空。存在 e1~e6 六个互不相同的数据，每个数据按照进栈 S、出栈 S、进队列 Q、出队列 Q 的顺序操作，不同数据间的操作可能会交错。已知栈 S 中依次有数据 e1、e2、e3、e4、e5 和 e6 进栈，队列 Q 依次有数据 e2、e4、e3、e6、e5 和 e1 出队列。则栈 S 的容量至少是（　　）个数据。

A. 2　　　　　　B. 3　　　　　　C. 4　　　　　　D. 6

6. 对表达式 a+(b−c)*d 的前缀表达式为（　　），其中 +、−、* 是运算符。

A. *+a−bcd　　　　　　　　B. +a*−bcd

C. abc−d*+　　　　　　　　D. abc−+d

7. 假设字母表 {a, b, c, d, e} 在字符串出现的频率分别为 10%、15%、30%、16%、29%。若使用哈夫曼编码方式对字母进行不定长的二进制编码，字母 d 的编码长度为（　　）位。

A. 1　　　　　　B. 2　　　　　　C. 2 或 3　　　　　　D. 3

8. 一棵有 n 个结点的完全二叉树用数组进行存储与表示，已知根结点存储在数组的第 1 个位置。若存储在数组第 9 个位置的结点存在兄弟结点和两个子结点，则它的兄弟结点和右子结点的位置分别是（　　）。

A. 8、18　　　　B. 10、18　　　　C. 8、19　　　　D. 10、19

9. 考虑由 N 个顶点构成的有向连通图，采用邻接矩阵的数据结构表示时，该矩阵中至少存在（　　）个非零元素。

A. N−1　　　　　B. N　　　　　C. N+1　　　　　D. N^2

10. 以下对数据结构的表述不恰当的一项为：（　　）。

A. 图的深度优先遍历算法常使用的数据结构为栈。

B. 栈的访问原则为后进先出，队列的访问原则是先进先出。

C. 队列常常被用于广度优先搜索算法。

D. 栈与队列存在本质不同，无法用栈实现队列。

11. 以下哪组操作能完成在双向循环链表结点 p 之后插入结点 s 的效果（其中，next 域为结点的直接后继，prev 域为结点的直接前驱）：（　　）。

A. p->next->prev=s; s->prev=p; p->next=s; s->next=p->next;

B. p->next->prev=s; p->next=s; s->prev=p; s->next=p->next;

C. s->prev=p; s->next=p->next; p->next=s; p->next->prev=s;

D．s->next=p->next; p->next->prev=s; s->prev=p; p->next=s;

12．以下排序算法的常见实现中，哪个选项的说法是错误的：（　　　　）。

 A．冒泡排序算法是稳定的

 B．简单选择排序是稳定的

 C．简单插入排序是稳定的

 D．归并排序算法是稳定的

13．八进制数 32.1 对应的十进制数是（　　　　）。

 A．24.125   B．24.250   C．26.125   D．26.250

14．一个字符串中任意个连续的字符组成的子序列称为该字符串的子串，则字符串 abcab 有（　　　　）个内容互不相同的子串。

 A．12   B．13   C．14   D．15

15．以下对递归方法的描述中，正确的是：（　　　　）。

 A．递归是允许使用多组参数调用函数的编程技术

 B．递归是通过调用自身来求解问题的编程技术

 C．递归是面向对象和数据而不是功能和逻辑的编程语言模型

 D．递归是将用某种高级语言转换为机器代码的编程技术

二、阅读程序（程序输入不超过数组或字符串定义的范围；判断题正确填 √，错误填 ×；除特殊说明外，判断题 1.5 分，选择题 3 分，共计 40 分）

1.

```
1.  #include <iostream>
2.
3.  using namespace std;
4.
5.  int main()
6.  {
7.      unsigned short x, y;
8.      cin >> x >> y;
9.      x = (x | x << 2) & 0x33;
10.     x = (x | x << 1) & 0x55;
```

11.	y = (y | y << 2) & 0x33;
12.	y = (y | y << 1) & 0x55;
13.	unsigned short z = x | y << 1;
14.	cout << z << endl;
15.	return 0;
16.	}

假设输入的 x、y 均是不超过 15 的自然数，完成下面的判断题和单选题。

- **判断题**

16. 删去第 7 行与第 13 行的 unsigned，程序行为不变。（　　　）

17. 将第 7 行与第 13 行的 short 均改为 char，程序行为不变。（　　　）

18. 程序总是输出一个整数 "0"。（　　　）

19. 当输入为 "2 2" 时，输出为 "10"。（　　　）

20. 当输入为 "2 2" 时，输出为 "59"。（　　　）

- **单选题**

21. 当输入为 "13 8" 时，输出为（　　　）。

　　　A．"0"　　　　　　B．"209"　　　　　　C．"197"　　　　　　D．"226"

2.

1. #include <algorithm>
2. #include <iostream>
3. #include <limits>
4.
5. using namespace std;
6.
7. const int MAXN = 105;
8. const int MAXK = 105;
9.
10. int h[MAXN][MAXK];
11.
12. int f(int n, int m)
13. {

```
14.     if (m == 1) return n;
15.     if (n == 0) return 0;
16.
17.     int ret = numeric_limits<int>::max();
18.     for (int i = 1; i <= n; i++)
19.       ret = min(ret, max(f(n - i, m), f(i - 1, m - 1)) + 1);
20.     return ret;
21.   }
22.
23.   int g(int n, int m)
24.   {
25.     for (int i = 1; i <= n; i++)
26.       h[i][1] = i;
27.     for (int j = 1; j <= m; j++)
28.       h[0][j] = 0;
29.
30.     for (int i = 1; i <= n; i++) {
31.       for (int j = 2; j <= m; j++) {
32.         h[i][j] = numeric_limits<int>::max();
33.         for (int k = 1; k <= i; k++)
34.           h[i][j] = min(
35.               h[i][j],
36.               max(h[i - k][j], h[k - 1][j - 1]) + 1);
37.       }
38.     }
39.
40.     return h[n][m];
41.   }
42.
43.   int main()
44.   {
45.     int n, m;
46.     cin >> n >> m;
47.     cout << f(n, m) << endl << g(n, m) << endl;
```

```
48.     return 0;
49. }
```

假设输入的 n、m 均是不超过 100 的正整数，完成下面的判断题和单选题。

- **判断题**

22. 当输入为"7 3"时，第 19 行用来取最小值的 min 函数执行了 449 次。（   ）

23. 输出的两行整数总是相同的。（   ）

24. 当 m 为 1 时，输出的第一行总为 n。（   ）

- **单选题**

25. 算法 g(n,m) 最为准确的时间复杂度分析结果为（   ）。

    A. $O(n^{3/2}m)$ B. $O(nm)$ C. $O(n^2m)$ D. $O(nm^2)$

26. 当输入为"20 2"时，输出的第一行为（   ）。

    A. "4"   B. "5"   C. "6"   D. "20"

27. （4分）当输入为"100 100"时，输出的第一行为（   ）。

    A. "6"   B. "7"   C. "8"   D. "9"

3.

```
1. #include <iostream>
2.
3. using namespace std;
4.
5. int n, k;
6.
7. int solve1()
8. {
9.     int l = 0, r = n;
10.    while (l <= r) {
11.        int mid = (l + r) / 2;
12.        if (mid * mid <= n) l = mid + 1;
13.        else r = mid - 1;
14.    }
```

```
15.        return l - 1;
16.    }
17.
18.    double solve2(double x)
19.    {
20.        if (x == 0) return x;
21.        for (int i = 0; i < k; i++)
22.            x = (x + n / x) / 2;
23.        return x;
24.    }
25.
26.    int main()
27.    {
28.        cin >> n >> k;
29.        double ans = solve2(solve1());
30.        cout << ans << ' ' << (ans * ans == n) << endl;
31.        return 0;
32.    }
```

假设 int 为 32 位有符号整数类型，输入的 n 是不超过 47000 的自然数、k 是不超过 int 表示范围的自然数，完成下面的判断题和单选题。

- **判断题**

28．该算法最准确的时间复杂度分析结果为 $O(\log n + k)$。（　　）

29．当输入为"9801 1"时，输出的第一个数为"99"。（　　）

30．对于任意输入的 n，随着所输入 k 的增大，输出的第二个数会变成"1"。（　　）

31．该程序有存在缺陷。当输入的 n 过大时，第 12 行的乘法有可能溢出，因此应当将 mid 强制转换为 64 位整数再计算。（　　）

- **单选题**

32．当输入为"2 1"时，输出的第一个数最接近（　　）。

　　A．1　　　　B．1.414　　　C．1.5　　　　D．2

33．当输入为"3 10"时，输出的第一个数最接近（　　）。

　　A．1.7　　　B．1.732　　　C．1.75　　　D．2

34．当输入为"256 11"时，输出的第一个数（　　　）。

    A．等于 16   B．接近但小于 16

    C．接近但大于 16   D．前三种情况都有可能

三、完善程序（单选题，每小题 3 分，共计 30 分）

1．（枚举因数）从小到大打印正整数 n 的所有正因数。

试补全枚举程序。

```
1.  #include <bits/stdc++.h>
2.  using namespace std;
3.
4.  int main() {
5.      int n;
6.      cin >> n;
7.
8.      vector<int> fac;
9.      fac.reserve((int)ceil(sqrt(n)));
10.
11.     int i;
12.     for (i = 1; i * i < n; ++i) {
13.        if ( ① ) {
14.           fac.push_back(i);
15.        }
16.     }
17.
18.     for (int k = 0; k < fac.size(); ++k) {
19.        cout << ② << " ";
20.     }
21.     if ( ③ ) {
22.        cout << ④ << " ";
23.     }
24.     for (int k = fac.size() - 1; k >= 0; --k) {
25.        cout << ⑤ << " ";
26.     }
27. }
```

35. ①处应填（　　）

　　A．n％i＝＝0　　　　　　　　　　B．n％i＝＝1

　　C．n％(i−1)＝＝0　　　　　　　　D．n％(i−1)＝＝1

36. ②处应填（　　）

　　A．n / fac[k]　　　　　　　　　　B．fac[k]

　　C．fac[k]−1　　　　　　　　　　D．n / (fac[k]−1)

37. ③处应填（　　）

　　A．(i−1) * (i−1) ＝＝ n　　　　　B．(i−1) * i ＝＝ n

　　C．i * i ＝＝ n　　　　　　　　　D．i * (i−1) ＝＝ n

38. ④处应填（　　）

　　A．n−i　　　　　B．n−i+1　　　　　C．i−1　　　　　D．I

39. ⑤处应填（　　）

　　A．n / fac[k]　　　B．fac[k]　　　C．fac[k]−1　　　D．n / (fac[k]−1)

2. （洪水填充）现有用字符标记像素颜色的 8×8 图像。颜色填充的操作描述如下：给定起始像素的位置和待填充的颜色，将起始像素和所有可达的像素（可达的定义：经过一次或多次的向上、下、左、右四个方向移动所能到达且终点和路径上所有像素的颜色都与起始像素颜色相同），替换为给定的颜色。

试补全程序。

```
1.  #include <bits/stdc++.h>
2.  using namespace std;
3.
4.  const int ROWS = 8;
5.  const int COLS = 8;
6.
7.  struct Point {
8.    int r, c;
9.    Point(int r, int c) : r(r), c(c) {}
10. };
11.
12. bool is_valid(char image[ROWS][COLS], Point pt,
```

```
13.                      int prev_color, int new_color) {
14.      int r = pt.r;
15.      int c = pt.c;
16.      return (0 <= r && r < ROWS && 0 <= c && c < COLS &&
17.          ①  && image[r][c] != new_color);
18.  }
19.
20.  void flood_fill(char image[ROWS][COLS], Point cur, int new_color) {
21.      queue<Point> queue;
22.      queue.push(cur);
23.
24.      int prev_color = image[cur.r][cur.c];
25.      ②  ;
26.
27.      while (!queue.empty()) {
28.          Point pt = queue.front();
29.          queue.pop();
30.
31.          Point points[4] = { ③ , Point(pt.r − 1, pt.c),
32.                              Point(pt.r, pt.c + 1), Point(pt.r, pt.c − 1)};
33.          for (auto p : points) {
34.              if (is_valid(image, p, prev_color, new_color)) {
35.                  ④ ;
36.                  ⑤ ;
37.              }
38.          }
39.      }
40.  }
41.
42.  int main() {
43.      char image[ROWS][COLS] = {{'g', 'g', 'g', 'g', 'g', 'g', 'g', 'g'},
44.                                {'g', 'g', 'g', 'g', 'g', 'g', 'r', 'r'},
45.                                {'g', 'r', 'r', 'g', 'g', 'r', 'g', 'g'},
46.                                {'g', 'b', 'b', 'b', 'b', 'r', 'g', 'r'},
```

```
47.                          {'g', 'g', 'g', 'b', 'b', 'r', 'g', 'r'},
48.                          {'g', 'g', 'g', 'b', 'b', 'b', 'b', 'r'},
49.                          {'g', 'g', 'g', 'g', 'g', 'b', 'g', 'g'},
50.                          {'g', 'g', 'g', 'g', 'g', 'b', 'b', 'g'}});
51.
52.     Point cur(4, 4);
53.     char new_color = 'y';
54.
55.     flood_fill(image, cur, new_color);
56.
57.     for (int r = 0; r < ROWS; r++) {
58.       for (int c = 0; c < COLS; c++) {
59.           cout << image[r][c] << " ";
60.       }
61.       cout << endl;
62.     }
63.     // 输出:
64.     // g g g g g g g g
65.     // g g g g g g r r
66.     // g r r g g r g g
67.     // g y y y y r g r
68.     // g g g y y r g r
69.     // g g g y y y y r
70.     // g g g g g y g g
71.     // g g g g g y y g
72.
73.     return 0;
74.   }
```

40. ①处应填（　　　）

A. image[r][c] == prev_color 　　　　B. image[r][c] != prev_color

C. image[r][c] == new_color 　　　　D. image[r][c] != new_color

41. ②处应填（　　　）

A. image[cur.r+1][cur.c] = new_color

B．image[cur.r][cur.c] = new_color

C．image[cur.r][cur.c+1] = new_color

D．image[cur.r][cur.c] = prev_color

42．③处应填（　　）

A．Point(pt.r, pt.c)　　　　　　B．Point(pt.r, pt.c+1)

C．Point(pt.r+1, pt.c)　　　　　D．Point(pt.r+1, pt.c+1)

43．④处应填（　　）

A．prev_color = image[p.r][p.c]　　B．new_color = image[p.r][p.c]

C．image[p.r][p.c] = prev_color　　D．image[p.r][p.c] = new_color

44．⑤处应填（　　）

A．queue.push(p)　　　　　　B．queue.push(pt)

C．queue.push(cur)　　　　　D．queue.push(Point(ROWS,COLS))

2022 CCF 非专业级别软件能力认证
第一轮（CSP-J）参考答案

一、单项选择题（共 15 题，每题 2 分）

1	2	3	4	5	6	7	8	9	10
A	C	D	C	B	B	B	C	A	D

11	12	13	14	15
D	B	C	A	B

二、阅读程序（除特殊说明外，判断题 1.5 分，单选题 3 分）

	判断题（填√或×）					单 选 题
1	16	17	18	19	20	21
	√	×	×	×	×	B
	判断题（填√或 ×）			单 选 题		
2	22	23	24	25	26	27
	×	√	√	C	C	B
	判断题（填√或 ×）			单 选 题		
3	28	29	30	31	32	33	34
	√	√	×	×	C	B	A

三、完善程序（单选题，每小题 3 分）

	1					2			
35	36	37	38	39	40	41	42	43	44
A	B	C	D	A	A	B	C	D	A

2022 CCF 非专业级别软件能力认证
第一轮（CSP-S）

一、单项选择题（共 15 题，每题 2 分，共计 30 分；每题有且仅有一个正确选项）

1. 在 Linux 系统终端中，用于切换工作目录的命令为（   ）。

   A．ls   B．cd   C．cp   D．all

2. 你同时用 time 命令和秒表为某个程序在单核 CPU 的运行计时。假如 time 命令的输出如下：

   real 0m30.721s

   user 0m24.579s

   sys 0m6.123s

   以下最接近秒表计时的时长为（   ）。

   A．30 s   B．24 s   C．18 s   D．6 s

3. 若元素 a、b、c、d、e、f 依次进栈，允许进栈、退栈操作交替进行，但不允许连续三次退栈操作，则不可能得到的出栈序列是（   ）。

   A．dcebfa   B．cbdaef   C．bcaefd   D．afedcb

4. 考虑对 n 个数进行排序，以下最坏时间复杂度低于 $O(n^2)$ 的排序方法是（   ）。

   A．插入排序   B．冒泡排序   C．归并排序   D．快速排序

5. 假设在基数排序过程中，受宇宙射线的影响，某项数据异变为一个完全不同的值。请问排序算法结束后，可能出现的最坏情况是（   ）。

   A．移除受影响的数据后，最终序列是有序序列

   B．移除受影响的数据后，最终序列是前后两个有序的子序列

   C．移除受影响的数据后，最终序列是一个有序的子序列和一个基本无序的子序列

   D．移除受影响的数据后，最终序列基本无序

6. 计算机系统用小端（little endian）和大端（big endian）来描述多字节数据的存储地址
   顺序模式，其中小端表示将低位字节数据存储在低地址的模式、大端表示将高位字节
   数据存储在低地址的模式。在小端模式的系统和大端模式的系统分别编译和运行以下
   C++ 代码段表示的程序，将分别输出什么结果？（　　　）

```
unsigned x = 0xDEADBEEF;
unsigned char *p = (unsigned char *)&x;
printf("%X", *p);
```

   A. EF、EF　　　　　　B. EF、DE　　　　　　C. DE、EF　　　　　　D. DE、DE

7. 一个深度为 5（根结点深度为 1）的完全 3 叉树，按前序遍历的顺序给结点从 1 开始编号，
   则第 100 号结点的父结点是第（　　　）号。

   A. 95　　　　　　　　B. 96　　　　　　　　C. 97　　　　　　　　D. 98

8. 强连通图的性质不包括（　　　）。

   A. 每个顶点的度数至少为 1

   B. 任意两个顶点之间都有边相连

   C. 任意两个顶点之间都有路径相连

   D. 每个顶点至少都连有一条边

9. 每个顶点度数均为 2 的无向图称为"2 正规图"。由编号为从 1 到 n 的顶点构成的所
   有 2 正规图，其中包含欧拉回路的不同 2 正规图的数量为（　　　）。

   A. n!　　　　　　　　B. (n−1)!　　　　　　C. n!/2　　　　　　　D. (n−1)!/2

10. 共有 8 人选修了程序设计课程，期末大作业要求由 2 人组成的团队完成。假设不区
    分每个团队内 2 人的角色和作用，请问共有多少种可能的组队方案。（　　　）

    A. 28　　　　　　　　B. 32　　　　　　　　C. 56　　　　　　　　D. 64

11. 小明希望选到形如"省 A·$\mathscr{L}\mathscr{L}\mathscr{D}\mathscr{D}\mathscr{D}$"的车牌号。车牌号在"·"之前的内容固定
    不变；后面的 5 位号码中，前 2 位必须是大写英文字母，后 3 位必须是阿拉伯数字（$\mathscr{L}$
    代表 A 至 Z，$\mathscr{D}$ 表示 0 至 9，两个 $\mathscr{L}$ 和三个 $\mathscr{D}$ 之间可能相同也可能不同）。请问
    总共有多少个可供选择的车牌号。（　　　）

    A. 20280　　　　　　B. 52000　　　　　　C. 676000　　　　　　D. 1757600

12. 给定地址区间为 0~9 的哈希表，哈希函数为 h(x) = x % 10，采用线性探查的冲突解决策略（对于出现冲突情况，会往后探查第一个空的地址存储；若地址 9 冲突了则从地址 0 重新开始探查）。哈希表初始为空表，依次存储 (71, 23, 73, 99, 44, 79, 89) 后，请问 89 存储在哈希表哪个地址中。（   ）

A．9   B．0   C．1   D．2

13. 对于给定的 n，分析以下代码段对应的时间复杂度，其中最为准确的时间复杂度为（   ）。

```
1.  int i, j, k = 0;
2.  for (i = 0; i < n; i++) {
3.      for (j = 1; j < n; j*=2) {
4.          k = k + n / 2;
5.      }
6.  }
```

A．$O(n)$ B．$O(n \log n)$ C．$O(n\sqrt{n})$ D．$O(n^2)$

14. 以比较为基本运算，在 n 个数的数组中找最大的数，在最坏情况下至少要做（   ）次运算。

A．n/2   B．n–1   C．n   D．n+1

15. ack 函数在输入参数 "(2,2)" 时的返回值为（   ）。

```
1.  unsigned ack(unsigned m, unsigned n) {
2.      if (m == 0) return n + 1;
3.      if (n == 0) return ack(m - 1, 1);
4.      return ack(m - 1, ack(m, n - 1));
5.  }
```

A．5   B．7   C．9   D．13

二、阅读程序（程序输入不超过数组或字符串定义的范围；判断题正确填 √，错误填 ×；除特殊说明外，判断题 1.5 分，选择题 3 分，共计 40 分）

1.

```
1.  #include <iostream>
2.  #include <string>
```

```
3.  #include <vector>
4.
5.  using namespace std;
6.
7.  int f(const string &s, const string &t)
8.  {
9.      int n = s.length(), m = t.length();
10.
11.      vector<int> shift(128, m + 1);
12.
13.      int i, j;
14.
15.      for (j = 0; j < m; j++)
16.          shift[t[j]] = m - j;
17.
18.      for (i = 0; i <= n - m; i += shift[s[i + m]]) {
19.          j = 0;
20.          while (j < m && s[i + j] == t[j]) j++;
21.          if (j == m) return i;
22.      }
23.
24.      return -1;
25.  }
26.
27.  int main()
28.  {
29.      string a, b;
30.      cin >> a >> b;
31.      cout << f(a, b) << endl;
32.      return 0;
33.  }
```

假设输入字符串由 ASCII 可见字符组成，完成下面的判断题和单选题。

- **判断题**

16.　（1 分）当输入为 "abcde fg" 时，输出为 -1。（　　　）

17. 当输入为"abbababbbab abab"时，输出为4。（　　　）

18. 当输入为"GoodLuckCsp2022 22"时，第20行的"j++"语句执行次数为2。（　　　）

- **单选题**

19. 该算法最坏情况下的时间复杂度为（　　　）。

    A. $O(n+m)$　　　　　B. $O(n \log m)$　　　　C. $O(m \log n)$　　D. $O(nm)$

20. f(a, b) 与下列（　　　）语句的功能最类似。

    A. a.find(b)　　　　　B. a.rfind(b)　　　　C. a.substr(b)　　D. a.compare(b)

21. 当输入为"baaabaaabaaabaaaa aaaa"，第20行的"j++"语句执行次数为（　　　）。

    A. 9　　　　　　　　B. 10　　　　　　　　C. 11　　　　　　　D. 12

2.

```
1.  #include <iostream>
2.
3.  using namespace std;
4.
5.  const int MAXN = 105;
6.
7.  int n, m, k, val[MAXN];
8.  int temp[MAXN], cnt[MAXN];
9.
10.  void init()
11.  {
12.    cin >> n >> k;
13.    for (int i = 0; i < n; i++) cin >> val[i];
14.    int maximum = val[0];
15.    for (int i = 1; i < n; i++)
16.      if (val[i] > maximum) maximum = val[i];
17.    m = 1;
18.    while (maximum >= k) {
19.      maximum /= k;
20.      m++;
21.    }
```

```
22.  }
23.
24.  void solve()
25.  {
26.    int base = 1;
27.    for (int i = 0; i < m; i++) {
28.      for (int j = 0; j < k; j++) cnt[j] = 0;
29.      for (int j = 0; j < n; j++) cnt[val[j] / base % k]++;
30.      for (int j = 1; j < k; j++) cnt[j] += cnt[j - 1];
31.      for (int j = n - 1; j >= 0; j--) {
32.        temp[cnt[val[j] / base % k] - 1] = val[j];
33.        cnt[val[j] / base % k]--;
34.      }
35.      for (int j = 0; j < n; j++) val[j] = temp[j];
36.      base *= k;
37.    }
38.  }
39.
40.  int main()
41.  {
42.    init();
43.    solve();
44.    for (int i = 0; i < n; i++) cout << val[i] << ' ';
45.    cout << endl;
46.    return 0;
47.  }
```

假设输入的 n 为不大于 100 的正整数，k 为不小于 2 且不大于 100 的正整数，val[i] 在 int 表示范围内，完成下面的判断题和单选题。

- **判断题**

22. 这是一个不稳定的排序算法。（　　　）

23. 该算法的空间复杂度仅与 n 有关。（　　　）

24. 该算法的时间复杂度为 $O(m(n + k))$。（　　　）

• 单选题

25. 当输入为"5 3 98 26 91 37 46"时，程序第一次执行到第 36 行，val[] 数组的内容依次为（   ）。

    A．91 26 46 37 98   B．91 46 37 26 98

    C．98 26 46 91 37   D．91 37 46 98 26

26. 若 val[i] 的最大值为 100，k 取（   ）时算法运算次数最少。

    A．2   B．3   C．10   D．不确定

27. 当输入的 k 比 val[i] 的最大值还大时，该算法退化为（   ）算法。

    A．选择排序   B．冒泡排序   C．计数排序   D．桶排序

3.

```
1.  #include <iostream>
2.  #include <algorithm>
3.
4.  using namespace std;
5.
6.  const int MAXL = 1000;
7.
8.  int n, k, ans[MAXL];
9.
10. int main(void)
11. {
12.     cin >> n >> k;
13.     if (!n) cout << 0 << endl;
14.     else
15.     {
16.         int m = 0;
17.         while (n)
18.         {
19.             ans[m++] = (n % (-k) + k) % k;
20.             n = (ans[m - 1] - n) / k;
21.         }
```

22.	for (int i = m - 1; i >= 0; i--)
23.	cout << char(ans[i] >= 10 ?
24.	ans[i] + 'A' - 10 :
25.	ans[i] + '0');
26.	cout << endl;
27.	}
28.	return 0;
29.	}

假设输入的 n 在 int 范围内，k 为不小于 2 且不大于 36 的正整数，完成下面的判断题和单选题。

- **判断题**

28. 该算法的时间复杂度为 $O(\log_k n)$。（　　　）

29. 删除第 23 行的强制类型转换，程序的行为不变。（　　　）

30. 除非输入的 n 为 0，否则程序输出的字符数为 $O(\lfloor \log_k |n| \rfloor + 1)$。（　　　）

- **单选题**

31. 当输入为"100 7"时，输出为（　　　）。

　　A. 202　　　　　　　B. 1515　　　　　　　C. 244　　　　　　　D. 1754

32. 当输入为"-255 8"时，输出为"（　　　）"。

　　A. 1400　　　　　　　B. 1401　　　　　　　C. 417　　　　　　　D. 400

33. 当输入为"1000000 19"时，输出为"（　　　）"。

　　A. BG939　　　　　　B. 87GIB　　　　　　C. 1CD428　　　　　D. 7CF1B

三、完善程序（单选题，每小题 3 分，共计 30 分）

1. （归并第 k 小）已知两个长度均为 n 的有序数组 a1 和 a2（均为递增序，但不保证严格单调递增），并且给定正整数 k（1 ≤ k ≤ 2n），求数组 a1 和 a2 归并排序后的数组里第 k 小的数值。

试补全程序。

　1.　#include <bits/stdc++.h>

```cpp
2.   using namespace std;
3.
4.   int solve(int *a1, int *a2, int n, int k) {
5.       int left1 = 0, right1 = n − 1;
6.       int left2 = 0, right2 = n − 1;
7.       while (left1 <= right1 && left2 <= right2) {
8.           int m1 = (left1 + right1) >> 1;
9.           int m2 = (left2 + right2) >> 1;
10.          int cnt = ① ;
11.          if ( ② ) {
12.              if (cnt < k) left1 = m1 + 1;
13.              else right2 = m2 − 1;
14.          } else {
15.              if (cnt < k) left2 = m2 + 1;
16.              else right1 = m1 − 1;
17.          }
18.      }
19.      if ( ③ ) {
20.          if (left1 == 0) {
21.              return a2[k − 1];
22.          } else {
23.              int x = a1[left1 − 1], ④ ;
24.              return std::max(x, y);
25.          }
26.      } else {
27.          if (left2 == 0) {
28.              return a1[k − 1];
29.          } else {
30.              int x = a2[left2 − 1], ⑤ ;
31.              return std::max(x, y);
32.          }
33.      }
34.  }
```

34．①处应填（   ）

　　A．(m1 + m2) * 2　　　　　　　　B．(m1 − 1) + (m2 − 1)

　　C．m1 + m2　　　　　　　　　　D．(m1 + 1) + (m2 + 1)

35．②处应填（   ）

　　A．a1[m1] == a2[m2]　　　　　　B．a1[m1] <= a2[m2]

　　C．a1[m1] >= a2[m2]　　　　　　D．a1[m1] != a2[m2]

36．③处应填（   ）

　　A．left1 == right1　　　　　　　B．left1 < right1

　　C．left1 > right1　　　　　　　D．left1 != right1

37．④处应填（   ）

　　A．y = a1[k − left2 − 1]　　　　B．y = a1[k − left2]

　　C．y = a2[k − left1 − 1]　　　　D．y = a2[k − left1]

38．⑤处应填（   ）

　　A．y = a1[k − left2 − 1]　　　　B．y = a1[k − left2]

　　C．y = a2[k − left1 − 1]　　　　D．y = a2[k − left1]

2．（容器分水）有两个容器，容器 1 的容量为 a 升，容器 2 的容量为 b 升；同时允许下列的三种操作，分别为：

1）FILL(i)：用水龙头将容器 i（i ∈ {1,2}）灌满水；

2）DROP(i)：将容器 i 的水倒进下水道；

3）POUR(i,j)：将容器 i 的水倒进容器 j（完成此操作后，要么容器 j 被灌满，要么容器 i 被清空）。

求只使用上述的两个容器和三种操作，获得恰好 c 升水的最少操作数和操作序列。上述 a、b、c 均为不超过 100 的正整数，且 c ≤ max{a,b}。

试补全程序。

```
1.  #include <bits/stdc++.h>
2.  using namespace std;
3.  const int N = 110;
4.
```

```
5.   int f[N][N];
6.   int ans;
7.   int a, b, c;
8.   int init;
9.
10.  int dfs(int x, int y) {
11.      if (f[x][y] != init)
12.          return f[x][y];
13.      if (x == c || y == c)
14.          return f[x][y] = 0;
15.      f[x][y] = init − 1;
16.      f[x][y] = min(f[x][y], dfs(a, y) + 1);
17.      f[x][y] = min(f[x][y], dfs(x, b) + 1);
18.      f[x][y] = min(f[x][y], dfs(0, y) + 1);
19.      f[x][y] = min(f[x][y], dfs(x, 0) + 1);
20.      int t = min(a - x, y);
21.      f[x][y] = min(f[x][y], ① );
22.      t = min(x, b − y);
23.      f[x][y] = min(f[x][y], ② );
24.      return f[x][y];
25.  }
26.
27.  void go(int x, int y) {
28.      if ( ③ )
29.          return;
30.      if (f[x][y] == dfs(a, y) + 1) {
31.          cout << "FILL(1)" << endl;
32.          go(a, y);
33.      } else if (f[x][y] == dfs(x, b) + 1) {
34.          cout << "FILL(2)" << endl;
35.          go(x, b);
36.      } else if (f[x][y] == dfs(0, y) + 1) {
37.          cout << "DROP(1)" << endl;
38.          go(0, y);
```

```
39.        } else if (f[x][y] == dfs(x, 0) + 1) {
40.            cout << "DROP(2)" << endl;
41.            go(x, 0);
42.        } else {
43.            int t = min(a − x, y);
44.            if (f[x][y] == ④ ) {
45.                cout << "POUR(2,1)" << endl;
46.                go(x + t, y − t);
47.            } else {
48.                t = min(x, b − y);
49.                if (f[x][y] == ⑤ ) {
50.                    cout << "POUR(1,2)" << endl;
51.                    go(x − t, y + t);
52.                } else
53.                    assert(0);
54.            }
55.        }
56. }
57.
58. int main() {
59.     cin >> a >> b >> c;
60.     ans = 1 << 30;
61.     memset(f, 127, sizeof f);
62.     init = **f;
63.     if ((ans = dfs(0, 0)) == init − 1)
64.         cout << "impossible";
65.     else {
66.         cout << ans << endl;
67.         go(0, 0);
68.     }
69. }
```

39. ①处应填（　　　）

　　A．dfs(x + t, y − t) + 1　　　　　　　　B．dfs(x + t, y − t) − 1

C. dfs(x - t, y + t) + 1　　　　　　D. dfs(x - t, y + t) - 1

40. ②处应填（　　）

A. dfs(x + t, y - t) + 1　　　　　　B. dfs(x + t, y - t) - 1

C. dfs(x - t, y + t) + 1　　　　　　D. dfs(x - t, y + t) - 1

41. ③处应填（　　）

A. x == c || y == c　　　　　　B. x == c && y == c

C. x >= c || y >= c　　　　　　D. x >= c && y >= c

42. ④处应填（　　）

A. dfs(x + t, y - t) + 1　　　　　　B. dfs(x + t, y - t) - 1

C. dfs(x - t, y + t) + 1　　　　　　D. dfs(x - t, y + t) - 1

43. ⑤处应填（　　）

A. dfs(x + t, y - t) + 1　　　　　　B. dfs(x + t, y - t) + 1

C. dfs(x - t, y + t) + 1　　　　　　D. dfs(x - t, y + t) - 1

2022 CCF 非专业级别软件能力认证
第一轮（CSP-S）参考答案

一、单项选择题（共 15 题，每题 2 分）

1	2	3	4	5	6	7	8	9	10
B	A	D	C	A	B	C	B	D	A

11	12	13	14	15
C	D	B	B	B

二、阅读程序（除特殊说明外，判断题 1.5 分，单选题 3 分）

1	判断题（填√或×）			单 选 题		
	16	17	18	19	20	21
	√	×	√	D	A	B
2	判断题（填√或×）			单 选 题		
	22	23	24	25	26	27
	×	×	√	D	D	C
3	判断题（填√或×）			单 选 题		
	28	29	30	31	32	33
	√	×	×	A	B	B

三、完善程序（单选题，每小题 3 分）

1					2				
34	35	36	37	38	39	40	41	42	43
D	B	C	C	A	A	C	A	A	C